TEUBNER-TEXTE zur Informatik   Band 18

C. Beckstein
Begründungsverwaltung

TEUBNER-TEXTE zur Informatik

Herausgegeben von
Prof. Dr. Johannes Buchmann, Darmstadt
Prof. Dr. Udo Lipeck, Hannover
Prof. Dr. Franz J. Rammig, Paderborn
Prof. Dr. Gerd Wechsung, Jena

Als relativ junge Wissenschaft lebt die Informatik ganz wesentlich von aktuellen Beiträgen. Viele Ideen und Konzepte werden in Originalarbeiten, Vorlesungsskripten und Konferenzberichten behandelt und sind damit nur einem eingeschränkten Leserkreis zugänglich. Lehrbücher stehen zwar zur Verfügung, können aber wegen der schnellen Entwicklung der Wissenschaft oft nicht den neuesten Stand wiedergeben.

Die Reihe „TEUBNER-TEXTE zur Informatik" soll ein Forum für Einzel- und Sammelbeiträge zu aktuellen Themen aus dem gesamten Bereich der Informatik sein. Gedacht ist dabei insbesondere an herausragende Dissertationen und Habilitationsschriften, spezielle Vorlesungsskripten sowie wissenschaftlich aufbereitete Abschlußberichte bedeutender Forschungsprojekte. Auf eine verständliche Darstellung der theoretischen Fundierung und der Perspektiven für Anwendungen wird besonderer Wert gelegt. Das Programm der Reihe reicht von klassischen Themen aus neuen Blickwinkeln bis hin zur Beschreibung neuartiger, noch nicht etablierter Verfahrensansätze. Dabei werden bewußt eine gewisse Vorläufigkeit und Unvollständigkeit der Stoffauswahl und Darstellung in Kauf genommen, weil so die Lebendigkeit und Originalität von Vorlesungen und Forschungsseminaren beibehalten und weitergehende Studien angeregt und erleichtert werden können.

TEUBNER-TEXTE erscheinen in deutscher oder englischer Sprache.

Begründungsverwaltung

Grundlagen, Systeme und Algorithmen

Von Prof. Dr. Clemens Beckstein

Friedrich-Schiller-Universität Jena

B. G. Teubner Verlagsgesellschaft
Stuttgart · Leipzig 1996

Prof. Dr. Clemens Beckstein

Geboren 1960 in Nürnberg. Von 1978 bis 1985 Studium der Informatik an der Friedrich-Alexander-Universität Erlangen-Nürnberg.
Anschließend wissenschaftlicher Mitarbeiter an der Universität Erlangen-Nürnberg am Lehrstuhl für Informatik VI (Datenbanken) von Prof. Dr. H. Wedekind. 1988 Promotion mit einem Thema der Logik-Programmierung.
Nach der Ernennung zum Akademischen Rat auf Zeit einjähriger Forschungsaufenthalt als Postdoctorate Fellow in der Gruppe Applied Logic Programming (Expert Systems, Deductive Data Bases) am IBM T. J. Watson Research Center in New York.
Zurück in Erlangen wissenschaftlicher Assistent am Lehrstuhl für Informatik VIII (Künstliche Intelligenz) von Prof. Dr. H. Stoyan. Ende 1994 Habilitation für das Fach Praktische Informatik. Im Herbst 1995 Ernennung zum Oberassistent. Während des akademischen Jahrs 1994/95 dienstlich beurlaubt für die Vertretung einer C3-Professur für Praktische Informatik an der Friedrich-Schiller-Universität Jena.
Seit Dezember 1995 Professor für Praktische Informatik an der Universität Jena.
Hauptarbeitsgebiete: Programmiersprachen der Künstlichen Intelligenz, Begründungsverwaltung und Grundlagen der Wissensrepräsentation, insbesondere robuste Deduktionsverfahren.

Gedruckt auf chlorfrei gebleichtem Papier.

Die Deutsche Bibliothek – CIP-Einheitsaufnahme

Beckstein, Clemens:
Begründungsverwaltung: Grundlagen, Systeme und Algorithmen/
von Clemens Beckstein. – Stuttgart ; Leipzig : Teubner, 1996
  (Teubner-Texte zur Informatik ; Bd. 18)
   ISBN 978-3-8154-2303-5   ISBN 978-3-322-97617-8 (eBook)
   DOI 10.1007/978-3-322-97617-8
NE: GT

Umschlaggestaltung: E. Kretschmer, Leipzig

Vorwort

Es ist nun beinahe fünfzehn Jahre her, daß Jon Doyle mit seiner Master's Thesis den Grundstein für eine ganze Reihe unterschiedlicher Systeme legte, die alle als Truth-Maintenance-Systeme bezeichnet werden. Die Mehrzahl dieser Systeme wurde allerdings nur prozedural, ohne eine begleitende formale Untersuchung ihrer Eigenschaften vorgestellt — „at a time we weren't so formal and logical", wie es Johan de Kleer einmal ausgedrückt hat. In neueren Publikationen läßt sich zwar ein klarer Trend hin zu Beschreibungen von Truth-Maintenance-Systemen erkennen, die formale Aussagen über die Systeme ermöglichen; jedoch gibt es bis heute keinen formalen Apparat, mit dem alle diese Systeme einheitlich im Hinblick auf eine spätere Implementierung beschreibbar wären.

Die vorliegende Arbeit versucht, dieses Defizit für eine Teilklasse der Truth-Maintenance-Systeme zu beseitigen: die sogenannten monotonen Truth-Maintenance-Systeme. Ausgangspunkt war eine Spezial-Vorlesung, die ich erstmals im Wintersemester 91/92 und dann erneut in stark überarbeiteter Form im Wintersemester 92/93 an der Universität Erlangen-Nürnberg sowie im Wintersemester 95/96 an der Universität Jena gehalten habe. Mein erster Dank gilt deshalb jenen, die in vorderster Linie geholfen haben, diese Vorlesung zu einem Erfolg zu machen — meinen Studenten.

Bei drei meiner Erlanger Studenten, die zudem aktiv im Projekt RACE (Reasoning about Change) mitgewirkt haben, fühle ich mich verpflichtet, sie hier namentlich zu erwähnen: Robert Fuhge, Tim Geisler und Andreas Küchler. Ich kann nur hoffen, daß sie bei der Ausarbeitung ihrer Studien- bzw. Diplomarbeiten (allesamt im weitesten Sinne zum Thema Truth-Maintenance) ebenso sehr von meiner Betreuung profitiert haben, wie diese Arbeit es aufgrund ihrer zahllosen wertvollen Anregungen und Vorschläge getan hat. Und was die Jenaer Studenten angeht, so muß hier Andreas Gutsch dankend genannt werden, von dem eine Vielzahl der didaktischen aber auch inhaltlichen Vorschläge stammt, gemäß denen meine Habilitationsschrift zu dem vorliegenden Buch umgearbeitet wurde.

Mein herzlicher Dank gilt auch meinem Doktorvater Prof. Dr. Hartmut Wedekind. Er hat ganz wesentlich dazu beigetragen, daß ich nach meiner Promotion ein Jahr lang Erfahrungen am IBM Research Laboratory in Yorktown Heights, New York, sammeln konnte.

Kreatives wissenschaftliches Arbeiten setzt Freiräume voraus — Freiräume, die gerade der Ordinarius eines neu gegründeten Instituts nur schweren Herzens einräumen kann. Mein Habilitationsvater, Prof. Dr. Herbert Stoyan, war trotzdem dazu bereit. Für das damit entgegengebrachte Vertrauen und die vielen wertvollen Vorschläge zur Verbesserung der vorliegenden Arbeit möchte ich mich hier aufrichtig bei ihm bedanken.

Einen riesigen Dank schulde ich auch meinem Kollegen Gerhard Tobermann, für den ich nicht nur als Freund, sondern auch als Wissenschaftler höchsten Respekt empfinde. Wie kein anderer hat er — unter Investition eines erheblichen Teils seiner eigenen knapp bemessenen Zeit — mit moralischer und fachlicher Unterstützung zum Gelingen dieser Arbeit beigetragen. Danke Toby!

Für meine Familie genügt eigentlich schon kein Dankeschön mehr. Jette, Pascal und Alisa, auch wenn Ihr vielleicht nicht so gut wie ich wißt, warum: Ohne Euch wäre dieses Buch nicht möglich gewesen.

Jena, im Mai 1996   Clemens Beckstein

Inhalt

Kapitel 1

Einleitung

Wenn es denn überhaupt einen Unterschied zwischen einem konventionellen Software-System und einem KI-System gibt, dann wird dieser Unterschied darin bestehen, daß das KI-System über eine explizite Repräsentation des zur Problemlösung benötigten Wissens verfügt und nicht zuletzt damit im allgemeinen eine größere Modularität als das entsprechende konventionelle System aufweisen wird. Bei der Konstruktion eines KI-Systems geht man nämlich typischerweise wie folgt vor:

- Zunächst wird das Problem analysiert und soviel Wissen wie möglich darüber gesammelt.

- Dieses Wissen wird dann in einer geeigneten Form *explizit* repräsentiert und um Prozeduren ergänzt, die eine dem Problem angemessene Verarbeitung des Wissens erlauben.

Das Endprodukt ist ein (notwendigerweise) partielles Modell des Anwendungsbereichs (die Wissensbasis), das von dem KI-System (im folgenden auch kurz Problemlöser PS genannt) zur Lösung des eigentlichen Problems eingesetzt wird.

1.1 Veränderliche Welten

Der Problemlöser wird dabei je nach Anwendungsdomäne die unterschiedlichsten Problemlöse-Techniken einsetzen: etwa implizites Wissen aus dem explizit modellierten Wissen ableiten, unterschiedliche Wissensfragmente miteinander verknüpfen, Hypothesen aufstellen und wieder verwerfen, nach Regelmäßigkeiten und Widersprüchen im Modell suchen, Generalisierungen vornehmen oder eine Reihe von erfolgversprechenden Lösungsansätzen durch Suche erforschen (siehe auch [Pol73]).

Nun unterliegt aber die Welt (und damit auch das über sie gespeicherte Wissen) typischerweise Veränderungen, die außerhalb des Verantwortungsbereichs des Problemlösers liegen: Gegenstände können bewegt werden, ihre Eigenschaften verändern sich, mehrere Objekte vereinigen sich zu einem neuen. Für den Problemlöser stellt sich damit das sogenannte *Belief Revision* Problem: Wie können

Änderungen der Welt im Weltmodell nachgezogen werden? Dieses Problem wird zusätzlich dadurch verschärft, daß das Weltmodell, über das der Problemlöser verfügt, i.allg. nur einen *partiellen* Charakter hat.

1.2 Dekomposition in Problemlöser und TMS

Der Problemlöser muß bei der Aktualisierung des Weltmodells je nach Anwendung bestimmte *Integritätsbedingungen* wie Konsistenz und Vollständigkeit, sowie Abhängigkeiten zwischen den repäsentierten Sachverhalten berücksichtigen. Zur Unterstützung bei der Revision der Wissensbasis bietet es sich daher an, diese Abhängigkeiten und ihre Konsequenzen explizit zu verwalten und mit der Wissensbasis zu verknüpfen:

> „It can be useful to form the habit of filing in one's memory as it were, the sources of one's information. For it can happen that sources once trusted will lose their authority for us, and one would then like to know which beliefs might merit reassessment. We may come to mistrust a source on moral grounds, having found signs of private interests and corruption, and we may also come to mistrust a source on methodological grounds, having found signs of hasty thinking and poor access to data ... "   [vOQU78]

Nun ist aber vor allem bei recht großen Wissensbasen die Verwaltung von Annahmen und ihren Konsequenzen eine komplexe Aufgabe, die für jede Anwendung neu zu lösen ist und das Design des Problemlösers erheblich verkompliziert. Sie sollte deshalb im Interesse einer möglichst hohen Modularität des Problemlösers einem

- spezialisierten (und damit effizienten),

- wiederverwendbaren (weil anwendungs-unabhängigen)

Unterstützungssystem übertragen werden. Wir nennen ein derartiges Unterstützungssystem im folgenden ein *Truth-Maintenance-System* (TMS) und selten auch ein *Reason-Maintenance-System* (RMS), oder mit dem deutschen Begriff ein *Begründungsverwaltungssystem* (BVS).

Abbildung 1.1 illustriert die aus dieser Aufgabenteilung resultierende Architektur. Der Problemlöser wird in zwei Module unterteilt: den eigentlichen Problemlöser und ein TMS, das ihm assistiert.

Problemlöser und TMS kommunizieren über eine klar definierte Schnittstelle miteinander: der Problemlöser teilt dem TMS die für ihn relevanten Sachverhalte zusammen mit den zwischen ihnen bestehenden Abhängigkeiten sowie Integritätsbedingungen mit. Ein Teil der Sachverhalte wird dabei vom Problemlöser als unmittelbar revidierbar, d.h. zu (Grund-) Annahmen erklärt. Das TMS speichert diese Daten für den Problemlöser und nimmt dem Problemlöser elementare Verarbeitungsleistungen ab. Dazu zählen typischerweise die Generierung

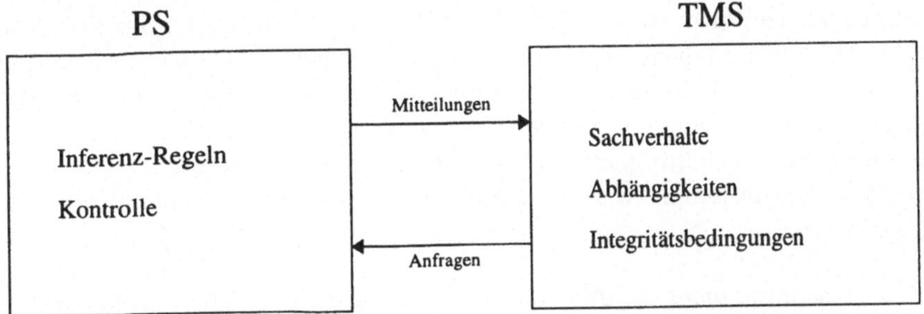

Abbildung 1.1: Problemlöser und Truth-Maintenance-System

von Begründungen oder Erklärungen (insbesondere widersprüchlicher Daten),
die Identifikation von Annahmen, die einer Schlußfolgerung zugrunde liegen, und
umgekehrt die Ermittlung von Konsequenzen aus einer Menge vorgegebener Annahmen, die Verwaltung von Zwischenergebnissen oder die Überwachung der
Integrität der Wissensbasis. Zur Duchführung dieser Aufgaben stehen dem TMS
beschränkte, aber sehr effizient realisierte deduktive Mechanismen zur Verfügung.

1.3 Dimensionen von Truth-Maintenance-Systemen

Seit de Kleer's Veröffentlichung [dK84] wird grundsätzlich zwischen rechtfertigungs-basierten und annahmen-basierten Truth-Maintenance-Systemen unterschieden.

Ein *rechtfertigungs-basiertes TMS* ist ein Unterstützungssystem, das ein ausgezeichnetes Modell der Welt verwaltet. Dieses Modell ist üblicherweise unvollständig und muß bei Bekanntwerden neuer Information aktualisiert werden, um
konsistent zu bleiben. Als Modellierungsmittel werden Abhängigkeiten eingesetzt, die auf der Grundlage einer ausgezeichneten Menge von Annahmen festlegen (rechtfertigen), welche Sachverhalte momentan für den Problemlöser zwingend sind und welche nicht.

> „We explicitly represent the reasons for belief in facts. Each fact has
> associated justifications which describe how the reasons for believing
> that fact depend on beliefs in other facts and rules." [dKDR+78]

Stellt sich das Modell als widersprüchlich heraus, so wird abhängigkeiten-
gesteuert derjenige Teil der Annahmen identifiziert, der für den Widerspruch
verantwortlich ist und das Modell unter mehr oder weniger starker Mitwirkung
des Problemlösers revidiert. Die wichtigsten Vertreter dieser Kategorie von TMS
sind Doyle's JTMS (siehe [Doy79b]) und McAllester's LTMS (siehe [McA80]).

Die andere wichtige Kategorie von Truth-Maintenance-Systemen bilden die
annahmen-basierten Truth-Maintenance-Systeme. Ein *annahmen-basiertes TMS*

verwaltet gleichzeitig mehrere Modelle der Welt, die es aufgrund der dem jeweiligen Modell zugrundeliegenden Annahmen unterscheidet. Dabei wird versucht, jene Modelle zu explizieren, die eine bestimmte anwendungs-spezifische Menge von Constraints erfüllen. Mengen von Annahmen definieren dann Kontexte, relativ zu denen Sachverhalte geglaubt oder erwartet werden. Kontexte, die sich als inkonsistent herausstellen, werden eliminiert und von der weiteren Betrachtung ausgeschlossen.

> „... reasoning involves many implicit assumptions ... With the advent of computational machinery, the aspiration of mechanizing reasoning has put the focus on the understanding and management of these implicit assumptions. The first step to this mechanization is to decide which implicit assumptions to make explicit, and the second step is to devise methods to manage these explicit assumptions."   [Kea93]

Die prominentesten Vertreter dieser TMS-Kategorie sind de Kleer's ATMS (siehe [dK86a]), das MBR-System von Martins und Shapiro (siehe [Mar83, MS88]) sowie die sogenannten Clause-Management-Systeme (siehe [RdK87, KT93]).

Eine zweite Dimension, nach der sich Truth-Maintenance-Systeme klassifizieren lassen, ist in monotone versus nicht-monotone Truth-Maintenance-Systeme, d.h. danach, ob vom Problemlöser nur monotone oder auch nicht-monotone Abhängigkeiten zwischen Sachverhalten spezifizierbar sind.

Doyle's JTMS erlaubt sowohl monotone als auch nicht-monotone Rechtfertigungen:

> „Rational thought is the process of finding reasons for attitudes (such as belief, desire, intent, or action) ... The current set of beliefs and desires arises from the current set of reasons for beliefs and desires, reasons phrased in terms of other beliefs and desires ... It manipulates nodes, which represent beliefs, and justifications, which represent reasons for belief."

> „A non-monotonic justification bases an argument for a node not only on current belief in other nodes, but also on lack of current belief in other nodes."   [Doy79b]

McAllester's LTMS, sowie die meisten annahmen-basierten Truth-Maintenance-Systeme (insbesondere die oben genannten) verarbeiten jedoch nur monotone Abhängigkeiten. Monotone Truth-Maintenance-Systeme bieten sich daher vor allem für solche Problemlöser an, deren Wissensbasis die folgenden Kriterien erfüllt:

- Die Wissensbasis wird repräsentiert durch eine endliche Menge Γ von Formeln (*komplexe Sachverhalte repräsentierend*) über einer aussagenlogischen Sprache G (von *elementaren Sachverhalten*).

- Es gibt einen *logischen Folgerungsbegriff* $\models$ auf diesen Formeln, der *Aussagenlogik umfaßt* und *monoton* ist, für den also die folgende Beziehung gilt:

$$\Gamma \models \Psi \quad \Rightarrow \quad \Gamma \cup \Gamma' \models \Psi.$$

- Der Problemlöser verwaltet mit der Wissensbasis lediglich eine *endliche Repräsentation* des deduktiven Abschlusses von Γ (der *Theorie* von Γ).

Monontone Truth-Maintenance-Systeme basieren auf Aussagenlogik:

> „. . . a TMS can be based on deduction in traditional propositional
> logic.“   [David McAllester]

Sie können einerseits als effiziente (und damit häufig unvollständige) Realisierungen von Systemen zur Verwaltung aussagenlogischer Sachverhalte angesehen werden, und haben andererseits selbst eine aussagenlogische Charakterisierung. Eben mit dieser Charakterisierung wollen wir uns in dieser Arbeit im Detail auseinandersetzen.

1.4   Der Begriff Truth-Maintenance

Was hat ein TMS mit „Truth" zu tun? Diese Frage muß man sich spätestens dann stellen, wenn man sich vor Augen hält, daß die real existierenden Truth-Maintenance-Systeme nicht nur die logischen Abhängigkeiten zwischen Sachverhalten verwalten, die der Problemlöser dem TMS mitgeteilt hat, sondern darüberhinaus Unterstützungsleistungen für den Problemlöser erbringen. Tatsächlich war offensichtlich selbst Doyle mit dem Namen für sein System unzufrieden:

> „As we shall see, this term not only sounds like Orwellian Newspeak,
> but also is probably a misnomer. The name stems from historical
> accident, and rather than change it here, I retain it to avoid confusion
> in the literature.“   [Doy79b]

Und auch McDermott drückt in einer Fußnote in [McD83] sein Mißfallen an dem Begriff aus und schlägt statt dessen den Namen *Reason Maintenance System* vor:

> „The term is due to Doyle. A good name for this program has been
> hard to find. Doyle, who wrote the first general-purpose RMS ori-
> ginally called it the 'Truth Maintenance System', a term apparent-
> ly coined by Sussman (Doyle, personal communication). This name
> is obviously unsatisfactory. In ... we called it the 'database garbage
> collector' (DBGC) ... But the name DBGC implies that the program
> reclaims storage, which it does not. I hope workers in this field can
> now agree on 'reason maintenance system', which indicates the im-
> portant role the program plays in keeping track of the reasons for its
> beliefs.“

Wir bleiben aber trotzdem in dieser Arbeit — nicht zuletzt aufgrund unserer Fokussierung auf aussagenlogisch charakterisierbare Truth-Maintenance-Systeme — beim historischen Terminus „Truth Maintenance".

1.5 Eine typische TMS-Anwendung

Um ein besseres Gefühl für die Grundidee zu bekommen, schildern wir nun exemplarisch, wie die Zusammenarbeit zwischen einem Problemlöser und seinem Truth-Maintenance-System aussehen kann. Die Anwendung, die wir uns hierfür vornehmen, ist Scheduling, konkret das Berechnen von Maschinenbelegungsplänen zu einer Menge von Fertigungsaufträgen.[1] Die Eingabe des Schedulers sind flexible Arbeitspläne, Aufträge sowie auftragsbezogene Constraints. Wir bezeichnen die Gesamtheit dieser Eingaben als *Auftragslage*. Weitere Eingaben können Heuristiken zur Optimierung sowie Qualitätskriterien sein.

Ein flexibler Arbeitsplan ist durch eine nur partielle Ordnung der auszuführenden Operationen, die Möglichkeit zur Angabe alternativer Maschinen für die Operationen, sowie Um- und Rüstzeiten gekennzeichnet. Aufträge sind Instanzen von flexiblen Arbeitsplänen.

Die Aufgabe des Schedulers ist die Berechnung einer konkreten, prinzipiell ausführbaren Maschinenbelegung (einer Schedule): Alle Aufträge müssen eingeplant sein und die durch die flexiblen Arbeitspläne vorgegebene partielle Ordnung sowie die auftragsbezogenen Constraints müssen erfüllt sein. Von den zu berechnenden Maschinenbelegungsplänen wird außerdem erwartet, daß sie gewissen vorgegebenen Qualitätsmerkmalen, wie Minimierung des Material-Bestands, maximale Auslastung der Kapazitäten, minimale Durchflußzeiten der Aufträge oder Termintreue genügen.

In der industriellen Praxis gibt es viele Faktoren, die das Scheduling verkomplizieren. Charakteristisch beim Scheduling für die Fertigung ist z.B., daß Rohmaterial oder Bauteile nicht rechtzeitig verfügbar sind, Maschinen ausfallen oder Eilaufträge hereinkommen. Operationen können daher u.U. nicht wie im Maschinenbelegungsplan vorgesehen ausgeführt werden. Die industrielle Anwendung verlangt daher nach Schedulern, die in der Lage sind, beim Eintreten unvorhersehbarer Ereignisse reaktiv umzuplanen, um nicht komplett neu planen zu müssen.

Maschinenbelegungspläne enthalten aber, wenn überhaupt, dann nur implizit Annahmen über die Verfügbarkeit von Ressourcen, Begründungen für Planungsentscheidungen oder gar das Verwerfen von Teilplänen. Das liegt daran, daß die Entstehungsgeschichte der Pläne nicht explizit repräsentiert ist. Werden diese Annahmen und ihre Konsequenzen explizit verwaltet und mit dem Plan verknüpft, so muß man im Fehlerfall, d.h. dann, wenn sich ein Plan nicht ohne Zurücknahme bereits getroffener Annahmen vervollständigen läßt oder, wenn beim Ausführen eines Plans eine Aktion nicht korrekt durchgeführt werden kann,

---

[1] Die folgende Darstellung basiert auf [Bec93a, BG93a, Bec94] und auf Arbeiten im Zusammenhang mit der Studie [SBKL92].

nicht komplett neu planen. Die Annahmen, die sich im Fehlerfall als unberechtigt herausstellen, identifizieren ja gerade jene Teile des alten Plans, die voraussichtlich nicht in den neuen Plan übernommen werden können.

Andererseits wird die Verwaltung dieser in der Praxis sicherlich zahlreichen Annahmen und ihrer Abhängigkeiten zu einer nicht unwesentlichen Verkomplizierung des Schedulers führen. Man denke nur an die Probleme, die bei dem Versuch auftreten werden, den Scheduler um neue Schedulingstrategien zu erweitern oder an veränderte betriebliche Gegebenheiten anzupassen. Es liegt also nahe, den Scheduler in einen eigentlichen Scheduler und ein Unterstützungssystem aufzuteilen, das über die Planungsentscheidungen des Schedulers buchführt und deren Konsequenzen überwacht (siehe Abbildung 1.2).

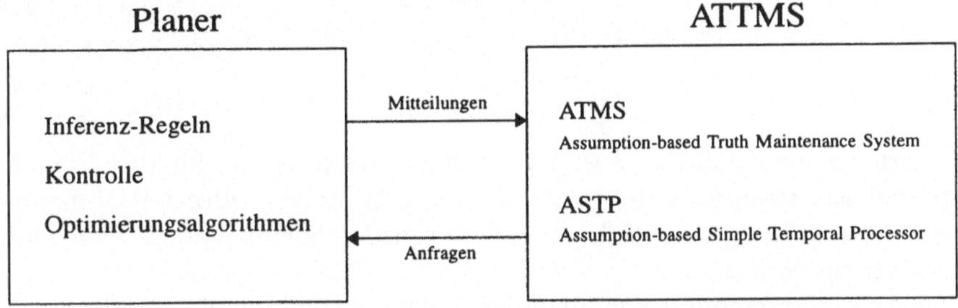

Abbildung 1.2: Ein Planer und sein Unterstützungssystem

Ein System, das zur Unterstützung bei der Planung von Maschinenbelegungen in der Lage sein soll, wird sowohl rein logische als auch zeitliche Zusammenhänge repräsentieren und verarbeiten können müssen. Ein solches System ist das ATTMS (siehe [BG93b, BG94] und [Gei94]).[2] Das ATTMS (assumption-based temporal truth maintenance system) ist ein hybrides Unterstützungssystem, das aus einem annahmen-basierten Truth-Maintenance-System (dem ATMS — wir werden es in den Kapiteln 5, 6 und 7 genauer betrachten) und einem System namens ASTP (assumption-based simple temporal processor) zum Lösen von relativ zu Annahmen gültigen linearen Ungleichungen über temporalen Variablen besteht.

Planer und ATTMS arbeiten folgendermaßen zusammen: Der Planer informiert das ATTMS über jeden für seine Planung wichtigen Sachverhalt, kodiert als eine sprechende aussagenlogische Variable. Eine Teilmenge dieser Sachverhalte sind *Annahmen*. Der Planer betrachtet Annahmen als unmittelbar revidierbare Sachverhalte. Eine Mitteilung der Form

$$assumption!(p)$$

setzt das ATTMS davon in Kenntnis, daß der Planer den Sachverhalt p als Annahme auffaßt.

---

[2] Die folgende Schilderung des ATTMS ist stark vereinfacht und behandelt nur jene Aspekte des ATTMS, die zum Verständnis der Beispielanwendung notwendig sind. Der an ATTMS-Details interessierte Leser sei auf [Gei94] verwiesen.

Neben Sachverhalten und Annahmen muß der Planer dem ATTMS Abhängigkeiten bekanntmachen, die zwischen relevanten Sachverhalten bestehen. Sind $p_1, \ldots, p_n$ und p für den Planer relevante Sachverhalte und übermittelt der Planer dem ATTMS das Constraint

$$p_1 \wedge \ldots \wedge p_n \to p, \tag{1.1}$$

so drückt damit aus, daß für ihn der Sachverhalt p immer schon dann zwingend ist, wenn es die Sachverhalte $p_1, \ldots, p_n$ sind. Wir sagen, er *rechtfertigt* p mit $p_1, \ldots, p_n$ und nennen im folgenden ein Constraint der Form (1.1) auch *Rechtfertigung*. Der Planer übermittelt die Rechtfertigung (1.1) durch einen Ausdruck der Form:

$$p_1, \ldots, p_n \Rightarrow p.$$

Eine besondere Rolle spielen Rechtfertigungen für den ausgezeichneten Sachverhalt $\bot$:

$$p_1 \wedge \ldots \wedge p_n \to \bot, \tag{1.2}$$

Diese signalisieren, daß das Zusammentreffen von $p_1, \ldots, p_n$ für den Planer inakzeptabel ist. Rechtfertigungen der Form (1.2) stellen *Integritätsbedingungen* dar. Macht eine Integritätsbedingung den absurden Sachverhalt $\bot$ zwingend, so nennen wir sie *verletzt*.

Das ATTMS interessiert sich mit einer Ausnahme nicht dafür, was die Sachverhalte bedeuten, die ihm der Planer mitteilt. Diese Ausnahme stellen Sachverhalte der Form

$$T - T' \leq d \tag{1.3}$$

dar.[3] In dieser Ungleichung sind T und T' temporale Variablen. Sie signalisiert dem ATTMS, daß es für den Planer von Bedeutung ist, ob zwei noch nicht näher bestimmte Zeitpunkte T und T' nicht weiter als d Zeiteinheiten voneinander entfernt sind.

Das ATTMS generiert zu den ihm vom Problemlöser mitgeteilten temporalen Sachverhalten — soweit es für die Auswertung von Anfragen nötig ist — automatisch Rechtfertigungen der Form

$$
\begin{aligned}
T_1 - T_2 \leq d \;\wedge\; T_2 - T_3 \leq d' \quad &\to \quad T_1 - T_3 \leq d + d', \\
T - T' \leq d \quad &\to \quad T - T' \leq d', \qquad (d < d') \\
T - T \leq d \quad &\to \quad \bot, \qquad\qquad\quad (d \neq 0) \\
&\quad\; T - T \leq 0, \\
&\quad\; T_0 - T \leq 0.
\end{aligned}
$$

Diese Rechtfertigungen charakterisieren die zwischen temporalen Sachverhalten implizit bestehenden Beziehungen, d.h. die Dreiecksungleichung, Generalisierungen, temporale Integritätsbedingungen, temporale Tautologien und den Bezugspunkt T_0 der Zeitachse.

---

[3] In einer konkreten Implementierung des ATTMS wird man dem Planer die Formulierung beliebiger temporaler Sachverhalte gestatten, die sich als Konjunktion von Sachverhalten dieser einfachen Form darstellen lassen. Wir machen von dieser Freiheit in unserer folgenden Schilderung ebenfalls Gebrauch.

Sachverhalte der Form (1.3) dürfen vom Planer wie alle anderen Sachverhalte in Rechtfertigungen verwendet werden, stellen also zeitliche Beziehungen dar, die nur unter bestimmten Annahmen gelten.

Der Planer macht natürlich nicht nur Mitteilungen an das ATTMS, sondern stellt auch Anfragen, die sich auf die mitgeteilten Daten beziehen. Jede dieser Anfragen hat eine Menge von Annahmen zum Argument. Eine Annahmenmenge U charakterisiert, was in TMS-Terminologie ein *Kontext* genannt wird: jene Menge von Sachverhalten, die aufgrund der Rechtfertigungen und der temporalen Ungleichungen zwingend sind, wenn man gleichzeitig alle Annahmen aus U trifft.

Stellt der Planer die Anfrage

$$consistent?\,(U),$$

so erkundigt er sich damit, ob ein gleichzeitiges Treffen der Annahmen aus dem Kontext U zu einem Widerspruch führt, weil dadurch Integritätsbedingungen oder temporale Ungleichungen verletzt werden.

Eine Anfrage der Form

$$holds?\,(p, U)$$

fordert das ATTMS zur Überprüfung auf, ob der Sachverhalt p zwingend ist, wenn man die Annahmen aus U trifft. Gibt das ATTMS auf diese Anfrage eine positive Antwort, so kann der Planer mit

$$why?\,(p, U)$$

nachfragen, warum das so ist. Besonders interessant sind natürlich Anfragen, warum ein Kontext U *inkonsistent* ist, d.h. Anfragen der Form: $why?\,(\perp, U)$. Das ATTMS wird solche Anfragen typischerweise beantworten, indem es minimale Teilmengen U' von U ermittelt, für die die Anfrage $consistent?\,(U')$ negativ beschieden würde.

Sind T und T' zwei temporale Variable, so kann der Planer das ATTMS außerdem zur Berechnung der unter den Annahmen aus einem Kontext U möglichen Abstände von T und T' veranlassen. Dazu stellt er die Anfrage:

$$range?\,(T, T', U).$$

Das ATTMS beantwortet sie im Prinzip wie folgt: Zunächst werden jene Sachverhalte der Form (1.3) bestimmt, die aufgrund der Annahmen aus U und der dem ATTMS mitgeteilten Rechtfertigungen zwingend sind. Das dabei entstehende Ungleichungssystem wird dann verwendet, um die unter den Annahmen aus U noch möglichen Abstände von T und T' zu berechnen.

Betrachten wir nun, wie die geschilderte Architektur zur Realisierung eines Schedulers eingesetzt werden kann. Die Auftragslage des Schedulers läßt sich wie folgt formal beschreiben. Sei $\mathcal{O}$ die Menge auszuführender Operationen und $\mathcal{M}$ die Menge der verfügbaren Maschinen. Diese beiden Mengen werden aus den flexiblen Arbeitsplänen und den Aufträgen, d.h. den Instanzen der Arbeitspläne, bestimmt.

Mit Hilfe des Prädikats $suits \subseteq \mathcal{O} \times \mathcal{M}$ wird festgelegt, welche Operation auf welcher Maschine ausgeführt werden kann. Die partielle Ordnung der Operationen wird durch das Prädikat $\prec$ repräsentiert, wobei $o_1 \prec o_2$ bedeutet, o_1 muß vor o_2 erledigt werden. Die Relation $suits$ liegt aufgrund der betrieblichen Gegebenheiten fest (sie hängt ja nur von der Beschaffenheit der verfügbaren Maschinen ab) und die Extension der Relation $\prec$ aufgrund der Arbeitspläne.

Die Dauer von Operationen kann von Maschine zu Maschine verschieden sein. Sie wird durch die Funktion $d : \mathcal{O} \times \mathcal{M} \to \mathbb{N}$ beschrieben: $t = d(o, m)$ heißt, die von der Operation o benötigte Zeit auf der Maschine m ist t. Wir unterstellen der Einfachheit halber, daß die Dauer einer Operation ein ganzzahliges Vielfaches einer für die Beschreibung hinreichend kleinen Zeiteinheit ist (in den meisten Fällen werden wohl Sekunden eine ausreichend kleine Einheit darstellen). Außerdem ordnen wir jeder Operation o eine eigene temporale Variable $T(o)$ zu, die den Zeitpunkt repräsentiert, zu dem die Operation (auf welcher Maschine auch immer) gestartet wird.

Die Aussage $starts(o, m, T(o))$ bedeutet, die Operation o startet auf der Maschine m zu dem Zeitpunkt, der durch die temporale Variable $T(o)$ bestimmt ist. Die Aussage $scheduled(o, m, t, t')$ bedeutet, daß die Operation o auf der Maschine m eingeplant ist und die Anfangszeit der Operation im Zeitintervall $[t, t']$ liegt.

Einige der Constraints, die die Auftragslage charakterisieren, haben temporale Konnotationen. Diese müssen durch entsprechende Rechtfertigungen berücksichtigt werden: Der Planer teilt dem ATTMS für jedes Paar (o_1, o_2) von Operationen aus $\mathcal{O}$, das die beiden folgenden Bedingungen erfüllt

$$o_1 \prec o_2 \ \wedge \ suits(o_1, m),$$

ein Constraint

$$starts(o_1, m, T(o_1)) \ \to \ (T(o_1) + d(o_1, m) \leq T(o_2))$$

mit, das festlegt, daß die Operation o_2 frühestens dann begonnen werden kann, wenn die Operation o_1 auf der Maschine m erledigt wurde.

Außerdem generiert er für beliebige bzgl. $\prec$ *unvergleichbare* Operationen o_1, o_2 aus ein und demselben Arbeitsplan, die die Eigenschaft

$$suits(o_1, m_1) \ \wedge \ suits(o_2, m_2)$$

aufweisen, die Integritätsbedingungen

$$\begin{aligned}
starts(o_1, m_1, T(o_1)) \ &\wedge \ starts(o_2, m_2, T(o_2)) \\
\wedge \ (T(o_2) \in [T(o_1), T(o_1) + d(o_1, m_1)]) \ &\to \ \bot, \\
starts(o_1, m_1, T(o_1)) \ &\wedge \ starts(o_2, m_2, T(o_2)) \\
\wedge \ (T(o_1) \in [T(o_2), T(o_2) + d(o_2, m_2)]) \ &\to \ \bot.
\end{aligned}$$

Hierdurch wird ausgedrückt, daß Operationen aus ein und demselben Arbeitsplan nicht gleichzeitig ausgeführt werden dürfen. Diese Einschränkung ist notwendig, wenn man — so wie wir das hiermit tun — unterstellt, daß in einem Arbeitsplan jeweils ein Werkstück gefertigt wird. Sie stellt sicher, daß an dem entsprechenden Werkstück nicht gleichzeitig verschiedene Arbeitsgänge wie Bohren oder Drehen eingeplant werden können.[4]

Schließlich vereinbart der Planer für beliebige o und $m_1 \neq m_2$ ein Constraint

$$starts(o, m_1, T(o)) \;\land\; starts(o, m_2, T(o)) \;\rightarrow\; \bot,$$

das verhindert, daß die gleiche Operation auf unterschiedlichen Maschinen eingeplant wird.

Die auftragsbezogenen Constraints, wie z.B. fest zugesagte Liefertermine, oder die Scheduling-Strategie können ebenfalls schon teilweise im voraus in Rechtfertigungen übersetzt werden (Präkompilation von Constraints).

Algorithmus 1.1 beschreibt skizzenhaft, wie ein annahmen-basierter Scheduler realisiert werden könnte, der das ATTMS als Unterstützungssystem verwendet.[5] Der Scheduler erwartet als Eingabe eine Menge von Operationen $\mathcal{O}$ und verfügbaren Maschinen $\mathcal{M}$, sowie die aus der Auftragslage extrahierten Relationen *suits* und $\prec$ und die Funktion d, die Auskunft darüber gibt, wieviel Zeit jeweils eine bestimmte Operation auf einer bestimmten Maschine benötigt. Er baut dann in der Menge S schrittweise die Repräsentation einer Schedule auf, die den Operationen aus $\mathcal{O}$ gemäß der Auftragslage Maschinen aus $\mathcal{M}$ zuordnet.

Die Menge S wird mit einer Menge von Schedule-Heuristik-Annahmen initialisiert. Danach wird die Annahme $T_0 = 0$ in S aufgenommen, nach der der Startzeitpunkt für die Schedule, der durch die ausgezeichnete temporale Variable T_0 repräsentiert ist, mit dem Beginn der Zeitachse zusammenfällt. Der Scheduler versucht nun, die Menge S für jede noch einzuplanende Operation $o \in ToDo$ um drei Annahmen zu erweitern:

1. eine Annahme $starts(o, m, T(o))$, die besagt, daß die Operation auf der Maschine m (zum noch unbestimmten Zeitpunkt $T(o)$) durchgeführt wird,

2. eine Annahme $scheduled(o, m, t, t')$, gemäß der die Anfangszeit der Operation o auf der Maschine m im Zeitintervall $[t, t']$ liegt und

3. eine Annahme $T(o) = t_s$, die besagt, daß der Startzeitpunkt für die Operation o durch t_s gegeben ist.

Dabei berechnet er jeweils passend zu der bereits vorliegenden partiellen Schedule und mit Unterstützung durch das ATTMS die konkreten Zeitpunkte t, t' und t_s (siehe Schritt 6).

Außerdem stellt der Scheduler nach der Einplanung von o im gleichen Schritt sicher, daß eine Neuplanung der Operation o erzwungen wird, falls die für o vorgesehene Maschine m in einem Zeitraum $[t_1, t_2]$ ausfällt, der mit der Ausführung von o überlappt.

---

[4] Im Falle von Arbeitsplänen, die Montagevorgänge beschreiben, ist diese Einschränkung natürlich nur bedingt sinnvoll.

[5] Der beschriebene Scheduler wurde übrigens zur Evaluation des ATTMS tatsächlich prototypisch implementiert — siehe [Gei94].

MINI-SCHEDULER$(\mathcal{O}, \mathcal{M}, suits, d, \prec)$

1. $S :=$ Menge von Schedule-Heuristik-Annahmen;
   $assumption!(T_0 = 0); \quad S := S \cup \{T_0 = 0\};$
   $ToDo := \mathcal{O}.$

2. Falls $ToDo = \emptyset$: Fertig!
   Wähle $o \in ToDo$ und
   $\qquad m \in \mathcal{M}$ mit $suits(o, m)$.

3. Falls $\neg holds?(starts(o, m, T(o)), S)$ gilt:

   (a) $assumption!(starts(o, m, T(o)));$

   (b) $consistent?(S \cup \{starts(o, m, T(o))\})$

   $\qquad$ ja: $S := S \cup \{starts(o, m, T(o))\};$

   $\qquad$ nein: abhängigkeiten-gesteuertes Umplanen!

4. $candis := \{ [t, t'] \mid m$ frei in S von t bis t' und
   $\qquad\qquad\qquad\qquad d(o, m) \leq t' - t \}.$

5. (a) Wähle $[t, t'] \in candis;$

   (b) $assumption!(scheduled(o, m, t, t'));$
   $\qquad scheduled(o, m, t, t') \Rightarrow t \leq T(o);$
   $\qquad scheduled(o, m, t, t') \Rightarrow T(o) + d(o, m) \leq t';$

   (c) Falls $\neg consistent?(S \cup \{scheduled(o, m, t, t')\})$:
   $\qquad$ abhängigkeiten-gesteuertes Umplanen!

6. $S := S \cup \{scheduled(o, m, t, t')\};$
   $[t_a, t_b] := range?(T_0, T(o), S).$

7. Wähle $t_s \in [t_a, t_b];$
   $assumption!(T(o) = t_s);$

   $\qquad$ Falls Maschinenausfall $defunct(m, t_1, t_2)$ bekannt wird:
   $\qquad defunct(m, t_1, t_2) \wedge T(o) \in [t_1, t_2] \wedge T(o) = t_s$
   $\qquad\qquad \wedge starts(o, m, T(o)) \wedge scheduled(o, m, t, t') \Rightarrow \bot;$
   $\qquad defunct(m, t_1, t_2) \wedge T(o) + d(m) \in [t_1, t_2] \wedge T(o) = t_s$
   $\qquad\qquad \wedge starts(o, m, T(o)) \wedge scheduled(o, m, t, t') \Rightarrow \bot;$

   $S := S \cup \{T(o) = t_s\}; \quad ToDo := ToDo - \{o\}.$

8. Weiter mit Schritt 2!

Algorithmus 1.1: Skizze eines annahmen-basierten Schedulers

Beim Versuch, die drei Annahmen in S aufzunehmen, die das Einplanen einer konkreten Operation repräsentieren, kann der Fall eintreten, daß dadurch eine Integritätsbedingung oder eine der temporalen Beziehungen verletzt wird. Der Scheduler befragt deshalb das ATTMS in den Schritten 3b) und 5c), ob die Schedule durch die jeweils neue Annahme inkonsistent wird. Er muß dann gegebenenfalls *abhängigkeiten-gesteuert umplanen*: Dazu bestimmt er zunächst alle Mengen von miteinander unverträglichen Scheduling-Annahmen. Die Inkonsistenzen werden dann mit Hilfe von Heuristiken zur Umplanung beseitigt, die gezielt einzelne Annahmen zurücknehmen. Die damit zurückgenommenen Operationen sind dann erneut einzuplanen. Eine Heuristik, die sich zur Umplanung einsetzen läßt, ist z.B. das bevorzugte Verschieben von Aufträgen, die nur wenige Abhängigkeiten haben oder die später beginnen.

Der beschriebene Scheduler kann leicht so modifiziert werden, daß er auftragsbezogene Optimierungskriterien berücksichtigt: Dazu muß man diese Kriterien lediglich in die Form von Rechtfertigungen bringen und dem ATTMS mitteilen, nicht jedoch den Scheduler selbst ändern. Außerdem fällt auf, daß der Scheduler keinen prinzipiellen Unterschied zwischen Neuplanen und Umplanen macht.

Die Arbeitsweise des Schedulers soll nun kurz anhand eines konkreten Auftrags illustriert werden.[6] Angenommen, der Scheduler soll einen Auftrag bestehend aus den Operationen O1, O2, O3, O4 und O5 einplanen, wobei die Reihenfolgen, in denen diese Operationen ausgeführt werden dürfen, durch die folgende partielle Ordnung gegeben seien:

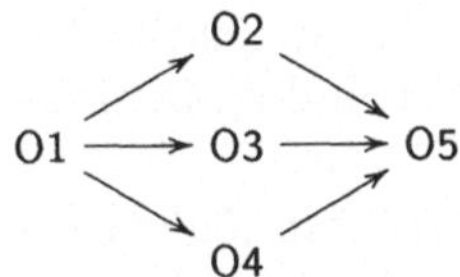

Nehmen wir weiter an, der Scheduler habe die Maschinenbelegung schon soweit berechnet, wie sie in Abbildung 1.3 gezeigt ist (in den Abbildungen, die Maschinenbelegungen darstellen, sind alle zu einem Auftrag gehörenden Operationen in der gleichen Schraffur gezeichnet). Dann ist O3 die einzige noch einzuplanende Operation dieses Auftrags. Der Scheduler will nun diese Operation sagen wir auf der Maschine M1 einplanen (es gelte *suits*(O3, M1)).

Deshalb testet er zunächst, ob die Operation O3 nicht schon aufgrund der vorliegenden Teilschedule zwingend auf der Maschine M1 durchgeführt werden muß. Er fragt dazu das ATTMS, ob der Sachverhalt

$$starts(\text{O3}, \text{M1}, T(\text{O3})) \tag{1.4}$$

bereits aus der bisherigen Schedule folgt. Angenommen, dies ist nicht der Fall und die soweit vorliegende Schedule läßt sich konsistent um die Annahme (1.4)

---

[6] Das Szenario stammt ursprünglich aus [Bec93a]; wir lehnen uns hier an die leicht modifizierte Präsentation aus [Gei94] an und übernehmen insbesondere die Abbildungen.

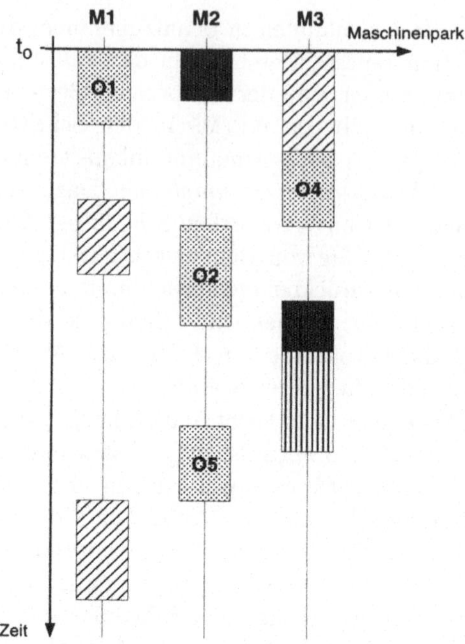

Abbildung 1.3: Maschinenbelegung vor dem Schedulen von O3

erweitern. Dann kann der Scheduler in Schritt 4 eine Menge von Kandidaten-Intervallen *candis* berechnen, in denen die Maschine M1 noch genügend Kapazität für die Operation O3 hat.

Die Abbildung 1.4 zeigt das frühestmögliche derartige Intervall $[t, t']$. Nehmen wir an, der Scheduler versucht O3 zu Beginn dieses Intervalls einzuplanen. Dann wird sich jedoch die um die Annahme

$$scheduled(\text{O3}, \text{M1}, t, t')$$

erweiterte Schedule als inkonsistent herausstellen, da mit ihr ein Widerspruch folgt: Es besteht keine Möglichkeit, die Operation O3 im Intervall $[t, t']$ so einzuplanen, daß sie noch vor dem Start der Operation O4 beendet ist. Dies wird jedoch von den auf Seite 21 beschriebenen präkompilierten Constraints verlangt.

Als Reaktion auf die Entdeckung des Widerspruchs wird nun abhängigkeitengesteuert umgeplant. Dabei wird u.a. die zuletzt getroffene Annahme zurückgenommen.

Der Scheduler betrachtet jetzt das in Abbildung 1.5 dargestellte, nächstmögliche Intervall $[t, t']$, in dem O3 ausgeführt werden kann. Diese Wahl gestattet es, die Schedule konsistent um die Annahme

$$scheduled(\text{O3}, \text{M1}, t, t')$$

zu erweitern. Das ATTMS berechnet dann als Antwort auf die Anfrage

$$range?(T_0, T(\text{O3}), \mathcal{S})$$

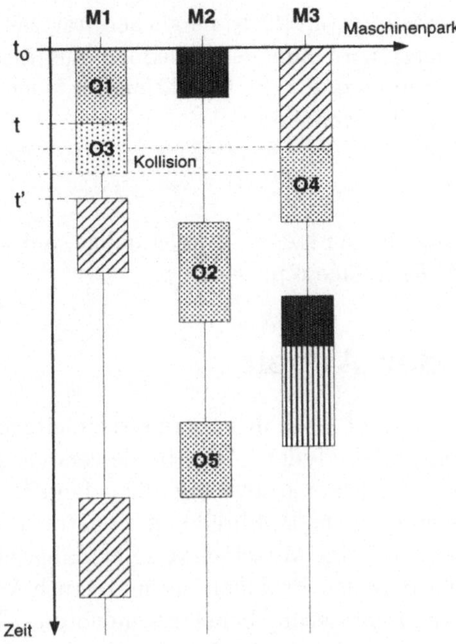

Abbildung 1.4: Fehlgeschlagener Versuch, O3 auf M1 zu plazieren

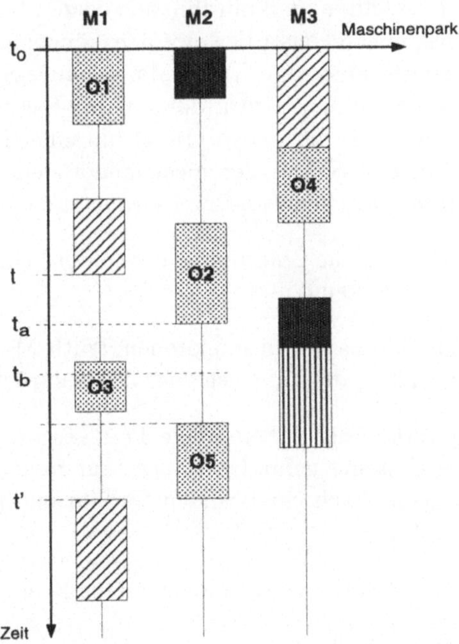

Abbildung 1.5: Erfolgreicher Versuch, O3 auf M1 zu plazieren

ein garantiert nicht-leeres Intervall $[t_a, t_b]$ möglicher Startzeitpunkte für die Operation O3. Zu guter letzt wird nun der Scheduler aus diesem Intervall einen Zeitpunkt als Startzeitpunkt t_s für die Operation O3 fixieren und dem ATTMS diese Entscheidung über die Annahme

$$T(O3) = t_s$$

mitteilen. Damit ist jetzt im ATTMS eine vollständige und konsistente Schedule für die vorgegebene Auftragslage repräsentiert.

1.6 Aufbau der Arbeit

Die vorliegende Arbeit besteht — zählt man dieses einleitende Kapitel nicht mit — im Prinzip aus fünf großen Teilen: Aufgabe des ersten Teils (Kapitel 2) ist die Erarbeitung eines Begriffsapparates, mit dem dann in den nachfolgenden Teilen der Arbeit eine einheitliche Beschreibung monotoner Truth-Maintenance-Systeme vorgenommen wird. Im Mittelpunkt steht dabei eine formale Spezifikation der Schnittstelle zwischen Problemlöser und Truth-Maintenance-System, die als Grundlage für die Realisierung beliebiger monotoner Truth-Maintenance-Systeme verwendet werden kann. Diese Spezifikation wird von einer deklarativen Charakterisierung des TMS-Kenntnisstands flankiert, die auch prozedurale Erweiterungen sowie Constraint-Schemata berücksichtigt. Der formale Apparat ist bewußt so allgemein gehalten, daß mit ihm alle derzeit bekannten monotonen Truth-Maintenance-Systeme rekonstruiert werden können. Das von dieser Beschreibung charakterisierte abstrakte Truth-Maintenance-System wird deshalb in der Arbeit auch als *generisches* Truth-Maintenance-System bezeichnet.

Im zweiten Teil (Kapitel 3) der Arbeit erfolgt mit einer Diskussion des JTMS ein kurzer Abstecher in das Gebiet der nicht-monotonen Truth-Maintenance-Systeme. Dieser Abstecher erscheint aus zwei Gründen angemessen:

1. Für eine bessere historische Einordnung der später behandelten monotonen Truth-Maintenance-Systeme und

2. zum tieferen Verständnis der in monotonen Truth-Maintenance-Systemen eingesetzten Techniken, die auf solche des JTMS zurückzuführen sind.

Außerdem werden im Verlauf der Arbeit einige JTMS-Techniken, die noch keinen Eingang in monotone Systeme gefunden haben, auf monotone Truth-Maintenance-Systeme übertragen. Nach einer kurzen Einführung in die JTMS-Technologie werden in diesem Teil

- der klassische Markierungsalgorithmus von Goodwin,

- die Verarbeitung von Defaults,

- bedingte Beweise,

- abhängigkeiten-gesteuertes Backtracking,

- Techniken zur Generierung von hierarchischen Begründungen sowie

- prozedurale Erweiterungen des JTMS,

soweit es für unsere Zwecke als sinnvoll erschien, formal beschrieben.

Der dritte Teil (Kapitel 4) der Arbeit unterzieht monotone single-context Truth-Maintenance-Systeme vom LTMS-Typ einer genaueren Untersuchung. Nach einer Abgrenzung der single- von den multiple-context Truth-Maintenance-Systemen wird dort zunächst die grundlegende TMS-Technik der Booleschen Constraint-Propagierung formal eingeführt, mit der der Kenntnisstand des LTMS effizient inkrementell modifiziert werden kann. Passend zur Booleschen Constraint-Propagierung wird dann ein spezieller Ableitungsbegriff definiert, mit dessen Hilfe sich dieser Kenntnisstand deklarativ spezifizieren läßt. Auf dieser Grundlage wird danach

- Boolesche Constraint-Propagierung als korrekt nachgewiesen und

- untersucht, in welchem Maße Boolesche Constraint-Propagierung unvollständig ist.

Die entsprechenden Ergebnisse erweisen sich anschließend bei der Rekonstruktion und Komplexitäts-Untersuchung der LTMS-Algorithmen zur Generierung von Begründungen, zum Führen indirekter Beweise und zur Analyse von Widersprüchen als äußerst wertvoll. Nach der Erläuterung der für das LTMS typischen keller-basierten Technik zur flexiblen Widerspruchsbehandlung am Beispiel abhängigkeiten-gesteuerter Suche werden dann zwei Vorschläge zur logischen Vervollständigung des LTMS ausgeführt. Der Teil endet mit einer kurzen Einführung in Clause-Management-Systeme und legt damit den begrifflichen Grundstock für die Untersuchung von multiple-context Truth-Maintenance-Systemen.

Gegenstand des vierten Teils der Arbeit (Kapitel 5, 6 und 7) sind multiple-context Truth-Maintenance-Systeme vom ATMS-Typ. Kapitel 5 rekonstruiert den deklarativen Kern solcher Truth-Maintenance-Systeme. Es beginnt mit einer Identifikation der Schwächen von single-context Truth-Maintenance-Systemen, über die dann der Bedarf für multiple-context Truth-Maintenance-Systeme nachgewiesen wird. Anschließend werden — ausgehend von den entsprechenden Begriffen des LTMS — Schritt für Schritt die für das Verständnis des ATMS notwendigen Begriffe formal eingeführt. Auf dieser Grundlage erfolgt danach eine Identifikation des dem ATMS zugrundeliegenden Ableitungsbegriffs, der dann seinerseits für eine formale Verifikation der Kern-Algorithmen des ATMS eingesetzt wird.

An diese formale Rekonstruktion des Kern-ATMS schließt sich eine Komplexitätsuntersuchung des ATMS-Propagierungsalgorithmus an. Dazu werden u.a. Worst-Case Anwendungsszenarien konstruiert, die die Grenzen von multiple-context Truth-Maintenance-Systemen zeigen. Aufgrund der teilweise doch recht entmutigenden Ergebnisse dieser Untersuchungen werden daran anschließend verschiedene Vorschläge zur Effizienzsteigerung studiert und bewertet, die sich verzögerte Propagierung zunutze machen.

Nach einer Komplettierung der Spezifikation der Schnittstelle zwischen Problemlöser und ATMS durch die Beschreibung von Funktionen zur Generierung von Begründungen wird das Thema Propagierung erneut aufgegriffen und ein Vorschlag zur Verarbeitung sogenannter Bulk-Updates unterbreitet. Dabei handelt es sich um

- eine Verallgemeinerung des de Kleer'schen Propagierungsalgorithmus,

- die zur Verarbeitung von Massen-Updates (Bulks) in der Lage ist

und aufgrund von Optimierungstechniken, die den kompletten Bulk einbeziehen, für bestimmte Problemklassen deutlich effizienter als das Original arbeitet. Dies wird anhand eines Planverwaltungssystems (das PNMS) und eines speziellen hybriden Truth-Maintenance-Systems nachgewiesen, das zum integrierten annahmen-basierten und temporalen Schließen in der Lage ist (das ATTMS).

In den Kapiteln 6 und 7 kommen die zahlreichen Erweiterungen des ATMS auf den Prüfstand. Dazu wird zwischen deklarativen und prozeduralen Erweiterungen unterschieden. Die Analyse beginnt im Kapitel 6 mit den deklarativen Erweiterungen, d.h. den Versuchen, die Sprache zu liberalisieren, in der der Problemlöser dem ATMS Constraints mitteilt: Neben Ansätzen zur Verarbeitung von Disjunktionen, von Negation und von verallgemeinerten Hornklauseln werden hier auch Vorschläge zur Verarbeitung nicht-monotoner Ausdrucksmittel untersucht.

Danach werden im Kapitel 7 prozedurale Erweiterungen des ATMS betrachtet, also solche Erweiterungen des Kern-ATMS, bei denen der Problemlöser Prozeduren vorgibt, die bei Eintreten von gewissen, klar definierten Bedingungen über dem Kenntnisstand, automatisch Operationen auf dem ATMS durchführen. Dabei kommt der Begriffsapparat, der im ersten Teil entwickelt wurde, voll zur Geltung: gestattet er doch nicht nur eine formale Beschreibung der Semantik der aus der Literatur bekannten Erweiterungen, sondern auch den positiven oder negativen Nachweis ihrer Korrektheit bzw. Vollständigkeit.

Der fünfte und letzte Teil (Kapitel 8) schließlich ist sowohl Rückblick als auch Ausblick. Er beschäftigt sich damit, wie Truth-Maintenance-Systeme zur Unterstützung sogenannter *Multi-Agenten-Problemlösesysteme* konzipiert werden können. Dazu wird zunächst das sogenannte Distributed Belief Revision Problem (DBR-Problem) als ein Kernproblem bei der verteilten Begründungsverwaltung identifiziert. Anschließend wird für jedes der bekannt gewordenen verteilten Truth-Maintenance-Systeme (zwei JTMS-basierte Systeme, das DTMS und das BRTMS, sowie ein ATMS-basiertes System, das DATMS) untersucht, inwieweit sie das DBR-Problem lösen. Nachdem diese Systeme alle

- entweder das DBR-Problem unbefriedigend lösen oder

- ihrem jeweiligen Agenten nur bedingt als Truth-Maintenance-System dienen können, wird nach ihrer Diskussion eine verteilte Weiterentwicklung des ATMS namens DARMS vorgestellt.

Für diesen Zweck werden zunächst die wichtigsten, den Entwurf von DARMS leitenden Prinzipien formuliert. Danach erfolgt ein diese Prinzipien berücksichtigender Vorschlag für die Architektur von DARMS. An diesen schließt sich eine formale Spezifikation des Ableitungs- und des Konsistenzbegriffs an, der dem DARMS zugrunde liegt. Diese Spezifikation wird durch eine Schilderung der Protokolle ergänzt, die der Problemlöser und das DARMS-Subsystem ein und desselben Agenten bzw. die DARMS-Subsysteme zweier miteinander kommunizierender Agenten einhalten müssen, wenn sie sich gemäß der Spezifikation korrekt verhalten sollen. Die entsprechenden Protokolle werden an Hand von drei Beispielen verdeutlicht: der Remote Belief Query, des Belief Merge sowie einer Simulation von gemeinsamen Knoten, wie sie das BRTMS unterstützt.

Anschließend werden die in Kapitel 5 präsentierten Kern-Algorithmen des ATMS zu entsprechenden Algorithmen für den verteilten Fall verallgemeinert und Hinweise gegeben, wie sich die in Kapitel 6 diskutierten Erweiterungen des Kern-ATMS auf das DARMS übertragen lassen. Das Kapitel endet mit einem Ausblick auf mögliche DARMS-Anwendungen.

Schließlich wird die Arbeit selbst mit einem kurzen zusammenfassenden Rückblick abgeschlossen (Kapitel 9).

Kapitel 2

Generisches Truth-Maintenance

Bevor wir uns dem Studium konkreter Truth-Maintenance-Systeme zuwenden, wollen wir uns in diesem Kapitel einen Begriffsapparat bauen, mit dem alle bekannten monotonen Truth-Maintenance-Systeme *einheitlich beschreibbar* sind. Dieser Begriffsapparat soll eine Spezifikation der Schnittstelle zwischen Problemlöser und TMS sowie des Kenntnisstands des TMS ermöglichen und Eckpfeiler für die Implementierung konkreter monotoner Truth-Maintenance-Systeme setzen. Deshalb reden wir im Zusammenhang mit diesem Begriffsapparat auch von *generischem Truth-Maintenance*.

Was sind die Bestandteile dieser Spezifikation? Zum einen natürlich die *Festlegung der Sprache*, in der der Problemlöser mit dem TMS kommuniziert und in der er Constraints, die durch das TMS zu verwalten sind, formuliert. Zur Definition dieser Sprache gehört insbesondere ihr induktiver Aufbau, da wir auch auf die Verarbeitung von Constraint-Schemata eingehen werden.

Zum anderen muß von dieser Spezifikation festgelegt werden, wie die *Schnittstellenfunktionen*, derer sich der Problemlöser bei Anfragen und Mitteilungen an das TMS bedienen kann, beschaffen sein sollen. Wir werden hier zwei Arten von Funktionen unterscheiden: Kern-Funktionen, die von jedem monotonen TMS zur Verfügung gestellt werden müssen und optionale Schnittstellenfunktionen, die prinzipiell verzichtbar sind, aber dem Problemlöser die Arbeit erleichtern. Unabhängig davon, ob es sich um obligate oder optionale Funktionen handelt, ist dann für jede dieser Funktionen *deklarativ* festzulegen, welche Eigenschaften eine Realisierung der betreffenden Funktion in einem konkreten TMS mindestens aufweisen muß, um als eine *korrekte* Realisierung zu gelten. Bei dieser Gelegenheit ist auch auf *Abhängigkeiten* zwischen den einzelnen Schnittstellenfunktionen einzugehen.

Schließlich muß die gesuchte Spezifikation eine ebenfalls deklarative Festlegung des *Kenntnisstands* des TMS gestatten, die auch die prozeduralen Erweiterungen der gängigen Truth-Maintenance-Systeme sowie Constraint-Schemata berücksichtigt.

2.1 Monotone Truth-Maintenance-Systeme

Beginnen wir also mit der Festlegung der Sprache, in der der Problemlöser und das TMS miteinander kommunizieren. Im folgenden bezeichne G_0 die Menge der *elementaren Sachverhalte*, an denen der Problemlöser interessiert ist.

Dann lassen sich *monotone Truth-Maintenance-Systeme* als Systeme zur Verarbeitung aussagenlogischer Beziehungen (*Boolescher Constraints*) auffassen, in denen die Elemente aus der Menge G_0 die Rolle von (Booleschen) Variablen spielen.

Wir unterstellen, daß die elementaren Sachverhalte, Wörter über einem Alphabet (Vokabular) Λ (d.h. wohlgeformte Ausdrücke aus Λ^*) sind und daß G_0 induktiv aufgebaut ist. Diese Forderungen bedeuten in der Praxis keine echten Einschränkungen für den Problemlöser, garantieren aber hinreichend Struktur in der Sprache G_0, so daß wir später unsere Theorie auch auf *Schemata* von Sachverhalten erweitern können.

Außerdem verwenden wir im folgenden den üblichen Begriff von Substitution als einer partiellen Abbildung von einer (endlichen) Variablenmenge V auf eine Termmenge M wie er etwa in Lloyd [Llo87] beschrieben ist: Danach ist eine *Substitution* σ eine endliche Menge der Form $\{v_1/t_1, \ldots, v_n/t_n\}$, für die gilt:

1. $v_1, \ldots, v_n$ sind paarweise verschiedene (Variablen-) Symbole aus V,

2. $t_1, \ldots, t_n$ sind Elemente aus M (also Terme), und

3. für alle $i \in \{1, \ldots, n\}$ ist v_i ungleich t_i.

Ein einzelnes Paar $v/t \in \sigma$ heißt dann *Bindung* der Variablen v an den Term t. Die Menge aller für eine Variablenmenge V und Termmenge M möglichen Substitutionen schreiben wir $Subst(V, M)$. Schließlich nennen wir das Resultat $\phi\sigma$ der Anwendung der Substitution $\sigma = \{v_1/t_1, \ldots, v_n/t_n\}$ auf den Ausdruck ϕ, d.h. jenen Ausdruck, der aus ϕ durch simultanes Ersetzen der Variablen v_i mit den Termen t_i entsteht, die *Instanz* von ϕ unter σ.

Eine Menge G ist *induktiv definiert* durch ein Tripel $(\mathcal{R}, \Lambda, V)$, falls für dieses Tripel gilt:

1. Λ ist das Vokabular der Sprache G, d.h. $G \subseteq \Lambda^*$.

2. V ist eine Menge von Regel-Variablen mit $V \cap \Lambda = \emptyset$.

3. $\mathcal{R}$ ist eine (nicht notwendig endliche) Menge von Regeln der Form:

$$e[x_1, \ldots, x_n] \leftarrow \langle x_1, \ldots, x_m \rangle$$

wobei gilt:

    (a) $0 \leq n \leq m$ (die Regel ist *sicher*),

    (b) $x_1, \ldots, x_m \in V$,

(c) $e[x_1, \ldots, x_n] \in (\Lambda \cup \{x_1, \ldots, x_n\})^*$.

4. Der *monotone Operator* T auf 2^{Λ^*} mit

$$T(G') := \{e[x_1, \ldots, x_n]\sigma \mid$$
$$\exists\, e[x_1, \ldots, x_n] \leftarrow \langle x_1, \ldots, x_m \rangle \in \mathcal{R},$$
$$\exists\, \sigma \in Subst(V, \Lambda^*) : x_1\sigma, \ldots, x_m\sigma \in G'\}$$

hat den kleinsten Fixpunkt

$$lfp(T) = G,$$

d.h. G ist die kleinste Menge von Formeln aus Λ^*, die unter Anwendung von Regeln aus $\mathcal{R}$ *abgeschlossen* ist

(zur Theorie induktiver Definitionen siehe P. Aczel in [Acz77]).

Die aussagenlogische Sprache $PL[G]$ mit *Booleschen Variablen aus* G läßt sich durch die induktive Definition $(\mathcal{R}_{PL}, \Lambda_{PL}, V_{PL})$ mit

- $\Lambda_{PL} = G \cup \{\wedge, \vee, \neg, \rightarrow, \text{„(“}, \text{„)“}\}$, $V_{PL} = \{x_1, x_2\}$,

- $\mathcal{R}_{PL} = \mathcal{R}' \cup \mathcal{R}''$ mit

$$\mathcal{R}' = \{(x_1 \wedge x_2) \leftarrow \langle x_1, x_2 \rangle, (x_1 \vee x_2) \leftarrow \langle x_1, x_2 \rangle,$$
$$(x_1 \rightarrow x_2) \leftarrow \langle x_1, x_2 \rangle, (\neg x_1) \leftarrow \langle x_1 \rangle\}$$

und $\mathcal{R}'' = \{g \leftarrow \langle \rangle \mid g \in G\}$

festlegen.

Formal gesehen operieren damit monotone Truth-Maintenance-Systeme auf

- einer Menge $\Gamma \subseteq PL[G_0]$ von *Constraints* und einer

- Menge $\Sigma \subseteq G_0 \cup \neg G_0$ von ausgezeichneten Literalen, den *Annahmen*

(wie üblich schreiben wir abkürzend $\neg M$ für die elementweise Negation der Elemente aus M, d.h. die Menge $\{\neg m \mid m \in M\}$).

Die Constraints aus Γ stehen für *Beziehungen zwischen Sachverhalten* (*komplexe Sachverhalte*), deren Einhaltung das TMS garantieren soll. Jede Annahme aus Σ repräsentiert einen elementaren Sachverhalt, dessen Status der Problemlöser *direkt vorgeben* kann. Die positiven Literale aus Σ stehen dabei für explizit getroffene Annahmen und die negativen Annahmen für elementare Sachverhalte, von denen explizit das Gegenteil angenommen wird. [1] Über Literale, die nicht in Σ vertreten sind, macht der Problemlöser keine expliziten Annahmen. Die zugehörigen elementaren Sachverhalte sind — soweit es die Constraints in Γ zulassen — frei durch das TMS annehmbar.

---

[1] Man könnte sich bei den Annahmen syntaktisch auch auf positive Literale beschränken, ohne dabei an Ausdruckskraft zu verlieren. Dazu ersetzt man $\neg P \in \Sigma$ durch eine neue Annahme P' und erweitert Γ um das Constraint $\neg(P \wedge P')$ und eventuell zusätzlich das Constraint $(P \vee P')$. Die erste Aktion macht die Annahmen P und P' miteinander unverträglich (material inkonsistent). Die zweite etabliert dann — falls erwünscht — das logische *tertium non datur* für P und P'.

2.2 Das Truth-Maintenance-System als Constraint-Solver

Abbildungen $\mathcal{V} : G_0 \to \{\mathtt{T},\mathtt{F}\}$ von Booleschen Variablen auf den Bereich $\{\mathtt{T},\mathtt{F}\}$ heißen *Bewertungen* dieser Variablen. Sie induzieren auf die gewohnte Art und Weise eine Bewertung $\mathcal{V} : PL[G_0] \to \{\mathtt{T},\mathtt{F}\}$ aller Boolescher Ausdrücke über diesen Variablen.

Eine Bewertung *erfüllt* eine Menge Γ von Constraints, wenn von ihr jeder Ausdruck in Γ mit $\mathtt{T}$ bewertet wird. Sie heißt *konsistent* mit einer Annahmenmenge Σ, wenn sie jedem Literal in Σ den Wert $\mathtt{T}$ zuordnet.

Gilt für eine Bewertung $\mathcal{V} : PL[G_0] \to \{\mathtt{T},\mathtt{F}\}$ von Γ und Σ:

1. $\mathcal{V}$ erfüllt die Constraints in Γ und

2. $\mathcal{V}$ ist konsistent mit der Annahmenmenge Σ,

so wird sie *Lösung des Constraint-Problems* (Γ, Σ) genannt. Wird eine Formel $\Psi \in PL[G_0]$ von *jeder* Lösung zu (Γ, Σ) mit $\mathtt{T}$ bewertet, so schreiben wir $(\Gamma, \Sigma) \models \Psi$, manchmal auch $\Gamma \cup \Sigma \models \Psi$, und wenn Ψ von mindestens einer Lösung des Constraint-Problems mit $\mathtt{F}$ bewertet wird, dann $(\Gamma, \Sigma) \not\models \Psi$. Hat (Γ, Σ) *keine* Lösung, so nennen wir (Γ, Σ) bzw. $\Gamma \cup \Sigma$ inkonsistent (unerfüllbar) und sonst konsistent.

Gerüstet mit diesen Begriffen lassen sich die *Hauptaufgaben* eines TMS wie folgt präzisieren:

- Feststellen, ob ein Literal *logische Konsequenz* der Constraints aus Γ ist, falls die Annahmen aus Σ getroffen werden.

- Überwachung der Konsistenz von Γ (d.h. der Konsistenz von $(\Gamma, \emptyset)$).

- Generierung von *Begründungen* für logische Konsequenzen mit Hilfe der Constraints aus Γ sowie der Annahmen aus Σ.

- Berechnung von *Lösungen* des Constraint-Problems (Γ, Σ),

und allgemein die Unterstützung von *Suchvorgängen* des Problemlösers durch Generieren von Erklärungen für lokale *Fehlschläge* bei der Lösungssuche und Nutzung dieser Erklärungen für die *Steuerung* der Suche (vgl. auch [Doy78, Doy79a, McA90b] und vor allem [KT92]).

2.3 Die generische Schnittstelle

Zur Erfüllung dieser Aufgaben muß ein TMS nach McAllester [McA90b] mindestens die folgenden vier *Schnittstellenfunktionen* zur Verfügung stellen:

- `add-constraint!`(C),

- `follows-from?`(Ψ, Σ),

- `justifying-literals?`(Ψ, Σ),

- `justifying-constraints?`(Ψ, Σ)

In jeder dieser Schnittstellenfunktionen steht $C \in PL[G_0]$ für ein Constraint, $\Psi \in G_0 \cup \neg G_0$ für ein Literal und $\Sigma \subseteq G_0 \cup \neg G_0$ für eine Annahmenmenge. Außerdem gehen die Constraints Γ in diese Funktionen als implizites Argument ein; wenn wir Γ als Argument explizit machen wollen, so indizieren wir die betreffende Schnittstellenfunktion damit.

Wir beginnen unsere allgemeinen Ausführungen zu monotonen Truth-Maintenance-Systemen mit einer logischen Rekonstruktion der Minimalschnittstelle, wie sie McAllester in [McA90b] mit den vier genannten Schnittstellenfunktionen postuliert. Das abstrakte TMS, das die dabei identifizierten Forderungen bezüglich der Schnittstellenfunktionen erfüllt, nennen wir hinfort das *generische Truth-Maintenance-System*.

Wir werden die Minimalschnittstelle im Verlauf unserer Betrachtungen durch optionale Schnittstellenfunktionen ergänzen und auf Constraint-Schemata verallgemeinern. Aus der logischen Rekonstruktion dieser Constraint-Schemata entwickeln wir schließlich ein generisches TMS mit prozeduralen Erweiterungen auf der Grundlage von Regeln.

Mit dem Aufruf `add-constraint!`(C) wird dem TMS ein *Boolesches Constraint C* mitgeteilt:

$$\Gamma := \Gamma \cup \{C\}.$$

Das TMS wird dabei das neue Constraint C zurückweisen, wenn es erkennen kann, daß Γ durch Hinzunahme von C inkonsistent würde. Eine Constraint-Menge Γ, die startend mit der leeren Menge durch iteriertes Aufrufen der Schnittstellenfunktion `add-constraint!` erzeugt wird, ist also — soweit es das TMS beurteilen kann — erfüllbar (mehr dazu später).

Einmal dem TMS mitgeteilt, können Constraints *nicht* mehr *zurückgenommen* werden:

$$\Gamma \text{ wächst monoton.}$$

Diese Tatsache zusammen mit der Forderung, daß $\models$ monoton ist, macht ein TMS zum monotonen TMS, und eben solche Truth-Maintenance-Systeme sind Gegenstand dieser Arbeit.

Trotzdem ist es möglich, ein *widerrufbares Constraint C* zu simulieren: Dazu führt man eine neue Boolesche Variable P_C ein, die die „Relevanz von C" repräsentiert und teilt dem TMS statt C das Constraint $(P_C \to C)$ mit. Dadurch kann das Constraint C mit Annahmenmengen, die $\neg P_C$ enthalten, aus- und mit solchen, in denen P_C vorkommt, eingeschaltet werden.

Die Funktion `follows-from?` liefert bei Vorlage eines Literals Ψ und einer Annahmenmenge Σ

$$\text{follows-from?}_\Gamma (\Psi, \Sigma)$$

einen von drei Werten:

- **YES**, falls das TMS errechnet, daß jede Lösung für das Constraint-Problem (Γ, Σ) dem Literal Ψ den Wert **T** zuweist.

- **NO**, falls das TMS herausfindet, daß mindestens eine Lösung des Constraint-Problems (Γ, Σ) dem Literal Ψ den Wert **F** zuweist.

- **UNKNOWN**, falls das TMS nicht in der Lage ist, sich effizient für einen der beiden Fälle zu entscheiden.

Falls das TMS für den Aufruf `follows-from?`$_\Gamma(\Psi, \Sigma)$ die Antwort **YES** liefert, sprechen wir auch davon, daß das TMS Ψ aus Γ und Σ *ableiten* kann.
Formal:

$$(\texttt{follows-from?}_\Gamma(\Psi, \Sigma) = \texttt{YES} \wedge (\Gamma, \Sigma) \models \Psi)$$
$$\vee\ (\texttt{follows-from?}_\Gamma(\Psi, \Sigma) = \texttt{NO} \wedge (\Gamma, \Sigma) \not\models \Psi)$$
$$\vee\ (\texttt{follows-from?}_\Gamma(\Psi, \Sigma) = \texttt{UNKNOWN}).$$

Wir unterstellen, daß eine Realisierung der Schnittstellenfunktion `follows-from?` unabhängig davon, in welcher Reihenfolge die Constraints aus ihrem impliziten Argument Γ dem TMS durch Aufrufe von `add-constraint!` bekannt gemacht wurden, immer die gleiche Antwort berechnet.

Man beachte, daß aufgrund von *ex falso quod libet* für *beliebige* Γ, Σ und Ψ gilt:

$$(\Gamma, \Sigma) \text{ inkonsistent} \quad \Rightarrow \quad (\Gamma, \Sigma) \models \Psi.$$

Liefert also `follows-from?` für ein vorgegebens Ψ relativ zu einer Constraint-Menge Γ und einer Annahmenmenge Σ die Antwort **YES**, so bedeutet das noch nicht, daß das Constraint-Problem (Γ, Σ) eine Lösung hat — (Γ, Σ) könnte ja inkonsistent sein.

Die Frage, ob $(\Gamma, \Sigma) \models \Psi$ gilt, ist zwar offensichtlich *entscheidbar*, aber genauso offensichtlich ein *NP-vollständiges* Problem, wenn für die Formulierung der Constraints *beliebige aussagenlogische Formeln* zugelassen sind: sie ist nämlich reduzierbar auf das Erfüllbarkeits-Problem für die Aussagenlogik [Joh90].

Die meisten Truth-Maintenance-Systeme garantieren ein *schnelles Terminieren* bei der Auswertung von `follows-from?`-Anfragen. Das erreichen sie dadurch, daß sie im Zweifelsfall die Antwort **UNKNOWN** liefern, obwohl mit entsprechendem Aufwand eine **YES**- bzw. **NO**-Antwort berechenbar wäre. Wir sagen, sie berechnen Approximationen der Relation $(\Gamma, \Sigma) \models \Psi$, und nennen die Antworten *approximative Antworten*.

Für bestimmte syntaktische Teilklassen der Aussagenlogik gibt es effiziente Algorithmen, die approximative Antworten auf die Frage

$$(\Gamma, \Sigma) \models \Psi$$

berechnen. Die wichtigsten derartigen syntaktischen Teilklassen und die zugehörigen effizienten Realisierungen von `follows-from?` werden wir uns in dieser Arbeit genauer ansehen.

Eine Realisierung der Funktion `follows-from?`, für die

$$\forall \Psi, \Sigma : \texttt{follows-from?}_\Gamma (\Psi, \Sigma) \in \{\text{YES},\text{NO}\}.$$

gilt, heißt *vollständig*.

Unsere Spezifikation der Schnittstellenfunktion `follows-from?` läßt noch eine Menge *Spielraum* für konkrete Implementierungen. Typischerweise werden von einer Realisierung von `follows-from?` zusätzlich die Eigenschaften

1. *Reflektivität*,

2. *Monotonie* und

3. *Transitivität*

verlangt — das TMS verfügt dann nämlich mit `follows-from?` über einen vollwertigen logischen Folgerungsbegriff (vgl. [Gab92]).

Falls die Schnittstellenfunktion `follows-from?` die Beziehung

$$\begin{aligned}
&\forall \Psi, \Sigma_1, \Sigma_2, \Gamma_1, \Gamma_2 : \\
&\quad (\Sigma_1 \subseteq \Sigma_2 \wedge \Gamma_1 \subseteq \Gamma_2 \wedge \\
&\quad\quad \texttt{follows-from?}_{\Gamma_1} (\Psi, \Sigma_1) = \text{YES}) \quad \Rightarrow \\
&\quad\quad\quad \texttt{follows-from?}_{\Gamma_2} (\Psi, \Sigma_2) = \text{YES}
\end{aligned}$$

erfüllt, so nennen wir sie *monoton*.

`follows-from?` ist *reflektiv*, wenn mit $\Psi \in G_0 \cup \neg G_0$

$$\Psi \in \Sigma \cup \Gamma \quad \Rightarrow \quad \texttt{follows-from?}_\Gamma (\Psi, \Sigma) = \text{YES}$$

und *transitiv*, wenn

$$\begin{aligned}
&(\forall \Psi' \in \Sigma' : \texttt{follows-from?}_\Gamma (\Psi', \Sigma) = \text{YES} \wedge \\
&\texttt{follows-from?}_\Gamma (\Psi, \Sigma') = \text{YES}) \quad \Rightarrow \\
&\quad\quad \texttt{follows-from?}_\Gamma (\Psi, \Sigma) = \text{YES}
\end{aligned}$$

für beliebige Literalmengen Σ und Σ' gilt.

Beispiel 2.3.1 *Ohne die Transitivitäts-Forderung kann für die Constraint-Menge*

$$\Gamma = \{P \to Q, P \to R, Q \wedge R \to S\} \subset PL[\{P,Q,R,S\}]$$

eine pathologische Situation eintreten: Q und R sind aus der Annahmenmenge $\Sigma = \{P\}$ *ableitbar, S ist aus der Menge* $\Sigma' = \{Q,R\}$ *ableitbar und trotzdem liefert* `follows-from?`$_\Gamma (S, \{P\})$ *die Antwort* `UNKNOWN`. □

Wie die folgende Spezifikation einer Realisierung von `follows-from?` zeigt, impliziert die *Transitivität* dieser Funktion noch *nicht* deren *Vollständigkeit*:

$$(\Psi \in \Sigma \;\Leftrightarrow\; \texttt{follows-from?}_\Gamma\,(\Psi,\Sigma) = \texttt{YES})$$

$$\wedge\; (\Psi \notin \Sigma \;\Leftrightarrow\; \texttt{follows-from?}_\Gamma\,(\Psi,\Sigma) = \texttt{UNKNOWN}).$$

Transitivität und *Reflektivität* implizieren allerdings zusammen die *Monotonie von* `follows-from?` *bezüglich* Σ:

$$\forall \Sigma_1, \Sigma_2, \Psi :$$
$$(\Sigma_1 \subseteq \Sigma_2 \wedge \texttt{follows-from?}_\Gamma\,(\Psi,\Sigma_1) = \texttt{YES}) \;\Rightarrow$$
$$\texttt{follows-from?}_\Gamma\,(\Psi,\Sigma_2) = \texttt{YES}$$

(zum Nachweis der Behauptung setze man $\Sigma' = \Sigma_1$ und $\Sigma = \Sigma_2$ in der Definition der Transitivität).

Wir unterstellen im Rest der Arbeit — außer bei der Definition der Schnittstellenfunktionen `justifying-literals?` und `justifying-constraints?` im folgenden Abschnitt —, daß `follows-from?` reflektiv, monoton und transitiv realisiert ist.

2.4 Begründungen

Die beiden im folgenden beschriebenen Funktionen `justifying-literals?` und `justifying-constraints?` werden vom Problemlöser verwendet, um Begründungen für Ableitbarkeitsbehauptungen des TMS zu generieren.

Die Funktion `justifying-literals?` ist folgendermaßen charakterisierbar: Es wird erwartet, daß der Problemlöser nur dann eine Anfrage der Form

$$\texttt{justifying-literals?}_\Gamma\,(\Psi,\Sigma)$$

an das TMS stellt, wenn er zuvor auf die Frage

$$\texttt{follows-from?}_\Gamma\,(\Psi,\Sigma)$$

die Antwort `YES` erhalten hat oder erhalten haben würde (andernfalls resultiert ein Laufzeitfehler). Das TMS berechnet dann als Antwort auf die Frage

$$\texttt{justifying-literals?}_\Gamma\,(\Psi,\Sigma)$$

eine Menge Σ' von Literalen. Gilt $\Psi \in \Sigma$, so muß Σ' die Bedingung

$$\Psi \in \Sigma' \subseteq \Sigma$$

erfüllen. Andernfalls hat Σ' folgende Eigenschaften aufzuweisen:

1. `follows-from?`$_\Gamma\,(\Psi,\Sigma')$ liefert die Antwort `YES`.

2. Für alle $\Psi' \in \Sigma'$ produziert `follows-from?`$_\Gamma\,(\Psi',\Sigma)$ die Antwort `YES`.

Formal:

$$(\texttt{follows-from?}_\Gamma\,(\Psi,\Sigma) = \texttt{YES} \;\wedge$$
$$\texttt{justifying-literals?}_\Gamma\,(\Psi,\Sigma) = \Sigma') \;\Rightarrow$$

$$(\Psi \in \Sigma' \subseteq \Sigma \quad \lor$$

$$(\Psi \notin \Sigma \;\land\; \texttt{follows-from?}_\Gamma\,(\Psi,\Sigma') = \text{YES} \;\land$$
$$\forall \Psi' \in \Sigma' : \texttt{follows-from?}_\Gamma\,(\Psi',\Sigma) = \text{YES})).$$

Wir nennen eine Literalmenge Σ' mit dieser Eigenschaft auch *Begründung für* Ψ *auf der Basis von* Σ *(und* Γ*)*.

Es ist nicht ausgeschlossen, daß die produzierte Begründung Σ' mit Γ unverträglich ist (dies kann allerdings nur dann passieren, wenn (Γ,Σ) keine Lösung hat, d.h. inkonsistent ist). In so einem Fall nennen wir Σ' eine *inkonsistente Begründung für* Ψ *auf der Basis von* Σ *und* Γ.

Die Spezifikation von `justifying-literals?` läßt es zu, daß — eine reflektive Realisierung der Schnittstellenfunktion `follows-from?` vorausgesetzt — ohne Ansehen von Ψ die *triviale Antwort* $\Sigma' = \Sigma$ geliefert wird.

Beispiel 2.4.1 *Sei* $\Gamma = \{P \to Q, P \land W \to R, Q \land R \to S\}$ *und* $\Sigma = \{P,W\}$*. Die meisten Truth-Maintenance-Systeme würden* `follows-from?`$_\Gamma\,(S,\Sigma)$ *mit* YES, *und die Anfrage* `justifying-literals?`$_\Gamma\,(S,\Sigma)$ *mit der Begründung* $\{Q,R\}$ *beantworten, als Begründung für* R *mit* $\Sigma' = \{P,W\}$ *aufwarten und* Q *mit* $\Sigma' = \{P\}$ *begründen.* □

Die Funktion `justifying-constraints?` ist eng mit der Schnittstellenfunktion `justifying-literals?` verwandt. Gilt

1. `follows-from?`$_\Gamma\,(\Psi,\Sigma)$ produziert die Antwort YES und

2. `justifying-literals?`$_\Gamma\,(\Psi,\Sigma)$ liefert für Ψ auf der Basis von Σ und Γ die Begründung Σ',

so berechnet

$$\texttt{justifying-constraints?}_\Gamma\,(\Psi,\Sigma)$$

eine Menge Θ von Constraints? mit der Eigenschaft:

1. $\Theta \subseteq \Gamma$ und

2. Ψ ist logische Konsequenz von (Θ,Σ').

Die Funktion darf also insbesondere keine Constraints produzieren, die nicht schon in Γ enthalten sind.

Formal:

$$(\texttt{follows-from?}_\Gamma\,(\Psi,\Sigma) = \text{YES} \;\land$$
$$\texttt{justifying-literals?}_\Gamma\,(\Psi,\Sigma) = \Sigma') \quad \Rightarrow$$

$$(\texttt{justifying-constraints?}_\Gamma\,(\Psi,\Sigma) = \Theta \;\land$$
$$\Theta \subseteq \Gamma \;\land\; (\Theta,\Sigma') \models \Psi).$$

Unter der Voraussetzung `follows-from?`$_\Gamma\,(\Psi,\Sigma) = \text{YES}$ kann demnach

$$\texttt{justifying-constraints?}_\Gamma\,(\Psi,\Sigma) = \emptyset$$

nur gelten, wenn Ψ eine Annahme aus Σ ist.

Auch die Schnittstellenfunktion $\texttt{justifying-constraints?}$ läßt sich trivial realisieren ($\Theta = \Gamma$). In obigem Beispiel 2.4.1 würden jedoch die meisten Truth-Maintenance-Systeme den Aufruf $\texttt{justifying-constraints?}(S,\Sigma)$ zu $\{Q \wedge R \to S\}$ evaluieren.

2.5 Begründungsbäume

Unter der Voraussetzung

$$\texttt{follows-from?}_\Gamma\,(\Psi,\Sigma) = \texttt{YES}$$

ist $\mathcal{B}$ ein *Begründungsbaum für* Ψ *bezüglich* (Γ,Σ), wenn mit

$$\Theta = \texttt{justifying-constraints?}_\Gamma\,(\Psi,\Sigma)$$

gilt:

- Ist $\Theta = \emptyset$ oder $\Psi \in \Sigma$, dann besteht $\mathcal{B}$ nur aus dem Blatt Ψ.

- Andernfalls gilt mit $\Sigma' = \texttt{justifying-literals?}_\Gamma\,(\Psi,\Sigma)$:

  1. Die Wurzel von $\mathcal{B}$ ist Ψ.

  2. Ψ hat genau einen Sohn, nämlich Θ.

  3. Jedes Literal $\Phi \in \Sigma'$ ist

     - Sohn von Θ und
     - Wurzel eines Begründungsbaums für Φ bezüglich (Γ, Σ).

Ein Begründungsbaum $\mathcal{B}$ ist also insbesondere ein bipartiter Baum (gerichteter, azyklischer Graph), bei dem Kanten abwechselnd Literale und begründende Constraint-Mengen verbinden.

Viele Implementierungen von Truth-Maintenance-Systemen lassen die Funktion $\texttt{justifying-constraints?}$ eine Menge bestehend aus *nur einem* Constraint liefern. Knoten von Begründungsbäumen tragen dann immer nur einelementige Constraint-Mengen.

Beispiel 2.5.1 *(Hornklauseln) Begründungsbaum für S bezüglich (Γ, Σ) mit $\Gamma = \{P \to Q, P \wedge W \to R, Q \wedge R \to S\}$ und $\Sigma = \{P, W\}$ (in der Abbildung 2.1 wurde das Blatt P nur einmal eingezeichnet).* $\qquad\qquad\square$

Beispiel 2.5.2 *(beliebige Klauseln) Gegeben seien die beiden Constraints*

$$C_1 = (N_2 \wedge N_3 \to N_1 \vee N_4), \quad C_2 = (N_5 \to N_3)$$

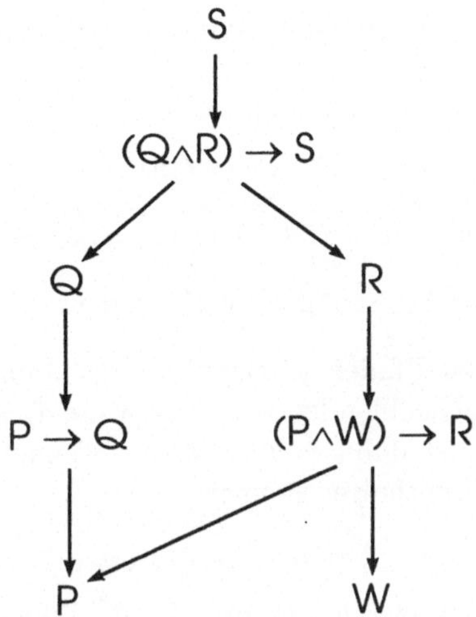

Abbildung 2.1: Ein Begründungsbaum für Hornklauseln

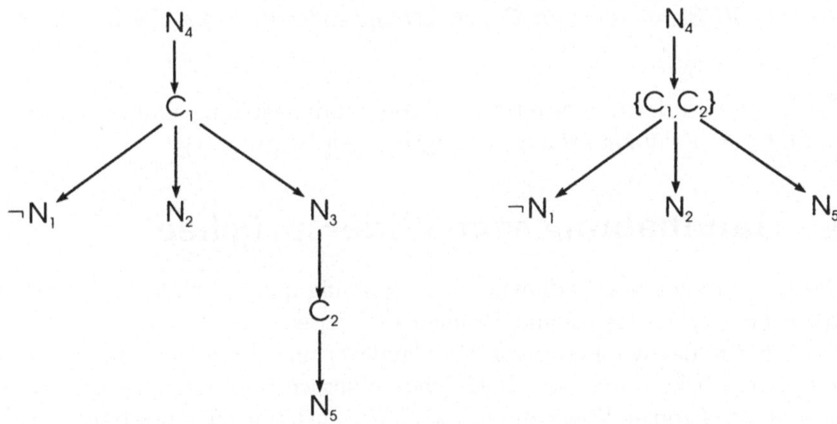

Abbildung 2.2: Begründungsbäume für allgemeine Klauseln

und die Annahmenmenge $\Sigma = \{\neg N_1, N_2, N_5\}$. Dann ist N_4 offensichtlich logische Konsequenz von (Γ, Σ).

Die beiden einzigen Begründungsbäume für N_4 bezüglich (Γ, Σ) haben folgendes Aussehen: (einelementige Constraint-Mengen wurden als singletons — ohne Mengenklammern — gezeichnet). Der rechte (triviale) Begründungsbaum, für dessen Konstruktion der Aufruf `justifying-constraints?`$(N_4, \{\neg N_1, N_2, N_5\})$ *die Constraint-Menge $\{C_1, C_2\}$ geliefert haben muß, ist offensichtlich abstrakter als der linke — er enthält nicht die Information, daß N_5 über das Constraint C_2 und N_3 in die Ableitung von N_4 einging.* $\qquad\square$

Um die Konstruktion von Begründungsbäumen (hierarchischen Begründungen) zu vereinfachen, weisen fast alle Truth-Maintenance-Systeme eine *nicht-*

zirkuläre Realisierung der Schnittstellenfunktion `justifying-literals?` auf. Eine Folge von Literalen

$$\Psi_1, \Psi_2, \ldots, \Psi_k$$

heißt *Begründungspfad* relativ zu Σ, wenn gilt:

1. `follows-from?`$_\Gamma (\Psi_i, \Sigma) =$ YES für $(1 \leq i \leq k)$ und

2. $\Psi_{i+1} \in$ `justifying-literals?`$_\Gamma (\Psi_i, \Sigma)$ für $(1 \leq i < k)$

(solche Pfade entsprechen Pfaden in Begründungsbäumen, bei denen die Constraintmengen-Knoten ausgeblendet wurden). Eine Realisierung der Funktion `justifying-literals?` ist dann *nicht-zirkulär*, wenn Begründungspfade jedes Literal *höchstens einmal* enthalten können.

Beispiel 2.5.3 *Sei* $\Gamma = \{W \to P, P \to Q, Q \to P\}$ *und* $\Sigma = \{W\}$. *Die meisten Systeme (zumindest solche, deren* `follows-from?` *transitiv und reflektiv ist und die Schlußregel Modus Ponens nutzt) würden* Q *als ableitbar aus* Σ *betrachten und* $\{P\}$ *als Begründung für* Q *angeben. Ohne die Nicht-Zirkularitäts-Bedingung könnte* $\{Q\}$ *als Begründung für* P *geliefert und so letztlich* Q *durch* $\{Q\}$ *begründet werden.* $\qquad\square$

Die Nicht-Zirkularität garantiert, daß Begründungsbäume immer *endlich* sind und damit die *Wohlfundiertheit* der zugehörigen Begründung.

2.6   Handhabung von Widersprüchen

Bei der Benutzung eines TMS arbeitet man häufig mit Annahmenmengen Σ, für die *keine Lösung* des Constraint-Problems (Γ, Σ) existiert.

Je nach Art der Kopplung von Problemlöser und TMS kann das Entdecken eines Widerspruchs durch das TMS eine entsprechende *automatische Benachrichtigung* des Problemlösers durch das TMS auslösen oder bewirken, daß der Problemlöser erst dann von der Inkonsistenz erfährt, wenn er explizit danach *fragt*.

Die folgende Schnittstellenfunktion `contradictory?` ermöglicht es, dem Problemlöser *Anfragen nach der Unerfüllbarkeit eines Constraint-Problems* (Γ, Σ) zu stellen:

$$\texttt{contradictory?}_\Gamma (\Sigma)$$

liefert die Antwort

- YES, falls das TMS weiß, daß (Γ, Σ) unerfüllbar ist,

- NO, falls das TMS eine *Lösung* von (Γ, Σ) kennt, und

- UNKNOWN, falls es nicht effizient entscheiden kann, welche dieser beiden Situationen vorliegt.

Formal:

$$(\text{contradictory?}_\Gamma(\Sigma) = \text{YES} \wedge (\Gamma, \Sigma) \text{ unerfüllbar})$$

$$\vee \ (\text{contradictory?}_\Gamma(\Sigma) = \text{NO} \wedge (\Gamma, \Sigma) \text{ erfüllbar})$$

$$\vee \ (\text{contradictory?}_\Gamma(\Sigma) = \text{UNKNOWN}).$$

Damit läßt sich dann auch genau die Semantik der vierten, von McAllester in [McA90b] geforderten Schnittstellenfunktion `add-constraint!` spezifizieren:

$$\text{add-constraint!}_\Gamma(C) \text{ bewirkt } \Gamma := \Gamma \cup \{C\}$$
$$\text{gdw.}$$
$$\text{contradictory?}_{\Gamma \cup \{C\}}(\emptyset) \neq \text{YES}.$$

Unerfüllbarkeit ist i.allg. nur recht *aufwendig* zu testen. Eine naive Methode ist die Umwandlung von $\Gamma \cup \Sigma$ in *Disjunktive Normalform* — mit Worst-Case exponentiellem Aufwand (siehe [Joh90]).[2]

McAllester benennt in [McA90b] keine eigene Schnittstellenfunktion mit der Funktionalität von `contradictory?`. Er schlägt dort lediglich vor, ein ausgezeichnetes (also insbes. neues) Variablensymbol $\perp$ — das *Falsum* — einzuführen und die Funktion `follows-from?` so zu erweitern, daß

$$\text{follows-from?}_\Gamma(\perp, \Sigma)$$

eine Aussage über die Unerfüllbarkeit von (Γ, Σ) erlaubt.

Die so erweiterte Schnittstellenfunktion `follows-from?` soll sich dann

- für $\Psi \neq \perp$ wie die alte Funktion `follows-from?` und

- für $\Psi = \perp$ wie die Funktion `contradictory?` verhalten:

$$\text{follows-from?}_\Gamma(\perp, \Sigma) := \text{contradictory?}_\Gamma(\Sigma).$$

Bei McAllester spielt $\perp$ also lediglich die Rolle eines *Indikators*, an dem die Funktion `follows-from?` erkennen kann, daß sie einen Test auf Erfüllbarkeit durchführen soll.

Das spezielle Variablensymbol $\perp$ läßt sich aber auch zur Realisierung eines *materialen* Begriffs von *Inkonsistenz* verwenden:

$$\text{mat-incons?}_\Gamma(\Sigma) := \text{follows-from?}_\Gamma(\perp, \Sigma)$$

(wobei hier `follows-from?` die Original-Funktion bezeichne, so wie sie auf Seite 36 definiert wurde).

Formal:

---

[2] Durch geeignete Einschränkungen an die Syntax der Constraints läßt sich der Test auf Unerfüllbarkeit evtl. vollständig vermeiden. So können z.B. Mengen definiter Klauseln (Klauseln mit maximal einem positiven Literal) grundsätzlich nicht inkonsistent werden. Sind darüberhinaus auch Klauseln, die nur aus negativen Literalen bestehen (also insgesamt *Hornklauseln*) als Constraints in Γ erlaubt, so ist für beliebige Σ das Constraint-Problem (Γ, Σ) mit linearem Aufwand *lösbar* (vgl. [DG84]).

$$(\texttt{mat-incons?}_\Gamma(\Sigma) = \texttt{YES} \wedge (\Gamma, \Sigma) \models \bot)$$
$$\vee\ (\texttt{mat-incons?}_\Gamma(\Sigma) = \texttt{NO} \wedge (\Gamma, \Sigma) \not\models \bot)$$
$$\vee\ (\texttt{mat-incons?}_\Gamma(\Sigma) = \texttt{UNKNOWN}).$$

Bei dieser Betrachtungsweise spielt das *Falsum* also die Rolle einer ausgezeichneten Variablen, für die man

$$(\Gamma, \Sigma) \not\models \bot$$

sicherstellen will.

Zwischen den Funktionen `mat-incons?` und `contradictory?` besteht offensichtlich der folgende Zusammenhang:

$$(\texttt{mat-incons?}_\Gamma(\Sigma) = ans\ \wedge\ ans \neq \texttt{UNKNOWN})$$
$$\Rightarrow\ \texttt{contradictory?}_{\Gamma \cup \{\neg \bot\}}(\Sigma) \in \{ans, \texttt{UNKNOWN}\}.$$

2.7   Materiale Integritätsbedingungen

Es steht dem Problemlöser frei, $\bot$ bei der Formulierung von Constraints zu verwenden. Constraints, die $\bot$ involvieren, nennt man dann *materiale Integritätsbedingungen* für Γ. Materiale Integritätsbedingungen in *Klauselform*, die $\bot$ als *positives Literal* enthalten, bezeichnen wir auch als NOGOODS.

Diese Interpretation des Zeichens $\bot$ als *Falsum* gestattet es, Integritätsbedingungen mit der gleichen Schnittstellenfunktion sicherzustellen, die auch die TMS-Approximation des Folgerungsbegriffs realisiert, und macht gleichzeitig die Sprache *ausdrucksstärker*, in der Constraints formulierbar sind.

Beispiel 2.7.1 *(Integritätsbedingungen für Hornklausel-Theorien)*
Hornklauseln erlauben zwar eine effiziente Realisierung der Schnittstellenfunktion `follows-from?`*; allein mit Hornklauseln lassen sich jedoch keine negativen Sachverhalte (Verbote) ausdrücken. Formuliert man jedoch zusätzlich Hornklauseln für $\bot$:*

$$A_1 \wedge \ldots \wedge A_n \to \bot,$$

so kann man damit Integritätsbedingungen ausdrücken und vom TMS überwachen lassen, ohne zusätzliche Vorkehrungen treffen zu müssen. $\square$

2.8   Die erweiterte generische Schnittstelle

Ein Problemlöser, der materiale Integritätsbedingungen spezifiziert, wird an Stelle der Schnittstellenfunktion `follows-from?` typischerweise eine Anfragefunktion namens `holds-in?` benutzen, die auch für material inkonsistente Probleme (Γ, Σ) vernünftige Ergebnisse liefert.[3]

---

[3] Wie wir gleich sehen werden, meinen wir hier mit „vernünftig", daß `holds-in?` die Antwort `NO` liefern soll, falls (Γ, Σ) material inkonsistent und damit untauglich für Erklärungen ist.

Der folgende Algorithmus 2.1 zeigt, wie sich eine entsprechende Funktion mit Hilfe der primitiven Schnittstellenfunktionen `mat-incons?` und `follows-from?` definieren läßt.

```
holds-in?Γ(Ψ,Σ):
```

1. Gilt $\Psi \neq \bot$?

2. Falls ja: Kehre zurück

   - mit der Antwort `NO`, falls das TMS weiß, daß (Γ,Σ) material inkonsistent ist, und

   - sonst mit dem Resultat, das vom Aufruf

     $$\texttt{follows-from?}_\Gamma(\Psi,\Sigma)$$

   geliefert wird.

3. Falls nein: Kehre zurück mit dem Wert des Ausdrucks

   $$\texttt{follows-from?}_\Gamma(\bot,\Sigma).$$

Algorithmus 2.1: Die Schnittstellenfunktion `holds-in?`

Formal:

$$((\Psi \neq \bot \wedge \texttt{mat-incons?}_\Gamma(\Sigma) = \text{YES}) \wedge$$
$$\texttt{holds-in?}_\Gamma(\Psi,\Sigma) = \text{NO})$$

$$\vee \; ((\Psi = \bot \vee \texttt{mat-incons?}_\Gamma(\Sigma) \neq \text{YES}) \wedge$$
$$\texttt{holds-in?}_\Gamma(\Psi,\Sigma) = \texttt{follows-from?}_\Gamma(\Psi,\Sigma)).$$

Eine vollständige Realisierung von `follows-from?` zieht offensichtlich die Vollständigkeit von `holds-in?` nach sich.

Für den Fall, daß
$$\texttt{holds-in?}_\Gamma(\Psi, \Sigma) = \text{YES}$$

gilt oder logisch ausgedrückt

1. $(\Gamma,\Sigma) \models \Psi$ und

2. falls $\Psi \neq \bot$ die Beziehung $(\Gamma,\Sigma) \not\models \bot$ (bzw. $\Gamma \cup \{\neg\bot\} \not\models \neg \bigwedge_{A\in\Sigma} A$)

zutrifft, nennen wir

- die Menge $\neg\Sigma = \{\neg A \mid A \in \Sigma\}$ einen *Support* und

- die dazu duale Menge Σ eine *Erklärung*

für Ψ *relativ zu* Γ (vgl. auch [RdK87]).

Erklärungen für $\Psi \neq \bot$ sind also immer *material (bzw. formal) konsistent* mit Γ, d.h. es gilt

$$(\Gamma, \Sigma) \not\models \bot \quad (\text{bzw. } (\Gamma \cup \{\neg\bot\}, \Sigma) \text{ hat mindestens eine Lösung}).$$

Im Gegensatz zu Begründungen wird jedoch für eine Erklärung nicht vorausgesetzt, daß die an ihr beteiligten Annahmen alle ableitbar sind, sie haben lediglich konsistent mit Γ und *hinreichend* für Ψ unter den Constraints Γ zu sein.

Zur Schnittstelle des generischen TMS gehören meist zwei *weitere Funktionen*

- `minimal-supporters?` und

- `maximal-subcontexts?`,

die sich mit den bereits vorgestellten vier Schnittstellenfunktionen realisieren lassen.

Der Aufruf

$$\texttt{minimal-supporters?}_\Gamma(\Psi, \Sigma)$$

liefert die Menge *minimaler* Untermengen Σ' von Σ mit der Eigenschaft:

$$\texttt{holds-in?}_\Gamma(\Psi, \Sigma') = \text{YES}.$$

Formal:

$$\Sigma' \in \texttt{minimal-supporters?}_\Gamma(\Psi, \Sigma)$$
$$\text{gdw.}$$
$$\Sigma' \subseteq \Sigma \wedge \texttt{holds-in?}_\Gamma(\Psi, \Sigma') = \text{YES} \wedge$$
$$\forall \Sigma'' \subset \Sigma' : \texttt{holds-in?}_\Gamma(\Psi, \Sigma'') \neq \text{YES}.$$

Eine Realisierung von `minimal-supporters?` muß also bei Vorgabe eines Literals Ψ und einer Annahmenmenge Σ *alle* minimalen Erklärungen für Ψ relativ zu Γ finden, die Teilmenge von Σ sind.[4] Damit wird eine konkrete Implementierung dieser optionalen Funktion entscheidend durch die der obligaten Schnittstellenfunktion `follows-from?` geprägt, weil letztere dabei ja nach „Beweisen" von Ψ ausgehend von Γ und Σ suchen wird.

Mit Hilfe von `minimal-supporters?` können die *Lösungen* eines vorgegebenen Constraint-Problems *aufgezählt* werden.[5]

Der Aufruf

$$\texttt{maximal-subcontexts?}_\Gamma(\Sigma)$$

liefert die (evtl. leere) Menge *maximaler* Untermengen Σ' von Σ mit der Eigenschaft:

---

[4] Der Name `minimal-supporters?` ist etwas unglücklich gewählt, da diese Schnittstellenfunktion ja eigentlich minimale *Erklärungen* und nicht die dazu dualen minimalen *Supports* berechnet. Weil die Schnittstellenfunktion in der Literatur aber üblicherweise so genannt wird, wollen auch wir das tun.

[5] Für eine Diskussion von Techniken zum Lösen von Constraint-Problemen vgl. [Mac77, PK87, dK89] sowie für Übersichten [Tob87] und vor allem [Tsa93].

$$\texttt{mat-incons?}_\Gamma(\Sigma') \neq \texttt{YES}.$$

Formal:

$$\Sigma' \in \texttt{maximal-subcontexts?}_\Gamma(\Sigma)$$
$$\text{gdw.}$$
$$\Sigma' \subseteq \Sigma \wedge \texttt{mat-incons?}_\Gamma(\Sigma') \neq \texttt{YES} \wedge$$
$$\forall \Sigma'' \supset \Sigma' : \texttt{mat-incons?}_\Gamma(\Sigma'') = \texttt{YES}.$$

Die Funktion `maximal-subcontexts?` läßt sich ohne Wissen über das konkrete Problem nur sehr schwer *effizient* realisieren (der Suchraum besteht bei n Annahmen aus 2^n Annahmenmengen). Deswegen wird häufig der Problemlöser selbst — mit Unterstützung des TMS und unter Ausnutzung allen Wissens über die konkrete Anwendung — nach den maximal konsistenten Mengen suchen.

Eine gute Realisierung der Funktion `maximal-subcontexts?` läßt sich zum Lösen von *Diagnose-Problemen* einsetzen.[6] Sie kann außerdem verwendet werden, um beim Suchen mit chronologischem Backtracking unnötige Rücksetzungsschritte zu vermeiden (*Backjumping*).[7]

2.9 Ein Beispiel: Graphenfärbung

Um ein besseres Gefühl für die vorgestellte Schnittstelle zu bekommen, betrachten wir nun ein etwas größeres Beispiel (aus [FMdK89]) — das Färben des Graphen, der in Abbildung 2.3 dargestellt ist.

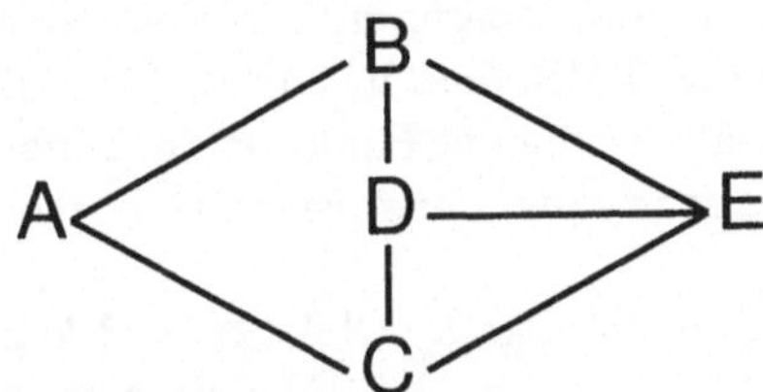

Abbildung 2.3: Graphenfärbung — das Problem

Zur Färbung der Knoten $A, \ldots, E$ stehen die Farben „rot", „grün" und „blau" zur Verfügung. Jeder der Knoten soll mit genau einer der drei Farben versehen werden. Mehrfachfärbungen sind also nicht zulässig. Außerdem sollen keine zwei Knoten, die im Graphen durch eine Kante verbunden sind, mit der gleichen Farbe koloriert werden.

Wir unterstellen, daß der Problemlöser Knotenfärbungen durch Boolesche Variablen mit sprechenden Namen nach dem Schema X_c repräsentiert, in dem

---

[6] Für eine ausführliche Diskussion, wie sich Truth-Maintenance-Systeme zur Realisierung von Diagnose-Systemen nutzen lassen, vgl. [dKW87, Rei87], [Pro88b, dK89], [Her86], [HCdK92] und vor allem [dKMR92].

[7] Vgl. [Knu75] für eine formale Betrachtung von Backtracking, [Gas79, BP84] zum Thema Backjumping und [SS77] für Backjumping mit Dependency Directed Backtracking sowie [Gin93] für einen Vergleich aktueller Ansätze.

jeweils X durch einen der fünf Knoten und c durch eine der drei Farben (r für „rot", g für „grün" und b für „blau") zu ersetzen ist. Die Menge G_0 der elementaren Sachverhalte ist also

$$\{A_r, A_g, A_b, \ldots, E_r, E_g, E_b\}.$$

Damit läßt sich nun das Färbungsproblem aus Abbildung 2.3 formal durch eine Constraint-Menge Γ beschreiben, die folgende Constraints enthält: Gebote

$$A_r \lor A_g \lor A_b, \quad B_r \lor B_g \lor B_b, \quad \ldots \quad , E_r \lor E_g \lor E_b,$$

NOGOODS, die Mehrfachfärbungsverbote repräsentieren,

$$A_r \land A_g \to \bot, \quad A_r \land A_b \to \bot, \quad A_g \land A_b \to \bot,$$
$$\vdots$$
$$E_r \land E_g \to \bot, \quad E_r \land E_b \to \bot, \quad E_g \land E_b \to \bot$$

und die aus der Topologie des Graphen resultierenden NOGOODS

$$A_r \land B_r \to \bot, \quad A_g \land B_g \to \bot, \quad A_b \land B_b \to \bot,$$
$$A_r \land C_r \to \bot, \quad A_g \land C_g \to \bot, \quad A_b \land C_b \to \bot,$$
$$\vdots$$
$$D_r \land E_r \to \bot, \quad D_g \land E_g \to \bot, \quad D_b \land E_b \to \bot.$$

Den von diesen Constraints aufgespannten Suchraum zeigt die Abbildung 2.4.

Wir nehmen an, daß das TMS, dem wir dieses Constraint-Problem vorlegen, über eine *vollständige* Realisierung der Funktion `follows-from?` verfügt und die Schnittstellenfunktion `justifying-constraints?` immer *genau ein* Constraint liefert.

Γ hat unter der Annahmenmenge $\Sigma = \{A_r, B_g, C_b\}$ keine material konsistente Lösung, d.h. es gilt $(\Gamma, \Sigma') \models \bot$ für $\Sigma' \supseteq \Sigma$. Mit dem zusätzlichen Constraint $\neg\bot$ wäre (Γ, Σ) also unerfüllbar (formal inkonsistent).

Das TMS erkennt diese materiale Inkonsistenz von Σ, da die Schnittstellenfunktion `follows-from?` vollständig realisiert ist, d.h. es kann errechnen, daß

$$\text{mat-incons?}(\Sigma) = \text{YES}$$

gelten muß.

Es könnte dann — eine entsprechende Realisierung der Schnittstellenfunktion `justifying-literals?` vorausgesetzt — folgende Antworten auf Nachfragen des Problemlösers liefern:

$$\text{justifying-literals?}(\bot, \Sigma) = \{D_r, E_r\},$$
$$\text{justifying-literals?}(D_r, \Sigma) = \{\neg D_g, \neg D_b\}.$$

Gäbe es zudem eine Funktion `underlying-premises?`, die für

$$\text{underlying-premises?}_\Gamma (\Psi, \Sigma)$$

die *Blätter des Begründungsbaums* von Ψ relativ zu (Γ, Σ) liefert, so gälte auch noch

$$\texttt{underlying-premises?}(\bot, \Sigma) \; = \; \{B_g, C_b\}.$$

Angewandt auf die Annahmenmenge

$$\Sigma = \{A_r, A_g, A_b, \ldots, E_r, E_g, E_b\}$$

würde der Aufruf

$$\texttt{maximal-subcontexts?}(\Sigma)$$

alle zulässigen Färbungen des Graphen liefern:

$$\{\{A_r, B_g, C_g, D_r, E_b\}, \{A_b, B_g, C_g, D_r, E_b\}, \ldots\}.$$

Der Schlüssel zur Lösung des Beispiels ist offensichtlich folgende Beobachtung:

> B und C müssen gleich gefärbt werden, damit D und E verschieden gefärbt werden können.

Das TMS (bzw. der Problemlöser, falls dieser die Suche nach den Lösungen selbst durchführt, da $\texttt{maximal-subcontexts?}$ entweder nicht zur Verfügung steht, oder aus Effizienzgründen ungenutzt bleiben soll) erkennt diesen Sachverhalt zwar nicht in dieser Allgemeinheit, errechnet ihn sich aber quasi *inkrementell*, indem während der Suche *Sackgassen analysiert* und die Resultate beim Rest der Suche berücksichtigt werden (abhängigkeiten-gesteuerte Suche).

Die Annahmenmenge $\Sigma = \{A_r, B_g, C_b, \ldots\}$ führt in eine solche Sackgasse (gestattet es, $\bot$ abzuleiten). Eine Analyse dieser Sackgasse mit

$$\texttt{minimal-supporters?}(\bot, \Sigma)$$

liefert die Annahmenmenge $\{B_g, C_b\}$. Die Inkonsistenz liegt offensichtlich *unabhängig* davon vor, welche Farbe für den Knoten A gewählt wird — solange nur B grün und C blau gefärbt wird.

Diese Information wird nun der Problemlöser bzw. das TMS in seiner Realisierung von $\texttt{maximal-subcontexts?}$ durch Installation des NOGOOD

$$B_g \wedge C_b \to \bot$$

zur Beschneidung des Suchraums einsetzen (*laterales Pruning*). Für den Rest der Suche werden damit keine Annahmenmengen mehr probiert, die *Obermenge* von $\{B_g, C_b\}$ sind (denn jede Obermenge einer material inkonsistenten Menge ist wieder material inkonsistent).

Das Färbebeispiel ist Instanz eines allgemeineren Problems: Sei $G = (V, E)$ ein (endlicher) ungerichteter Graph ($E \subseteq V^2$). Dann heißt eine Abbildung

$$c : V \to \{1, \ldots, k\}$$

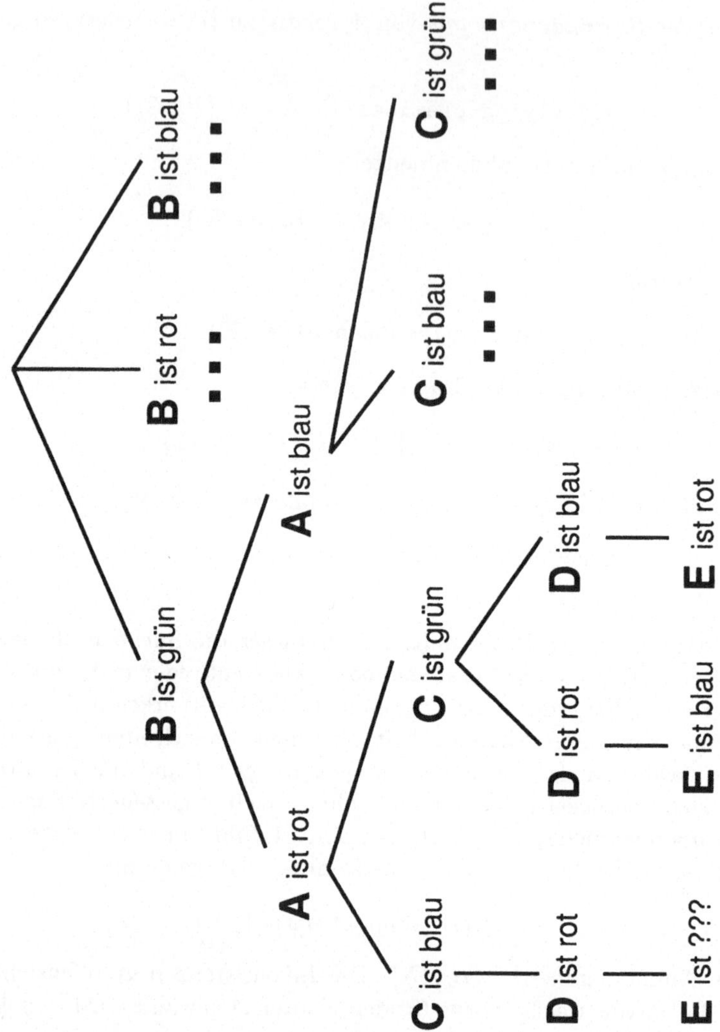

Abbildung 2.4: Suchraum beim Graphenfärben

eine *k-Färbung von G*, falls für beliebige Knoten $u, v \in V$ gilt:

$$(u, v) \in E \Rightarrow c(u) \neq c(v).$$

Bezeichnet k-COLOR die Menge der (endlichen) Graphen, die k-färbbar sind, dann ist nach Johnson [Joh90] das Entscheidungsproblem für 3-COLOR NP-vollständig. Da 3-COLOR-Probleme mit Hilfe von Constraints in Form von Hornklauseln ausdrückbar sind, gilt also folgendes Korollar: Selbst bei einer Einschränkung der im konkreten TMS eingesetzten Constraint-Sprache auf Hornklauseln ist das Problem der Bestimmung von `maximal-subcontexts`? *NP-vollständig.*

2.10 Constraint-Schemata

Durch die Bedingung $\Gamma \subseteq PL[G_0]$ ist der Problemlöser bei der Formulierung von Constraints recht eingeschränkt. Er kann nicht einmal Syllogismen wie den berühmten

$$\frac{\begin{array}{l}\text{Alle Menschen sind sterblich}\\ \text{Sokrates ist ein Mensch}\end{array}}{\text{Sokrates ist sterblich}}$$

in Γ aufnehmen, da ihm in einer aussagenlogischen Sprache keine Variablen zur Verfügung stehen.

Im folgenden soll deshalb untersucht werden, wie diese sprachliche Beschränkung auf dem Weg über *Constraint-Schemata* wenigstens zum Teil aufgehoben werden kann. Zu diesem Zweck werden an der Schnittstelle zwischen Problemlöser und TMS folgende Änderungen vorgenommen:

1. Als Argument für `add-constraint!` werden auch Constraint-Schemata zugelassen.

2. Alle anderen Schnittstellenfunktionen werden zwar auf die Verarbeitung von Schemata angepaßt, erlauben aber nach wie vor nur Argumente, die sich mit Literalen aus G_0 bilden lassen.

Um Constraint-Schemata einführen zu können, benötigen wir den Begriff der Generalisierung $G_0(Var)$ von G_0 mit Hilfe einer Menge *Var* sogenannter *Schema-Variablen*, für die

$$Var \cap \Lambda = \emptyset$$

gilt (G_0 sei induktiv definiert durch $(\mathcal{R}, \Lambda, V)$). Dazu müssen wir allerdings noch weitere Annahmen über die Struktur von G_0 machen.

Eine Menge G ist (induktiv) über $E \subseteq (\Lambda \cup V)^*$ auf einer zweiten Menge G_1 definiert, wenn G (entsprechend der Definition in Abschnitt 2.1) eine induktive Definition $(\mathcal{R}, \Lambda, V)$ hat, die mit

$$E_{G_1} := \{e\sigma \mid e \in E \text{ und } \exists \sigma \in Subst(V, G_1) : e\sigma \in \Lambda^*\}$$

die Eigenschaft

$$(t \leftarrow \langle\rangle) \in \mathcal{R} \quad \text{gdw.} \quad t \in E_{G_1}$$

aufweist. Wir schreiben diese Definition dann auch ausführlich:

$$(\mathcal{R}, \Lambda, V, E, G_1).$$

Ist G_1 seinerseits induktiv mit $(\mathcal{R}_1, \Lambda_1, V_1)$ definiert (o.B.d.A. gelte $V_1 \cap Var = \emptyset$), so bezeichne $G_1[Var]$ die von der induktiven Definition

$$(\mathcal{R}_1 \cup \{v \leftarrow \langle\rangle \mid v \in Var\}, \Lambda_1 \cup Var, V_1)$$

festgelegte Menge. Läßt sich schließlich G induktiv mit $(\mathcal{R}, \Lambda, V, E, G_1)$ über E auf G_1 definieren, so ist die *Generalisierung von G bezüglich Var* (und G_1) jene Menge $G(Var)$, die durch

$$(\mathcal{R}, \Lambda, V, E, G_1[Var])$$

charakterisiert wird. Wir nehmen im folgenden an, daß die Sprache G_0, in der der Problemlöser seine elementaren Beliefs formuliert, eine derartige Generalisierung $G_0(Var)$ besitzt.

Einen Ausdruck $P \in G_0(Var)$ nennen wir *Muster* über G_0 mit *Muster-Variablen* aus *Var*:

- P *repräsentiert* die (von Schema-Variablen freie) Menge

$$rep(P) := \{P\sigma \mid \exists \sigma \in Subst(Var, G_1) : P\sigma \in G_0\}.$$

- Gilt $P' \in rep(P)$, existiert also eine Substitution $\sigma \in Subst(Var, G_1)$ mit $P' = P\sigma \in G_0$, dann sagen wir:

  - P' *paßt zum Muster P* und

  - jedes Paar $(v, t) \in \sigma$ ist eine *Bindung* einer Muster-Variablen v aus P an einen Ausdruck $t \in G_1$.

Beispiel 2.10.1 *Die Menge G_0, die induktiv durch $(\mathcal{R}, \Lambda, V, E, G_1)$ mit*

- $\Lambda := \{r, g, b, e, \text{„}(\text{“}, \text{„},\text{“}, \text{„})\text{“}, A, B, C, D, E\}$,

- $V := \{x, y\}$,

- $E := \{r(x), g(x), b(x), e(x, y)\}$,

- $G_1 := \{A, B, C, D, E\}$ *und*

- $\mathcal{R} := \{t \leftarrow \langle\rangle \mid t \in E_{G_1}\}$

definiert wird, gestattet die Formulierung von Elementaraussagen in der Welt des Färbens von Graphen mit den Knoten A, B, C, D, E (r, g und b werden dabei für die Zuweisung der Farben „rot", „grün" bzw. „blau" zu Knoten und e zur Darstellung von Kanten verwendet). Für $v \in Var$ ist dann z.B. $e(A, v)$ ein Muster mit

$$rep(e(A, v)) = \{e(A, A), e(A, B), e(A, C), e(A, D), e(A, E)\}$$

und $e(A, v)$ paßt mit der Bindung (v, C) auf $e(A, C)$. $\square$

Beispiel 2.10.2 *Ein Problemlöser (vielleicht ein Theorembeweiser), der mit aussagenlogischen Formeln G_0 über prädikatenlogischen Atomen G_1 arbeitet, die in einer LISP-artigen Notation repräsentiert sind: G_0 sei induktiv definiert durch $(\mathcal{R}, \Lambda, V, E, G_1)$ mit*

- $\Lambda := \Lambda_1 \cup \{A, \ldots, Z, \text{„(", „ ", „)"}\}$,

- $V := \{x, y\}$,

- $E := \{x\}$ *und*

- $\mathcal{R} := \{r_\wedge, r_\vee, r_\rightarrow, r_\neg\} \cup \{t \leftarrow \langle\rangle \mid t \in E_{G_1}\}$ *mit*

$$
\begin{aligned}
r_\wedge &:= \text{(AND } x\ y\text{)} \leftarrow \langle x, y \rangle, \\
r_\vee &:= \text{(OR } x\ y\text{)} \leftarrow \langle x, y \rangle, \\
r_\rightarrow &:= \text{(IMPLIES } x\ y\text{)} \leftarrow \langle x, y \rangle, \\
r_\neg &:= \text{(NOT } x\text{)} \leftarrow \langle x \rangle,
\end{aligned}
$$

wobei G_1 eine mit $(\mathcal{R}_1, \Lambda_1, V_1)$ induktiv definierte Menge von LISP-*Listen und* LISP-*Atomen darstelle. $G_0(Var)$ enthält dann für $v \in Var$ z.B. den Ausdruck*

$$\text{(IMPLIES (HUMAN } v\text{) (MORTAL } v\text{))},$$

falls G_1 die LISP-*Listen* **(HUMAN SOKRATES)** *und* **(MORTAL PLATO)** *beinhaltet.* □

Mit Hilfe von $G_0(Var)$ läßt sich nun einfach definieren, was ein *Constraint-Schema $\mathcal{C}$* über G_0 ist:

$$\mathcal{C} \in PL[G_0(Var)].$$

In Analogie zu Mustern definieren wir außerdem, welche Constraints ein solches Constraint-Schema $\mathcal{C}$ repräsentiert:

$$rep(\mathcal{C}) := \{\mathcal{C}\sigma \mid \exists \sigma \in Subst(Var, G_1) : \mathcal{C}\sigma \in PL[G_0]\}.$$

Unser Graphfärbungsbeispiel läßt sich mit Hilfe von Constraint-Schemata wesentlich anschaulicher und kompakter ausdrücken:

$$
\begin{aligned}
&r(v) \vee g(v) \vee b(v), \\
&r(v) \wedge g(v) \rightarrow \bot, \\
&r(v) \wedge b(v) \rightarrow \bot, \\
&b(v) \wedge g(v) \rightarrow \bot, \\
e(A, B), e(A, C), e(B, D),& e(C, D), e(B, E), e(D, E), e(C, E), \\
&e(v_1, v_2) \wedge r(v_1) \wedge r(v_2) \rightarrow \bot, \\
&e(v_1, v_2) \wedge g(v_1) \wedge g(v_2) \rightarrow \bot, \\
&e(v_1, v_2) \wedge b(v_1) \wedge b(v_2) \rightarrow \bot
\end{aligned}
$$

und der klassische „Sokrates-Syllogismus" mit Hilfe des Schemas:

$$
\begin{aligned}
\text{(HUMAN } v\text{)} \wedge &\text{ (IMPLIES (HUMAN } v\text{) (MORTAL } v\text{))} \\
&\rightarrow \text{ (MORTAL } v\text{)}.
\end{aligned}
$$

Worauf ist nun zu achten, wenn als Argument für die Schnittstellenfunktion `add-constraint!` nicht nur Constraints, sondern auch Constraint-Schemata erlaubt werden?

Es ist nicht zu erwarten, daß eine für Constraints effiziente Realisierung der Schnittstellenfunktion `follows-from?` auch effizient mit Constraint-Schemata umgehen kann. Andererseits kann man auf Grund der Größe von $rep(\Gamma)$ i.allg. auch nicht erwarten, daß ein auf $rep(\Gamma)$ statt Γ operierendes `follows-from?` besonders effizient mit Speicher- und Zeit-Ressourcen haushalten wird.

Der üblicherweise bei der Konstruktion von Truth-Maintenance-Systemen eingeschlagene Weg zur Lösung dieses Problems besteht deshalb darin, die Schemata in Γ *bei Bedarf* gerade so weit zu instantiieren, daß die Antworten zu Aufrufen von `follows-from?` allein mit Hilfe der erzeugten Instanzen berechnet werden können (*verzögerte Schema-Instantiierung*).[8]

Die Constraint-Menge $\Gamma \subseteq PL[G_0(Var)]$ läßt sich eindeutig so in zwei Mengen Γ_i und Γ_s zerlegen (notiert als $\Gamma = (\Gamma_i, \Gamma_s)$), daß gilt:

1. $\Gamma_i = \{\mathcal{C} \mid \mathcal{C} \in PL[G_0]\}$ und

2. $\Gamma_s = \Gamma - \Gamma_i$

(Γ_i umfaßt dann genau die „echten" Constraints aus Γ, die *keine* Constraint-Schemata sind).

Gilt $\Psi \in PL[G_0(Var)]$, so verwenden wir die Abkürzung

$$vars(\Psi) := min_{\subseteq}\{G \subseteq G_0(Var) \mid \Psi \in PL[G]\},$$

für die Menge der Booleschen Variablen in Ψ und verallgemeinern

$$vars(\Gamma) := \bigcup_{\Psi \in \Gamma} vars(\Psi).$$

Außerdem nennen wir für $\Gamma' \subseteq PL[G_0(Var)]$ und $\mathcal{C} \in PL[G_0(Var)]$ jedes Element aus der Menge

$$inst(\mathcal{C}, \Gamma') := \{\mathcal{C}\sigma \mid \exists \sigma \in Subst(Var, G_1) :$$
$$\mathcal{C}\sigma \in PL[G_0] \wedge \exists v \in vars(\mathcal{C}) : v\sigma \in vars(\Gamma')\}$$

eine von Γ' *induzierte Instanz von* $\mathcal{C}$. Diese induzierten Instanzen entstehen also aus $\mathcal{C}$, indem man über eine Substitution σ alle in $\mathcal{C}$ auftretenden Schema-Variablen durch Elemente aus G_1 ersetzt (zur Erinnerung: G_0 war als induktiv mit $(\mathcal{R}, \Lambda, V, E, G_1)$ über E auf G_1 definiert vorausgesetzt), wobei bei dieser Ersetzung aber mindestens eine Boolesche Variable aus G_0 in $\mathcal{C}\sigma$ entstehen muß, die bereits in Γ' enthalten war.

Beispiel 2.10.3 *In der Welt des Graphenfärbens gilt:*

$$inst(e(v_1, v_2) \wedge r(v_1) \wedge r(v_2) \to \bot, \{e(A, B), r(C), r(D)\}) =$$
$$\{e(A, B) \wedge r(A) \wedge r(B) \to \bot\} \cup$$
$$\{e(v_1, v_2) \wedge r(v_1) \wedge r(v_2) \to \bot \mid$$
$$v_1 \in \{C, D\} \; und \; v_2 \in \{A, B, C, D, E\} \; oder$$
$$v_2 \in \{C, D\} \; und \; v_1 \in \{A, B, C, D, E\}\}.$$

□

---

[8] `follows-from?` ist nicht notwendig vollständig bzgl. $rep(\Gamma)$ realisiert. Im Extremfall kann das TMS also völlig auf Instantiierungen verzichten, wenn die Anwendung, die es unterstützen soll, nicht allzu sehr unter der damit einhergehenden Unvollständigkeit leidet.

Wir betrachten nun für $\Gamma = (\Gamma_i, \Gamma_s) \subseteq PL[G_0(Var)]$ und $\Delta\Gamma \subseteq PL[G_0(Var)]$ den wie folgt auf Teilmengen von $PL[G_0]$ definierten Operator $T_{\Gamma_i, \Gamma_s, \Delta\Gamma}$

$$T_{\Gamma_i, \Gamma_s, \Delta\Gamma}(\Gamma') := \bigcup_{\mathcal{C} \in \Gamma_s} inst(\mathcal{C}, \Gamma' \cup \Delta\Gamma) \cup \Gamma_i.$$

Dieser Operator liefert bei Anwendung auf eine Menge Γ' von Constraint-Schemata neben Γ_i alle von $\Gamma' \cup \Delta\Gamma$ induzierten Instanzen von Constraint-Schemata aus Γ_s. Der Operator $T_{\Gamma_i, \Gamma_s, \Delta\Gamma}$ ist monoton und besitzt damit einen kleinsten Fixpunkt

$$Mat(\Gamma, \Delta\Gamma) := lfp(T_{\Gamma_i, \Gamma_s, \Delta\Gamma}),$$

der alle induzierten Instanzen von Constraint-Schemata aus Γ enthält, die durch iteriertes Anwenden des Operators $T_{\Gamma_i, \Gamma_s, \Delta\Gamma}$ aufgrund von $\Delta\Gamma$ hergestellt werden können.

Wir bezeichnen die Elemente aus $Mat(\Gamma, \Delta\Gamma)$ als aufgrund von $\Delta\Gamma$ (und Γ_i) für Γ *materialisierte Constraints* und die Booleschen Variablen, die in Constraints aus $Mat(\Gamma, \Delta\Gamma)$ auftreten oder schon in Γ_i vorhanden waren, entsprechend als aufgrund von $\Delta\Gamma$ (und Γ_i) für Γ *materialisierte Variable*. Für $Mat(\Gamma, \emptyset)$ schreiben wir auch abkürzend $Mat(\Gamma)$.

$Mat(\Gamma, \Delta\Gamma)$ hat unter anderem die folgenden angenehmen Eigenschaften:

1. Monotonie in Γ und $\Delta\Gamma$:

$$\Gamma \subseteq \Gamma' \wedge \Delta\Gamma \subseteq \Delta\Gamma' \;\Rightarrow\; Mat(\Gamma, \Delta\Gamma) \subseteq Mat(\Gamma', \Delta\Gamma').$$

2. $\Gamma_i \subseteq Mat(\Gamma) \subseteq Mat(\Gamma, \Delta\Gamma) \subseteq rep(\Gamma)$.

3. Inkrementalität:

$$Mat(\Gamma, \Delta\Gamma \cup \{\Psi\}) = Mat(\Gamma \cup Mat(\Gamma, \Delta\Gamma), \{\Psi\}).$$

4. Abschlußeigenschaft:

$$Mat(Mat(\Gamma, \Delta\Gamma), \Delta\Gamma) = Mat(\Gamma, \Delta\Gamma).$$

Außerdem besteht mit $G_m = vars(Mat(\Gamma, \Delta\Gamma))$ für

- $\Psi \in G_m \cup \neg G_m$ und

- $\Sigma \subseteq G_m \cup \neg G_m$

für beliebige $\Gamma, \Delta\Gamma \subseteq PL[G_0(Var)]$ der wichtige Zusammenhang:

$$(rep(\Gamma), \Sigma) \models \Psi \quad \text{gdw.} \quad (Mat(\Gamma, \Delta\Gamma), \Sigma) \models \Psi. \qquad (2.1)$$

Beweisskizze: $\models$ ist kompakt und damit monoton, also folgt wegen

$$Mat(\Gamma, \Delta\Gamma) \subseteq rep(\Gamma)$$

die linke Seite aus der rechten; die umgekehrte Richtung gilt aufgrund der Konstruktion von $Mat(\Gamma, \Delta\Gamma)$: die gleiche Ableitung, die $\Psi \in G_m \cup \neg G_m$ aus $rep(\Gamma)$ etabliert, beschreibt nämlich, wie Ψ aus $Mat(\Gamma, \Delta\Gamma)$ hergeleitet werden kann.

Wie das folgende Beispiel zeigt, kann aber auch verzögerte Instantiierung recht teuer sein. Allein dadurch, daß das TMS unter Ausnutzung von (2.1) nur Materialisierungen bzgl. $Mat(\Gamma)$ durchführt, läßt sich das Problem der kombinatorischen Explosion bei „blindem" Instantiieren der Constraint-Schemata also nicht lösen.

Beispiel 2.10.4 *(natürliche Zahlen) Für* $G_0 = \{nat(succ^n(0)) \mid n \in \mathbb{N}\}$, $Var = \{v\}$ *und* $\Gamma = \{nat(0), nat(succ(v)) \leftarrow nat(v))\}$ *gilt:*

$$Mat(\Gamma) = \begin{array}{l} \{nat(0)\} \cup \\ \{nat(succ^{n+1}(0)) \leftarrow nat(succ^n(0)) \mid n \in \mathbb{N}\}, \end{array}$$

d.h. $vars(Mat(\Gamma)) = G_0$ *und* $|vars(Mat(\Gamma))| = |\mathbb{N}|$.   □

2.11 Die generische Schnittstelle und Constraint-Schemata

In einem konkreten TMS muß die verzögerte Instantiierung von Γ in den Schnittstellenfunktionen

- `add-constraint!` und

- `follows-from?`

durchgeführt werden, falls das TMS zu diesem Zweck keine speziellen Schnittstellenfunktionen anbietet.

Enthält $\Gamma = (\Gamma_i, \Gamma_s) \subseteq PL[G_0(Var)]$ die momentan dem TMS bekannten Constraints und ist $C \in PL[G_0(Var)]$ ein Constraint oder Constraint-Schema, so wird eine Realisierung von `add-constraint!` wie im folgenden Algorithmus 2.2 beschrieben aussehen.

Dabei wird von einer Realisierung der (internen) TMS-Funktion `materialize` erwartet, daß der Aufruf

$$\text{materialize}_\Gamma(\Delta\Gamma)$$

mit $\Gamma = (\Gamma_i, \Gamma_s)$ für beliebige $\Delta\Gamma \subseteq PL[G_0(Var)]$ eine Menge $\Delta\Gamma_i$ mit

$$\Delta\Gamma_i \subseteq rep(\Gamma) - \Gamma_i$$

berechnet, so daß $\Gamma_i \cup \Delta\Gamma_i$ einen für die Anwendung im Sinne der Äquivalenz (2.1) hinreichend großen Teil der materialisierten Constraints aus $Mat(\Gamma, \Delta\Gamma)$ enthält. Dazu brauchen aufgrund der Beziehung

$$Mat(\Gamma, \Delta\Gamma) \subseteq rep(\Gamma),$$

`add-constraint!`$_\Gamma(\mathcal{C})$:

1. Berechne eine Menge $\Delta\Gamma_i$ neuer Instanzen von Constraints aus $\Gamma \cup \{\mathcal{C}\}$ mit Hilfe der TMS-Funktion `materialize`:

$$\Delta\Gamma_i := \mathtt{materialize}_{\Gamma\cup\{\mathcal{C}\}}(\emptyset).$$

2. Liefert der Aufruf von

$$\mathtt{contradictory?}_{\Gamma_i\cup\Delta\Gamma_i}(\emptyset)$$

die Antwort YES?

3. Falls ja: Signalisiere die Unverträglichkeit von Γ und $\mathcal{C}$.

4. Falls nein: Erweitere Γ um $\Delta\Gamma_i \cup \{\mathcal{C}\}$.

Algorithmus 2.2: Die Schnittstellenfunktion `add-constraint!`

von `materialize` nur solche Mengen $\Delta\Gamma_i$ von Constraint-Instanzen geliefert zu werden, für die

$$\Delta\Gamma_i \subseteq Mat(\Gamma, \Delta\Gamma) - \Gamma_i$$

zutrifft. Weil die Prozedur in endlicher Zeit ein Resultat liefern muß, wird das berechnete $\Delta\Gamma_i$ darüber hinaus immer endlich sein und damit schon immer dann zu wenig Instanzen von Γ enthalten, wenn $Mat(\Gamma, \Delta\Gamma)$ unendlich ist (wie etwa in Beispiel 2.10.4).

Von besonderem Interesse ist hier übrigens der Spezialfall, bei dem Materialisierungen bezüglich solcher Constraint-Mengen $\Gamma \subseteq PL[G_0(Var)]$ durchzuführen sind, für die nur Hornklauseln

$$q_1 \wedge \ldots \wedge q_n \to p$$

zugelassen sind und bei dem nur Annahmenmengen Σ mit *positiven Literalen* (aus G_0) gebildet werden dürfen. In diesem Fall kann man wesentlich gezielter materialisieren als wenn Constraints beliebiger Form zugelassen sind. Zur formalen Behandlung definieren wir die von einer Menge Γ' *von Hornklauseln induzierten Instanzen einer Schema-Hornklausel* $\mathcal{C}$ durch

$$inst^H(\mathcal{C}, \Gamma') := \{(q_1 \wedge \ldots \wedge q_n \to p)\sigma \mid \exists \sigma \in Subst(Var, G_1) :$$
$$q_1\sigma, \ldots, q_n\sigma \in vars(\Gamma') \wedge p\sigma \in G_0\}$$

und bezeichnen mit $Mat^H(\Gamma, \Delta\Gamma)$ den kleinsten Fixpunkt des durch

$$T^H_{\Gamma_i, \Gamma_s, \Delta\Gamma}(\Gamma') := \bigcup_{\mathcal{C}\in\Gamma_s} inst^H(\mathcal{C}, \Gamma' \cup \Delta\Gamma) \cup \Gamma_i$$

für $\Gamma = (\Gamma_i, \Gamma_s)$ und $\Delta\Gamma$ definierten Operators $T^H_{\Gamma_i, \Gamma_s, \Delta\Gamma}$. Offensichtlich gilt dann

$$Mat^H(\Gamma, \Delta\Gamma) \subseteq Mat(\Gamma, \Delta\Gamma)$$

und es genügt, wenn

$$\mathtt{materialize}_\Gamma(\Delta\Gamma)$$

nur Mengen $\Delta\Gamma_i$ mit

$$\Delta\Gamma_i \subseteq Mat^H(\Gamma, \Delta\Gamma) - \Gamma_i$$

berechnet, da für $G_m = vars(Mat_H(\Gamma, \Delta\Gamma))$ mit $\Psi \in G_m$ und $\Sigma \subseteq G_m$ die folgende Beziehung besteht:

$$(rep(\Gamma), \Sigma) \models \Psi \quad \text{gdw.} \quad (Mat^H(\Gamma, \Delta\Gamma), \Sigma) \models \Psi. \tag{2.2}$$

Beispiel 2.11.1 *In der Welt des Graphenfärbens gilt:*

$$inst^H(e(v_1, v_2) \wedge r(v_1) \wedge r(v_2) \rightarrow \bot,$$
$$\{e(A, B), r(C), r(D)\}) = \emptyset.$$

$\square$

Der eigentliche Grund für die Beziehung (2.2) — die Richtung von links nach rechts gilt ja trivialerweise — ist natürlich der,

> daß die Schlußregel Modus Ponens *vollständig* für
> Hornklausel-Theorien ist,

d.h. allein mit dem Modus Ponens alle atomaren Konsequenzen einer Formelmenge berechenbar sind, die nur aus Hornklauseln besteht.

Da dieses Vollständigkeitsergebnis im folgenden noch öfter verwendet werden wird, wollen wir es hier formal sauber — durch Induktion über die Größe der fraglichen Theorie — beweisen: Sei also q ein Atom und DB eine Hornklausel-Theorie mit $DB \models q$ und sei q nicht schon in DB enthalten.

Aus $DB \models q$ folgt, DB erwähnt q in mindestens einer Formel. DB enthält aber nur Hornklauseln. O.B.d.A. können wir daher annehmen, daß DB keine Tautologien enthält. Es gibt also keine Klausel in DB, die q sowohl als Vorbedingung als auch als Konsequenz enthält.

Gilt $q \in DB$, so ist nichts zu zeigen. Sei also $q \notin DB$. Gelte nun die Behauptung für alle DBs, die kleiner als DB sind.

Enthält DB eine Klausel C, die q als Vorbedingung erwähnt, dann gilt

$$DB \models q \quad \text{gdw.} \quad DB - \{C\} \models q,$$

denn:

$$\Gamma \cup \{P \wedge q \rightarrow r\} \models q \quad \text{gdw.}$$
$$\Gamma \models (P \wedge q \rightarrow r) \rightarrow q \quad \text{gdw.}$$
$$\Gamma \models (P \wedge q \wedge \neg r) \vee q \quad \text{gdw.}$$
$$\Gamma \models q.$$

In diesem Falle gilt also die Behauptung (denn $DB - \{C\}$ ist kleiner als DB).

Bleibt also der Fall zu untersuchen, daß jede Klausel aus DB, die q erwähnt, q als Konsequenz hat. Seien

$$P_1 \to q$$
$$\vdots$$
$$P_n \to q$$

die entsprechenden Hornklauseln (die P_j sind also jeweils Konjunktionen von Atomen). Dann gilt mit der Abkürzung

$$DB' := DB - \{P_1 \to q, \ldots, P_n \to q\}$$

die Beziehung

$$DB' \not\models q \quad \text{aber} \quad DB \models q. \tag{2.3}$$

Also existiert (mindestens) ein P_i mit

$$
\begin{aligned}
DB' \cup \{P_i \to q\} &\models q \quad \text{gdw.} \\
DB' &\models (P_i \to q) \to q \quad \text{gdw.} \\
DB' &\models (P_i \wedge \neg q) \vee q,
\end{aligned}
$$

wegen (2.3) gilt somit: $DB' \models P_i$.

Nun ist $P_i = p_1 \wedge \ldots \wedge p_m$ und jedes der p_j aufgrund der Induktionsannahme ableitbar. Mit der Schlußregel Modus Ponens ist damit auch q aus

$$DB' \cup \{P_i \to q\},$$

also erst recht aus DB ableitbar und es folgt ebenfalls die Behauptung.

Auch die Schnittstellenfunktion `follows-from?` muß die Constraint-Schemata bezüglich ihrer Argumente hinreichend instantiieren, bevor sie sich an die eigentliche Arbeit machen kann — der folgende Algorithmus 2.3 zeigt, wie das geschehen kann. Für die Argumente gilt dabei wieder $\Psi \in G_0 \cup \neg G_0$, $\Sigma \subseteq G_0 \cup \neg G_0$ bzw. $\Gamma = (\Gamma_i, \Gamma_s) \subseteq PL[G_0(Var)]$.

2.12 Relevanz- und Annahmen-Deklarationen

Die meisten Truth-Maintenance-Systeme führen bei Aufrufen der Schnittstellenfunktionen `follows-from?` bzw. `add-constraint!` allerdings *keine* Materialisierung bzgl. ihrer Argumente durch, sondern erwarten, daß Γ schon *vor* den entsprechenden Aufrufen hinreichend materialisiert wurde. Auf diese Art und Weise ermöglichen diese Systeme uniforme Reaktionszeiten auf Aufrufe der entsprechenden Schnittstellenfunktionen.

Ein solches TMS muß dann zur Kompensation zwei weitere Schnittstellenfunktionen

- `relevant!` und

```
follows-from?_Γ(Ψ,Σ):
```

1. Bilde eine Menge $\Delta\Gamma_i$ neuer Constraint-Instanzen:

$$\Delta\Gamma_i := \texttt{materialize}_\Gamma(\{\Psi\} \cup \Sigma)$$

(damit gilt dann also $\Delta\Gamma_i \subseteq Mat(\Gamma, \{\Psi\} \cup \Sigma) - \Gamma_i$).

2. Erweitere Γ_i um $\Delta\Gamma_i$.

3. Kehre zurück mit dem Wert

```
follows-from?_Γᵢ(Ψ,Σ),
```

den die für variablen-freie Constraints definierte Variante der Schnittstellenfunktion `follows-from?` liefert.

Algorithmus 2.3: Die Schnittstellenfunktion `follows-from?`

- `assumption!`

zur Verfügung stellen, die als Argument ein positives Literal Ψ (aus G_0) erwarten.

Wir nehmen im folgenden an, daß das TMS den Problemlöser zwingt, vor einem Aufruf `follows-from?`$_\Gamma$(Ψ,Σ) das Atom zum Literal Ψ mit `relevant!`, die Atome zu den Annahmen in Σ mit `assumption!` und vor einem Aufruf `add-constraint!`$_\Gamma(\mathcal{C})$ alle $\Theta \in vars(\mathcal{C}) \cap G_0$ mit `relevant!` zu deklarieren. Damit sind dann immer auch die Argumente von Aufrufen der Funktionen `justifying-constraints?` bzw. `justifying-literals?` vor dem Aufruf deklariert.

In einem konkreten System könnten die vor dem Aufruf anderer Schnittstellenfunktionen notwendigen `relevant!`- und `assumption!`-Deklarationen *automatisch* (implizit) vom System durchgeführt werden. Der Problemlöser hat dann immer noch die Freiheit, zusätzliche (explizite) Deklarationen vorzunehmen und kann dadurch Einfluß darauf nehmen, welche Materialisierungen das TMS vornimmt.

Wie wir später (in Abschnitt 2.14) sehen werden, ist es außerdem sinnvoll, daß das TMS Buch führt, für welche Atome Ψ die Funktionen `relevant!` bzw. `assumption!` bereits ausgeführt wurden. Die Menge $\mathcal{N}$ von Booleschen Variablen aus G_0, die implizit oder explizit `relevant!` erklärt wurden, nennen wir die der *relevanten Atome* bzw. die der *Knoten*.

Sei wieder $\Gamma = (\Gamma_i, \Gamma_s) \subseteq PL[G_0(Var)]$ die Menge der momentan dem TMS bekannten Constraints und Ψ ein *positives* Literal (d.h. aus G_0). Für Argumente dieses Typs kann dann die Schnittstellenfunktion `relevant!` wie im folgenden Algorithmus 2.4 definiert werden.

Analog verwaltet die wie im folgenden Algorithmus 2.5 definierte Schnittstel-

---

`relevant!`$_{\Gamma,\mathcal{N}}(\Psi)$:

1. Bilde eine Menge $\Delta\Gamma_i$ neuer Constraint-Instanzen:

$$\Delta\Gamma_i := \texttt{materialize}_\Gamma(\{\Psi\})$$

   (hier gilt also $\Delta\Gamma_i \subseteq Mat(\Gamma, \{\Psi\}) - \Gamma_i$).

2. Erweitere die Menge $\mathcal{N}$ um $\{\Psi\} \cup vars(\Delta\Gamma_i)$.

3. Füge zu Γ_i die Menge $\Delta\Gamma_i$ hinzu.

Algorithmus 2.4: Die Schnittstellenfunktion `relevant!`

lenfunktion `assumption!` eine Menge $\mathcal{A} \subseteq G_0$, die angibt, welche Annahmenmengen

$$\Sigma \subseteq \mathcal{A} \cup \neg\mathcal{A}$$

in Aufrufen der anderen Schnittstellenfunktionen zulässig sind (implizite oder explizite `assumption!`-Deklarationen).

`assumption!`$_{\Gamma,\mathcal{A}}(\Psi)$:

1. Erweitere $\mathcal{A}$ um Ψ.

2. Führe den Aufruf `relevant!`$_{\Gamma,\mathcal{N}}(\Psi)$ aus.

Algorithmus 2.5: Die Schnittstellenfunktion `assumption!`

Offensichtlich gilt damit zu jedem Zeitpunkt: $vars(\Gamma_i) \subseteq \mathcal{N}$ und $\mathcal{A} \subseteq \mathcal{N}$.

2.13 Der Kenntnisstand des Truth-Maintenance-Systems

Der *Kenntnisstand* des Truth-Maintenance-Systems ist relativ zur Constraint-Menge $\Gamma = (\Gamma_i, \Gamma_s)$, Knotenmenge $\mathcal{N}$ und Annahmenmenge $\mathcal{A}$ definiert:

$$Bel_{\Gamma,\mathcal{N},\mathcal{A}} := \{(\Psi, \Sigma, \texttt{holds-in?}_{\Gamma_i}(\Psi, \Sigma)) \mid \Psi \in \mathcal{N} \cup \neg\mathcal{N} \wedge \Sigma \subseteq \mathcal{A} \cup \neg\mathcal{A}\}.$$

Die Tripel aus $Bel_{\Gamma,\mathcal{N},\mathcal{A}}$ bezeichnen wir als *elementare Beliefs*. Man beachte, daß der Kenntnisstand für jeden relevanten Sachverhalt Ψ sowohl elementare Beliefs zu Ψ selbst als auch zu $\neg\Psi$ enthält. Hat das TMS nämlich eine definite (von UNKNOWN verschiedene Antwort) auf die Frage holds-in?$_{\Gamma_i}(\Psi, \Sigma)$, so hat es damit i.allg. noch lange keine definite Antwort auf die Frage holds-in?$_{\Gamma_i}(\neg\Psi, \Sigma)$. Nachdem holds-in? unvollständig realisiert sein kann, weiß es i.allg. nur, daß nicht *beide* Antworten YES lauten können.

Neben den Schnittstellenfunktionen relevant! und assumption! bewirkt nur add-constraint! eine Änderung von $Bel_{\Gamma,\mathcal{N},\mathcal{A}}$.

Eine zentrale Frage beim Entwurf eines konkreten TMS ist, welche interne *Repräsentation* von $Bel_{\Gamma,\mathcal{N},\mathcal{A}}$ den geringsten Speicherbedarf und welche *Organisation* der Berechnung von $Bel_{\Gamma,\mathcal{N},\mathcal{A}}$ minimale Zeitressourcen nötig macht.

Gute Implementierungen der Schnittstellenfunktion follows-from? werden unter Ausnutzung der *Kompositionalität* der Semantik aussagenlogischer Formeln und durch geschicktes Verwalten von *Zwischenergebnissen* ein Höchstmaß an *Inkrementalität* für die Berechnung von $Bel_{\Gamma,\mathcal{N},\mathcal{A}}$ zu erzielen versuchen.

2.14　Durchführen von Materialisierungen

Keines der bekannten Truth-Maintenance-Systeme gestattet es dem Problemlöser, Constraint-Schemata direkt mit add-constraint! dem TMS mitzuteilen. Γ besteht damit aus der Sicht des TMS nur aus Constraint-Instanzen: Die Schemata sind nur *implizit* in der Definition der TMS-internen Prozedur materialize präsent und es muß ein Weg vorgegeben sein, auf dem der Problemlöser an der Definition von materialize mitwirken kann.

Erlaubt ein TMS als Argument für add-constraint! jedoch nur (echte) Constraints aus $PL[G_0]$, so kann man die Verarbeitung von entsprechenden Aufrufen wie in dem folgenden Algorithmus 2.6 durchführen.

add-constraint!$_\Gamma(C)$:

  1. Falls der Aufruf von

$$\text{contradictory?}_{\Gamma_i \cup \{C\}}(\emptyset)$$

    die Antwort YES liefert, so signalisiere die Unverträglichkeit von Γ und C.

  2. Andernfalls erweitere Γ um $\{C\}$.

Algorithmus 2.6: add-constraint! für implizite Constraint-Schemata

Da dem TMS die Booleschen Variablen in $vars(C)$ bereits mit relevant! bekanntgemacht worden sein müssen (C enthält ja keine Schema-Variablen), kann man in add-constraint! völlig auf Materialisierungen verzichten.

Wenn man jetzt noch zusätzlich den Aufruf der Funktion relevant! aus der Schnittstellenfunktion assumption! eliminiert (die Prozedur reduziert sich damit auf eine Anweisung — siehe Algorithmus 2.7) und verlangt, daß das Argument von `assumption!` bereits *vor* dem Aufruf der Funktion als *relevant* erklärt wird, dann ist die einzige Schnittstellenfunktion, die noch Materialisierungen durchführt, die Funktion `relevant!`.

`assumption!`$_{\Gamma,\mathcal{A}}(\Psi)$:   Erweitere $\mathcal{A}$ um Ψ.

Algorithmus 2.7: `assumption!` für implizite Constraint-Schemata

Damit kann man für $\Gamma = (\Gamma_i, \Gamma_s)$ und $\Psi \in G_0$ Aufrufe der Schnittstellenfunktion `relevant!` wie im folgenden Algorithmus 2.8 verarbeiten. Aufgrund der Inkrementalität und Abschlußeigenschaft von *Mat* gilt in Schritt 3 der Prozedur

$$Mat(\Gamma, \{\Psi\}) = Mat(\Gamma, \mathcal{N})$$

und damit

$$\Delta\Gamma_i \subseteq Mat(\Gamma, \{\Psi\}) - \Gamma_i$$

(siehe Algorithmus 2.8).

`relevant!`$_{\Gamma,\mathcal{N}}(\Psi)$:

1. Falls $\Psi \in \mathcal{N}$ gilt: Fertig!
   (Γ ist bereits bzgl. Ψ materialisiert)

2. Erweitere $\mathcal{N}$ um Ψ.

3. Bilde eine Menge $\Delta\Gamma_i$ neuer Constraint-Instanzen:

   $$\Delta\Gamma_i := \texttt{materialize}_\Gamma(\mathcal{N}).$$

4. Füge den Constraint-Instanzen Γ_i die Menge $\Delta\Gamma_i$ hinzu.

Algorithmus 2.8: `relevant!` für implizite Constraint-Schemata

Nachdem nun `materialize` nur noch an einer einzigen Stelle und immer mit dem Argument $\mathcal{N}$ verwendet wird, können wir es durch einen (idempotenten) Abschlußoperator `mat!` auf Γ ersetzen, für den

$$\texttt{mat!}_{\Gamma_s,\mathcal{N}}(\Gamma_i) = \Gamma_i \cup \texttt{materialize}_\Gamma(\mathcal{N}).$$

gilt und Schritt 3 und 4 von `relevant!` durch die Anweisung

$$\Gamma_i := \texttt{mat!}_{\Gamma_s,\mathcal{N}}(\Gamma_i)$$

ersetzen (damit ist auch klar, warum die Verwaltung der Menge $\mathcal{N}$ — wie auf Seite 60 behauptet — sinnvoll ist).

Es wäre nun denkbar, den Operator mat! über eine fest vorgegebene, zu
follows-from? passende TMS-Funktion zur Approximation von $Mat(\Gamma, \mathcal{N})$ zu
realisieren. Da aber *Mat* bei Anwesenheit von Constraint-Schemata i.allg. eine
recht große Menge neuer Constraint-Instanzen liefert, ist es wichtig, daß der Problemlöser sein *Domänenwissen* in diese Approximation einfließen lassen kann, damit zumindest und möglichst nur die für das konkrete Problem des Problemlösers
„wichtigen" Constraint-Instanzen berechnet werden.

Der Problemlöser spezifiziert den Abschlußoperator mat!, indem er dem TMS
eine Menge $\mathcal{R}$ von Materialisierungsregeln vorgibt (wir bezeichnen diese Regeln
auch als *PS-Regeln*). PS-Regeln haben die Form

$$(\mathcal{T}, \mathcal{C}).$$

Dabei ist $\mathcal{T}$ eine endliche Menge von Mustern $P \in G_0(Var)$ und $\mathcal{C}$ ein Constraint-
Schema aus $PL[G_0(Var)]$. Wir nennen die Elemente aus $\mathcal{T}$ im folgenden auch
Trigger.[9]

Damit kein Zweifel über die mit dem Ausführen einer PS-Regel etablierten
Bindungen der in ihr enthaltenen Schema-Variablen entstehen kann, darf der
Problemlöser nur sichere PS-Regeln spezifizieren.

Mit der Abkürzung

$$svars(\mathcal{C}) := min_{\subseteq}\{V \mid V \subseteq Var \wedge \mathcal{C} \in PL[G_0(V)]\}$$

für die Schema-Variablen in $\mathcal{C}$ ist eine PS-Regel $(\mathcal{T}, \mathcal{C})$ *sicher*, wenn

$$svars(\mathcal{C}) \subseteq svars(\mathcal{T})$$

gilt, $\mathcal{C}$ also nur Schema-Variablen aus $\mathcal{T}$ enthält.

Eine Regel $(\mathcal{T}, \mathcal{C})$ ist *anwendbar* auf eine Menge Γ_i von Constraint-Instanzen
und eine Menge $\mathcal{N} \subseteq G_0$ von Knoten, wenn es eine Substitution

$$\sigma = \{(v_1, t_1), \ldots, (v_n, t_n)\} \subseteq Var \times G_1$$

mit Bindungen für die Variablen in $\mathcal{T}$ gibt (zur Erinnerung: G_1 war die Menge
der variablen-freien Terme, die für Schema-Variablen in Mustern zu elementaren
Sachverhalte aus G_0 eingesetzt werden dürfen), die die Bedingung

$$\mathcal{T}\sigma \subseteq vars(\Gamma_i) \cup \mathcal{N}$$

erfüllt. $(\mathcal{T}\sigma, \mathcal{C}\sigma)$ heißt dann (anwendbare) *Instanz* der Regel. Und das Anwenden
(oder Ausführen) einer Regel-Instanz $(\mathcal{T}\sigma, \mathcal{C}\sigma)$ bedeutet schließlich, Γ_i um $\mathcal{C}\sigma$ zu
erweitern, also ein implizites

---

[9] Im Gegensatz zum Begriff Trigger, wie er im Bereich der Datenbanken verwendet wird,
soll unser Trigger-Begriff keine ereignisgesteuerte Aktivierung gewisser Operationen konno-
tieren (siehe jedoch [eHL94, MC91] für eine Diskussion zum Thema „Kopplung von Truth-
Maintenance-Systemen mit aktiven Datenbanken"). Trigger von PS-Regeln werden nur zu den
Zeitpunkten überprüft, an denen das System mit Hilfe des Operators mat! Materialisierungen
durchführt — sie repräsentieren lediglich Bedingungen für die Anwendbarkeit der zugehörigen
Materialisierungsregeln.

$$\texttt{add-constraint!}_{\Gamma_i}(\mathcal{C}\sigma)$$

durchzuführen.

Zu einer Menge $\mathcal{R}$ von sicheren PS-Regeln gehört auf kanonische Weise der durch

$$T_{\Gamma_i,\mathcal{R},\mathcal{N}}(\Gamma') := \{\mathcal{C}\sigma \mid \exists(\mathcal{T},\mathcal{C}) \in \mathcal{R}, \exists\sigma \in Subst(Var,G_1) : \\ \mathcal{T}\sigma \subseteq vars(\Gamma') \cup \mathcal{N}\} \\ \cup\,\Gamma_i$$

definierte monotone Operator $T_{\Gamma_i,\mathcal{R},\mathcal{N}}$.

Mit Hilfe von $T_{\Gamma_i,\mathcal{R},\mathcal{N}}$ kann der Abschlußoperator $\texttt{mat!}$ so definiert werden, daß er das Resultat der iterierten Anwendung der PS-Regeln auf Γ_i liefert:

$$\texttt{mat!}_{\mathcal{R},\mathcal{N}}(\Gamma_i) := lfp(T_{\Gamma_i,\mathcal{R},\mathcal{N}}).$$

Nachdem für PS-Regeln $(\mathcal{T},\mathcal{C})$ nicht

$$\mathcal{T} \subseteq vars(\mathcal{C})$$

gefordert wird, kann der Problemlöser allerdings Regelmengen $\mathcal{R}$ spezifizieren, für die die Beziehung

$$\texttt{mat!}_{\mathcal{R},\mathcal{N}}(\Gamma_i) \subseteq Mat(\Gamma_i \cup \{\mathcal{C} \mid (\mathcal{T},\mathcal{C}) \in \mathcal{R}\}, \mathcal{N})$$

nicht gilt. In so einem Falle kann der Problemlöser natürlich auch nicht in Anspruch nehmen, daß die von ihm vorgegebenen Regeln aus $\mathcal{R}$ ein Constraint-Schema realisieren, was ja der eigentliche Grund für das Einführen der Regeln war.

2.15 Prozedurale TMS-Erweiterungen

Die prozeduralen Erweiterungen der meisten bekannten, tatsächlich implementierten Truth-Maintenance-Systeme, insbesondere die von AMORD [dKDSS79], DEBACLE [For84], DUCK [McD85], DUCKITO [Her84], RUP [McA82, Rös85], ATMOSPHERE [FdK88] und TRUMP [Küc92], sind weit flexibler als die soeben vorgestellten PS-Regeln. Sie erlauben

- Trigger, die sich nicht nur auf Γ_i beziehen, sondern auch die möglichen Bindungen für ihr Trigger-Muster einschränken und/oder den momentanen Kenntnisstand $Bel_{\Gamma,\mathcal{N},\mathcal{A}}$ auswerten, sowie

- Regelrümpfe, in denen nicht nur ein Aufruf von $\texttt{add-constraint!}$, sondern beliebiger Code in der Wirtsprache des Problemlösers ausgeführt wird.

Die unterschiedlichen Trigger dieser Systeme lassen sich alle formal als Quadrupel

$$(bind, bel, \Psi, \Sigma)$$

rekonstruieren, die die folgenden Eigenschaften aufweisen:

1. $\Psi \in G_0(\mathit{Var}) \cup \neg G_0(\mathit{Var})$ und $\Sigma \in \mathcal{S}$,

2. $\mathit{bind} \subseteq \mathit{Subst}(\mathit{Var}, G_1)$ ist ein Prädikat, das die für Ψ erlaubten Bindungen beschreibt,

3. $\mathit{bel} : \mathcal{S}^2 \to \mathcal{S} \times \mathit{Ans}$ eine Funktion, die zusammen mit Ψ und Σ einen elementaren Belief beschreibt, der — wie im folgenden ausgeführt — mit dem momentanen Kenntnisstand verträglich sein muß

(dabei gelte $\mathit{Ans} := \{\texttt{YES}, \texttt{NO}, \texttt{UNKNOWN}\}$ und $\mathcal{S} := 2^{\mathcal{A} \cup \neg \mathcal{A}}$).

Eine komplexe PS-Regel ist dann wie schon eine (einfache) PS-Regel ein Paar

$$(\mathcal{T}, \mathcal{B})$$

aus einer Menge von Triggern und einem Ausdruck $\mathcal{B}$, für das *Sicherheit* verlangt wird:

$$\mathit{svars}(\mathcal{B}) \subseteq \mathit{svars}(\mathcal{T}).$$

Im Unterschied zu den einfachen PS-Regeln, die wir oben beschrieben haben, ist jetzt aber $\mathcal{B}$ ein Ausdruck in der Wirtsprache des Problemlösers, der die Schema-Variablen $\mathit{svars}(\mathcal{B}) \subseteq \mathit{Var}$ enthält. Zum Ausführungszeitpunkt müssen diese Schema-Variablen (durch geeignete Instantiierung der Trigger aus $\mathcal{T}$) gebunden sein. Das ist für sichere Regeln automatisch der Fall.

Eine Regel $(\mathcal{T}, \mathcal{B})$ ist *anwendbar* beim Kenntnisstand $\mathit{Bel}_{\Gamma, \mathcal{N}, \mathcal{A}}$, wenn es eine Substitution

$$\sigma = \{(v_1, t_1), \ldots, (v_n, t_n)\} \subseteq \mathit{Var} \times G_1$$

mit Bindungen für die Variablen in $\mathcal{T}$ und eine Annahmenmenge $\Sigma' \in \mathcal{S}$ gibt, so daß für alle

$$T = (\mathit{bind}, \mathit{bel}, \Psi, \Sigma) \in \mathcal{T}$$

die Bedingung

$$\begin{aligned}
\mathit{app}(T, \sigma, \Sigma') := \quad & \\
\sigma \in \mathit{bind} \;\wedge\; & (\Psi \sigma) \circ \mathit{bel}(\Sigma, \Sigma') \in \mathit{Bel}_{\Gamma, \mathcal{N}, \mathcal{A}}
\end{aligned}$$

erfüllt ist (dabei stehe $\circ$ für die Konkatenation von Tupeln). Das Tripel

$$(\mathcal{T}\sigma, \mathcal{B}\sigma, \{\Sigma' \mid \mathit{app}(T, \sigma, \Sigma') \text{ für alle } T \in \mathcal{T}\})$$

heißt dann eine beim Kenntnisstand $\mathit{Bel}_{\Gamma, \mathcal{N}, \mathcal{A}}$ (anwendbare) *Instanz* der Regel $(\mathcal{T}, \mathcal{B})$.

Die folgenden Beispiele zeigen formale Rekonstruktionen einiger Trigger, die in den zu Anfang des Abschnitts erwähnten Systemen verwendbar sind.

Beispiel 2.15.1 *Der Trigger*

$$\begin{aligned}
(\texttt{:IMPLIED-BY}\ \Sigma\ \Psi) := \quad & \\
& (\mathit{Subst}(\mathit{Var}, G_1), (y, z) \mapsto (y, \texttt{YES}), \Psi, \Sigma)
\end{aligned} \tag{2.4}$$

ist erfüllt, falls

$$\exists \sigma \in Subst(Var, G_1) : (\Psi\sigma, \Sigma, \mathtt{YES}) \in Bel_{\Gamma,\mathcal{N},\mathcal{A}}$$

*gilt, d.h. wenn bekannt ist, daß Σ material konsistent ist und eine Instanz von Ψ
logisch aus Σ folgt.* □

Beispiel 2.15.2 *Der Trigger*

$$\begin{aligned}
(\mathtt{:TRUE}\ \Psi) := \\
(Subst(Var, G_1), (y, z) \mapsto (y, \mathtt{YES}), \Psi, \Sigma_c)
\end{aligned} \tag{2.5}$$

ist erfüllt, falls

$$\exists \sigma \in Subst(Var, G_1) : (\Psi\sigma, \Sigma_c, \mathtt{YES}) \in Bel_{\Gamma,\mathcal{N},\mathcal{A}}$$

*gilt (hier bezeichne Σ_c eine vom TMS verwaltete Menge momentan vom Pro-
blemlöser getroffener Annahmen). Der $\mathtt{TRUE}$-Trigger läßt sich also als $\mathtt{IMPLIED}$-
$\mathtt{BY}$-Trigger auffassen, bei dem das System die Annahmenmenge Σ (mit Σ_c) vorgibt.* □

Beispiel 2.15.3 $(\mathtt{:MAT\text{-}INCONS}\ \Sigma) := (\mathtt{:IMPLIED\text{-}BY}\ \Sigma\ \perp)$. □

Beispiel 2.15.4 $(\mathtt{:FALSE\text{-}IN}\ \Sigma\ \Psi) := (\mathtt{:IMPLIED\text{-}BY}\ \Sigma\ \neg\Psi)$. □

Nach unserer Definition werden die einzelnen Trigger einer Regel implizit kon-
junktiv verknüpft. Um eine disjunktive Verknüpfung der Vorbedingungen einer
Regel $r = (\mathcal{T}, \mathcal{B})$ zu erreichen, kann man für die Trigger $T \in \mathcal{T}$ je eine (hoffent-
lich sichere) Kopie $(\{T\}, \mathcal{B})$ der Regel anlegen und diese Kopien anstelle von r
bekanntmachen.

Eine elegantere Vorgehensweise besteht jedoch darin, in den Regeln statt
Triggermengen gleich sogenannte *Triggerausdrücke*, d.h. beliebige aussagenlogische Verknüpfungen atomarer Trigger zuzulassen und den Anwendbarkeitstest
entsprechend zu verallgemeinern.

Beispiel 2.15.5 *Der Triggerausdruck*

$$\begin{aligned}
(\mathtt{:INTERNED}\ \Psi) := \\
& (Subst(Var, G_1), (y, z) \mapsto (z, \mathtt{YES}), \Psi, \Sigma) \\
\mathtt{:OR}\quad & (Subst(Var, G_1), (y, z) \mapsto (z, \mathtt{NO}), \Psi, \Sigma) \\
\mathtt{:OR}\quad & (Subst(Var, G_1), (y, z) \mapsto (z, \mathtt{UNKNOWN}), \Psi, \Sigma)
\end{aligned} \tag{2.6}$$

ist erfüllt, falls

$$\exists \sigma \in Subst(Var, G_1) : \Psi\sigma \in \mathcal{N} \cup \neg\mathcal{N}$$

*gilt, d.h. wenn eine Instanz von Ψ in $Bel_{\Gamma,\mathcal{N},\mathcal{A}}$ erwähnt wird (die konkrete Aus-
prägung von Σ ist bei dieser Triggermenge irrelevant).* □

Beispiel 2.15.6 *Der Trigger*

$$(\texttt{:CONSISTENT}\ p(X)\ \texttt{:TEST}\ (\exists n : X = 2n)) :=$$
$$(\{\sigma \mid \sigma \in Subst(Var, G_1) \wedge \exists n : X\sigma = 2n\}, \qquad (2.7)$$
$$(y, z) \mapsto (z, \texttt{YES}), p(X), \Sigma)$$

ist erfüllt, falls folgendes gilt:

$$\exists \sigma \in Subst(Var, G_1), \exists n : X\sigma = 2n,$$
$$\exists \Sigma' \in \mathcal{S} : \texttt{holds-in?}_{\Gamma_i}\,(p(X)\sigma, \Sigma') = \texttt{YES}.$$

Der Wert von Σ wird in diesem Trigger ignoriert — er testet lediglich, ob es eine material konsistente Annahmenmenge Σ' gibt, für die

$$(\texttt{:IMPLIED-BY}\ \Sigma'\ p(X)\ \texttt{:TEST}\ (\exists n : X = 2n))$$

gilt.   □

Beispiel 2.15.7 *Die Triggermenge*

$$(\texttt{:CONSISTENT-WITH}\ \Sigma\ \Psi) :=$$
$$\{(\texttt{:CONSISTENT}\ \Psi), \qquad (2.8)$$
$$(Subst(Var, G_1), (y, z) \mapsto (y \cup z, \texttt{NO}), \bot, \Sigma)\}$$

ist erfüllt, falls

$$\exists \sigma \in Subst(Var, G_1), \exists \Sigma' \in \mathcal{S} :$$
$$(\Psi\sigma, \Sigma', \texttt{YES}) \in Bel_{\Gamma,\mathcal{N},\mathcal{A}} \ \wedge \ (\bot, \Sigma \cup \Sigma', \texttt{NO}) \in Bel_{\Gamma,\mathcal{N},\mathcal{A}}$$

gilt.[10]   □

Ausführen einer beim Kenntnisstand $Bel_{\Gamma,\mathcal{N},\mathcal{A}}$ anwendbaren Instanz

$$(\mathcal{T}\sigma, \mathcal{B}\sigma, \{\Sigma' \mid app(T, \sigma, \Sigma')\ \text{für alle}\ T \in \mathcal{T}\})$$

der Regel $(\mathcal{T}, \mathcal{B})$ bedeutet, den Ausdruck $\mathcal{B}\sigma$ durch den Interpreter des Problemlösers auswerten zu lassen. Regeln werden im einfachsten Fall lediglich Materialisierungen durchführen.

In den beiden folgenden Beispielen unterstellen wir für den Problemlöser eine LISP-ähnliche Wirtsprache, d.h. eine Regel

```
({<Trigger₁>,...,<Triggerₙ>},<body>).
```

wird durch einen LISP-Ausdruck der Form

```
(rule <Trigger₁> :AND ...:AND <Triggerₙ> <body>)
```

---

[10] Wir verwenden hier und im folgenden die Konvention, daß in einer Trigger-Beschreibung der ganze Teilausdruck `:TEST <test>` weggelassen werden kann, wenn `<test>` äquivalent zu *true* ist; im Beispiel steht also (`:CONSISTENT` Ψ) abkürzend für (`:CONSISTENT` Ψ `:TEST` *true*).

formuliert, in dem Constraint-Schemata in Präfix-Notation (mit ->, & etc. für die logischen Konnektive) notiert, Schema-Variablen durch ein vorgestelltes Fragezeichen gekennzeichnet sind und die LISP-Funktion `assert!` eine Realisierung der Schnittstellenfunktion `add-constraint!` darstellt, die ihr Argument nicht auswertet. Wir nehmen außerdem an, daß der Problemlöser einen mit Heuristiken operierenden, automatischen Beweiser umfaßt.

Beispiel 2.15.8 *(Modus Ponens)*

```
(rule (:TRUE (IMPLIES ?p ?q)) :AND
      (:TRUE ?p)
   (assert! (-> (& ?p (IMPLIES ?p ?q)) ?q)))
```

Durch diese Regel wird für jedes, im momentanen Kontext Σ_c wahre Paar von Instanzen zu ?p und (IMPLIES ?p ?q) ein neuer Knoten ?q angelegt und durch (-> (& ?p (IMPLIES ?p ?q)) ?q) gerechtfertigt (?q wird dadurch ebenfalls in Σ_c wahr). $\qquad\square$

Unser einen automatischen Beweiser realisierender Problemlöser benötigt also nur eine einzige komplexe PS-Regel, um dem TMS die Schlußregel *Modus Ponens* bekannt zu machen (wir unterstellen natürlich, daß das Problemlösedatum (IMPLIES ?p ?q) die materiale Implikation von ?q durch ?p repräsentiert).

Beispiel 2.15.9 *(Zielorientiertes Beweisen)*

```
(rule (:TRUE (SHOW ?p) :TEST (atomic? ?p))
   (assert! (-> (SHOW ?p)
                ((SHOW ?p) INDIRECT-PROOF)))))
```

(atomic? sei hier ein LISP-Prädikat, das testet, ob sein Argument eine atomare Formel repräsentiert). Diese Regel prüft, ob es eine Instanz von (SHOW ?p) gibt, die im momentanen Kontext wahr ist und bei der ?p eine Boolesche Variable repräsentiert. Diese Instanz steht dann für ein konkretes Beweisziel. Falls es so eine Instanz gibt, wird mit (SHOW ?p) das neue Ziel ((SHOW ?p) INDIRECT-PROOF) gerechtfertigt, das dem Problemlöser zu einem indirekten Beweis für ?p rät. $\qquad\square$

Für Mengen komplexer PS-Regeln ist eine deklarative Spezifikation iterierter Regelanwendung nicht ohne weiteres möglich. Es gibt Probleme mit der Monotonie des entsprechenden T-Operators, falls eine Regel den Kenntnisstand ändert und eine andere Regel diese Änderung sieht!

Betrachten wir deshalb genauer, welchen Effekt die Anwendung einer der $Bel_{\Gamma,\mathcal{N},\mathcal{A}}$ verändernden Schnittstellenfunktionen hat. Bewirkt eine Änderung des Kenntnisstands die Änderung von

- $\Gamma = (\Gamma_i, \Gamma_s)$ in $\Gamma' = (\Gamma'_i, \Gamma'_s)$ und

- $\mathcal{N}$ in $\mathcal{N}'$ sowie $\mathcal{A}$ in $\mathcal{A}'$,

so gilt offensichtlich $\Gamma_i \subseteq \Gamma'_i$, $\Gamma_s \subseteq \Gamma'_s$, $\mathcal{N} \subseteq \mathcal{N}'$ und $\mathcal{A} \subseteq \mathcal{A}'$, da wir es mit monotonen Truth-Maintenance-Systemen zu tun haben.

2.16   Änderungen des Kenntnisstands

Jeder Aufruf der den Kenntnisstand $Bel_{\Gamma,\mathcal{N},\mathcal{A}}$ ändernden Schnittstellenfunktionen
`relevant!` und `assumption!` führt zu einer *Vervielfachung* der Kardinalität von
$Bel_{\Gamma,\mathcal{N},\mathcal{A}}$.[11] Die Deklaration einer neuen Annahme A mit dem Algorithmus 2.7
erzeugt zu jedem Tripel $(\Psi, \Sigma, b) \in Bel_{\Gamma,\mathcal{N},\mathcal{A}}$ drei weitere Tripel in $Bel_{\Gamma,\mathcal{N},\mathcal{A} \cup \{A\}}$,
nämlich:

$$(\Psi, \Sigma \cup \{A\}, b'), \quad (\Psi, \Sigma \cup \{\neg A\}, b'') \quad \text{und} \quad (\Psi, \Sigma \cup \{A, \neg A\}, b''').$$

Erklärt man mit Algorithmus 2.8 einen neuen Knoten Ψ als relevant, so wird
dadurch $Bel_{\Gamma,\mathcal{N},\mathcal{A} \cup \{A\}}$ um die $2^{|\mathcal{A} \cup \neg \mathcal{A}|}$ Tripel

$$\{(\Psi, \Sigma, \texttt{holds-in?}_{\Gamma_i}(\Psi, \Sigma)) \mid \Sigma \subseteq \mathcal{A} \cup \neg \mathcal{A}\}$$

erweitert. Es ist also extrem wichtig, daß das TMS über eine kompakte Repräsentation von $Bel_{\Gamma,\mathcal{N},\mathcal{A}}$ verfügt!

Mit $\Delta \mathcal{N} := \mathcal{N}' - \mathcal{N}$ und $\Delta \mathcal{A} := \mathcal{A}' - \mathcal{A}$ läßt sich deshalb die symmetrische
Differenz

$$\Delta Bel := (Bel_{\Gamma',\mathcal{N}',\mathcal{A}'} - Bel_{\Gamma,\mathcal{N},\mathcal{A}}) \cup (Bel_{\Gamma,\mathcal{N},\mathcal{A}} - Bel_{\Gamma',\mathcal{N}',\mathcal{A}'})$$

in zwei disjunkte Mengen

$$\begin{aligned}
\textit{new-bels}(\Delta Bel) := \{(\Psi, \Sigma, b) \in \Delta Bel \mid \\
\Psi \in \Delta \mathcal{N} \cup \neg \Delta \mathcal{N} \; \vee \; \Sigma \cap (\Delta \mathcal{A} \cup \neg \Delta \mathcal{A}) \neq \emptyset\}
\end{aligned}$$

und

$$\textit{changes}(\Delta Bel) := \Delta Bel - \textit{new-bels}(\Delta Bel)$$

zerlegen. Die Menge

$$\textit{changes}(\Delta Bel)$$

enthält zu jedem $\Psi \in \mathcal{N} \cup \neg \mathcal{N}$ und jedem $\Sigma \subseteq \mathcal{A} \cup \neg \mathcal{A}$ zwei Elemente

$$(\Psi, \Sigma, \texttt{holds-in?}_{\Gamma_i}(\Psi, \Sigma))$$

und

$$(\Psi, \Sigma, \texttt{holds-in?}_{\Gamma_i'}(\Psi, \Sigma)).$$

Dieses Paar läßt sich durch einen einzigen Quadrupel

$$(\Psi, \Sigma, \texttt{holds-in?}_{\Gamma_i}(\Psi, \Sigma), \texttt{holds-in?}_{\Gamma_i'}(\Psi, \Sigma))$$

kodieren. Analog kann man jedes Element

$$(\Psi, \Sigma, \texttt{holds-in?}_{\Gamma_i'}(\Psi, \Sigma)) \in \textit{new-bels}(\Delta Bel)$$

---

[11] Durch Aufrufe der Schnittstellenfunktion `add-constraint!` (siehe Algorithmus 2.6)
ändert sich zwar der Kenntnisstand, nicht aber seine Kardinalität.

durch ein Quadrupel

$$(\Psi, \Sigma, \texttt{UNINTERNED}, \texttt{holds-in?}_{\Gamma_i'}(\Psi, \Sigma))$$

kodieren. ΔBel läßt sich also vollständig durch die Quadrupel für *new-bels*(ΔBel) und *changes*(ΔBel) charakterisieren.

Welche Quadrupel können in ΔBel auftreten? Das folgende Diagramm faßt zusammen, wie sich bei festem $\Psi \in G_0 \cup \neg G_0$ und $\Sigma \subseteq \mathcal{A} \cup \neg\mathcal{A}$ aufgrund von Materialisierungen die Antwort auf die Anfrage

$$\texttt{follows-from?}_\Gamma(\Psi, \Sigma)$$

ändern kann:

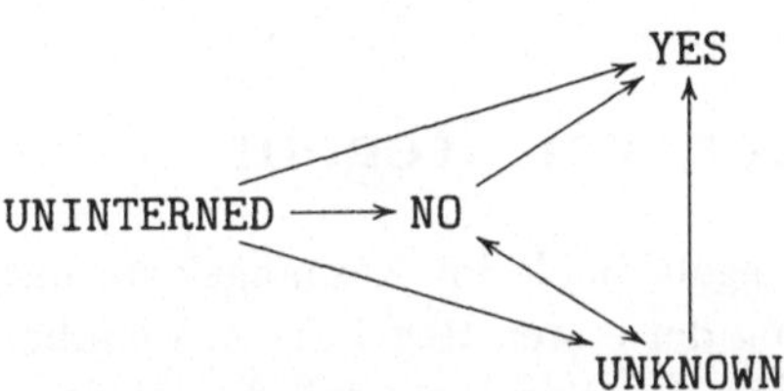

Übergänge von YES, NO oder UNKNOWN nach UNINTERNED sind offensichtlich nicht möglich. Da `follows-from?` einen *monotonen* Schlußfolgerungsbegriff approximiert und wir unterstellen, daß es auch monoton realisiert ist, sind außerdem die Übergänge

$$\text{YES} \rightarrow \text{UNKNOWN} \quad \text{bzw.} \quad \text{YES} \rightarrow \text{NO}$$

ausgeschlossen. Der Übergang von NO nach UNKNOWN ist prinzipiell möglich, da `follows-from?` nicht vollständig realisiert sein muß (eine größere Constraint-Menge könnte die konkrete `follows-from?`-Realisierung bei der Suche nach einer Ableitung in die Irre führen und zu UNKNOWN-Antworten veranlassen).

Für die Schnittstellenfunktion $\texttt{holds-in?}_\Gamma(\Psi, \Sigma)$ gilt im Prinzip das gleiche. Allerdings kann bei ihrer Verwendung — wie das Beispiel 2.16.1 zeigt — für $\Psi \neq \bot$ zusätzlich der Übergang

$$\text{YES} \rightarrow \text{NO}$$

auftreten, wenn Γ materiale Integritätsbedingungen enthält:

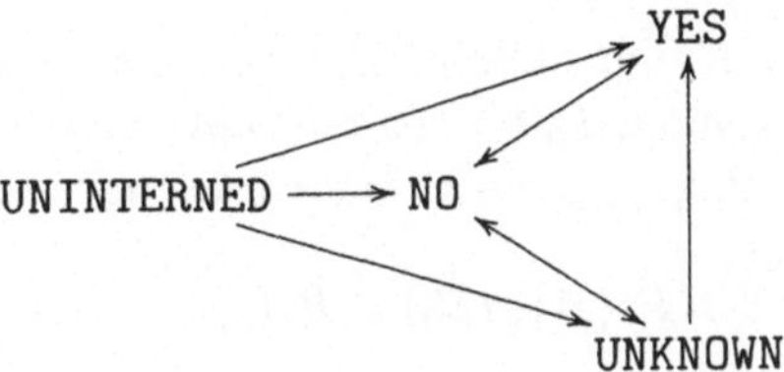

Beispiel 2.16.1 *Sei* $\Gamma = \{A \rightarrow P\}$ *und* $\Sigma = \{A\}$ *und nehmen wir an, daß die Schnittstellenfunktion* `follows-from?` *vollständig realisiert ist. Dann gilt offensichtlich:*

$$\texttt{holds-in?}_\Gamma(P, \Sigma) = \text{YES}.$$

Nachdem A zum Nogood *erklärt wurde*

$$\texttt{add-constraint!}_\Gamma (A \to \bot),$$

gilt dann aber (jetzt mit $\Gamma = \{A \to P, A \to \bot\}$*)*

$$\texttt{mat-incons?}_\Gamma (\Sigma) = \texttt{YES}$$

und damit

$$\texttt{holds-in?}_\Gamma (P, \Sigma) = \texttt{NO}.$$

$\square$

2.17   Ausführen von Regeln

Selbst wenn von zwei Regeln beide im Ausgangskenntnisstand anwendbar sind, kann also die Ausführung der ersten Regel die Anwendbarkeit der zweiten Regel zunichte machen und damit verhindern, daß die Aktionen im Rumpf der zweiten Regel zum Zuge kommen. Konsequenz: Im allgemeinen werden die *gleichen Regeln*, in *unterschiedlicher Reihenfolge* ausgewertet, *unterschiedliche Kenntnisstände* liefern.

Beispiel 2.17.1 *(Relevanz der Reihenfolge) Sei* $\Gamma = \{A \to P, B \to Q\}$*,* $\mathcal{N} = \{A, B, P, Q\}$*,* $\mathcal{A} = \{A, B\}$ *und unterstellen wir, daß* $\texttt{follows-from?}$ *vollständig realisiert ist. Dann gilt mit* $\Sigma \subseteq \mathcal{A} \cup \neg \mathcal{A}$*:*

- $(P, \Sigma, \text{YES}) \in Bel_{\Gamma, \mathcal{N}, \mathcal{A}}$ *gdw.* $A \in \Sigma$ *und*

- $(Q, \Sigma, \text{YES}) \in Bel_{\Gamma, \mathcal{N}, \mathcal{A}}$ *gdw.* $B \in \Sigma$*.*

Die Regeln

```
r₁ ≡ (rule (:CONSISTENT P) (assert! (-> Q ⊥)))
r₂ ≡ (rule (:CONSISTENT Q) (assert! (-> P ⊥)))
```

sind folglich beide beim Kenntnisstand $Bel_{\Gamma, \mathcal{N}, \mathcal{A}}$ *anwendbar. Nehmen wir nun an,* r_1 *wird zuerst angewendet. Dabei entsteht eine neue Constraint-Menge* $\Gamma_1 = \Gamma \cup \{Q \to \bot\}$*.* r_2 *ist in* $Bel_{\Gamma_1, \mathcal{N}, \mathcal{A}}$ *nicht mehr anwendbar und es gilt:*

$$(P, \{A\}, \text{YES}) \in Bel_{\Gamma_1, \mathcal{N}, \mathcal{A}}.$$

Wenden wir dagegen zuerst r_2 *an, dann ist aus Symmetriegründen* r_1 *beim Kenntnisstand* $Bel_{\Gamma_2, \mathcal{N}, \mathcal{A}}$ *mit* $\Gamma_2 = \Gamma \cup \{P \to \bot\}$ *nicht anwendbar und es gilt:*

$$(P, \{A\}, \text{NO}) \in Bel_{\Gamma_2, \mathcal{N}, \mathcal{A}}, \text{ d.h. } (P, \{A\}, \text{YES}) \notin Bel_{\Gamma_2, \mathcal{N}, \mathcal{A}}.$$

$Bel_{\Gamma_1, \mathcal{N}, \mathcal{A}}$ *und* $Bel_{\Gamma_2, \mathcal{N}, \mathcal{A}}$ *sind verschieden!* $\square$

Selbst wenn man in den Rümpfen komplexer Regeln nur Materialisierungen von Constraint-Schemata gestattet, ist ohne zusätzliche Einschränkungen an die Ausdruckskraft der Trigger also i.allg. nicht klar, welcher Kenntnisstand aus der Anwendung einer Menge von Regeln resultiert, solange nicht die Reihenfolge mit angegeben wird.

Dies gilt erst recht, wenn man in den Rümpfen beliebigen Code in der Wirtsprache des Problemlösers zuläßt. Solche Rümpfe können und werden bei ihrer Ausführung Annahmen, Constraints und NOGOODS erzeugen, neue Regeln generieren und dabei Auswertungen von $Bel_{\Gamma,\mathcal{N},\mathcal{A}}$ durchführen.

Damit nicht beliebiger Unsinn in den Rümpfen von Regeln getrieben werden kann (etwa die destruktive Modifikation interner TMS-Datenstrukturen), sollte sich der Designer des Problemlösers beim Formulieren von PS-Regeln an bestimmte *Konventionen* halten.

Ein Einhalten dieser Konventionen läßt sich — in Abhängigkeit davon, wie reichhaltig die Sprache ist, in der die Rümpfe von komplexen PS-Regeln formuliert werden dürfen — mehr oder weniger automatisch durch das System sicherstellen.

Allgemeine Forderungen an den Regel-Rumpf:

1. Die einzigen Daten, die im Regel-Rumpf inspiziert (d.h. als Eingabe verwendet) werden dürfen, sind die Problemlösedaten der Trigger (die von den Triggermustern beschriebenen Daten und die Bindungen, die bei Anwendbarkeit vorliegen).

2. Regeln dürfen *keinen internen Zustand* haben.

3. Erzeugt eine Regel ein neues Constraint C, so sollte die Konjunktion der instantiierten Trigger als Voraussetzung in das Constraint C eingehen, d.h. C sollte äquivalent zu einem Booleschen Constraint der Form $T \to C'$ für ein geeignetes C' sein.

Die letzte Forderung ist im allgemeinen nicht oder nur sehr schwer zu erfüllen, da nicht alle Triggerbedingungen allein mit aussagenlogischen Mitteln ausdrückbar sind.

Beispiel 2.17.2 *(Ein „unbedenkliches" Regelsystem, Consumer [dK86d]):*
Schränkt man sich für Γ syntaktisch auf Hornklauseln ein (und erweitert G_0 evtl. zusätzlich um $\perp$), verlangt, daß die Argumente der Schnittstellenfunktionen positiv sind (d.h. $\Psi \in G_0$ und $\Sigma \subseteq \mathcal{A}$) und läßt als Trigger nur solche vom Typ (:CONSISTENT Ψ) *zu, bei denen außerdem $\Psi \in G_0(Var)$ gilt, so ist die allgemeine Forderung (3) an die Regel-Rümpfe erfüllt, wenn man in jedem im Rumpf materialisierten Constraint die (instantiierten) Trigger-Muster als (zusätzliche) Vorbedingungen erwähnt.* □

Wie wir später (u.a. in Abschnitt 7.9) noch sehen werden, garantieren diese Einschränkungen,

1. daß es prinzipiell egal ist, ob die rechte Seite einer Regel nur dann ausgeführt wird, wenn ihre Trigger erfüllt sind, oder auch dann, falls nicht, und

2. daß jede Ausführung der Regeln bei gleichem Anfangskenntnisstand den gleichen Endkenntnisstand liefert,

daß also insbesondere die *Reihenfolge*, in der die Regeln ausgeführt werden, das Ergebnis des Problemlösevorgangs nicht beeinflußt.

Beispiel 2.17.3 *(Irrelevanz der Reihenfolge bei unbedenklichen Regeln)*
Sei wieder $\Gamma = \{A \to P, B \to Q\}$, $\mathcal{N} = \{A, B, P, Q\}$, $\mathcal{A} = \{A, B\}$ *und unterstellt, daß* `follows-from?` *vollständig realisiert ist. Die Regeln*

```
r₁ ≡ (rule (:CONSISTENT P) (assert! (-> P ⊥)))
r₂ ≡ (rule (:CONSISTENT P) (assert! (-> P Q)))
```

sind beide beim Kenntnisstand $Bel_{\Gamma,\mathcal{N},\mathcal{A}}$ *anwendbar. Wird erst* r_1 *angewendet, so ist* r_2 *mit* $\Gamma_1 = \Gamma \cup \{P \to \bot\}$ *beim Kenntnisstand* $Bel_{\Gamma_1,\mathcal{N},\mathcal{A}}$ *nicht mehr anwendbar. Beginnt man mit* r_2, *dann ist* r_1 *mit* $\Gamma_2 = \Gamma \cup \{P \to Q\}$ *beim Kenntnisstand* $Bel_{\Gamma_2,\mathcal{N},\mathcal{A}}$ *noch anwendbar und sorgt für einen Endkenntnisstand von* $Bel_{\Gamma_{2,1},\mathcal{N},\mathcal{A}}$ *mit* $\Gamma_{2,1} = \Gamma \cup \{P \to Q, P \to \bot\}$. *Wie man leicht nachrechnen kann, gilt:* $Bel_{\Gamma_1,\mathcal{N},\mathcal{A}} = Bel_{\Gamma_{2,1},\mathcal{N},\mathcal{A}}$. $\qquad\Box$

Das Beispiel zeigt allerdings auch, daß die Reihenfolge, in der die Regeln ausgeführt werden, einen Einfluß darauf hat, wie teuer die Problemlösung wird. $\Gamma_{2,1}$ und Γ_1 produzieren zwar den gleichen Kenntnisstand, i.allg. führt aber $\Gamma_{2,1}$ wg. $\Gamma_1 \subset \Gamma_{2,1}$ zu aufwendigeren Berechnungen in den Schnittstellenfunktionen als Γ_1.

Die Komponente des TMS, die für die Serialisierung der Regeln zuständig ist, kann die Mengen L von Annahmenmengen, die jeweils zu einer Regel-Instanz

$$(\mathcal{T}\sigma, \mathcal{B}\sigma, L)$$

gehören, für eine (partielle) Festlegung der Anwendungsreihenfolge verwenden (z.B. Vorziehen von Regeln, die kleine Annahmenmengen in ihrer L-Komponente aufweisen — in der Hoffnung, so früh „kleine" NOGOODS zu entdecken, die eine unnötige Anwendung weiterer Regeln verhindern, vgl. [dKW86a, dK86d]).
Nicht nur die Frage, in welcher *Reihenfolge* anwendbare Regeln auszuführen sind, sondern auch die, *wann* die Anwendbarkeit von Regeln *geprüft* werden soll, läßt sich nicht vollständig ohne Kenntnisse des konkreten TMS beantworten. Auf jeden Fall wird man jedoch fordern, daß

1. Anwendbarkeitstests und ein Ausführen von Regeln nur dann erfolgen dürfen, wenn sich das TMS in einem *konsistenten Zustand* befindet und

2. alle Rümpfe einer Menge von Regeln bei ihrer Ausführung den *gleichen Kenntnisstand* des TMS sehen.

Aus Sicht des Problemlösers befindet sich das TMS immer vor und nach dem Aufruf einer Schnittstellenfunktion in einem *konsistenten Zustand*. Aus Sicht des TMS müssen die expliziten Änderungen des Kenntnisstands, d.h. die „Erweiterungsoperationen" in den Schnittstellenfunktionen

- `relevant'!`, `assumption!` und

- `add-constraint!`

für Regeln *ununterbrechbar* ausgeführt werden.[12]

Realisierungen dieser Funktionen bekommen mit der Hilfs-Prozedur HANDLE-RULES ihr endgültiges Aussehen (der Algorithmus 2.9 für HANDLE-RULES läßt offen, in welcher Reihenfolge Regeln auszuführen sind, wenn mehr als eine im neuen Kenntnisstand anwendbar ist — dazu später mehr). In den zugehörigen Algorithmen 2.10, 2.11 und 2.12 gilt jeweils $\Gamma = (\Gamma_i, \Gamma_s)$, $C \in PL[G_0]$ bzw. $\Psi \in G_0$.

HANDLE-RULES$_{\Gamma,\mathcal{N},\mathcal{A}}(Bel_{alt})$:

   1. Bestimme die Quadrupel-Repräsentation ΔBel von

$$(Bel_{\Gamma,\mathcal{N},\mathcal{A}} - Bel_{alt}) \cup (Bel_{alt} - Bel_{\Gamma,\mathcal{N},\mathcal{A}}).$$

   2. Ermittle die jetzt anwendbaren Regeln.

   3. Führe alle anwendbaren Regeln aus.

Algorithmus 2.9: Die Prozedur HANDLE-RULES

`relevant!`$_{\Gamma,\mathcal{N}}(\Psi)$:

   1. $Bel_{alt} := Bel_{\Gamma,\mathcal{N},\mathcal{A}}$.

   2. Erweitere $\mathcal{N}$ um Ψ.

   3. Führe den Aufruf HANDLE-RULES$_{\Gamma,\mathcal{N},\mathcal{A}}(Bel_{alt})$ aus.

Algorithmus 2.10: `relevant!` bei Verwendung von Regeln

---

[12] Nachdem wir den Materialisierungsbegriff auf den der Erweiterung des Kenntnisstands ausgedehnt haben, verlangen wir jetzt nicht mehr, daß lediglich `relevant!` Änderungen bewirken darf. Nach wie vor müssen vom Problemlöser aber Atome mit `relevant!` deklariert werden, bevor sie in den Argumenten der anderen Schnittstellenfunktionen eingesetzt werden dürfen.

`assumption!`$_{\Gamma,\mathcal{A}}(\Psi)$:

   1. $Bel_{alt} := Bel_{\Gamma,\mathcal{N},\mathcal{A}}$.

   2. Erweitere $\mathcal{A}$ um Ψ.

   3. Führe den Aufruf `HANDLE-RULES`$_{\Gamma,\mathcal{N},\mathcal{A}}(Bel_{alt})$ aus.

Algorithmus 2.11: `assumption!` bei Verwendung von Regeln

`add-constraint!`$_{\Gamma}(C)$:

   1. Liefert der Aufruf von

$$\texttt{contradictory?}_{\Gamma_i \cup \{C\}}(\emptyset)$$

     die Antwort `YES`?

   2. Falls ja: Signalisiere Unverträglichkeit von Γ und C; fertig!

   3. $Bel_{alt} := Bel_{\Gamma,\mathcal{N},\mathcal{A}}$.

   4. Erweitere Γ um $\{C\}$.

   5. Führe den Aufruf `HANDLE-RULES`$_{\Gamma,\mathcal{N},\mathcal{A}}(Bel_{alt})$ aus.

Algorithmus 2.12: `add-constraint!` bei Verwendung von Regeln

Fordert man jetzt noch zusätzlich, daß die von Regeln beim Ausführen bewirkten Änderungen *verzögert* und erst nach Abarbeitung aller Regeln als *ein großer Update* durchgeführt werden (trennt also das Testen der Trigger vom Ausführen der Rümpfe), so ist es für den Endzustand des TMS *unerheblich*, in welcher *Reihenfolge* in der Prozedur `HANDLE-RULES` die von den Rümpfen bewirkten Updates durchgeführt werden. Eine Regel wird dann ja schon ausgeführt, wenn sie beim Kenntnisstand *vor* Beginn des großen Updates ausführbar war (dies ist z.B. der Weg, der in TRUMP [Küc92] beschritten wurde).

2.18   Mehrfach aktivierbare Regeln

In der generischen Regel-Erweiterung, so wie wir sie bisher beschrieben haben, wird eine Regel-Instanz *höchstens einmal* ausgeführt: Hat man sich bei der Formulierung der Regel an die allgemeinen Konventionen aus Abschnitt 2.17 gehalten, so macht es keinen Sinn, eine Regel-Instanz mehrmals auszuführen — gleiche

Instanzen der Trigger werden immer zu gleichen Instanzen der Regelrümpfe und damit zu gleichen (also redundanten) Aktionen führen.

Läßt man jedoch — wie etwa in den Regelerweiterungen von RUP [McA82, Rös85] und TRUMP [Küc92] — zu, daß Regeln auch durch gewisse, näher spezifizierte *Änderungen* des Kenntnisstands aktiviert werden, so muß man auch *Mehrfachaktivierungen* von Regeln berücksichtigen.

Zur formalen Beschreibung dieser zusätzlichen Regeltypen genügt eine naheliegende Verallgemeinerung unserer Trigger von Quadrupel auf Quintupel

$$(bind, bel, \Delta bel, \Psi, \Sigma),$$

für die (wieder mit $Ans := \{\text{YES}, \text{NO}, \text{UNKNOWN}\}$) die folgenden Eigenschaften gelten sollen:

1. Ψ, Σ, *bind* und *bel* sind wie gehabt (siehe Seite 65) und

2. $\Delta bel : \mathcal{S}^2 \to \mathcal{S} \times (Ans \cup \{\text{UNINTERNED}\}) \times Ans$ ist eine Funktion, die zusammen mit Ψ ein Quadrupel liefert, das mit der letzten Änderung des Kenntnisstands verträglich sein muß.

Mit der Abkürzung

$$app(T, \sigma, \Sigma') :=$$
$$\sigma \in bind \;\wedge\; (\Psi\sigma) \circ bel(\Sigma, \Sigma') \in Bel_{\Gamma,\mathcal{N},\mathcal{A}}$$
$$\wedge \; (\Psi\sigma) \circ \Delta bel(\Sigma, \Sigma') \in \Delta Bel_{\Gamma,\mathcal{N},\mathcal{A}}$$

läßt sich dann wie gehabt die *Erfülltheit* eines solchen Triggers $T \in \mathcal{T}$ und der Begriff der *Instanz*

$$(\mathcal{T}\sigma, \mathcal{B}\sigma, \{\Sigma' \mid app(T, \sigma, \Sigma') \text{ für alle } T \in \mathcal{T}\})$$

einer Regel $(\mathcal{T}, \mathcal{B})$ definieren.

Die Prozedur HANDLE-RULES ist bereits auf die Verarbeitung von Regeln ausgelegt, deren Trigger $\Delta Bel_{\Gamma,\mathcal{N},\mathcal{A}}$ einbeziehen.

Beispiel 2.18.1 *Der Trigger*

$$(\text{:CHANGED-NO-TO-YES-FOR } \Sigma \; \Psi) :=$$
$$(Subst(Var, G_1),$$
$$(y, z) \mapsto (y, \text{YES}), (y, z) \mapsto (y, \text{NO}, \text{YES}), \Psi, \Sigma),$$

ist erfüllt, falls

$$\exists \sigma \in Subst(Var, G_1) : (\Psi\sigma, \Sigma, \text{NO}, \text{YES}) \in \Delta Bel_{\Gamma,\mathcal{N},\mathcal{A}},$$

d.h. immer, wenn eine variablen-freie Instanz von Ψ *relativ zur Annahmenmenge* Σ *ihren Status von* NO *nach* YES *wechselt.* $\square$

Beispiel 2.18.2 *Der Triggerausdruck*

$$(\texttt{:JUST-INTERNED}\ \Psi) :=$$
$$(Subst(Var, G_1), (y, z) \mapsto (z, \texttt{YES}),$$
$$(y, z) \mapsto (z, \texttt{UNINTERNED}, \texttt{YES}), \Psi, \Sigma)$$
$$\texttt{:OR}\quad (Subst(Var, G_1), (y, z) \mapsto (z, \texttt{NO}),$$
$$(y, z) \mapsto (z, \texttt{UNINTERNED}, \texttt{NO}), \Psi, \Sigma)$$
$$\texttt{:OR}\quad (Subst(Var, G_1), (y, z) \mapsto (z, \texttt{UNKNOWN}),$$
$$(y, z) \mapsto (z, \texttt{UNINTERNED}, \texttt{UNKNOWN}), \Psi, \Sigma),$$

ist erfüllt, falls

$$\exists \sigma \in Subst(Var, G_1), \exists \Sigma' \in \mathcal{S}, \exists ans \in Ans :$$
$$(\Psi\sigma, \Sigma', \texttt{UNINTERNED}, ans) \in \Delta Bel_{\Gamma, \mathcal{N}, \mathcal{A}}$$

gilt, d.h. wenn das TMS erstmalig mit einer Instanz von Ψ *konfrontiert wurde oder aufgrund einer neuen Annahme seinen Kenntnisstand bzgl. einer Instanz von* Ψ *erweitert hat. Die konkrete Ausprägung von* Σ *spielt in dieser Triggermenge keine Rolle.* □

Wenn man jetzt noch die Definition von Regeln gestattet, deren Instanzen *mehrfach* angewendet werden dürfen

$$(\texttt{mrule } \texttt{<Trigger}_1\texttt{>} \texttt{ :AND } \ldots \texttt{:AND } \texttt{<Trigger}_n\texttt{>} \texttt{ <body>}),$$

so bekommt der Problemlöser damit ein mächtiges Instrument zur *Kontrolle* des TMS in die Hand.

Beispiel 2.18.3 *(Widerspruchsbehandlung) Die Regel*

$$(\texttt{mrule } (\texttt{:CHANGED-NO-TO-YES-FOR } \Sigma \perp) \texttt{ <body>})$$

wird jedesmal angewendet, wenn Γ *für eine Obermenge von* Σ *material inkonsistent wird. Der Rumpf* <body> *kann dann zum Beispiel versuchen, diese Inkonsistenz zu beseitigen, einen entsprechenden* NOGOOD *installieren oder andere, für diesen Fall vorgesehene, Routinen des Problemlösers aktivieren.* □

Beispiel 2.18.4 *(eine Trace-Komponente) Dazu definiert man für Literale, an deren Status der Problemlöser interessiert ist, spezielle (nebenwirkungsfreie) Regeln, die* immer dann *aktiv werden (und dann etwa einen Kontrollausdruck machen), wenn sich der Status ihrer Trigger ändert.* □

Wir haben uns bei unserer formalen Rekonstruktion von (komplexen) PS-Regeln selbst in ihrer allgemeinsten Form darauf beschränkt, daß nur solche Ausführbarkeitsbedingungen formulierbar sind, die mit dem Kenntnisstand des TMS oder seinen Änderungen zu tun haben. Diese Beschränkung vereinfacht es wesentlich, formale Aussagen über das Verhalten einer vorgegebenen Regelmenge zu machen, stellt aber praktisch keine echte Einschränkung dar, weil — wie die Beispiele zeigen — auch mit dieser Beschränkung die prozeduralen Erweiterungen der bekannten Truth-Maintenance-Systeme formal beschreibbar sind.

Kapitel 3

Nicht-monotones Truth-Maintenance

Gegenstand dieses Kapitels ist ein spezieller Typ von TMS — das JTMS (*Justification-Based Truth-Maintenance System*). Die wahrscheinlich erste Implementierung des JTMS stellt das am MIT entwickelte System AMORD [dKDR+78, Doy78] dar. Später folgten zahlreiche alternative Implementierungen; etwa DUCK [McD85], DUCKITO [Her84] und das BRTMS [Hor91] (mit dem BRTMS werden wir uns in Abschnitt 8.3 noch genauer beschäftigen).

Im Gegensatz zu den anderen Truth-Maintenance-Systemen, die wir im Laufe dieser Abhandlung vorstellen werden, handelt es sich bei dem JTMS um ein *nicht-monotones* TMS, d.h. um ein TMS, das nicht nur aufgrund *vorliegender* Information, sondern auch aus der *Abwesenheit* von Information oder mit *unvollständiger Information* Schlüsse ziehen kann. Damit ist ein großer Teil des Begriffsapparats, den wir für eine einheitliche formale Rekonstruktion der monotonen Truth-Maintenance-Systeme eingeführt haben (das generische TMS), *nicht* auf das JTMS anwendbar. Schließlich liegt den monotonen Truth-Maintenance-Systemen die klassische, d.h. insbesondere monotone Aussagenlogik zugrunde.

Warum gehen wir dann trotzdem auf die Kernideen des JTMS ein? Das hat im wesentlichen drei Gründe. Der erste Grund ist ein historischer: Das JTMS kann als Wegbereiter für die monotonen Truth-Maintenance-Systeme angesehen werden. Die zentrale Idee der Aufteilung eines Problemlösesystems in einen eigentlichen Problemlöser (PS) und ein Unterstützungssystem (TMS bzw. BVS), das über die ihm mitgeteilten Schlüsse des eigentlichen Problemlösers Buch führt, läßt sich sicher auf die gemeinsame Arbeit von de Kleer, Doyle, Rich, Steele und Sussman an AMORD zurückführen (vgl. [SS77] und [dKDSS77, dKDSS79, dKDR+78]).

Der zweite Grund ist ein didaktischer: Das JTMS hat eine monotone Spezialisierung und nahezu jede der Techniken, die in einem der beschriebenen monotonen Truth-Maintenance-Systeme zum Einsatz kommen, kann auf eine entsprechende Technik im JTMS zurückgeführt werden.

Darüber hinaus beschreibt Doyle in [Doy79b] Konzepte, wie das der bedingten Beweise (vgl. Abschnitt 3.9), die z.B. bei der Widerspruchsbehandlung (siehe Abschnitt 3.10) oder bei der Generierung abstrakter Begründungen (vgl. Abschnitt 3.12) von Nutzen sind, kurioserweise aber bei der Konzeption der monotonen Truth-Maintenance-Systeme keine Berücksichtigung fanden.

Daß diese Techniken unberücksichtigt geblieben sind, können wir uns nur damit erklären, daß sie in den Veröffentlichungen von Doyle (seine Master's Thesis [Doy78], ein Beitrag im AI-Journal [Doy79b] und dessen Kurzfassung in [Doy79a]), lediglich informell, mit einem entsprechend großen Interpretationsspielraum dargestellt sind.[1] Zum Zeitpunkt dieser Veröffentlichungen war die Theorie des nicht-monotonen Schließens eben noch in ihrer Formungsphase, so daß praktisch verwertbare theoretische Resultate (etwa aus [MD80], [Doy81], [Doy88] oder [Doy91]) beim Entwurf des JTMS noch nicht zur Verfügung standen.[2]

Wir werden in diesem Kapitel versuchen, die unberücksichtigt gebliebenen, nicht-monotonen TMS-Techniken formaler, als das Doyle getan hat, zu beschreiben, um sie dann — soweit möglich — im Kontext der später betrachteten monotonen Systeme erneut aufzugreifen.

Der dritte Grund für unseren kurzen Ausflug in das Gebiet der nicht-monotonen Truth-Maintenance-Systeme schließlich ist ein praktischer: Nicht-monotone Truth-Maintenance-Systeme erfahren zur Zeit (zum Beispiel im Bereich verteilter Systeme — siehe auch Kapitel 8) eine gewisse Renaissance: zum einen, weil ihre theoretische Erforschung in letzter Zeit gute Fortschritte gemacht hat und zum anderen, weil viele Anwendungen nicht-monotones Schließen erfordern, das mit Hilfe monotoner Truth-Maintenance-Systeme nur mit sehr großem Aufwand möglich ist (dazu mehr in Kapitel 6).

3.1   Repräsentation von Problemlöser-Daten im JTMS

Das JTMS speichert die für den Problemlöser — im Sinne unserer Ausführungen zum generischen TMS (vgl. Abschnitt 2.12) — relevanten Sachverhalte in Datenstrukturen, die wir in Übereinstimmung mit Doyle als *(TMS-)Knoten* bezeichnen. Diese Knoten werden dann vom JTMS nach Maßgabe des Problemlösers durch Constraints verknüpft, die jeweils eine Folgebeziehung zwischen einer Menge von *unterstützenden* (oder Unterstützungs-) Knoten und einem einzelnen *un-*

---

[1] Dies betrifft insbesondere das Konzept der bedingten Beweise, für das Doyle später zwar eine formale Spezifikation nachgeliefert hat (siehe [Doy83a]), das sich aber in der spezifizierten Allgemeinheit offensichtlich nicht ohne unvertretbaren Aufwand implementieren läßt (und deshalb wohl auch nie vollständig implementiert wurde).

[2] Im Vergleich dazu stand zur Beschreibung monotoner Truth-Maintenance-Systeme von Anfang an die bereits intensiv erforschte Aussagenlogik zur Verfügung. Trotzdem wurde auch für monotone Truth-Maintenance-Systeme erst in neuerer Zeit mit einer formalen Rekonstruktion begonnen (bemerkenswert sind hier vor allem [BBG87], [RdK87], [McD91] und [TK88, KT92, KT93]) — also zu einer Zeit, da u.a. aufgrund neuer Erkenntnisse im Bereich der Logik-Programmierung und nicht-monotonen Logiken auch der Grundstock für eine formale Rekonstruktion nicht-monotoner Truth-Maintenance-Systeme gelegt war ([Doy83a, Doy83b], [Goo87], [FH91], [Rei89, RDB89], [Elk90], sowie [GM90a, GM90b], [Bre89, BMS91] und [Doy92]).

terstützten Knoten (der *Konsequenz*) ausdrücken. Doyle nennt solche Constraints *Rechtfertigungen*.

Die *monotone Spezialisierung* des JTMS akzeptiert nur solche Constraints vom Problemlöser, die *aussagenlogische* definite Klauseln darstellen, ist also vollständig durch den formalen Apparat, den wir im vorausgehenden Kapitel entwickelt haben, beschreibbar.

Das JTMS gestattet aber in der Variante als NMJTMS (non-monotonic JTMS) neben der Verwendung von Rechtfertigungen, die klassische aussagenlogische Beziehungen repräsentieren, auch den Einsatz sogenannter nicht-monotoner Rechtfertigungen. Dabei werden zwei Arten von elementaren nicht-monotonen Rechtfertigungen unterschieden:

- die SL-*Rechtfertigungen* (SL für *support list*) und

- die CP-*Rechtfertigungen* (CP für *conditional proof*).

CP-*Rechtfertigungen* lassen sich zur Repräsentation bedingter Beweise verwenden. Wir werden uns mit ihnen im Abschnitt 3.9 beschäftigen und uns zuerst die SL-Rechtfertigungen genauer ansehen.[3]

Wenn wir in diesem Kapitel das Wort „Rechtfertigung" ohne das Präfix „SL" oder „CP" verwenden, und aus dem Auftretenskontext nicht klar hervorgeht, daß wir eine vom Rechtfertigungs-Typ unabhängige Aussage machen, meinen wir immer SL-Rechtfertigungen.

Im NMJTMS werden die Unterstützungsknoten einer Rechtfertigung in zwei Klassen eingeteilt:

1. die *monotonen* und

2. die *nicht-monotonen* Unterstützungsknoten.

Rechtfertigungen, die mindestens einen nicht-monotonen Unterstützungsknoten besitzen, heißen dann *nicht-monotone Rechtfertigungen*.[4]

Ist J eine Rechtfertigung, so bezeichnen wir die Menge ihrer monotonen Unterstützungsknoten mit $in(J)$, die der nicht-monotonen mit $out(J)$ und den unterstützten Knoten mit $cons(J)$. Außerdem sagen wir dann, der Knoten $cons(J)$ hat die Rechtfertigung J.

Doyle notiert in den Originalarbeiten zum JTMS Rechtfertigungen als sogenannte *Support-Listen* (vgl. [Doy78]):

```
<consequent-node>:    (SL <in-nodes> <out-nodes>)
```

---

[3] In Abschnitt 3.12 werden wir außerdem GF-Rechtfertigungen — eine gemeinsame Verallgemeinerung von SL- und CP-Rechtfertigungen — kennenlernen.

[4] Doyle klassifiziert Knoten zu Recht nur relativ zu Rechtfertigungen in monotone bzw. nicht-monotone Knoten. Schließlich kann ja der monotone Unterstützungsknoten einer Rechtfertigung selbst Konsequenz einer nicht-monotonen Rechtfertigung sein.

(daher auch der Name SL-*Rechtfertigung*).[5] Bei dieser Schreibweise, der man übrigens deutlich ansieht, daß die ersten Implementierungen des JTMS in LISP durchgeführt worden sind, enthalten die Listen <in-nodes> bzw. <out-nodes> die monotonen bzw. nicht-monotonen Unterstützungsknoten der Rechtfertigung und steht <consequent-node> für den Konsequenz-Knoten der Rechtfertigung. Wir notieren eine SL-Rechtfertigung J wie folgt:

$$\langle in(J)|out(J) \to cons(J)\rangle.$$

Das JTMS speichert die TMS-Knoten und Rechtfertigungen intern in einem speziellen Graphen — dem sogenannten Abhängigkeitsnetz. Dieses *Abhängigkeitsnetz* ist ein gerichteter, bipartiter Graph $(\mathcal{N}, \mathcal{D})$ mit zwei Knotensorten:

1. eigentliche TMS-Knoten (Elemente der Menge $\mathcal{N}$), die Problemlöser-Daten repräsentieren und

2. Rechtfertigungsknoten (Elemente der Menge $\mathcal{D}$), die für Rechtfertigungen stehen.

Im zugehörigen Graphen verläuft eine Kante vom TMS-Knoten N zum Knoten $just(J)$ der Rechtfertigung J genau dann, wenn

$$N \in in(J) \cup out(J)$$

gilt und umgekehrt, von einem Rechtfertigungsknoten $just(J)$ zu einem TMS-Knoten M, genau dann, wenn

$$M = cons(J)$$

zutrifft.

Wenn wir im folgenden Ausschnitte aus Abhängigkeitsnetzen bildlich darstellen, so visualisieren wir die TMS-Knoten des Netzes als kleine Kreise und die Rechtfertigungsknoten wie UND-Gatter in Diagrammen von elektrischen Schaltungen. Zu Kanten, die bei nicht-monotonen Unterstützungsknoten beginnen, zeichnen wir dabei — geradeso wie man das bei negierten Eingängen an einem UND-Gatter tut — jeweils einen kleinen schwarzen Kringel am zugehörigen Rechtfertigungsknoten (Abbildung 3.2 möge als Beispiel dienen).

3.2 Grundlegende JTMS-Terminologie

Das JTMS speichert für jeden im Abhängigkeitsnetz vertretenen TMS-Knoten eine momentane Markierung, die dem Problemlöser einen von drei Fällen signalisieren soll:

1. Die vorliegenden Rechtfertigungen legen es nahe, an den Sachverhalt zu glauben, der vom Knoten repräsentiert wird (Markierung mit IN).

---

[5] Was Doyle hier *Support* nennt, ist natürlich kein Support im Sinne unserer Definition aus Abschnitt 2.8!

2. Es gibt momentan keine hinreichenden Gründe für den Glauben an diesen Sachverhalt (Markierung mit `OUT`).

3. Das JTMS hat sich noch keine Meinung über den Status des Knotens gebildet (Markierung mit `UNKNOWN`).

Diese Markierungen versetzen das JTMS in die Lage, wiederholte Anfragen des Problemlösers nach dem Glauben an ein und demselben Sachverhalt mit konstantem Aufwand zu beantworten, und ermöglichen es, einen beschränkt inkrementell arbeitenden Algorithmus zur Berechnung der Knotenstati zu realisieren (mehr dazu in Abschnitt 3.3ff).

Natürlich ist eine Markierung des Abhängigkeitsnetzes nicht für den Problemlöser akzeptabel, wenn sie nicht alle dem JTMS momentan bekannten Rechtfertigungen gültig macht. Dabei ist eine *Rechtfertigung J gültig* für eine Markierung $\mathcal{V}$, wenn von $\mathcal{V}$ *alle* Knoten in $in(J)$ mit `IN` und *alle* Knoten in $out(J)$ mit `OUT` markiert werden.[6] Umgekehrt heißt eine *Rechtfertigung J verletzt* für eine Markierung $\mathcal{V}$, wenn durch $\mathcal{V}$ *mindestens* ein Knoten in $in(J)$ mit `OUT` oder *mindestens* einer der Knoten in $out(J)$ mit `IN` markiert wird. Die Menge der in einem Abhängigkeitsnetz $(\mathcal{N}, \mathcal{D})$ für eine Markierung $\mathcal{V}$ gültigen Rechtfertigungen bzw. mit `IN` markierten Knoten notieren wir mit $I_{\mathcal{V}}(\mathcal{D})$ bzw. $I_{\mathcal{V}}(\mathcal{N})$ (oder auch abkürzend $I(\mathcal{D})$ bzw. $I(\mathcal{N})$, wenn $\mathcal{V}$ aus dem Kontext klar ist).

Außerdem bezeichnen wir einen mit `UNKNOWN` markierten Knoten als *unbestimmt* und einen mit `IN` oder `OUT` markierten Knoten als *bestimmt*. Genauso verfahren wir für Rechtfertigungen: Ist eine Rechtfertigung gültig oder verletzt, so nennen wir sie *bestimmt* und andernfalls *unbestimmt*. Die Markierung eines unbestimmten Knoten P heißt in einer Markierung $\mathcal{V}$

- *bestimmbar* zu `IN`, falls P (mind.) eine gültige Rechtfertigung besitzt,

- *bestimmbar* zu `OUT`, falls alle Rechtfertigungen von P verletzt sind

und falls auch das nicht gilt, dann *unbestimmbar*. Wird ein Knoten vom JTMS aufgrund dieser Regel zu `IN` oder `OUT` bestimmt, so sagen wir auch, er hat seine Markierung durch *lokale Propagierung* erhalten.

Schließlich bezeichnen wir einen *Knoten* als *konsistent*, wenn er mit `IN` markiert ist und *mindestens eine* gültige unterstützende Rechtfertigung hat, oder wenn er mit `OUT` markiert ist und *all* seine unterstützten Rechtfertigungen verletzt sind, oder wenn er unbestimmt ist; eine Markierung, die alle Knoten konsistent markiert, nennen wir ebenfalls konsistent.

3.3 Das Markierungs-Problem

Der Problemlöser erwartet, daß das JTMS nur konsistente Markierungen berechnet. Die Konsistenz der Knoten stellt im JTMS jedoch erst eine *notwendige* Bedin-

---

[6] Für die Gültigkeit einer Rechtfertigung ist demnach die Markierung des zugehörigen Konsequenzknotens irrelevant!

gung für die Akzeptierbarkeit einer Markierung dar. Ein für das JTMS konzipierter Problemlöser geht außerdem davon aus, daß die vom JTMS vorgenommenen Markierungen wohlfundiert sind. Dabei heißt eine Markierung (ein Zustand) $\mathcal{V}$ des Abhängigkeitsnetzes $(\mathcal{N}, \mathcal{D})$ *wohlfundiert*, wenn es eine Abbildung

$$rank : \mathcal{N} \cup \mathcal{D} \longrightarrow \mathbb{N}$$

auf die natürlichen Zahlen gibt mit der Eigenschaft:

1. $\forall D \in I_\mathcal{V}(\mathcal{D}) : \ (P \in in(D) \Rightarrow rank(P) < rank(D))$,

2. $\forall P \in \mathcal{N} : \ (\mathcal{V}(P) = \text{IN}$
   $\Rightarrow \exists D \in I_\mathcal{V}(\mathcal{D}) : P = cons(D) \wedge rank(D) < rank(P))$.

Die Abbildung *rank* wird dann auch eine *Rang-Abbildung* zu $\mathcal{V}$ genannt. Wohlfundiertheit ist eine *globale Eigenschaft* des Abhängigkeitsnetzes. Sie stellt sicher, daß Knoten nicht auf der Grundlage *zirkulärer Argumente* mit IN markiert werden.

Die *Überprüfung* von Knoten *auf Konsistenz* kann *lokal*, d.h. unter Beschränkung auf den Knoten selbst, auf seine unterstützenden Rechtfertigungen und die von diesen Rechtfertigungen erwähnten Knoten durchgeführt werden. Zur *Überprüfung der Wohlfundiertheit* eines Knotens muß jedoch bei der Suche nach einer zur momentanen Markierung passenden Rang-Abbildung i.allg. die *ganze Unterstützungsstruktur* dieses Knotens analysiert werden.

Eine *Markierung* ist *korrekt*, wenn sie sowohl *konsistent* als auch *wohlfundiert* ist. Sie ist *vollständig*, wenn sie *keinen Knoten unbestimmt* läßt. Korrekte und vollständige Markierungen nennen wir *zulässig*. Ausgerüstet mit diesen Begriffen können wir nun die *Hauptaufgabe des* JTMS formulieren:

> Das JTMS hat die korrekte, aber eventuell unvollständige Anfangsmarkierung des Abhängigkeitsnetzes zu einer zulässigen Markierung (einer *Lösung*) zu vervollständigen.

Goodwin nennt in [Goo82] die Lösung eines Markierungs-Problems *inkrementell*, wenn sie eine *Erweiterung* der Anfangsmarkierung ist.

Manche Abhängigkeitsnetze haben *keine Lösung*. Zum Beispiel jenes mit der einzigen Rechtfertigung $\langle \emptyset | p \to p \rangle$ (siehe auch Abbildung 3.1). Außerdem gibt es Abhängigkeitsnetze mit *Lösungen*, die sich *nicht inkrementell* berechnen lassen. Will man solche Netze zulässig markieren, so muß man unter Umständen einen beliebig großen Teil eines bereits korrekt markierten Teilnetzes wieder mit UNKNOWN markieren, um eine zulässige Markierung zu erhalten.

3.4   Zyklische Abhängigkeitsnetze

Verbietet man, daß der Problemlöser Netze mit *ungeraden Zyklen* definiert, so ist sichergestellt, daß für eine beliebig vorgegebene korrekte Anfangsmarkierung eine zulässige, inkrementell auffindbare Endmarkierung existiert. Dabei versteht man unter *Zyklen* Pfade, die von einem Knoten N des Abhängigkeitsnetzes zum selben Knoten N zurückführen und unter *Pfaden*, die von einem Knoten N zu einem zweiten Knoten M führen, solche Folgen

$$\langle D_1, \ldots, D_k \rangle$$

von Rechtfertigungen ($k > 0$), für die

1. $N \in in(D_1) \cup out(D_1)$,

2. $M = cons(D_k)$ und

3. $cons(D_i) \in in(D_{i+1}) \cup out(D_{i+1})$ für ($1 \leq i < k$)

gilt (man vergleiche diese Definition mit dem Begriff des nicht-zirkulären Begründungspfades, wie wir ihn in Abschnitt 2.5 eingeführt haben).

Gibt es in einem Zyklus $\langle D_1, \ldots, D_k \rangle$ *keine* Rechtfertigung D_j mit

$$cons(D_j) \in out(D_{j+1}), \tag{3.1}$$

so heißt er ein *monotoner Zyklus*. Der Zyklus ist *ungerade*, wenn es in ihm eine ungerade Anzahl von Rechtfertigungen D_j gibt, für die (3.1) gilt. Andernfalls ist er *gerade*.

Abhängigkeitsnetze lassen sich als Repräsentationen von nicht-monotonen logischen Theorien (mit Defaults) auffassen (vgl. [MD80] und [Goo87]). Theorien mit ungeraden Zyklen in ihrer Netzdarstellung können *paradox* sein. *Beweistheoretisch* haben solche paradoxen Theorien keine konsistenten Erweiterungen. Dem entspricht in der Repräsentation als Abhängigkeitsnetz die *nicht zulässige Markierbarkeit*.[7]

Beispiel 3.4.1 *(eine Variante des Lügner-Paradoxons)*
Abbildung 3.1 zeigt den kürzesten ungeraden, nicht zulässig markierbaren Zyklus. Er tritt in dem nur aus der Rechtfertigung

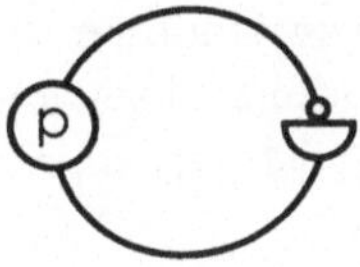

Abbildung 3.1: Der kürzeste ungerade Zyklus

$$\langle \emptyset | p \to p \rangle$$

---

[7] Für eine eingehende Diskussion der mit ungeraden Zyklen verbundenen semantischen Probleme konsultiere man [Rei89] und vor allem [Elk90].

bestehenden Abhängigkeitsnetz auf. Eine zulässige Markierung $\mathcal{V}$ dieses Netzes muß p entweder mit IN *oder mit* OUT *markieren. Angenommen, $\mathcal{V}$ markiert p mit* OUT. *Dann ist die Rechtfertigung gültig, aber ihre Konsequenz p trotzdem nicht mit* IN *markiert. $\mathcal{V}$ muß also aufgrund der Konsistenzforderung p mit* IN *markieren. Weil $\mathcal{V}$ zulässig ist, muß p damit (aufgrund der Wohlfundiertheitsforderung) eine gültige Rechtfertigung besitzen. Die einzige Rechtfertigung des Netzes ist jedoch aufgrund der Markierung von p verletzt. Es kann also keine zulässige Markierung des Netzes geben.* □

Die Anwesenheit ungerader Zyklen ist übrigens eine *notwendige*, aber im allgemeinen *nicht hinreichende* Bedingung dafür, daß ein Netz *nicht* zulässig markierbar ist.

Beispiel 3.4.2 *(aus [Goo82])*
Abbildung 3.2 zeigt zwei Abhängigkeitsnetze mit ungeraden Zyklen, die trotzdem zulässig markierbar (markiert) sind. □

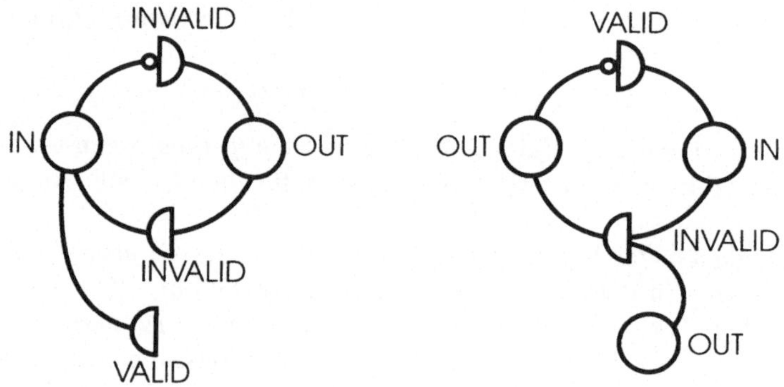

Abbildung 3.2: Zulässig markierbare Netze mit ungeraden Zyklen

Ein effizienter Algorithmus zur Lösung des Markierungs-Problems wird unter anderem die Topologie des Abhängigkeitsnetzes und insbesondere die relative Ordnung der *starken Zusammenhangskomponenten* diese Netzes ausnutzen. Die starken Zusammenhangskomponenten in einem Abhängigkeitsnetz lassen sich leicht definieren, wenn man — wie Goodwin in [Goo82] — zunächst den Begriff des induzierten Teilnetzes einführt: Das von einer (TMS-) Knotenmenge S *induzierte Teilnetz* eines Netzes G ist derjenige Teilgraph $Subnet_G(S)$, der

1. die TMS-Knoten aus S und

2. die Knoten aller Rechtfertigungen, bei denen mindestens ein Unterstützungsknoten sowie der Konsequenz-Knoten in S liegt,

sowie die Verbindungen zwischen TMS- und Rechtfertigungsknoten aus dem Teilgraphen $Subnet_G(S)$ enthält, die schon in G bestehen.[8]

---

[8] Wenn G aus dem Kontext klar ist, kürzen wir den Ausdruck $Subnet_G(S)$ auch mit $Subnet(S)$ ab.

Beispiel 3.4.3 *(aus [Goo82])*
Die Abbildung 3.3 zeigt ein Abhängigkeitsnetz, in dem der von der Knotenmenge
$\{1, 2\}$ *induzierte Teilgraph Subnet($\{1, 2\}$) hervorgehoben ist.* □

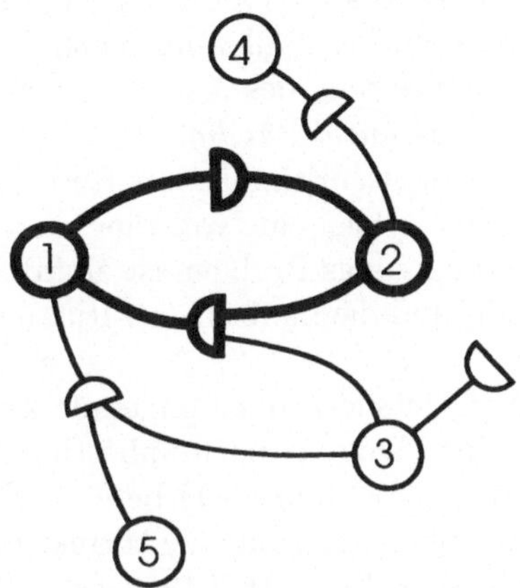

Abbildung 3.3: Beispiel für ein induziertes Teilnetz

Der von den Knoten aus S induzierte Teilgraph eines Abhängigkeitsnetzes
ist *stark zusammenhängend*, wenn zwischen zwei *beliebigen* Knoten oder Rechtfertigungen in *Subnet(S)* ein Pfad existiert, der sie miteinander verbindet, ohne
dabei aus *Subnet(S)* herauszuführen.

Die starken Zusammenhangskomponenten eines gerichteten Graphen G lassen
sich kanonisch so *partiell ordnen*, daß für zwei beliebige, aber verschiedene starke
Zusammenhangskomponenten S_1 und S_2 von G gilt:

1. Gibt es einen Pfad von S_1 nach S_2, so gilt $S_1 < S_2$.

2. Sind S_1 und S_2 voneinander getrennt, d.h. gibt es weder einen Pfad von S_1
   nach S_2, noch umgekehrt, so sind S_1 und S_2 unvergleichbar.

Ordnet man die starken Zusammenhangskomponenten eines Abhängigkeitsnetzes in diesem Sinne kanonisch, so kann es für zwei verschiedene Komponenten
S_1 und S_2 mit $S_1 < S_2$ keinen Zyklus geben, der zum Teil in S_1 und zum Teil in
S_2 liegt, weil sonst S_1 und S_2 gleich wären. Diese Eigenschaft macht sich Goodwin's Algorithmus zur Lösung des Markierungs-Problems zunutze, den wir im
folgenden genauer betrachten wollen.

3.5 Goodwin's Algorithmus

Goodwin beschreibt in [Goo82] einen Algorithmus, mit dem man effizient eine
(eventuell leere, aber) korrekte Anfangsmarkierung des Abhängigkeitsnetzes zu
einer korrekten und vollständigen Markierung vervollständigen kann. Bei diesem

Algorithmus handelt es sich um eine vom Ablaufverhalten her stark verbesserte
und konzeptionell bereinigte Version des Original-Algorithmus von Doyle, der
erstmalig und in Prosaform in [Doy79b] veröffentlicht wurde.

Doyle's Original-Algorithmus terminiert nicht immer, wenn das zu markierende Netz ungerade Zyklen enthält. Goodwin's Algorithmus entdeckt solche
Zyklen, bricht dann aber in manchen Fällen mit einer Fehlermeldung ab, selbst
wenn es eine vollständige Markierung des Netzes geben sollte. In diesem Sinne
ist also Goodwin's Algorithmus *unvollständig*.

Es gibt einen vollständigen Algorithmus von Russinoff (siehe [Rus85]), der
auch für Netze mit ungeraden Zyklen eine vollständige Markierung findet, so es
sie denn gibt. Das Vervollständigungs-Problem ist allerdings NP-vollständig (ein
Beweis findet sich in [Elk90]) und die Laufzeit von Russinoffs Algorithmus damit
i.allg. inakzeptabel.

Sei nun also ein Abhängigkeitsnetz, ohne ungerade Zyklen, korrekt, aber unvollständig markiert, und eine Menge U noch unbestimmter TMS-Knoten gegeben. Die Prozedur RELABEL (Algorithmus 3.1) berechnet dann bei Eingabe von
U eine Erweiterung der Anfangsmarkierung, die korrekt und vollständig ist, kurz
eine *Lösung des Markierungs-Problems* (RELABEL ist vollständig für Netze, die
keine ungeraden Zyklen enthalten).

RELABEL(U):

1. Berechne die starken Zusammenhangskomponenten
   $U_1, \ldots, U_n$ von $Subnet(U)$.

2. Wende RELABEL' in einer mit der kanonischen partiellen
   Ordnung von $U_1, \ldots, U_n$ verträglichen Reihenfolge auf jede
   der Knotenmengen U_i an.

Algorithmus 3.1: Die Prozedur RELABEL

Beispiel 3.5.1 *Wir wenden* RELABEL *auf das unmarkierte Netz in Abbildung 3.4,
d.h. mit dem Argument* $\{P_1, P_2, P_3\}$ *an. Das Netz enthält zwei starke Zusammenhangskomponenten:* $Subnet(\{P_3\})$ *und* $Subnet(\{P_1, P_2\})$ *(in dieser Reihenfolge).*

RELABEL' $(\{P_3\})$ *markiert* P_3 *in Schritt 2 mit* OUT, *da alle Rechtfertigungen zu*
P_3 *verletzt sind. Folglich ist auch die Rechtfertigung J verletzt. Deshalb markiert*
RELABEL' $(\{P_1, P_2\})$ *— ebenfalls in Schritt 2 —* P_1 *mit* OUT *und* P_2 *mit* IN.

*Der im Beispielnetz enthaltene Zyklus ist also zulässig markierbar, obwohl er
ungerade ist.* □

Beispiel 3.5.2 *Abbildung 3.5 zeigt den kürzesten geraden, aber bistabilen Zyklus. Das Netz in dieser Abbildung besteht aus genau einer starken Zusammenhangskomponente, die die Knoten* P *und* P' *enthält.*

RELABEL'(S):

1. *Initialisierung*:
   $S' := S$.

2. *Lokale Propagierung*:
   Solange es einen Knoten $P \in S'$ gibt, der bestimmbar ist:

   - Aktualisiere die Markierung von P gemäß seiner Bestimmung.

   - $S' := S' - \{P\}$.

   Gilt nun $S' = \emptyset$? Falls ja: fertig!

3. *Vergabe tentativer Ränge*:
   $Rg := \{P \in S \mid \mathcal{V}(P) = \text{IN}\}$.
   Solange es einen Knoten $P \in S'$ gibt mit

   - $P \notin Rg$ und

   - eine Rechtfertigung D mit $just(D) \in Subnet(S)$ existiert, für die gilt:

     (a) $P = cons(D)$, und
     (b) für alle $P' \in in(D)$ gilt:
     $$\mathcal{V}(P') = \text{UNKNOWN} \Rightarrow P' \in Rg,$$

   gib P einen tentativen Rang: $Rg := Rg \cup \{P\}$.
   (Konsequenzen von Rechtfertigungen ohne monotone
   Unterstützungsknoten bekommen so trivialerweise einen
   Rang).

Algorithmus 3.2: Die Prozedur **RELABEL'**, Teil 1

Der zugehörige Aufruf **RELABEL'** $(\{P, P'\})$ *wird wie folgt abgearbeitet:* J_1 *und* J_2 *sind unbestimmt, also läßt Schritt 2 das Teilnetz unverändert. Schritt 3 gibt sowohl* P *als auch* P' *durch Aufnahme in* Rg *einen tentativen Rang. Deshalb gibt es in Schritt 4 nichts zu tun. In Schritt 5 wird nun ein unbestimmter Knoten, z.B. der Knoten* P, *gewählt und mit dem Aufruf* **COLOR** $(P, \text{OUT}, \text{IN}, \{P, P'\})$ *zunächst* P *mit* **OUT** *und dann in der Rekursion* P' *mit* **IN** *markiert. Damit ist also* $\mathcal{V} = \{P/\text{OUT}, P'/\text{IN}\}$ *eine Lösung.*

Wählt man in Schritt 5 den Knoten P' *anstelle von* P, *so berechnet der Algorithmus die Lösung* $\mathcal{V} = \{P/\text{IN}, P'/\text{OUT}\}$. *Die Markierung des Zyklus läßt sich also auf zwei zueinander duale Weisen stabilisieren — der Zyklus ist bistabil.*

$\square$

4. *Verarbeitung nicht wohlfundierbarer Knoten*:
   Gibt es noch einen Knoten ohne tentativen Rang
   (d.h. in $S' - Rg$)?
   Falls ja:

   (a) Markiere jeden Knoten $P \in S' - Rg$ mit OUT.

   (b) $S' := S' - (S' - Rg)$.

   (c) Weiter mit Schritt 2!

5. *Behandlung noch unbestimmter Zyklen*:
   Markiere alle noch unbestimmten Knoten aus S';
   wähle dazu einen unbestimmten Knoten $P \in S'$ und führe

$$\text{COLOR}(P, \text{OUT}, \text{IN}, S')$$

   aus. Fertig!

Algorithmus 3.3: Die Prozedur RELABEL', Teil 2

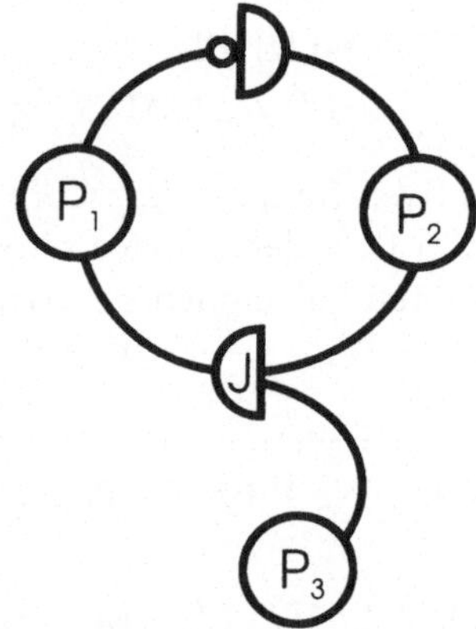

Abbildung 3.4: Ein markierbarer ungerader Zyklus

3.6   Eigenschaften von Goodwin's Algorithmus

Zum Verständnis von Goodwin's Algorithmus ist der Begriff der *minimalen unbestimmten Komponenten* des Netzes hilfreich. Er spielt eine zentrale Rolle bei der Verifikation der totalen Korrektheit (Korrektheit inklusive Terminierung) des Algorithmus, die wir im folgenden — eng an [Goo82] angelehnt und auf die Kernargumente reduziert — wiedergeben wollen (für Details siehe [Goo87]).

Eine Menge $M \subseteq \mathcal{N}$ von Knoten ist eine *minimale unbestimmte Komponente*

COLOR(P, C_1, C_2, L) :

1. Gilt $\mathcal{V}(P) = C_1$? Falls ja: fertig!

2. Gilt $\mathcal{V}(P) = C_2$, so schlage Alarm: L ist ungerader Zyklus!

3. $\mathcal{V}(P) := C_1$.

4. Solange es einen Knoten $M \in L$ gibt,

   - der P direkt unterstützt, oder
   - direkt von P unterstützt wird,

   wende COLOR auf M an; und zwar:

   - COLOR(M, C_1, C_2, L), bei monotoner Unterstützung,
   - COLOR(M, C_2, C_1, L), sonst.

Algorithmus 3.4: Die Prozedur COLOR

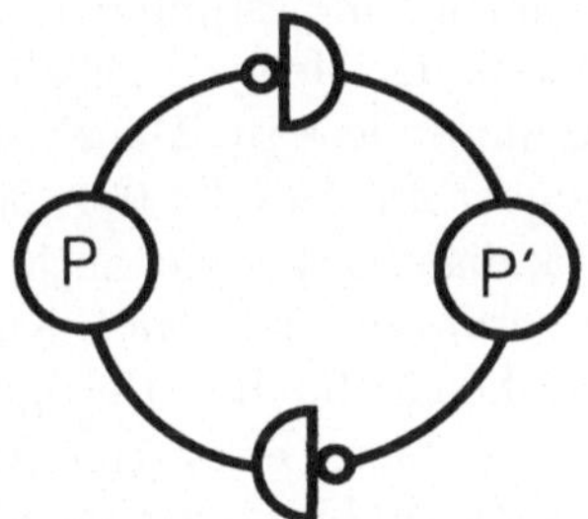

Abbildung 3.5: Der kürzeste gerade, aber bistabile Zyklus

im Zustand $\mathcal{V}$ des Abhängigkeitsnetzes $(\mathcal{N}, \mathcal{D})$, wenn gilt:

1. Alle Knoten in M sind unbestimmt.

2. Für alle unbestimmten Rechtfertigungen $D \in \mathcal{D}$ mit $cons(D) \in M$ gilt:

$$\forall P \ (P \in in(D) \cup out(D) \wedge \mathcal{V}(P) = \text{UNKNOWN} \ \Rightarrow \ P \in M)$$

(Abschluß unter „unbestimmter Unterstützungsknoten von").

Minimale unbestimmte Komponenten stellen *isolierbare Teilprobleme* bei der Markierung des Abhängigkeitsnetzes dar: Die einzigen Constraints, die die Lösung einer solchen Komponente von außen beeinflussen, sind *externe Rechtfertigungen*, die bereits bestimmt sind. Deshalb ist die für die Markierung nötige *Information leicht identifizierbar*.

Goodwin's Algorithmus startet mit einer Menge U von unbestimmten Knoten: U ist eine minimale unbestimmte Komponente des Netzes. RELABEL bricht diese Komponenten in ihre starken Zusammenhangskomponenten auf. Diese Komponenten werden verträglich mit ihrer kanonischen partiellen Ordnung jeweils vollständig markiert. Eine Komponente U ist spätestens dann minimale unbestimmte Komponente, wenn sie an RELABEL' übergeben wird (wenn all ihre Vorgänger vollständig markiert sind). Sie bleibt es während der Abarbeitung durch RELABEL' (auch wenn dabei durch Markieren oder Entfernen von Knoten aus U der Zusammenhang von U zerstört wird). Deshalb werden bei der Bearbeitung zweier (minimaler unbestimmter) starker Zusammenhangskomponenten U_1 und U_2 in kanonischer Reihenfolge Markierungen von Knoten in U_1, die für die Markierung von U_2 relevant sein könnten, berechnet, *bevor* in U_2 mit der Propagierung begonnen wird.

Goodwin's Algorithmus *terminiert* immer: Jeder der Schritte von RELABEL' terminiert. Knoten werden nie wieder mit UNKNOWN markiert. Die Schleifen in RELABEL' markieren bei jeder Iteration immer mindestens einen zuvor unbestimmten Knoten mit IN oder OUT. Das Abhängigkeitsnetz enthält nur endlich viele Knoten. Umgekehrt liefert der Algorithmus für Netze ohne ungerade Zyklen immer eine *vollständige Markierung*, d.h. er terminiert auch nicht zu früh: RELABEL' markiert jeden (eingangs unbestimmten) Argument-Knoten mit IN oder OUT. Diese Knoten werden in der Menge S gehalten, die vor einer Rückkehr von RELABEL' nach RELABEL immer leer ist. Die Prozedur COLOR markiert den Knoten in ihrem ersten Argument mit IN oder OUT, falls er unbestimmt ist.

Daß die so gelieferte vollständige Markierung auch korrekt ist, belegen die folgenden Beobachtungen. Markierungen sind *stabil*: Knoten werden nicht wieder unbestimmt gemacht. Das gleiche gilt für Rechtfertigungen. Ist ein Knoten also erstmal konsistent IN oder OUT, so bleibt er es (eine Art *Monotonie*). Außerdem gilt für Goodwin's Algorithmus die Stabilität der individuellen *Wohlfundiertheit*: Er berechnet keine expliziten Rangwerte, sondern vergibt nur *tentative Ränge*, d.h. jedesmal, wenn ein Knoten mit IN markiert wird, könnte er einen Rangwert entsprechend der Definition von Wohlfundiertheit erhalten. Rangzahlen — einmal vergeben — würden sich damit *nicht ändern*. Das gleiche gilt für Rechtfertigungen. Damit liefert Goodwin's Algorithmus also eine wohlfundierte und konsistente Markierung, falls die Ausgangsmarkierung korrekt ist und das Netz keine ungeraden Zyklen enthält. Zusammen mit der Garantie der Terminierung folgt deshalb die totale Korrektheit von RELABEL.

Wie steht es aber um die Komplexität des Algorithmus? Dazu macht Goodwin nur eine Aussage für den Fall, daß das zu markierende Netz grad-beschränkt ist: Für einen Knoten X des Abhängigkeitsnetzes bezeichnet $in\_degree(X)$ die Anzahl der in den Knoten hinein- und $out\_degree(X)$ die der aus ihm herausführenden Kanten. $in\_degree(X)$ heißt auch der *Eingangs-* und $out\_degree(X)$ der *Ausgangs-Grad* von X. Entsprechend ist ein Abhängigkeitsnetz $(\mathcal{N}, \mathcal{D})$ *grad-beschränkt*, falls es eine natürliche Zahl $n \in \mathbb{N}$ gibt mit:

1. Für alle $P \in \mathcal{N}$ gilt: $in\_degree(P) \leq n \ \wedge \ out\_degree(P) \leq n$.

2. Für alle $D \in \mathcal{D}$ gilt: $in\_degree(D) \leq n \ \wedge \ out\_degree(D) \leq n$.

Goodwin zeigt in [Goo82], daß der RELABEL-Algorithmus für ein Netz mit Grad-Beschränkung eine *Worst-Case Zeitkomplexität* der Ordnung $O(|U|^2)$ hat, wenn U die Menge der anfangs unbestimmten Knoten ist. Schuld an dem quadratischen Worst-Case Verhalten von Goodwin's Algorithmus ist der Schritt 4 in der Prozedur RELABEL':

> Die Propagierung der ad hoc mit OUT bewerteten, nicht mit einem Rang versehbaren Knoten kann für Knoten, denen vorher ein Rang zuordenbar war, eine *Neubestimmung* des Rangs notwendig machen.

Beispiel 3.6.1 *(aus [Goo82]) Abbildung 3.6 zeigt ein Netz, das quadratischen Zeitaufwand zur Markierung benötigt (man beachte die geraden Zyklen): Die*

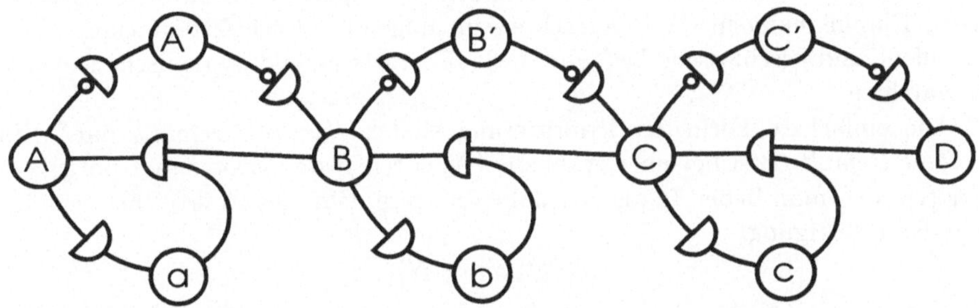

Abbildung 3.6: Worst-Case Netz für RELABEL

einzig zulässige Markierung bewertet die Knoten A', B' und C' mit IN *und die restlichen Knoten mit* OUT. □

Manche JTMS-Anwendungen lassen sich nur dann mit einer *a priori Grad-Beschränkung* des Abhängigkeitsnetzes realisieren, wenn das JTMS durch spezielle *garbage-collection Algorithmen* unterstützt wird, die die Einhaltung der Grad-Beschränkung ermöglichen. Glücklicherweise ist jedoch, so Goodwin, für die meisten Anwendungen die Zeitkomplexität von Algorithmus 3.1 *linear*.

3.7 Annahmen und ihre Priorisierung

Das Abhängigkeitsnetz erhält seine *Anfangsmarkierung* mit Hilfe spezieller Rechtfertigungen, die Knoten zu *Prämissen* bzw. *Annahmen* machen.

Prämissen sind Knoten, die mindestens eine Rechtfertigung besitzen, die weder monotone noch nicht-monotone Unterstützungsknoten aufweist. Prämissen sind also in jeder Markierung zu IN bestimmbar (*gültig*), und damit in jeder vorgegebenen Annahmenmenge Σ *implizit enthalten*.

Annahmen sind Knoten, die aufgrund einer nicht-trivialen *nicht-monotonen* Rechtfertigung, also einer Rechtfertigung mit mindestens einem nicht-monotonen

Unterstützungsknoten, momentan mit IN markiert sind. *Annahmen*, wie wir sie aus der Annahmenmenge Σ im generischen TMS kennen, lassen sich leicht *durch Rechtfertigungen* realisieren: Dazu macht man dem JTMS für jedes Literal $A \in \Sigma$ eine Rechtfertigung der Form

$$\langle \emptyset | not(A) \to A \rangle$$

bekannt und unterläßt Rechtfertigungen für den Knoten $not(A)$. Der Knoten $not(A)$ ist dann OUT, A also IN. Will man die Annahme A später zurücknehmen, so braucht man dazu nur $not(A)$ mit einer gültigen Rechtfertigung versehen.

Das JTMS hat aufgrund von Schritt 5 des RELABEL-Algorithmus gewisse *Wahlmöglichkeiten* beim Markieren des Netzes. Außerdem muß es bei Vorliegen einer widersprüchlichen Situation eine oder mehrere der dafür verantwortlichen und zunächst gleichwertigen *Annahmen zurücknehmen.* Der Benutzer kann auf beide Vorgänge durch *Priorisieren der Annahmen* über spezielle Rechtfertigungsschemata Einfluß nehmen. Wir betrachten im folgenden Rechtfertigungsschemata für offene und geschlossene Defaults sowie für statische und dynamische Default-Hierarchien.

Die einfachste Form der Priorisierung stellen *(binäre) Defaults* dar.[9] Ein *binärer Default N* ist bei einer Wahl aus $\{N, not(N)\}$ der *bevorzugte* Knoten; ein Knoten, den man lieber IN als OUT haben möchte. Um dies zu erreichen, genügt eine Rechtfertigung:

$$\langle \emptyset | not(N) \to N \rangle.$$

Der Knoten $not(N)$ hat damit keine Rechtfertigung, ist also OUT und sorgt dafür, daß der Knoten N mit IN markiert wird: Der Knoten N wird dem Knoten $not(N)$ *vorgezogen.*

Binäre Defaults lassen sich auf naheliegende Weise verallgemeinern: Statt aus einer zwei- wird dann aus einer n-elementigen Menge

$$\mathcal{A} := \{A_1, \ldots, A_n\}$$

von sich *gegenseitig ausschließenden* Knoten ein Knoten A_j bevorzugt ausgewählt (*geschlossener Default*). Sei G ein ausgezeichneter Knoten, der den *Grund für* diese *Bevorzugung* repräsentiert. Dann lautet die entsprechende *Default-Annahme*:

$$\langle G | A_1, \ldots, A_{j-1}, A_{j+1}, \ldots, A_n \to A_j \rangle.$$

Solange nicht mehr Information über $\mathcal{A}$ vorliegt, wird dadurch der Knoten A_j mit der Markierung IN versehen.

Beispiel 3.7.1 *(aus [Doy79b]) Planung eines Termins für ein Treffen.*[10]

---

[9] Wir führen hier Defaults so wie Doyle in [Doy78, Doy79a, Doy79b] nur pragmatisch ein — eine theoretisch fundiertere Behandlung findet sich in [MD80, Doy81, Doy88] und [Rei89] sowie [Elk90].

[10] Wir verwenden in diesem und einigen der folgenden Beispiele Doyle's tabellarische Notation für die im JTMS gespeicherten Daten: In dieser Notation enthält jeweils die erste Spalte der Tabelle einen Knoten und die zweite bzw. dritte Spalte das Problemlöserdatum bzw. die Rechtfertigungen zu dem Knoten aus der ersten Spalte.

Als Default-Termin soll der Mittwoch (W) gelten. Ausweichtermine sind Donnerstag (T) und Freitag (F):

$$\begin{array}{ll} N_1 & \textit{(Prefer W to T or F)} \qquad \ldots \\ N_2 & \textit{(Day(M) = T)}, \\ N_3 & \textit{(Day(M) = W)} \qquad \langle N_1 | N_2, N_4 \to N_3 \rangle, \\ N_4 & \textit{(Day(M) = F)}. \end{array}$$

$\square$

Was aber kann das System dann tun, wenn ein *Widerspruch* aufgrund der Wahl für den geschlossenen Default A_j ableitbar wird? Es könnte zum Beispiel über die Rechtfertigung

$$\langle \ldots | (\mathcal{A} - \{A_j, A_k\}) \to A_k \rangle.$$

eine Alternative A_k zu A_j rechtfertigen ($k \neq j$). Damit wechselt insbesondere die Markierung von A_j auf OUT.

Ist der Umfang $\mathcal{A}$ der Knotenmenge, aus der ein Knoten A_j bevorzugt ausgewählt werden soll, nicht *a priori* bekannt, so heißt A_j ein offener Default. Ein *offener Default* A_j läßt sich realisieren, indem man A_j mit

$$\langle G | not(A_j) \to A_j \rangle$$

rechtfertigt und für die *bereits bekannten* Alternativen A_i zu A_j je eine Rechtfertigung wie nachstehend einführt:

$$\langle A_i | \emptyset \to not(A_j) \rangle.$$

Wird später ein *Widerspruch* aufgrund des offenen Defaults A_j ableitbar, so nimmt das System A_j durch Rechtfertigen von $not(A_j)$ zurück. Das JTMS hat jetzt aber keine Möglichkeit, *automatisch* eine andere Alternative zum neuen Default zu machen. Ist das gewünscht, so muß hierfür ein *externer Mechanismus* bereitgestellt werden.

Beispiel 3.7.2 *(aus [Doy79b]) Familienplanung aufgrund der Kinderzahl. Der Default sind Familien mit zwei Kindern:*

$$\begin{array}{ll} N_1 & \textit{(Prefer 2 children)} \qquad \ldots \\ N_2 & \textit{(\#-children = 2)} \qquad \langle N_1 | N_3 \to N_2 \rangle, \\ N_3 & \textit{(\#-children} \neq \textit{2)} \qquad \langle N_4 | \emptyset \to N_3 \rangle, \\ & \qquad\qquad\qquad\qquad\quad \langle N_5 | \emptyset \to N_3 \rangle, \\ & \qquad\qquad\qquad\qquad\quad \langle N_6 | \emptyset \to N_3 \rangle, \\ & \qquad\qquad\qquad\qquad\quad \langle N_7 | \emptyset \to N_3 \rangle, \\[1em] N_4 & \textit{(\#-children = 0)}, \\ N_5 & \textit{(\#-children = 1)}, \\ N_6 & \textit{(\#-children = 3)}, \\ N_7 & \textit{(\#-children = 4)}. \end{array}$$

Das JTMS *markiert hier N_1 und N_2 mit* IN *und alle anderen Knoten mit* OUT. *Werden später gute Gründe dafür bekannt, daß das System zur Familienplanung auch Familien mit fünf Kindern betrachten muß, so kreiert der Problemlöser einen Knoten, der das Haben von fünf Kindern repräsentiert und berücksichtigt ihn bei N_3 durch eine entsprechende Rechtfertigung.* □

Linear geordnete Mengen

$$[A_1, \ldots, A_n] \qquad (n \geq 3)$$

von Alternativ-Knoten erlauben eine noch präzisere Priorisierung von Annahmen. Sie legen fest, in welcher *Reihenfolge* Alternativen zu versuchen sind. Wir unterscheiden dabei zwei Fälle:

1. Verworfene Alternativen werden endgültig verworfen (*statische Hierarchie*).

2. Verworfene Alternativen können später neu gerechtfertigt werden (*dynamische Hierarchie*).

Eine *statische Hierarchie* von Defaults kann durch das folgende System von Rechtfertigungen realisiert werden (korrigiert, aus [Doy79b]):

$$\langle G | not(A_1) \rightarrow A_1 \rangle,$$
$$\langle G, not(A_{i-1}) | not(A_i) \rightarrow A_i \rangle, \qquad (1 < i < n)$$
$$\langle G, not(A_{n-1}) | \emptyset \rightarrow A_n \rangle$$

(G repräsentiere wieder den Grund für die Priorisierung).

Beispiel 3.7.3 *(aus [Doy79b]) Terminplanung mit klaren Präferenzen. Vorzugstermin ist Mittwoch (W), falls das nicht geht, Donnerstag (T), und falls das auch nicht geht, dann Freitag (F).*

$$
\begin{array}{lll}
N_1 & \textit{(Prefer W to T to F)}, & \ldots \\
N_2 & \textit{(Day(M) = W)} & \langle N_1 | N_3 \rightarrow N_2 \rangle, \\
N_3 & \textit{(Day(M) \neq W)}, & \\
N_4 & \textit{(Day(M) = T)} & \langle N_1, N_3 | N_5 \rightarrow N_4 \rangle, \\
N_5 & \textit{(Day(M) \neq T)}, & \\
N_6 & \textit{(Day(M) = F)} & \langle N_1, N_5 | \emptyset \rightarrow N_6 \rangle.
\end{array}
$$

□

Das *dynamische Rechtfertigungsschema* sieht wie folgt aus: Zu jeder Alternative A_i werden drei Knoten generiert:

1. PA_i: A_i ist eine *noch mögliche* Alternative,

2. NSA_i: A_i ist *nicht* die *momentan gewählte* Alternative,

3. ROA_i: A_i ist eine *verworfene* Alternative.

Jedes PA_i wird *monoton* mit einem Knoten gerechtfertigt, der den *Grund* dafür angibt, daß A_i eine Alternative ist. Die ROA_i bleiben ungerechtfertigt und die A_i bzw. NSA_i Knoten werden wie folgt gerechtfertigt:

$$\langle PA_1 | ROA_1 \to A_1 \rangle,$$
$$\langle PA_i, NSA_1, \ldots, NSA_{i-1} | ROA_i \to A_i \rangle, \qquad (1 < i \leq n)$$

$$\langle \emptyset | PA_i \to NSA_i \rangle, \qquad (1 \leq i \leq n)$$
$$\langle ROA_i | \emptyset \to NSA_i \rangle$$

(korrigiert, ebenfalls aus [Doy79b]).

Nach diesem Schema können verschiedene Teile des Problemlösers — unabhängig voneinander — eine Alternative A_i durch Rechtfertigen des zugehörigen PA_i Knotens annehmen (IN machen) und durch Rechtfertigen des entsprechenden ROA_i Knotens verwerfen (OUT machen). Das angegebene Schema ist außerdem *direkt erweiterbar*, indem neue Alternativen über entsprechende Rechtfertigungen hinzugefügt werden. Solche Erweiterungen sind jedoch *nur an der Spitze* der Hierarchie möglich.

3.8 Demarkierung und Current-Support

Annahmen im Sinne des generischen TMS werden dem NMJTMS durch Generieren entsprechender JTMS-Annahmen bekanntgemacht. Um diese Annahmenmenge beliebig modifizieren zu können, muß das JTMS *destruktive Änderungen* am Abhängigkeitsnetz unterstützen: Die im JTMS vorhandenen Mechanismen zum *Einbau neuer Annahmen* in das und zur *Eliminierung von Rechtfertigungsduplikaten* aus dem Abhängigkeitsnetz reichen hierfür nicht aus.

Goodwin's Algorithmus erwartet ein *partiell* und korrekt markiertes Netz. Das JTMS arbeitet aber stets mit einem *vollständig* und korrekt markierten Netz, das es aufgrund von Anweisungen des Problemlösers *modifizieren* soll. Diese Modifikationen (Einführen und Löschen von Rechtfertigungen) machen *Demarkierungen* (Markierungen mit UNKNOWN) nötig.

Der zugehörige *Demarkierungs-Algorithmus* soll *soviel* von der vorliegenden Markierung *erhalten wie möglich* und *soviel* von ihr *wegnehmen wie nötig*. Außerdem soll natürlich nach der Änderung der Markierung wieder eine *korrekte* Markierung vorliegen.

Bei Verwendung unserer Terminologie läßt sich diese Markierungsänderung — angelehnt an Doyle [Doy83a] und [Doy92] — formal wie folgt charakterisieren: Ändert sich der Zustand $(\mathcal{N}, \mathcal{D}, \mathcal{V})$ des Abhängigkeitsnetzes durch Hinzufügen und/oder Eliminieren von Rechtfertigungen aus $\mathcal{D}$, so hat für den neuen Zustand $(\mathcal{N}, \mathcal{D}', \mathcal{V}')$ nach der Ummarkierung folgendes zu gelten:

1. $(\mathcal{N}, \mathcal{D}', \mathcal{V}')$ ist wieder eine zulässige und vollständige Markierung.

2. Für jede andere zulässige und vollständige Markierung $(\mathcal{N}, \mathcal{D}', \mathcal{V}'')$ gilt weder

$$I_{\mathcal{V}}(\mathcal{N}) \, \Delta \, I_{\mathcal{V}'}(\mathcal{N}) \;\; \subseteq \;\; I_{\mathcal{V}}(\mathcal{N}) \, \Delta \, I_{\mathcal{V}''}(\mathcal{N})$$

noch

$$I_{\mathcal{V}}(\mathcal{N}) \, \Delta \, I_{\mathcal{V}''}(\mathcal{N}) \;\; \subseteq \;\; I_{\mathcal{V}}(\mathcal{N}) \, \Delta \, I_{\mathcal{V}'}(\mathcal{N})$$

(Δ bezeichnet hier die symmetrische Differenz zweier Mengen).

Das naheliegende *(naive) Demarkierungs-Verfahren* **NAIVE-DELABEL** (Algorithmus 3.5) ist *unnötig aufwendig*. Es demarkiert i.allg. einen viel zu großen Teil des Abhängigkeitsnetzes (u.a. Knoten, deren Markierung unabhängig von der Änderung ist), der dann wieder mühevoll mit **RELABEL** zu vervollständigen ist.

NAIVE-DELABEL(S)

1. Beginne beim Knoten N, der von der Rechtfertigung gestützt wird, die

   - gelöscht oder
   - zum Netz hinzugefügt wurde,

2. markiere N mit **UNKNOWN** und

3. propagiere das Demarkieren weiter,

   - über alle Knoten und Rechtfertigungen,
   - die vom Knoten N erreichbar sind.

Algorithmus 3.5: Naives Demarkieren im JTMS

Ein *selektiveres Demarkieren* ist möglich, wenn, wie von Doyle in [Doy78] vorgeschlagen, bei Knoten mehr als nur die unterstützenden Rechtfertigungen vermerkt werden — der sogenannte *Current-Support*.[11]

Wie werden nun die Current-Supports konstruiert? Sei $\mathcal{V}$ wieder die momentane Markierung des Netzes. Die *Konstruktion des Current-Support* eines Knotens N verläuft unterschiedlich, je nachdem, ob N in $\mathcal{V}$ mit **IN** oder mit **OUT** markiert ist.

Ist N ein mit **IN** markierter Knoten, so ist jede Menge CS ein Current-Support von N, für die es eine gültige Rechtfertigung J zur momentanen Rang-Abbildung *rank* gibt, die die Bedingungen

1. $cons(J) = N$,

---

[11] Wie wir gleich sehen werden, stellt ein *Current-Support* im JTMS eine Art von *nicht-monotoner momentaner Begründung* im Sinne unserer Ausführungen aus Abschnitt 2.4 dar.

2. $CS = in(N) \cup out(J)$ und

3. $rank(J) < rank(N)$

erfüllt (die Rangbedingung ist nötig, um *Wohlfundiertheit* zu garantieren).

Für einen mit OUT markierten Knoten N ist jede Menge CS, die zu *jeder* Rechtfertigung J von N einen invalidierenden Knoten enthält, ein Current-Support von N. Dabei nennt man einen Knoten N einen *invalidierenden Knoten* für eine (verletzte) Rechtfertigung J, wenn eine der beiden Beziehungen

- $N \in in(J) \wedge \mathcal{V}(N) = $ OUT oder

- $N \in out(J) \wedge \mathcal{V}(N) = $ IN

gilt.

Der Schlüssel zur Verbesserung der Prozedur NAIVE-DELABEL ist nun die Beobachtung, daß beim Demarkieren eines Netzausschnitts für jeden bereits *bestimmten* Knoten N gilt:

Solange sich die Markierungen von Knoten in $CS(N)$ nicht ändern, braucht auch die von N nicht geändert zu werden.

Für einen mit IN markierten Knoten N, muß also in den beiden nachstehenden Fällen *schlimmstenfalls $CS(N)$ neu* berechnet werden:

1. Es wird eine neue Rechtfertigung für N eingeführt (eine Änderung von $CS(N)$ ist hier die Ausnahme).

2. Eine Rechtfertigung J mit

$$in(J) \cup out(J) \neq CS(N)$$

wird gelöscht.

Und ist N ein mit OUT markierter Knoten, so muß man entsprechend in den beiden folgenden Fällen *nur* den Current-Support von N *neu* berechnen:

1. Es wird eine neue Rechtfertigung für N eingeführt, die verletzt ist.

2. Eine Rechtfertigung von N wird gelöscht.

Goodwin's RELABEL-*Algorithmus* 3.1 läßt sich leicht so modifizieren, daß er parallel zur Vervollständigung der Markierung Current-Supports für die Knoten des Abhängigkeitsnetzes berechnet: Für Knoten, die in Schritt 2 von RELABEL' markiert werden, liegt der *Current-Support* mit dem Grund für die Markierung vor. In den anderen Schritten wird analog zum tentativen Rang ein *tentativer Current-Support* berechnet.

Natürlich gilt auch für die Verwaltung der Current-Supports der übliche *Trade-off* zwischen Raum- und Zeit-Komplexität, d.h. das effiziente Demarkieren mit dem Current-Support wird mit einem erhöhten Speicheraufwand erkauft.

Andererseits sind Current-Supports nicht nur beim selektiven Demarkieren hilfreich: So vereinfacht z.B. der Current-Support eines mit IN markierten Knotens
die *Konstruktion von Begründungsbäumen* für N (der Current-Support liefert
unmittelbar die oberste Ebene). Die Verwaltung von Current-Supports ist damit
in jedem Falle gerechtfertigt.

3.9 Bedingte Beweise

Nachdem wir nun wissen, wie das JTMS mit SL-Rechtfertigungen umgeht, wenden wir uns einer Funktion des JTMS zu, die in der Literatur und für konkrete Implementierungen des Systems nahezu unbeachtet blieb: die Fähigkeit, abstrakte Begründungen aus Teilnetzen des Abhängigkeitsnetzes zu konstruieren
und diese mit speziellen Rechtfertigungen im Abhängigkeitsnetz zu hinterlegen
(vgl. [Doy78, Doy79b], [Goo82] sowie [Doy83a] für eine formale Spezifikation).

Doyle's JTMS beinhaltet einen Algorithmus FIS (Find Independent Support), mit dem man auf der Grundlage des aus der klassischen Logik bekannten
Deduktions-Theorems

$$\mathcal{A} \cup \{B_1, \ldots, B_n\} \vdash C \qquad \text{gdw.} \qquad \mathcal{A} \vdash (B_1 \wedge \ldots \wedge B_n \to C)$$

von Teilen eines Beweises *abstrahieren* kann. Die Prozedur FIS berechnet

- auf Eingabe einer Aussage C, deren Knoten momentan mit IN markiert
  ist,

- und für vorgegebene Knoten zu den Aussagen $B_1 \wedge \ldots \wedge B_n$

eine flache Begründung zur Aussage

$$(B_1 \wedge \ldots \wedge B_n \to C), \tag{3.2}$$

und repräsentiert diese Begründung im Abhängigkeitsnetz durch eine gültige SL-
Rechtfertigung für den Knoten zu (3.2), deren Unterstützungsknoten verschieden
von den Knoten zu $B_1, \ldots, B_n$ sind. Wir nennen deshalb das Resultat von FIS
einen *bedingten Beweis für C mit den Hypothesen $B_1, \ldots, B_n$*.

Bei Doyle (etwa in [Doy79b]) wird die Gesamtheit aller möglichen bedingten
Beweise für <*Subj*> mit den monotonen bzw. nicht-monotonen Hypothesen <*IN-Hyps*> bzw. <*OUT-Hyps*> als sogenannte CP-*Rechtfertigung* notiert:

$$N: \quad (\text{CP } \langle Subj \rangle \ \langle IN\text{-}Hyps \rangle \ \langle OUT\text{-}Hyps \rangle)$$

(<*Subj*> hat ja häufig mehr als eine Begründung, die für die Konstruktion von
bedingten Beweisen verwendet werden kann). Wir schreiben jedoch in Verallgemeinerung unserer Notation für SL-Rechtfertigungen eine CP-Rechtfertigung J
für $cons(J) = N$ mit folgender abstrakter Syntax:

$$\langle subj(J) - inhyp(J) | outhyp(J) \to cons(J) \rangle.$$

Eine CP-Rechtfertigung J

$$\langle subj(J) - inhyp(J) | outhyp(J) \to cons(J) \rangle$$

ist gültig, falls der Knoten $subj(J)$ immer schon dann IN ist, wenn alle Knoten in $inhyp(J)$ mit IN und alle Knoten in $outhyp(J)$ mit OUT markiert sind.

Das TMS kann nur dann *leicht* den Status von J überprüfen, wenn alle Knoten in $inhyp(J)$ IN und alle Knoten in $outhyp(J)$ OUT sind, oder der Knoten $subj(J)$ bereits unabhängig von den Markierungen der Hypothesen (aufgrund alternativer Rechtfertigungen) mit IN markiert ist. Andernfalls muß die durch $inhyp(J)$ und $outhyp(J)$ beschriebene *hypothetische Situation* erst hergestellt werden. Das JTMS kann aber zu jedem Zeitpunkt nur *einen* (durch das Netz mit seiner momentanen Markierung gegebenen) Kontext verwalten, obwohl die hypothetische Situation in mehr als einem Kontext eintreten könnte. Außerdem sind im JTMS *Kontextwechsel* — da mit Ummarkierungen verbunden — recht *teuer*. Deshalb nimmt man im JTMS eine gewisse *Unvollständigkeit* in Kauf und überprüft CP-Rechtfertigungen beim Markieren des Netzes nur dann auf Gültigkeit, wenn dies im obigen Sinne leicht machbar ist (Doyle nennt das eine *opportunistische Überprüfungsstrategie*).

Das JTMS wertet eine als gültig erkannte CP-Rechtfertigung J

$$\langle subj(J) - inhyp(J) | outhyp(J) \to cons(J) \rangle$$

aus, indem es eine zu J *momentan äquivalente* SL-Rechtfertigung S generiert und mit S den Konsequenzknoten $cons(J)$ rechtfertigt.

Für die Berechnung der momentan äquivalenten SL-Rechtfertigung verwendet das JTMS natürlich die im Abhängigkeitsnetz gespeicherten Current-Supports. Schließlich repräsentieren die Current-Supports die Beweisgeschichte des Datums, zu dem der bedingte Beweis gesucht wird. Bevor wir die Details dieser Berechnung beschreiben können, müssen wir allerdings noch ein paar Begriffe einführen.

Die Knoten im Current-Support eines Knotens werden auch seine *momentan unterstützenden Knoten* genannt und gültige Rechtfertigungen von einem mit IN markierten Knoten N dementsprechend die den Knoten N *momentan unterstützenden Rechtfertigungen*.

Die momentan unterstützenden Knoten von mit IN markierten Knoten heißen deren *Antezedenten*. Mit OUT markierte Knoten haben *keine* Antezedenten. Ist $\mathcal{G}$ eine Menge von Knoten, so bezeichnet allgemein

$$Ante(\mathcal{G}) := \{A \mid A \text{ ist Antezedent von } N \in \mathcal{G}\}$$

die Menge der Antezedenten von Knoten in $\mathcal{G}$.

Die Menge der einen Knoten N *fundierenden Knoten* ergibt sich als transitiver Abschluß seiner Antezedenten:

$$Fund(N) := Ante^*(\{N\})$$

(wir verwenden wie üblich die Abkürzung $X^*(\mathcal{G}) := \bigcup_i X^i(\mathcal{G})$, wenn X ein Operator auf Mengen ist).

Die Menge der von einem Knoten N *unmittelbar betroffenen Knoten* umfaßt all jene Knoten, die N in ihrem Current-Support enthalten. Wir verallgemeinern auch diesen Begriff auf Mengen von Knoten:

$$Imm(\mathcal{G}) := \{N \mid \mathcal{G} \cap CS(N) \neq \emptyset\}.$$

Schließlich handelt es sich bei der Menge $\mathit{Aff}(\{N\})$ der von einem Knoten N *betroffenen Knoten* um den transitiven Abschluß der unmittelbar betroffenen Knoten, den wir ebenfalls auf Mengen von Knoten verallgemeinern:

$$\mathit{Aff}(\mathcal{G}) := Imm^*(\mathcal{G}).$$

Damit können wir nun die Prozedur `FIS` (siehe Algorithmus 3.6) angeben, mit der die zu einer gültigen CP-Rechtfertigung J

$$\langle subj(J) - inhyp(J) \mid outhyp(J) \rightarrow cons(J)\rangle$$

momentan äquivalente SL-Rechtfertigung berechnet wird: Aktiviert man die Prozedur `FIS` mit einem Aufruf der Form

$$\mathtt{FIS}(subj(J), inhyp(J), outhyp(J)),$$

so errechnet sie aus dem wohlfundierten Argument zu $subj(J)$ den *Independent-Support* für $subj(J)$, d.h. die größte Knotenmenge $\mathcal{N}$, für die mit

$$hyp(J) := inhyp(J) \cup outhyp(J)$$

die folgenden drei Bedingungen gelten:

1. $\mathcal{N} \subseteq \mathit{Fund}(subj(J))$,

2. $\mathcal{N} \subseteq \mathit{Ante}(\{subj(J)\}) \cup \mathit{Ante}(\mathit{Aff}(hyp(J)))$,

3. $\mathcal{N} \cap (hyp(J) \cup \mathit{Aff}(hyp(J))) = \emptyset$.

Die IN-Knoten von $\mathcal{N}$ bilden dann nämlich die monotonen und die OUT-Knoten von $\mathcal{N}$ die nicht-monotonen Unterstützungsknoten der gesuchten, momentan äquivalenten SL-Rechtfertigung zu J.

CP-Rechtfertigungen werden nur zur Berechnung von SL-Rechtfertigungen eingesetzt und haben deshalb nur mittelbar — über die aus ihnen bereits entstandenen SL-Rechtfertigungen — einen Einfluß auf die Markierung des Abhängigkeitsnetzes. Das JTMS bevorzugt bei der *Bestimmung des Current-Support* eines Knotens SL-Rechtfertigungen, die für CP-Rechtfertigungen generiert wurden.

Bei der Konstruktion von *Begründungen* dagegen spielt die Entstehungsgeschichte der daran beteiligten SL-Rechtfertigungen keine Rolle. Für diesen Zweck setzt das JTMS die SL-Rechtfertigungen unabhängig davon ein, ob sie direkt vom Problemlöser vorgegeben oder aufgrund einer CP-Rechtfertigung vom JTMS erzeugt wurden.

FIS(*Subj*, *InHyps*, *OutHyps*)

1. Phase 1: Finden eines Independent-Support

   (a) Färbe durch Rückverfolgen der *Subj* unterstützenden Rechtfertigungen jenen Teil $\mathcal{F}$ des Abhängigkeitsnetzes grün, der die Knoten aus *Fund(Subj)* umfaßt.

   (b) Markiere nun in $\mathcal{F}$ — startend bei den Blättern mit Knoten aus *InHyps* $\cup$ *OutHyps* — alle von den Hypothesen betroffenen Knoten.

   Die jetzt unmarkierten Knoten in $\mathcal{F}$ sind zusammen schon hinreichend für eine *von den Hypothesen unabhängige* Begründung von *Subj*.

2. Phase 2: Eliminieren redundanter Knoten

   (a) Traversiere $\mathcal{F}$ erneut in Gegenrichtung zu den unterstützenden Rechtfertigungen.

   (b) Bei Antreffen eines unmarkierten Knotens N,

   - färbe diesen rot und
   - traversiere von N aus nicht weiter.

   Damit sind nun genau die Knoten rot, die für die unabhängige Unterstützung von *Subj* (höchstens) benötigt werden.
   Kehre mit diesen Knoten als Wert zurück.

Algorithmus 3.6: Die Prozedur FIS

3.10 Dependency-Directed Backtracking

Bedingte Beweise spielen zum Beispiel beim von Abhängigkeiten gesteuerten Backtracking (DDB) eine wichtige Rolle. Diese Form des Backtracking wird im JTMS immer dann ausgelöst, wenn es einen Knoten mit IN markieren muß, den der Problemlöser zum Widerspruchsknoten erklärt hat. Das JTMS aktiviert daraufhin die sogenannte DDB-Prozedur. Diese Prozedur versucht, mindestens eine der Annahmen, die dem Widerspruch zugrunde liegen, zurückzunehmen (d.h. mit OUT zu markieren), in der Hoffnung, daß der Widerspruchsknoten dadurch seine IN-Markierung verliert.

Um die DDB-Prozedur detailliert schildern zu können, benötigen wir den Begriff der *einem Knoten C zugrundeliegenden maximalen Annahmen*. Diese Annahmenmenge $Max(C)$ ist durch die Beziehung

$$A \in Max(C)$$
$$\text{gdw.}$$
$$A \in Fund(C) \land A \text{ ist Annahme } \land$$
$$\neg \exists B \in Fund(C) : (B \text{ ist Annahme } \land A \in Fund(B))$$

charakterisiert. Ist C ein Widerspruchsknoten, der gerade mit IN markiert wurde, so heißt $Max(C)$ auch die NOGOOD-*Menge* zu C.

DDB(C):

1. Bestimme die NOGOOD-Menge $\{A_1, \ldots, A_n\}$ zum mit IN markierten Widerspruchsknoten C.
   Ist $\{A_1, \ldots, A_n\}$ leer (d.h. $n = 0$), so läßt sich der Widerspruch nicht ohne Intervention des Problemlösers beheben.

2. Installiere einen entsprechenden Knoten NG

   $$NG \equiv (\text{NOGOOD } A_1 \; \ldots \; A_n)$$

   und rechtfertige ihn mit der CP-Rechtfertigung

   $$\langle C - A_1, \ldots, A_n | \emptyset \to NG \rangle.$$

3. Erkläre eine Annahme A_i als *schuldig* am Widerspruch C. Die momentan unterstützende Rechtfertigung J von A_i sei

   $$\langle in(J) | D_1, \ldots, D_k \to A_i \rangle.$$

   Mache einen Knoten D_j aus der OUT-Liste dieser Rechtfertigung durch die Rechtfertigung J'

   $$\langle NG, A_1, \ldots, A_{i-1}, A_{i+1}, \ldots, A_n |$$
   $$D_1, \ldots, D_{j-1}, D_{j+1}, \ldots, D_k \to J' \rangle$$

   zum *Invalidierungsknoten* für A_i.

4. Bleibt der Knoten C aufgrund einer zum NOGOOD alternativen Unterstützung auch nach Einführen der Rechtfertigung für D_j mit IN markiert, so läute eine neue Backtracking-Runde ein.

Algorithmus 3.7: Die Prozedur DDB

Betrachten wir nun also die Prozedur DDB (siehe Algorithmus 3.7): Hat sich das JTMS in Schritt 3 dieser Prozedur bei der Wahl der schuldigen Annahme A_i oder des Invalidierungsknotens D_j geirrt, so wird ein später ausgelöster Widerspruch insbesondere die Knoten D_j und $A_1, \ldots, A_{i-1}, A_{i+1}, \ldots, A_n$ involvieren. Ist dann die OUT-Liste von J' nicht-leer, so wird automatisch D_j als nächste Annahme invalidiert. D_j ist ja aufgrund von J' im Sinne der Definition von $Max(C)$ „größer" als die Annahmen $D_1, \ldots, D_{j-1}, D_{j+1}, \ldots, D_k$.

Schritt 2 der Prozedur DDB stellt sicher, daß der beim Backtracking erzeugte NOGOOD auch dann noch IN (also bekannt) bleibt, wenn in Schritt 3 eine seiner Annahmen OUT gemacht wird. Damit kann die entsprechende widersprüchliche Situation auch nach ihrer Auflösung durch die DDB-Prozedur nicht erneut von der Markierungsprozedur hergestellt werden.

Beispiel 3.10.1 *(aus [Doy79b])*
Man stelle sich ein Raumbelegungsprogramm vor, das Meetings bevorzugt um 10:00 in Raum 813 oder 801 einplant:

$$
\begin{array}{lll}
N_1 & (Time(M) = 10{:}00) & \langle \emptyset | N_2 \to N_1 \rangle, \\
N_2 & (Time(M) \neq 10{:}00), & \\
N_3 & (Room(M) = 813) & \langle \emptyset | N_4 \to N_3 \rangle, \\
N_4 & (Room(M) = 801).
\end{array}
$$

Das TMS macht aufgrund dieser Rechtfertigungen N_1 und N_3 IN sowie N_2 und N_4 OUT. Angenommen, es stellt sich nun heraus, daß der Raum 813 um 10:00 schon belegt ist:

$$
N_5 \quad (Contradiction) \quad \langle N_1, N_3 | \emptyset \to N_5 \rangle.
$$

Die DDB-Prozedur erzeugt daraufhin die folgenden Rechtfertigungen:

$$
\begin{array}{lll}
N_6 & (\text{NOGOOD } N_1\, N_3) & \langle N_5 - N_1, N_3 | \emptyset \to N_6 \rangle, \\
N_4 & (Room(M) = 801) & \langle N_6, N_1 | \emptyset \to N_4 \rangle.
\end{array}
$$

Das TMS hat also N_3 zur schuldigen Annahme erklärt. N_1, N_4 und N_6 sind jetzt IN und N_2, N_3 sowie N_5 OUT. Die CP-Rechtfertigung von N_6 ist momentan äquivalent zur SL-Rechtfertigung $\langle \emptyset | \emptyset \to N_6 \rangle$ — also einer Prämisse.

Sollte nun Raum 801 unbenutzbar werden, so handelt die DDB-Prozedur 3.7 folgendermaßen:

$$
\begin{array}{lll}
N_7 & (Contradiction) & \langle N_4 | \emptyset \to N_7 \rangle, \\
N_8 & (\text{NOGOOD } N_1) & \langle N_7 - N_1 | \emptyset \to N_8 \rangle, \\
N_2 & (Time(M) \neq 10{:}00) & \langle N_8 | \emptyset \to N_2 \rangle.
\end{array}
$$

Die CP-Rechtfertigung für N_8 ist momentan äquivalent zur SL-Rechtfertigung $\langle N_6 | \emptyset \to N_8 \rangle$. N_1, N_5 und N_7 werden OUT, N_2, N_3, N_6 und N_8 IN. Das Meeting findet danach in Raum 813, aber nicht um 10:00 statt. $\square$

Ein Problemlöser, der sich abhängigkeiten-gesteuertes Backtracking im Stile der DDB-Prozedur zunutze machen will, hat es nicht einfach:

1. Er hat außer über die Priorisierung von Annahmen keinen Einfluß darauf, wie das JTMS den vorliegenden Widerspruch auflöst.

2. Die Priorisierung der Annahmen ist ein höchst komplizierter Vorgang, der trotzdem die Wahlmöglichkeiten der DDB-Prozedur i.allg. nicht schon auf jeweils *einen* schuldigen bzw. invalidierenden Knoten einschränken wird.

3. In JTMS-Implementierungen, die keine prozeduralen Erweiterungen zur Verfügung stellen, hat er keine Möglichkeit, automatisch von den Änderungen Kenntnis zu erlangen, die die DDB-Prozedur zur Behebung des Widerspruchs vorgenommen hat. In den bekannten Systemen mit prozeduralen Erweiterungen bekommt er bestenfalls Markierungsänderungen von Knoten mit (siehe Abschnitt 3.13).

4. Die DDB-Prozedur kann im Zusammenspiel mit einer prozeduralen Erweiterung des JTMS zu Anomalien führen (siehe Abschnitt 3.13).

Es ist also kein Wunder, daß zahlreiche Versuche zur Bereinigung der Widerspruchsbehandlung im JTMS unternommen wurden.

So haben z.B. Giordano und Martelli in [GM90b] sowie Nebel in [Neb90] interessante formale Rekonstruktionen der DDB-Prozedur vorgenommen. Außerdem schlägt Petrie in [Pet87] eine Revision der DDB-Prozedur vor, bei der der Problemlöser mit Hilfe von anwendungs-spezifischem Wissen Einfluß darauf nehmen kann, wie die Prozedur einen neu entdeckten Widerspruch auflöst. Auch auf diesen Vorschlag gehen wir hier jedoch nicht näher ein und verweisen den interessierten Leser auf die angegebene Literatur.

Dafür werden wir uns jedoch im nächsten Kapitel (über monotone Truth-Maintenance-Systeme vom LTMS-Typ) ansehen, wie man durch architektonische Erweiterungen des LTMS (die analog auch auf das JTMS anwendbar sind) die Widerspruchsbehandlung besser kontrollieren kann (siehe auch Forbus und de Kleer in [FdK93, Kap. 8 und 10]).

3.11 Repräsentanten von Äquivalenzklassen

Ein zweites wichtiges Einsatzgebiet für CP-Rechtfertigungen besteht in der effizienten Unterstützung von Problemlösern, die ein JTMS mehrere gleichwertige Repräsentationen ein und derselben modellierten Größe verwalten lassen. Solche multiplen Repräsentationen entstehen immer dann, wenn der Problemlöser auf verschiedene Art und Weise Werte oder Beschreibungen für dieselbe Größe berechnet.

Nachdem die verschiedenen Repräsentanten dieser Größe aus Sicht des Problemlösers äquivalent in Bezug auf die weitere Verarbeitung sind, sollte auf der TMS-Seite sichergestellt sein, daß beim Entdecken von Widersprüchen kein *unnötiges Backtracking* mit unterschiedlichen Repräsentanten derselben Äquivalenzklasse vorgenommen wird. Dazu muß man natürlich die Wahl des für die

Weiterverarbeitung bestimmten Repräsentanten vor der Backtracking-Komponente des TMS verborgen halten.

Bei dieser Aufgabe sind nun wieder CP-Rechtfertigungen hilfreich: Seien dazu $R_1,\ldots,R_n$ die Knoten für Repräsentanten einer Äquivalenzklasse R und bedeute

- PR_i: R_i ist ein *möglicher* Repräsentant und

- SR_i: R_i ist der *gewählte* Repräsentant.

Statt Rechtfertigungen direkt für die R-Knoten zu installieren, sollte der Problemlöser diese Knoten *nur* als Repräsentanten *vorschlagen*, indem er diese Rechtfertigungen für die PR-Knoten installiert. Das Rechtfertigungsschema

$$SR_i: \qquad \langle PR_i | SR_1, \ldots, SR_{i-1} \to SR_i \rangle$$
$$R_i: \qquad \langle SR_i - \emptyset | SR_1, \ldots, SR_{i-1} \to R_i \rangle$$

stellt dann sicher, daß die Rechtfertigungen für einen Knoten R_i lediglich (über PR_i) die Gründe für den Vorschlag von R_i, nicht aber die Gründe für seine Wahl als Repräsentant der Äquivalenzklasse (die ja durch die OUT-Hypothesen $SR_1,\ldots,SR_{i-1}$ repräsentiert sind) enthalten. Damit haben wir also einen Mechanismus, der Alternativen in der Reihenfolge ihrer Bekanntmachung als Repräsentanten auswählt und diese *vor der Backtracking-Komponente verborgen* hält.

Beispiel 3.11.1 *(wieder aus [Doy79b])*
Ein Programm prognostiziert zwei Werte für die Menge an Weizen, die 1979 angebaut wird und vermerkt deren Koinzidenz:

$$\begin{array}{lll} N_1 & \textit{(Suggest Wheat}(1979) = 5X + 300) & \langle R_{57}, \ldots | \emptyset \to N_1 \rangle, \\ N_2 & \textit{(Suggest Wheat}(1979) = 7Y) & \langle R_{60}, \ldots | \emptyset \to N_2 \rangle, \\ N_3 & \textit{(}7Y = 5X + 300) & \langle N_1, N_2 | \emptyset \to N_3 \rangle. \end{array}$$

Die vorgeschlagenen Werte entsprechen möglichen Repräsentanten einer Äquivalenzklasse. Um nicht beide Werte in zukünftigen Berechnungen zu verwenden, wählt das Programm einen aus:

$$\begin{array}{lll} N_4 & \textit{(}N_1 \textit{ selected)} & \langle N_1 | \emptyset \to N_4 \rangle, \\ N_5 & \textit{(Wheat}(1979) = 5X + 300) & \langle N_4 - \emptyset | \emptyset \to N_5 \rangle, \\ N_6 & \textit{(}N_2 \textit{ selected)} & \langle N_2 | N_4 \to N_6 \rangle, \\ N_7 & \textit{(Wheat}(1979) = 7Y) & \langle N_6 - \emptyset | N_4 \to N_7 \rangle. \end{array}$$

Da N_1 IN ist und ganz vorn in der von den Rechtfertigungen vorgeschlagenen Ordnung steht, wird es zum Repräsentanten erklärt, mit dem weiterpropagiert wird. Damit werden N_4 und N_5 ebenfalls IN. Die CP-Rechtfertigung von N_5 ist momentan äquivalent zur SL-Rechtfertigung $\langle N_1 | \emptyset \to N_5 \rangle$ (Current-Support von N_4).

Angenommen, N_5 wird später in einen Widerspruch verwickelt und ist damit nicht mehr als Repräsentant verfügbar. Dann markiert die Backtracking-Komponente N_1 (und deshalb N_3) mit OUT und N_7 mit IN. Die CP-Rechtfertigung von N_7 wird damit äquivalent zur SL-Rechtfertigung $\langle N_2 | \emptyset \to N_7 \rangle$. Es wird jetzt also die zweite Alternative ausgewählt.

Findet das Programm dann einen dritten Wert

$$N_8 \quad (Suggest\ Wheat(1979) = 4X + 100) \quad \dots$$
$$N_9 \quad (7Y = 4X + 100) \qquad\qquad \langle N_2, N_8 | \emptyset \to N_9 \rangle,$$
$$N_{10} \quad (N_8\ selected) \qquad\qquad \langle N_8 | N_4, N_6 \to N_{10} \rangle,$$
$$N_{11} \quad (Wheat(1979) = 4X + 100) \qquad \langle N_{10} - \emptyset | N_4, N_6 \to N_{11} \rangle,$$

so wird es den neuen Wert auf die Liste der für die Propagierung möglichen Werte setzen. N_8 und N_9 sind jetzt IN *und N_{10} sowie N_{11}* OUT.   □

3.12 Hierarchische Begründungen

Im Kontext der Generierung von Begründungen ist auch eine gemeinsame Verallgemeinerung der SL- und CP-Rechtfertigungen interessant, die Doyle in [Doy79b] als GF-*Rechtfertigung* (GF für *General-Form*) bezeichnet. Diese Rechtfertigungen beinhalten beides: wie schon die SL-Rechtfertigungen eine IN- und eine OUT-Liste, aber auch wie CP-Rechtfertigungen je eine Liste von IN- und OUT-Hypothesen. Doyle notiert deshalb GF-Rechtfertigungen in Verallgemeinerung seiner Listenschreibweise für die Rechtfertigungen des einfacheren Typs:

$$N: \quad \text{(GF} \quad <\!IN\text{-}List\!> \ <\!OUT\text{-}List\!>$$
$$<\!Subj\!> \ <\!IN\text{-}Hyps\!> \ <\!OUT\text{-}Hyps\!>\text{)}.$$

Wir tun das gleiche für unsere Notation und schreiben die entsprechende GF-Rechtfertigung J mit folgender abstrakter Syntax:

$$\langle subj(J) \quad - \ inhyp(J) | outhyp(J)$$
$$+ \ in(J) | out(J) \qquad\qquad \to cons(J) \rangle.$$

Ähnlich wie für CP-Rechtfertigungen erzeugt das JTMS auch für GF-Rechtfertigungen, die gültig sind, *momentan äquivalente* SL-*Rechtfertigungen.* Doyle läßt sich in [Doy79b] allerdings nicht darüber aus, wann eine GF-Rechtfertigung J gültig sein soll.[12] Aus der Art und Weise, wie sie zu verarbeiten sind, kann man aber wohl schließen, daß sie genau dann gültig sein sollen, wenn die zur GF-Rechtfertigung J gehörende CP-Rechtfertigung

$$\langle subj(J) - inhyp(J) | outhyp(J) \to cons(J) \rangle$$

gültig ist. Die Prozedur SL-FROM-GF (Algorithmus 3.8) zeigt, was im einzelnen zu tun ist, wenn man die momentan zu einer (gültigen) GF-Rechtfertigung J äquivalente SL-Rechtfertigung berechnen will.

Bei genauer Betrachtung der Prozedur SL-FROM-GF-Prozedur sieht man, daß CP-Rechtfertigungen lediglich Abkürzungen für Elemente der folgenden Klasse

$$\langle subj(J) \quad - \ inhyp(J) | outhyp(J)$$
$$+ \ \emptyset | \emptyset \to cons(J) \rangle$$

---

[12] Er erwähnt außerdem, daß er sie in der in [Doy79b] beschriebenen Implementierung des JTMS nicht realisiert hat.

SL-FROM-GF(J):

1. Bilde aufgrund der GF-Rechtfertigung J wie folgt die CP-Rechtfertigung J_{CP}:

$$\langle subj(J) - inhyp(J) | outhyp(J) \to cons(J) \rangle.$$

2. Berechne mit Hilfe der FIS-Prozedur die momentan zu J_{CP} äquivalente SL-Rechtfertigung J_{SL}:

$$\langle in(J_{SL}) | out(J_{SL}) \to cons(J) \rangle.$$

3. Konstruiere damit die zur GF-Rechtfertigung J momentan äquivalente SL-Rechtfertigung J_{GF} durch Einmischen der IN- und OUT-Listen von J in J_{SL}:

$$\langle in(J_{SL}) \cup in(J) | out(J_{SL}) \cup out(J) \to cons(J) \rangle.$$

4. Kehre mit J_{GF} als Wert zurück.

Algorithmus 3.8: Die Prozedur SL-FROM-GF

von speziellen GF-Rechtfertigungen sind.

Eine weitere interessante *Spezialisierung* der GF-Rechtfertigungen stellen die sogenannten SUM-*Rechtfertigungen* dar (Doyle verwendet hier die Abkürzung SUM für das englische Wort *Summation*). SUM-Rechtfertigungen sind GF-Rechtfertigungen J, bei denen

$$\begin{aligned} in(J) &= inhyp(J) \\ out(J) &= outhyp(J) \end{aligned}$$

gilt, also Abkürzungen für GF-Rechtfertigungen der Form:

$$\langle subj(J) \quad - inhyp(J) | outhyp(J) \\ + inhyp(J) | outhyp(J) \to cons(J) \rangle.$$

Doyle notiert in [Doy79b] eine SUM-Rechtfertigung zum Knoten N als Liste:

$$N: \quad (\text{SUM} \quad <Subj> \; <IN\text{-}Hyps> \; <OUT\text{-}Hyps>).$$

Wir schreiben die entsprechende SUM-Rechtfertigung J (mit $N = cons(J)$) suggestiv mit der abstrakten Syntax

$$\langle subj(J) \mp inhyp(J) | outhyp(J) \to cons(J) \rangle.$$

Beim Auswerten einer SUM-Rechtfertigung J werden die Hypothesen in das Ergebnis des bedingten Beweises zu $subj(J)$ eingefügt, nachdem daraus der von

ihnen unabhängige Teil eliminiert wurde. SUM-Rechtfertigungen sind deshalb ein
äußerst willkommenes Hilfsmittel, wenn man das JTMS über die im Netz gespeicherten Current-Supports hierarchische Begründungen zu mit IN markierten
Aussagen konstruieren lassen will.

Doyle exemplifiziert die zugehörige Technik zur Generierung abstrakter Begründungen in [Doy79b] an einem Beispiel aus dem amerikanischen Wahlkampf:
Er fordert den Leser auf, sich eine große programmierbare Maschine vorzustel-
len, die alle im Wahlkampf um die amerikanische Präsidentschaft abgegebenen
Stimmen auszählt und im Anschluß an die Wahl nach einer Begründung dafür
befragt wird, warum John F. Kennedy (JFK) die Wahl gewonnen hat.

Eine flache Begründung für den Sieg von JFK, die schlicht alle Bürger aufzählt, die JFK gewählt haben, kann — angesichts von ca. 250 Millionen Ame-
rikanern — nicht überzeugen (ganz davon abgesehen, daß natürlich auch in den
USA Wahlen geheim sind). Viel besser ist eine Begründung mit den Summen der
Stimmen, jeweils von Kennedy, Nixon und den anderen Kandidaten, die erst auf
Nachfrage in Summen zu Bundesstaaten, Bezirken und Städten weiter detailliert
werden.

Im Beispiel unterscheidet sich die gute Begründung von der schlechten dadurch, daß sie sich eine Hierarchie von *Detaillierungsebenen* zunutze macht. Was
heißt das aus einer mehr abstrakten Sicht?

Betrachten wir den Fall zweier Detallierungsebenen für die Problemlösedat-
ten: Die allgemeinere heiße die *externe*, die speziellere die *interne Ebene*. Dann
darf eine Kombination aus Problemlöser und TMS, die diese Unterscheidung
berücksichtigt, nur solche Operationen auf den Daten ausführen, die *entweder*
ausschließlich auf der externen *oder* ausschließlich auf der internen Ebene wirken.
Außerdem ist zum Austausch von Beschreibungen zwischen den beiden Detaillierungsebenen nach einem festen vorgegebenen *Protokoll* vorzugehen.

Die Beschreibungen von Problemlösedaten bestehen i.allg. aus mehreren *Teilen* $T_1, \ldots, T_n$ mit eventuell unterschiedlicher externer und interner Repräsentation. Zur ihrer Repräsentation im TMS erzeugen wir für jede Beschreibung einen
Knoten D für die Beschreibung selbst sowie jeweils

- einen Knoten E_j für die *externe* und

- einen Knoten I_j für die *interne Repräsentation*

eines jeden Teils T_j von D.

Die *Kommunikation* zwischen externer und interner Beschreibungsebene läßt
sich dann mit dem folgenden Rechtfertigungsschema aus [Doy79b] bewerkstelligen:

$$\langle D, E_j | \emptyset \to I_j \rangle$$
$$\langle I_j \mp D | \emptyset \to E_j \rangle.$$

Die Rechtfertigungen für die I_j machen alle internen Repräsentationen von Teilen
abhängig von D: Deshalb *eliminieren* die Rechtfertigungen für die E_j *alle internen Repräsentationen* von Teilen von D aus Begründungen zu E_j und *ersetzen*
diese durch den Knoten D zur Beschreibung selbst.

Angenommen unsere Zählmaschine hat die Wahlergebnisse für Urbana in Illinois durch Summieren dreier Wahlbezirke A, B und C ermittelt. Von dieser Ebene der Berechnung könnte durch Verwenden einer *ADDER*-Beschreibung AD abstrahiert werden, die Summen in Untersummen detailliert.

$$
\begin{array}{lll}
N_1 & (ADDER\ Descr\ AD) & \ldots, \\
N_2 & (Ext\ A\ of\ AD = 500) & \ldots, \\
N_3 & (Ext\ B\ of\ AD = 200) & \ldots, \\
N_4 & (Ext\ C\ of\ AD = 700) & \ldots.
\end{array}
$$

N_2 bis N_4 repräsentieren hier die Teilergebnisse der Wahlbezirke (wie diese Knoten gerechtfertigt werden, interessiert uns hier nicht). Sie stehen auf der internen Ebene über die folgenden Rechtfertigungen zur Verfügung:

$$
\begin{array}{lll}
N_5 & (Int\ A\ of\ AD = 500) & \langle N_1, N_2 | \emptyset \to N_5 \rangle, \\
N_6 & (Int\ B\ of\ AD = 200) & \langle N_1, N_3 | \emptyset \to N_6 \rangle, \\
N_7 & (Int\ C\ of\ AD = 700) & \langle N_1, N_4 | \emptyset \to N_7 \rangle.
\end{array}
$$

Dort werden sie — eventuell unter Zuhilfenahme von Zwischenergebnissen — zum Wahlergebnis von Urbana verrechnet

$$
\begin{array}{lll}
N_8 & (A + B\ of\ AD = 700) & \langle N_5, N_6 | \emptyset \to N_8 \rangle, \\
N_9 & (Int\ Sum\ of\ AD = 1400) & \langle N_7, N_8 | \emptyset \to N_9 \rangle,
\end{array}
$$

und das Ergebnis über die Rechtfertigung

$$
N_{10} \quad (Ext\ Sum\ of\ AD = 1400) \qquad \langle N_9 \mp N_1 | \emptyset \to N_{10} \rangle
$$

an die externe Ebene übermittelt. Die SUM-Rechtfertigung ist jetzt äquivalent zur SL-Rechtfertigung $\langle N_1, N_2, N_3, N_4 | \emptyset \to N_{10} \rangle$. Eine Begründung für N_{10} enthält somit nur die Knoten N_1 bis N_4 der externen Ebene und verbirgt interne Details der Berechnung.

3.13 Prozedurale JTMS-Erweiterungen

Mit Goodwin's RELABEL-Algorithmus ist nur ein Teil der Funktionalität festgelegt, die ein nicht-monotones TMS wie das JTMS bieten muß. Der Algorithmus ist zuständig für die Markierung des Abhängigkeitsnetzes und unterstützt das TMS bei der Installation und Deinstallation von Rechtfertigungen.

Typischerweise muß aber ein TMS noch viele andere Operationen bereitstellen; zu den wichtigsten zählen hier wohl Algorithmen zur Realisierung von *Dependency-Directed Backtracking* und zur Auswertung von CP-, GF- und SUM-Rechtfertigungen (die FIS-Prozedur) sowie zur *Traversierung und Präsentation von Beweisen* zu einem vorgegebenen Knoten. Darüber hinaus sind noch stärker *anwendungs-abhängige Aufgaben* denkbar, die nur dadurch lösbar sind, daß der Benutzer *Code* schreibt, der auf die *internen Daten des* JTMS zugreift. Es stellt

sich also die Frage, wie man all diese Erweiterungen des Kern-JTMS systematisch
so organisieren kann, daß das Gesamtsystem *modular* und *wartbar* bleibt.

In Doyle's System waren Dependency Directed Backtracking und die Behandlung von CP-Rechtfertigungen fest im Algorithmus zur Netzverwaltung ver-
drahtet. Zusätzlich konnte der Benutzer jedoch *Regeln* (*Signalling Functions*)
definieren (siehe [Doy78] und [Doy79b]), die *automatisch* vom System aktiviert
werden, wenn bestimmte Knoten ihre *Markierung ändern*.[13] Die zugrundeliegenden Mechanismen entsprechen im Prinzip denen, die wir im Abschnitt 2.16 für
monotone Truth-Maintenance-Systeme skizziert haben, wobei man sich natürlich
für den Kenntnisstand des generischen TMS im JTMS den momentanen Zustand
$(\mathcal{N}, \mathcal{D}, \mathcal{V})$ des Abhängigkeitsnetzes zu denken hat (für Details vgl. [dKDSS79],
[McA78], [CRMM87] und [Goo87]; interessant ist in diesem Zusammenhang auch
[Shr79]).

Mit der in Doyle's System verwendeten *Triggerbedingung*, nach der eine Regel
feuert, wenn sich die Markierung des Knotens ändert, auf den das Muster der
Regel paßt, ist allerdings nicht alles ausdrückbar, was wünschenswert wäre. Will
man etwa die DDB-Prozedur aus dem Kern des TMS herausverlagern, um sie
durch den Benutzer mit Hilfe von Regeln zum Widerspruchsknoten anwendungs-
sensitiver zu gestalten, so steht man vor folgendem Problem:

> Ist der Widerspruchsknoten C nach einem Reparaturversuch im Sti-
> le der DDB-Prozedur erneut IN (weil ein alternativer Beweis für den
> Widerspruchsknoten existiert), so erfährt C *keine Ummarkierung*.

Damit wird die DDB-Prozedur jedoch *nicht* erneut über den Trigger-Mechanismus
gestartet (deshalb ist ja Schritt 4 in Doyle's DDB-Prozedur 3.7 nötig). Dazu
bräuchte man Regeln, die feuern, wenn ein bestimmter Knoten (in diesem Fall
der Widerspruchsknoten) einen neuen Beweis bekommt.

Goodwin schlägt deshalb in [Goo82] das Einführen eines Triggers vor, der
erfüllt ist, wenn sich der *Current-Support* zum Knoten, auf den das Trigger-
Muster paßt, ändert. Er nennt Regeln mit diesen Triggern *Beweis-Monitore*.

Mit Hilfe von Beweis-Monitoren läßt sich nicht nur das Problem des Heraus-
verlagerns der DDB-Prozedur aus dem TMS-Kern in die Hand des Problemlösers
beheben. Mit ihrer Hilfe kann man auch elegant eine prozedurale Variante der
CP-*Rechtfertigungen* realisieren: Ist J eine solche CP-Rechtfertigung

$$\langle subj(J) - inhyp(J) | outhyp(J) \rightarrow cons(J) \rangle,$$

so muß für sie lediglich ein Beweis-Monitor für den Knoten $subj(J)$ installiert
werden, der mit Hilfe von FIS den von $inhyp(J) \cup outhyp(J)$ unabhängigen Support für $subj(J)$ berechnet und als SL-Rechtfertigung für $subj(J)$ installiert, falls
J momentan trivial gültig ist. Ein Ausführen des Beweis-Monitors entspricht

---

[13] Doyle's System blieb natürlich nicht das einzige nicht-monotone TMS, das in diesem Sinne
prozedurale Erweiterungen zur Verfügung stellte. Weitere prominente Beispiele sind DUCK
[McD85] und DUCKITO [Her84].

dann einem Auswerten der zugehörigen CP-Rechtfertigung, wie wir das bereits beschrieben haben.

Doyle's Realisierung von CP-Rechtfertigungen ist im Vergleich zu einer Realisierung über Beweis-Monitore wesentlich komplizierter:

> Bei ihm sind CP-Rechtfertigungen echte Rechtfertigungen, die kontinuierlich auf ihre Gültigkeit hin zu überprüfen sind und bei ihrer Auswertung eventuell momentan äquivalente SL-Rechtfertigungen produzieren, die dann in die Propagierung mit einzubeziehen sind.

Der Pferdefuß bei diesem Vorgehen ist, daß nicht spezifiziert ist, *wann* für eine gültige CP-Rechtfertigung J über die Prozedur FIS nach äquivalenten CP-Rechtfertigungen gesucht werden soll.

Bei der Realisierung über Beweis-Monitore ist das genau festgelegt: dann, wenn sich der Current-Support von $subj(J)$ geändert hat. Das Ergebnis einer Anwendung der FIS-Prozedur auf diesen Knoten hängt stark von diesem *Current-Support* ab. Eine Änderung des Current-Supports macht folglich ein neues Ergebnis wahrscheinlich.

Auch Beweis-Monitore sind natürlich nicht der Weisheit letzter Schluß: Eine offene Frage ist z.B., wie man erreichen kann, daß Regeln nicht bei *irgendeinem*, sondern nur bei einem *bestimmten* neuen Beweis des im Trigger-Muster erwähnten Knotens gefeuert werden. Eine Antwort auf diese Frage wäre vor allem für Widerspruchsknoten interessant, da sie eine noch anwendungs-spezifischere Widerspruchsbehandlung möglich machen würde.

Zum Schluß sei noch angemerkt, daß bei weitem nicht jeder neu entdeckte Widerspruch ein dem Problemlöser unwillkommenes Ereignis sein muß. Der Problemlöser könnte z.B. ein automatischer Beweiser sein, so wie wir ihn im Abschnitt 2.15 angedeutet haben, und gerade einen Widerspruchsbeweis durchführen: er weiß dann ganz genau, welche der von ihm zur Konstruktion der widersprüchlichen Situation ins Feld geführten Annahmen zur Wiederherstellung eines konsistenten Zustands zurückgenommen werden müssen und würde sich jede andere diesbezügliche Entscheidung des TMS verbieten.

Ein Problemlöser von diesem Typ kann auch unter Zuhilfenahme von Beweis-Monitoren nicht elegant realisiert werden, wenn man nicht gleichzeitig architektonische Veränderungen am Kern-TMS vornimmt, die zu einer stärkeren Verkopplung der Regelverarbeitung mit der Verwaltung von Annahmen führen.

Wir werden im nächsten Kapitel in Abschnitt 4.12 einen entsprechenden Architekturvorschlag für das monotone LTMS kennenlernen, der mit miminalen Änderungen auf jedes (auch nicht-monotone) TMS anwendbar ist, das nur einen Kontext gleichzeitig verwalten kann.

Kapitel 4

Logisches Truth-Maintenance

Das JTMS ist vergleichsweise *ausdrucksschwach*: es kann — sieht man einmal von den CP-Rechtfertigungen ab, die ja nur indirekt, über die aus ihnen generierten SL-Rechtfertigungen an der Verarbeitung teilhaben — lediglich Constraints auswerten, die SL-Rechtfertigungen oder Deklarationen von Widerspruchsknoten entsprechen.

Aus logischer Sicht lassen sich SL-Rechtfertigungen als PROLOG-Klauseln (im Sprachgebrauch von Lloyd [Llo87] sind das *normale Klauseln*) und Deklarationen von Widerspruchsknoten als atomare PROLOG-Ziele auffassen. Deshalb kann zum Beispiel der Problemlöser dem JTMS (im Sinne von klassischer Negation) *negative Sachverhalte* nur recht umständlich mitteilen: Er erzeugt ein *Knotenpaar* P und $not(P)$ und interpretiert $not(P)$ als Negation von P, indem er eine Rechtfertigung der Form

$$\langle P, not(P)|\emptyset \rightarrow C\rangle \tag{4.1}$$

für einen Widerspruchsknoten C einrichtet.[1]

Die DDB-Prozedur (Algorithmus 3.7) stellt dann sicher, daß Goodwin's RELABEL-Prozedur (Algorithmus 3.1) nicht sowohl den Knoten P als auch den Knoten $not(P)$ mit IN markiert. In einem zulässigen Zustand $(\mathcal{N}, \mathcal{D}, \mathcal{V})$ des JTMS-Abhängigkeitsnetzes ist also das Knotenpaar $(P, not(P))$ gemäß einem der folgenden drei Fälle markiert:

1. $\mathcal{V}(P) = \text{IN} \wedge \mathcal{V}(not(P)) = \text{OUT}$: Glaube an P;

2. $\mathcal{V}(P) = \text{OUT} \wedge \mathcal{V}(not(P)) = \text{IN}$: Glaube an $not(P)$;

3. $\mathcal{V}(P) = \text{OUT} \wedge \mathcal{V}(not(P)) = \text{OUT}$: Glaube weder an P noch an $not(P)$.

Möchte der Problemlöser darüberhinaus die Wahrheitsdefinitheit der von P repräsentierten logischen Variable sicherstellen, so kann er dies, indem er zusätzlich einen Widerspruchsknoten C mit der nicht-monotonen Rechtfertigung

$$\langle \emptyset|P, not(P) \rightarrow C\rangle \tag{4.2}$$

---

[1] Man beachte, daß $not(P)$ hier nur ein suggestiver Name für einen zu P generierten Komplementärknoten ist und seine Bedeutung ausschließlich durch die gleichfalls generierte Rechtfertigung für den Widerspruchsknoten bekommt.

versieht.[2] Damit ist dann eine Markierung des Knotenpaars $(P, not(P))$ gemäß Fall 3 ausgeschlossen.

Beispiel 4.0.1 *Die logische Beziehung $A \vee B \vee C$ könnte in einem TMS, das zur Verarbeitung beliebiger Boolescher Constraints in der Lage ist, mit drei Knoten, jeweils zu A, B und C, sowie einem Constraint (eben $A \vee B \vee C$) repräsentiert werden.*

Im JTMS, *das nur SL- bzw. CP-Rechtfertigungen zur Verfügung stellt, mit denen sich die Disjunktion nicht direkt ausdrücken läßt, sind dazu sechs Knoten*

$$A, not(A), B, not(B), C, not(C)$$

und neben den zwei mal drei Rechtfertigungen, die jeweils einen Knoten zu seinem Komplement widersprüchlich oder wahrheitsdefinit machen, die folgenden drei Rechtfertigungen notwendig:

$$\langle not(A), not(B) | \emptyset \rightarrow C \rangle,$$
$$\langle not(B), not(C) | \emptyset \rightarrow A \rangle,$$
$$\langle not(C), not(A) | \emptyset \rightarrow B \rangle.$$

□

Im Vergleich zu einer echten Booleschen Variable P ist diese Kodierung im JTMS doch recht komplex: Im Allgemeinen braucht man im JTMS im Vergleich zum generischen TMS mindestens doppelt soviele Knoten (zu jeder Booleschen Variable einen und für das Komplement der Variable ebenfalls) und mindestens soviele zusätzliche Rechtfertigungen, wie es Knoten gibt (pro Boolescher Variable eine Rechtfertigung zu einem Widerspruchsknoten, die sie mit ihrem Komplement in Beziehung setzt und eventuell weitere, die sie wahrheitsdefinit machen). Dies resultiert in einem nicht unerheblichen Aufblähen des Abhängigkeitsnetzes. Außerdem werden durch diese Kodierung von Negation Knoten erzeugt, an denen der Problemlöser gar nicht interessiert ist, die aber trotzdem — zum Beispiel in Begründungen, die das JTMS liefert — auftauchen werden. Dazu kommt, daß bei der Verarbeitung der so erzeugten Rechtfertigungen vermehrt Backtracking durchgeführt wird, da die DDB-Prozedur ja jedesmal aufgerufen werden muß, wenn der Markierungsalgorithmus (zum Beispiel aufgrund von Defaults) beide Knoten eines Knotenpaars $(P, not(P))$ mit IN zu markieren versucht. Fordert man dann auch noch für ausgezeichnete Knotenpaare gemäß (4.2) Wahrheitsdefinitheit, so wird darüberhinaus Backtracking ausgelöst, wenn RELABEL beide Knoten des Paares (zum Beispiel aufgrund fehlender Defaults) mit OUT markiert. Der Problemlöser ist deshalb massiv mit den von der DDB-Prozedur verursachten Problemen konfrontiert, die wir bereits in Abschnitt 3.10 diskutiert haben.

Zusätzlich werden natürlich durch die zahlreichen Aufrufe der DDB-Prozedur (vor allem die jeweilige Analyse des Widerspruchs, d.h. die Suche nach dem

---

[2] Diese Form der Kodierung der Wahrheitsdefinitheit bevorzugt — im Gegensatz zu einer Kodierung, die P oder $not(P)$ zum *Default* macht (vgl. Abschnitt 3.7) — weder P noch $not(P)$.

zugehörigen NOGOOD in Schritt 1) und die teuren Auswertungen der von der Prozedur jeweils in Schritt 2 etablierten CP-Rechtfertigungen die Kosten zum Finden einer zulässigen Markierung des Abhängigkeitsnetzes in die Höhe getrieben.

Schließlich wird die DDB-Prozedur — vor allem dann, wenn der Benutzer mit Rechtfertigungen der Form (4.2) auf Wahrheitsdefinitheit besteht — häufig schon in Schritt 1 aufgeben und den Problemlöser um Auflösung des Widerspruchs bitten, da sie keinen zur Bereinigung der Situation geeigneten NOGOOD findet.

4.1 Das LTMS als single-context System

Nicht zuletzt in Anbetracht der Schwierigkeiten, die die Ausdrucksschwäche des JTMS mit sich bringt, entwickelte McAllester ein monotones TMS, das im Sinne unserer Ausführungen im Kapitel 2 zur Verarbeitung beliebiger aussagenlogischer Constraints in der Lage ist: das LTMS (Logical Truth Maintenance System; siehe [McA78, McA80]). Die wohl erste Implementierung des LTMS ist RUP (siehe [McA82, McA85] und [Rös85] für eine Beschreibung, wie die Regelkomponente von RUP zum Problemlösen eingesetzt werden kann). Außerdem sind Implementierungen von Charniak et al. (siehe [CRMM87]) und Küchler (ein System namens TRUMP — siehe [Küc92]) bekannt.

Das LTMS verwaltet (wie schon im Prinzip auch das JTMS) zu jedem Zeitpunkt genau eine widerspruchsfreie Menge Σ_c von momentan getroffenen Annahmen und behandelt die Annahmen aus Σ_c, als wären sie Bestandteil der Constraint-Menge Γ.

Der Problemlöser muß deshalb bei diesen Systemen nicht — wie im generischen TMS — die Schnittstellenfunktionen mit Annahmenmengen versorgen, relativ zu denen das TMS die betreffende Funktion auswerten soll. Er teilt dem LTMS statt dessen mit, welche Annahmen Σ_c er momentan, d.h. bis zur nächsten Aufforderung zur Änderung von Σ_c, als getroffen betrachtet.

Das LTMS aktualisiert dann sein Abhängigkeitsnetz durch Erweiterung der Constraint-Menge Γ um Σ_c und interpretiert bis zur nächsten Änderung der Annahmenmenge alle Anfragen des Problemlösers als relativ zu Σ_c (oder, äquivalent formuliert, als Anfragen bzgl. des Constraint-Problems $(\Gamma \cup \Sigma_c, \emptyset)$).

Das LTMS braucht also nicht den vollen Kenntnisstand $Bel_{\Gamma,\mathcal{N},\mathcal{A}}$ des generischen TMS, sondern nur einen Ausschnitt zu verwalten:

$$Bel_{\Gamma,\mathcal{N},\mathcal{A}}(\Sigma_c) = \{(\Psi, \Sigma, Ans) \in Bel_{\Gamma,\mathcal{N},\mathcal{A}} \mid \Sigma = \Sigma_c\}.$$

Wir nennen diesen, von der momentan getroffenen Annahmenmenge Σ_c definierten Ausschnitt $Bel_{\Gamma,\mathcal{N},\mathcal{A}}(\Sigma_c)$ den *momentanen Kontext* und sagen, *der Problemlöser schließt momentan im Kontext (zu den Annahmen aus)* Σ_c. Der momentane Kontext Σ_c stellt eine Lösung des Constraint-Problems (Γ, Σ) dar, wenn er konsistent mit Γ ist.

Die Auslegung eines TMS als *single-context TMS*, d.h. als ein TMS, das zu jedem Zeitpunkt nur einen Kontext und nicht wie ein *multiple-context TMS* den kompletten Kenntnisstand (also alle möglichen Kontexte gleichzeitig) verwaltet, macht es dem Konstrukteur des TMS natürlich leichter, *effiziente Implementierungen* der generischen Schnittstellenfunktionen vorzunehmen, die wir in Kapitel 2 für beliebige monotone Truth-Maintenance-Systeme identifiziert haben.

4.2   LTMS-Grundbegriffe

Bevor wir beschreiben können, wie ein LTMS effizient implementiert werden kann, benötigen wir eine Reihe von Begriffen, die in diesem Abschnitt erarbeitet werden sollen.

Bis jetzt haben wir eine Constraint-Menge Γ als endliche Menge beliebiger aussagenlogischer Formeln betrachtet. Im folgenden unterstellen wir immer dann, wenn wir nicht ausdrücklich Gegenteiliges sagen, daß sich die Constraint-Menge Γ in konjunktiver Normalform (KNF) befindet, also eine Konjunktion von Klauseln darstellt. Zur Vereinfachung des formalen Apparates identifizieren wir Klauseln mit den Mengen der jeweils in ihnen auftretenden Literale. Außerdem bezeichnen wir mit dem Ausdruck $atom(\Psi)$ das Atom zum Literal Ψ.

Klauseln lassen sich auf naheliegende Weise visualisieren: Dazu zeichnet man die Klausel C selbst als ein mit C beschriftetes Quadrat und zieht für jedes Literal $\Psi \in C$ eine Kante von C zu einem Kreis, der seinerseits mit $atom(\Psi)$ beschriftet wird. Dabei beschriftet man Kanten, die zu Atomen negativer Literale führen, mit dem Negationssymbol $\neg$.[3]

Beispiel 4.2.1 *Die Abbildung 4.1 zeigt die graphische Darstellung der Klausel* $C = (\neg A \vee \neg B \vee D)$. $\qquad\qquad\qquad\qquad\square$

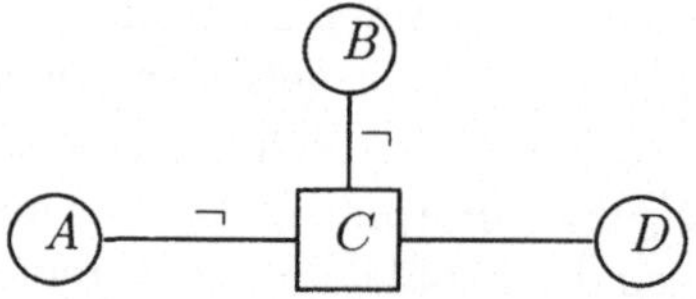

Abbildung 4.1: Graphische Darstellung von Klauseln

Diese Visualisierung von Klauseln legt nahe, eine Constraint-Menge Γ als ungerichteten, bipartiten Graphen aufzufassen. Ein bipartiter ungerichteter und kantenbeschrifteter Graph ist ein Quintupel $G = (\mathcal{N}, \mathcal{D}, \mathcal{L}, \mathcal{W}, value)$: $\mathcal{N} \cup \mathcal{D}$ ist die *Knotenmenge* von G, $\mathcal{L}$ die Menge der *Kanten*, $\mathcal{W}$ eine Menge von *Kantenbeschriftungen* und $value : \mathcal{L} \longrightarrow \mathcal{W}$ eine *Beschriftungsfunktion* für Kanten. Außerdem gilt:

---

[3] Diese Darstellung wird zum Beispiel auch in [CRMM87] und [Küc92] zur Visualisierung von Klauseln verwendet.

1. $\mathcal{N} \cap \mathcal{D} = \emptyset$ und

2. $\mathcal{L} \subseteq \{\{d, n\} \mid d \in \mathcal{D} \wedge n \in \mathcal{N}\}$.

In einem solchen Graphen verbinden also Kanten Knoten aus $\mathcal{D}$ mit solchen aus $\mathcal{N}$, nicht jedoch je zwei Knoten aus $\mathcal{N}$ oder $\mathcal{D}$.

Ist nun Γ eine Constraint-Menge ohne Tautologien, so induziert diese Constraint-Menge das *Abhängigkeitsnetz* $\mathcal{G}(\Gamma) = (\mathcal{N}, \mathcal{D}, \mathcal{L}, \mathcal{W}, value)$, das man erhält, indem man für jedes $C \in \Gamma$ ein neues Symbol $\hat{C}$ einführt und anschließend dafür sorgt, daß gilt:

1. $\mathcal{D} = \{\hat{C} \mid C \in \Gamma\}$ und $\mathcal{N} = \bigcup\limits_{C \in \Gamma} \{atom(\Psi) \mid \Psi \in C\}$,

2. $\mathcal{L} = \{\{\hat{C}, atom(\Psi)\} \mid C \in \Gamma \wedge \Psi \in C\}$,

3. $\mathcal{W} = \{\neg, \epsilon\}$,

4. $\forall l \in \mathcal{L} : value(l) = \begin{cases} \neg & \text{falls} \quad l = \{\hat{C}, atom(\Psi)\}, \ \Psi \in C \\ & \qquad \text{und } atom(\Psi) \neq \Psi, \\ \epsilon & \text{sonst} \end{cases}$

(bei der Visualisierung werden Kantenbeschriftungen mit ϵ weggelassen).[4] Elemente von $\mathcal{D}$ heißen dann *Klauselknoten* (im folgenden auch kurz *Klauseln*) und Elemente von $\mathcal{N}$ *Knoten* oder auch die *Pins* der Klauseln. Außerdem nennen wir das von einer Constraint-Menge Γ induzierte Abhängigkeitsnetz $\mathcal{G}(\Gamma)$ auch manchmal den *Constraint-Graphen* zu Γ.

Beispiel 4.2.2 *Die Constraint-Menge* $\Gamma = \{((C \wedge D) \to \neg B), (\neg C \to \neg A)\}$ *läßt sich nach Transformation in Klauselform wie in Abbildung 4.2 als das Abhängigkeitsnetz* $\mathcal{G}(\Gamma)$ *veranschaulichen.* $\square$

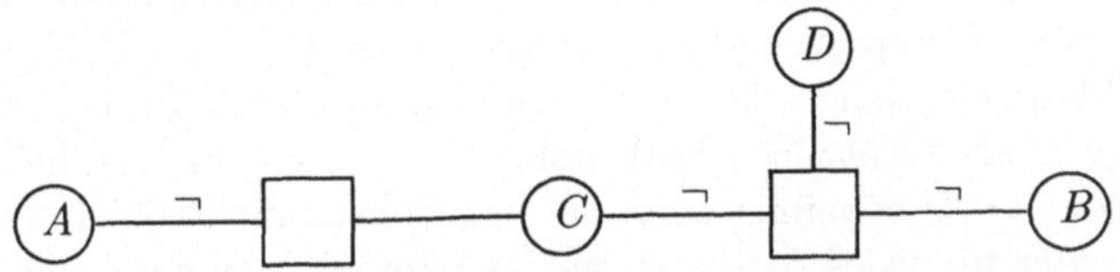

Abbildung 4.2: Beispiel für ein Abhängigkeitsnetz

Sei Γ eine Constraint-Menge, $\mathcal{G}(\Gamma) = (\mathcal{N}, \mathcal{D}, \mathcal{L}, \mathcal{W}, value)$ das von Γ induzierte Abhängigkeitsnetz und $C \in \Gamma$. Dann kategorisieren wir zunächst die Pins, die zu einer Klausel C gehören:

---

[4] Eine Klausel C ist genau dann Tautologie, wenn es mindestens ein Atom $\Psi \in C$ gibt, für das auch $\neg\Psi \in C$ gilt. Wollte man Tautologien ebenfalls in das Abhängigkeitsnetz aufnehmen, müßte man folglich Kanten zulassen, die sowohl mit $\neg$ als auch mit ϵ beschriftet sind. Tautologien sind aber trivial erfüllte Constraints. Ihre Aufnahme in das Abhängigkeitsnetz zu Γ macht deshalb keinen Sinn.

- $Pins(C) := \{n \mid n \in \mathcal{N} \wedge \exists l \in \mathcal{L} : l = \{\hat{C}, n\}\}$,

- $NegPins(C) := \{n \mid n \in \mathcal{N} \wedge \exists l \in \mathcal{L} : l = \{\hat{C}, n\} \wedge value(l) = \neg\}$,

- $PosPins(C) := Pins(C) - NegPins(C)$.

$Pins(C)$ beschreibt also die Menge der Knoten, mit denen eine Klausel C verbunden ist. $NegPins(C)$ gibt diejenigen Knoten von C an, zu denen eine Kante mit der Beschriftung $\neg$ und $PosPins(C)$ diejenigen, zu denen eine Kante ohne Beschriftung (mit der Beschriftung ϵ) führt.

Der *Zustand* von $\mathcal{G}(\Gamma)$ wird durch eine Abbildung $\mathcal{V}$ beschrieben, die jeden Knoten mit TRUE, FALSE oder UNKNOWN markiert:

$$\mathcal{V} : \mathcal{N} \longrightarrow \{\text{TRUE, FALSE, UNKNOWN}\}$$

Je nach Zustand von $\mathcal{G}(\Gamma)$ kann man so die Pins eines Constraints C in vier Klassen einteilen:

- $T(C) := \{n \in Pins(C) \mid \mathcal{V}(n) = \text{TRUE}\}$,

- $F(C) := \{n \in Pins(C) \mid \mathcal{V}(n) = \text{FALSE}\}$,

- $K(C) := T(C) \cup F(C)$,

- $U(C) := \{n \in Pins(C) \mid \mathcal{V}(n) = \text{UNKNOWN}\} = Pins(C) - K(C)$.

$T(C)$ faßt die Knoten von C zusammen, die im momentanen Zustand $\mathcal{V}$ mit TRUE markiert sind. $F(C)$ tut das gleiche mit Knoten, die mit FALSE markiert sind. $K(C)$ bezeichnet die Knoten von C, deren Markierung im Zustand $\mathcal{V}$ *bekannt*, d.h. TRUE oder FALSE ist und $U(C)$ die Knoten deren Markierung noch zu bestimmen ist (die noch mit UNKNOWN markiert sind).

Mit Hilfe dieser Begriffe kann nun ein gegebenes Constraint-Problem (Γ, Σ) als Graph dargestellt werden, indem zunächst das zu $\mathcal{G}(\Gamma) = (\mathcal{N}, \mathcal{D}, \mathcal{L}, \mathcal{W}, value)$ gehörende Abhängigkeitsnetz konstruiert und dann durch Einbeziehen der Annahmenmenge Σ als zusätzliche Einheitsklauseln zu einem Graphen $\mathcal{G}'(\Gamma, \Sigma) = (\mathcal{N}', \mathcal{D}', \mathcal{L}', \mathcal{W}', value')$ erweitert wird, der das Constraint-Problem repräsentiert. Dazu wird wieder für jedes $S \in \Sigma$ ein neues Symbol $\hat{S}$ eingeführt und anschließend $\mathcal{G}'(\Gamma, \Sigma)$ aus $\mathcal{G}(\Gamma)$ entsprechend den Forderungen

1. $\mathcal{D}' = \mathcal{D} \cup \{\hat{S} \mid S \in \Sigma\}$ und $\mathcal{N}' = \mathcal{N} \cup \{atom(S) \mid S \in \Sigma\}$,

2. $\mathcal{L}' = \mathcal{L} \cup \{\{\hat{S}, atom(S)\} \mid S \in \Sigma\}$,

3. $\mathcal{W}' = \mathcal{W}$,

4. $\forall l' \in \mathcal{L}' : value'(l') = \begin{cases} value(l') & \text{falls} \quad l' \in \mathcal{L}, \\ \neg & \text{falls} \quad l' = \{\hat{S}, atom(S)\}, \ S \in \Sigma \\ & \text{und } atom(S) \neq S, \\ \epsilon & \text{sonst} \end{cases}$

konstruiert.

Die *Lösung* des Constraint-Problems besteht dann in einem Zustand $\mathcal{V}$, in dem die folgenden Bedingungen erfüllt sind:

1. $\forall C \in \Gamma : \; Pins(C) = K(C),$

2. $\forall S \in \Sigma : \; \mathcal{V}(atom(S)) = \begin{cases} \text{TRUE} & \text{falls } S = atom(S), \\ \text{FALSE} & \text{sonst,} \end{cases}$

3. $\mathcal{B} \models \Gamma$, mit $\mathcal{B} = transform \circ \mathcal{V}$, wobei
$$transform : \{\text{TRUE}, \text{FALSE}, \text{UNKNOWN}\} \longrightarrow \{\text{T}, \text{F}\}$$
$$transform(\lambda) = \begin{cases} \text{T} & \text{falls} \quad \lambda = \text{TRUE}, \\ \text{F} & \text{falls} \quad \lambda = \text{FALSE}, \\ \text{undefiniert} & \text{sonst.} \end{cases}$$

Ein Zustand $\mathcal{V}$ ist damit also eine Lösung des Constraint-Problems, wenn $\mathcal{V}$ alle Pins des Abhängigkeitsnetzes mit TRUE oder FALSE markiert und nach Transformation in eine aussagenlogische Bewertung $\mathcal{B}$ der von den Knoten repräsentierten Literale ein Modell von $\Gamma \cup \Sigma$ darstellt.[5]

Eine Markierung, die sich aus einer Lösung $\mathcal{V}$ durch Demarkieren von Knoten gewinnen läßt, die aber trotzdem die Bedingung (2) erfüllt (d.h. konsistent mit der Annahmenmenge Σ ist), nennen wir auch eine *korrekte Markierung* des Abhängigkeitsnetzes zum Constraint-Problem (Γ, Σ). Eine korrekte und *vollständige* Markierung (also eine korrekte Markierung, die auch die Bedingung (1) erfüllt) ist folglich wieder eine Lösung.

Offensichtlich hat *jede Lösung* $\mathcal{V}$ eines Constraint-Problems (Γ, Σ) unabhängig davon, wie das LTMS die generische Schnittstellenfunktion `follows-from?` realisiert, die Eigenschaft:

$$\text{follows-from?}_\Gamma(\Psi, \Sigma) \neq \text{UNKNOWN}$$
$$\Rightarrow \quad \mathcal{V}(\Psi) = \begin{cases} \text{TRUE} & \text{falls } \text{follows-from?}_\Gamma(\Psi, \Sigma) = \text{YES}, \\ \text{FALSE} & \text{falls } \text{follows-from?}_\Gamma(\Psi, \Sigma) = \text{NO}. \end{cases}$$

Beispiel 4.2.3 *Die Abbildung 4.3 zeigt das Abhängigkeitsnetz, das durch die Constraint-Menge* $\Gamma = \{((C \wedge D) \to \neg B), (\neg C \to \neg A)\}$ *und die Annahmenmenge* $\Sigma = \{A, D\}$ *induziert wird, stellt also eine graphische Darstellung des Constraint-Problems* (Γ, Σ) *dar. Man beachte, daß in dieser Abbildung die Annahmen aus* Σ *genauso wie die Constraints aus* Γ *mit einem Quadrat dargestellt sind, die Quadrate zu den Annahmen aber mit einem gestrichelten Rand gezeichnet wurden. Aus der Abbildung ist außerdem eine Lösung des Constraint-Problems ablesbar, nämlich* $\mathcal{V} = \{A/\text{TRUE}, B/\text{FALSE}, C/\text{TRUE}, D/\text{TRUE}\}.$

$\square$

---

[5] Aus Gründen der Schreibökonomie verwenden wir im folgenden die aussagenlogische Bewertung $\mathcal{B}$ der zu den Knoten gehörenden Literale so, wie die von ihr induzierte Bewertung der Booleschen Ausdrücke über diesen Literalen.

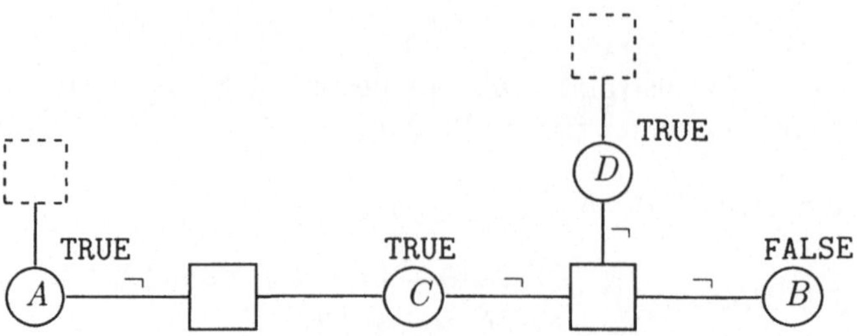

Abbildung 4.3: Erweitertes Abhängigkeitsnetz

4.3   Boolesche Constraint-Propagierung (BCP)

Die Schnittstellenfunktion `follows-from?` kann im LTMS mit Hilfe von *Boolescher Constraint-Propagierung* (BCP) *effizient* implementiert werden. Diese Technik wurde in der KI-Literatur erstmals von McAllester unter diesem Namen eingeführt und zur Implementierung von RUP eingesetzt (siehe [McA78, McA80]; neuere Darstellungen finden sich in [CRMM87] und [McD91]). Das Boolescher Constraint-Propagierung zugrundeliegende Verfahren wurde aber bereits viel früher— wenn auch nicht unter diesem Namen — im Bereich des automatischen Beweisens eingesetzt (zum Beispiel in dem berühmten Davis-Putnam-Algorithmus [DP60] — siehe auch Abschnitt 4.15). Außerdem fand es zum Beispiel in dem viel zitierten Beweis von Dowling und Gallier Anwendung, nach dem das Erfüllbarkeits-Problem für Hornklausel-Theorien mit linearem Aufwand entscheidbar ist (vgl. [DG84]).

Das BCP-Verfahren läßt sich besonders effizient realisieren, wenn— wie wir das für dieses Kapitel unterstellt haben — die Constraints, die verarbeitet werden sollen, in Klauselform vorliegen. Auf diesen Klauseln $C \in \Gamma$ definieren wir zur Abkürzung die folgenden Mengen:

$$\begin{aligned}
Mis(C) &:= (T(C) \cap NegPins(C)) \cup \\
&\quad\ (F(C) \cap PosPins(C)), \\
NonMis(C) &:= Pins(C) - Mis(C).
\end{aligned}$$

Befindet sich genau ein Knoten in $NonMis(C)$, so wird er der *aktive Knoten von C* genannt; ein Knoten $N \in Mis(C)$ (der Bezeichner *Mis* steht für *misaligned*) heißt *konträr* zu C, d.h. er kann zur Klausel C in den beiden Beziehungen stehen, die in der Abbildung 4.4 dargestellt sind. Wenn ein Knoten in einer anderen Konstellation (siehe auch Abbildung 4.5) auftritt, so ist er in $NonMis(C)$ zu finden.

Abbildung 4.4: Konträre Knoten

Wir nennen eine Klausel C *verletzt*, wenn

$$Pins(C) = Mis(C)$$

gilt. Bei einer verletzten Klausel sind also alle ihre Knoten konträr, d.h. $\mathcal{B}$ bewertet alle Literale der Klausel und demnach auch die Klausel selbst mit F.

Eine Klausel $C \in \Gamma$ heißt *feuerbereit* im Zustand $\mathcal{V}$, wenn

1. $U(C) = NonMis(C)$ und

2. $|U(C)| = 1$

gilt, wenn also bereits alle Literale von C bis auf eines entgegen ihrem Vorzeichen mit TRUE bzw. FALSE markiert sind. Eine verletzte Klausel kann offensichtlich nicht feuerbereit sein. Das *Feuern* einer feuerbereiten Klausel C in einem Zustand $\mathcal{V}$ bedeutet den Übergang in einen neuen Zustand $\mathcal{V}'$, mit:

$$\mathcal{V}'(N) := \begin{cases} \text{TRUE} & \text{falls} \quad N \in PosPins(C) \cap U(C), \\ \text{FALSE} & \text{falls} \quad N \in NegPins(C) \cap U(C), \\ \mathcal{V}(N) & \text{sonst.} \end{cases}$$

Dabei wird die Markierung des in $\mathcal{V}$ unbekannten Knotens N *lokal*, d.h. allein mit der Klausel C und der Markierung der restlichen Pins von C erschlossen. Aus diesem Grund wird der Übergang

$$\mathcal{V} \rightarrow_C \mathcal{V}'$$

von $\mathcal{V}$ nach $\mathcal{V}'$ auch als ein *(lokaler) Propagierungsschritt* mit C und C selbst als *Support für (die Markierung von) N* bezeichnet.

Wie die folgende Überlegung zeigt, ist lokale Propagierung ein logisch korrektes Schlußverfahren: Eine Klausel C kann nur dann von einer Bewertung $\mathcal{B}$ erfüllt werden, wenn es mindestens ein Literal Ψ in C gibt, für das $\mathcal{B}(\Psi) = \text{T}$ gilt. Sind aber im Zustand $\mathcal{V}$ bereits alle von Ψ verschiedenen Literale von C mit F bewertet worden, so kann man eine Verletzung von C nur noch dadurch vermeiden, daß man Ψ mit T bewertet:

$$\mathcal{B}(atom(\Psi)) := \begin{cases} \text{T} & \text{falls } \Psi \text{ positives Literal,} \\ \text{F} & \text{sonst.} \end{cases}$$

Oder anders ausgedrückt: Jede Bewertung, die die bereits über $\mathcal{V}$ gegebene Bewertung $\mathcal{B}$ in Bezug auf Ψ erweitern und Kandidat für eine Lösung des durch das Abhängigkeitsnetz repräsentierten Constraint-Problems sein soll, muß Ψ wie angegeben bewerten.

Beispiel 4.3.1 *Sei $K = A \vee \neg B \vee \neg C \vee D$ eine Klausel in Γ.*
Im Zustand $\{A/\text{FALSE}, B/\text{TRUE}, C/\text{TRUE}, D/\text{UNKNOWN}\}$ gilt

$$NonMis(K) = U(K) = \{D\},$$

*d.h. K ist feuerbereit mit dem aktiven Knoten D. Nach dem Feuern von K ist
der neue Zustand*

$$\{A/\text{FALSE}, B/\text{TRUE}, C/\text{TRUE}, D/\text{TRUE}\},$$

da im alten Zustand $D \in PosPins(K) \cap U(K)$ galt.

Im Zustand $\{A/\text{FALSE}, B/\text{TRUE}, C/\text{TRUE}, D/\text{FALSE}\}$ *ist K verletzt. Es gilt
nämlich: $Pins(K) = Mis(K) = \{A, B, C, D\}$.*

Im Zustand $\{A/\text{UNKNOWN}, B/\text{TRUE}, C/\text{UNKNOWN}, D/\text{FALSE}\}$ *schließlich ist K
wegen $|U(K)| = 2 > 1$ weder verletzt, noch feuerbereit.*   □

Es ist übrigens prinzipiell möglich, auch eine von der Klauselform verschiedene Darstellung von Booleschen Constraints mit Boolescher Constraint-Propagierung zu verarbeiten (vgl. [Bec93b] oder [dK90a]). Allerdings ist dabei der Test
auf Feuerbereitschaft bzw Verletztheit der Constraints i.allg. mit einem weitaus
größeren Aufwand verbunden. Für Klauseln können diese Tests ja jeweils mit
einem Aufwand linear in der Anzahl der Klauselliterale durchgeführt werden, da
jeder Knoten der Klausel nur einmal darauf untersucht werden muß, in welcher
Konstellation seine Markierung zu der zu ihm führenden Kante steht.

4.4   Inkrementelle Label-Propagierung

Die syntaktische Einschränkung auf Klauseln ermöglicht eine einfache *inkrementelle Realisierung* der Schnittstellenfunktion `follows-from?` mit Hilfe von Boolescher Constraint-Propagierung (vgl. [CRMM87] und [Küc92]).

Wir nehmen wieder an, daß der Problemlöser Einheitsklauseln, die er als rück-
nehmbar verstanden haben will, mit der Schnittstellenfunktion `assumption!` zu
Annahmen macht, die das TMS in einer globalen Annahmentabelle $\mathcal{A}$ verwaltet.
Ist dann $\Sigma \subseteq \mathcal{A}$ eine Menge von Annahmen, so kann die Anfrage

$$\texttt{follows-from?}_\Gamma(\Psi, \Sigma)$$

im LTMS im Prinzip wie folgt ausgewertet werden: Das LTMS prüft zunächst, ob
der momentane Kontext Σ_c mit Σ übereinstimmt (vgl. Abschnitt 4.1). Ist das der
Fall, so kann die Antwort *Answer* zu dieser Anfrage wie folgt an der Markierung
von Ψ abgelesen werden:

$$Answer := \begin{cases} \text{YES} & \text{falls} \quad \mathcal{B}(\Psi) = \text{T}, \\ \text{NO} & \text{falls} \quad \mathcal{B}(\Psi) = \text{F}, \\ \text{UNKNOWN} & \text{sonst} \end{cases}$$

(dabei setzen wir natürlich voraus, daß der momentane Kontext Σ_c nicht inkonsistent ist, d.h. daß das Abhängigkeitsnetz korrekt markiert werden konnte).

Andernfalls muß erst der momentane Kontext mit Σ in Übereinstimmung
gebracht werden: Dazu sind für die Annahmen in $\Sigma - \Sigma_c$ entsprechende Einheitsklauseln in das Abhängigkeitsnetz aufzunehmen und die Einheitsklauseln

zu Annahmen aus $\Sigma_c - \Sigma$ aus dem Netz zu entfernen. Danach muß dann das TMS die Markierung des Abhängigkeitsnetzes aktualisieren: Stellt sich dabei heraus, daß Σ inkonsistent ist (ein Constraint ist verletzt), so kann das LTMS die ursprüngliche Anfrage mit YES beantworten (ex falso quod libet). Wird kein Widerspruch entdeckt, so läßt sich die Antwort — wie bereits beschrieben — an der Markierung des Knotens zu Ψ ablesen.

Ähnliches gilt, wenn der Problemlöser keine Anfrage stellt, sondern dem LTMS mit der Schnittstellenfunktion **add-constraint**! ein neues Constraint bekanntmacht, oder ein früher mitgeteiltes Constraint zurücknimmt: auch dann muß das TMS nach der entsprechenden Modifikation des Abhängigkeitsnetzes eine neue korrekte Markierung des Netzes berechnen.[6] Entdeckt es dabei eine Constraint-Verletzung (falls der momentane Kontext Σ_c vorher konsistent war, kann dieser Fall also nur bei der Neuaufnahme einer Klausel eintreten), so wird das LTMS den Problemlöser davon benachrichtigen und die Modifikation des Abhängigkeitsnetzes verweigern.

Wir betrachten zunächst, wie die Markierung zu aktualisieren ist, wenn dem LTMS ein neues Constraint bekannt wird und später (in Abschnitt 4.9), was zu tun ist, wenn ein Constraint aus dem Netz entfernt wird.

Nehmen wir jetzt also an, das LTMS muß die Markierung aktualisieren, weil gerade ein neues Constraint C definiert wurde: Dazu ruft das TMS die Prozedur **PROPAGATE-LABELS** (siehe Algorithmus 4.1) auf und übergibt ihr die Klausel C als Argument. **PROPAGATE-LABELS** bestimmt zuerst die Menge $\mathcal{K}$ der zu C nicht-konträren Pins, d.h. die Menge derjenigen Knoten, die eine der Konstellationen aufweisen, wie sie die Abbildung 4.5 zeigt.

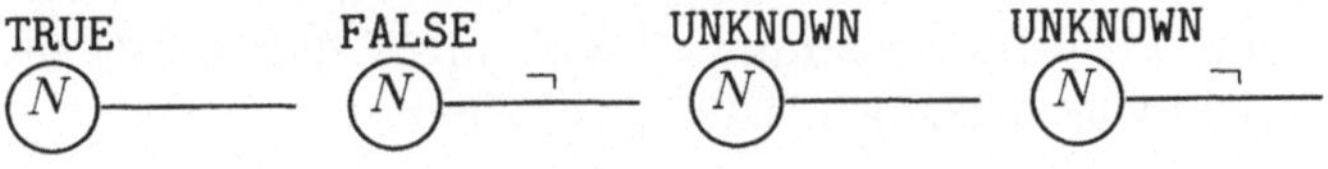

Abbildung 4.5: Nicht-konträre Knoten

Besitzt C keinen derartigen Pin, sind also alle Pins konträr, so ist die Klausel verletzt und eine Widerspruchsbehandlung wird ausgelöst (mehr dazu in Abschnitt 4.11). Gibt es genau einen nicht-konträren, mit UNKNOWN markierten Pin N (ist C feuerbereit), so wird C zusammen mit N an die Prozedur **ALIGN** (siehe Algorithmus 4.2) übergeben. Ansonsten verebbt die Propagierung an der Klausel C.

ALIGN feuert C und setzt die Propagierung mittels **PROPAGATE-LABELS** an allen von C verschiedenen Klauseln fort, die den Knoten N ebenfalls als Pin führen.

Beispiel 4.4.1 *Es werden dem* LTMS *die Constraint-Menge* $\Gamma = \{C_1, C_2, C_5\}$ *und die Annahmenmenge* $\Sigma = \{C_3, C_4\}$ *in der Reihenfolge* $C_1 = \neg B \vee \neg D \vee E$, $C_2 = A \vee B$, $C_3 = \neg A$, $C_4 = C$ *und* $C_5 = \neg C \vee D$ *mitgeteilt.*

---

[6] Je nach Realisierung gestattet das LTMS die Rücknahme beliebiger Klauseln (das gilt zum Beispiel für TRUMP — vgl. [Küc92]) oder nur die von Annahmen, d.h. Einheitsklauseln zu Knoten aus $\mathcal{A}$.

PROPAGATE–LABELS(C):

1. $\mathcal{K} := NonMis(C)$.

2. Gilt $\mathcal{K} = \emptyset$, so signalisiere eine Verletzung von C!

3. Gilt $|\mathcal{K}| > 1$?
   Falls ja: Fertig!

4. $\mathcal{K}$ enthält also genau einen Knoten N
   (den aktiven Knoten von C):
   Gilt $\mathcal{V}(N) \neq$ UNKNOWN?

   - Falls ja: Fertig!
   - Falls nein: Führe ALIGN(C, N) aus.

Algorithmus 4.1: Die Prozedur PROPAGATE-LABELS

ALIGN(C, N):

1. Gilt $N \in PosPins(C)$?

   - Falls ja: $\mathcal{V}'(N) :=$ TRUE.
   - Falls nein: $\mathcal{V}'(N) :=$ FALSE.

2. Führe für jedes Constraint $C' \neq C$ mit $N \in Pins(C')$ einen
   Aufruf von PROPAGATE-LABELS(C') aus.

Algorithmus 4.2: Die Prozedur ALIGN

*Mit den Klauseln C_1 und C_2 kann noch keine Propagierung stattfinden, da
alle Knoten mit* UNKNOWN *markiert sind. Nach Bekanntmachung dieser Klauseln
befindet sich das Netz in dem Zustand, den die Abbildung 4.6 zeigt.*

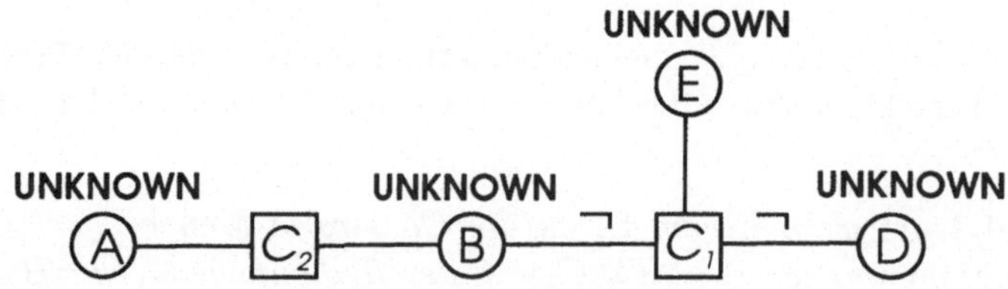

Abbildung 4.6: Ein Propagierungsbeispiel: Ausgangszustand

Das ändert sich mit den Annahmenklauseln C_3 und C_4. Sie liefern Markie-

rungen für die Knoten A und C (FALSE bzw. TRUE). Über C_2 wird dadurch auch B (mit TRUE) markiert. Das Netz befindet sich jetzt in dem in Abbildung 4.7 dargestellten Zustand.

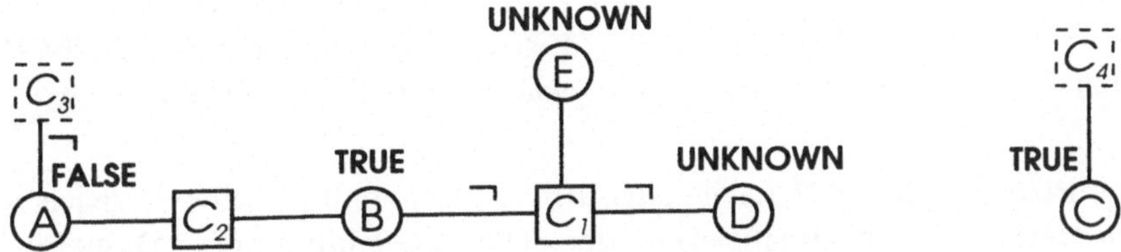

Abbildung 4.7: Ein Propagierungsbeispiel: Zwischenzustand

C_5 bewirkt schließlich, daß auch D und E markiert werden können. Abbildung 4.8 zeigt den Endzustand des Netzes.

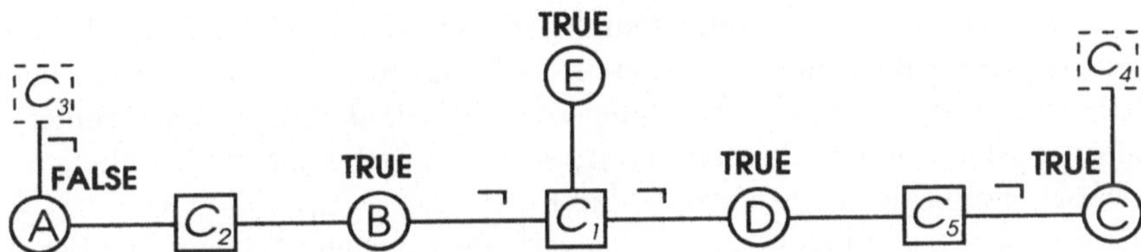

Abbildung 4.8: Ein Propagierungsbeispiel: Endzustand

4.5 Eigenschaften von Boolescher Constraint-Propagierung

Wie die folgende Analyse der Zeitkomplexität der Prozedur PROPAGATE-LABELS zeigt, ist Boolesche Constraint-Propagierung für Klausel-Theorien effizient realisierbar: Dazu nehmen wir an, es liegt bereits ein korrekt markiertes Abhängikeitsnetz für die Constraint-Menge Γ vor, in das mit der Funktion add-constraint! ein neues Constraint C eingebaut werden soll. Die LTMS-Variante dieser Prozedur wird nach der Erweiterung des Abhängigkeitsnetzes um C die Prozedur PROPAGATE-LABELS aktivieren, um die Markierung des Netzes zu aktualisieren und um von einer eventuell durch C verursachten Constraint-Verletzung Kenntnis zu erlangen. Die dabei von PROPAGATE-LABELS am Constraint C gestartete Propagierungswelle breitet sich aber nur über solche Klauseln aus, bei denen alle Pins bis auf einen bekannt sind, d.h. eine Propagierungswelle, die zu C zurückkommt, muß bei C verebben. Daraus folgt, daß die Prozedur ALIGN maximal $|\Gamma|$-mal angewendet wird und damit insbesondere, daß die Prozedur PROPAGATE-

LABELS immer terminiert. Legt man als Komplexitätsmaß die Anzahl der ausgelösten Zustandsänderungen zugrunde, so kann die Prozedur demnach höchstens $|\Gamma|$, von je einem Propagierungsschritt vorgenommene Änderungen bewirken.

Beispiel 4.5.1 *(Worst-Case Situation für* PROPAGATE-LABELS*)*
Sei $\Gamma = \{C_i \mid C_i = \neg W_i \vee W_{i+1}\,,\ 1 \leq i < n\}$*. Mit* $\Sigma = \{W_1\}$ *löst* PROPAGATE-LABELS(W_1) *eine „Markierungslawine" aus, die alle* $C_i \in \Gamma$ *erfaßt und bei* $C_n = \neg W_{n-1} \vee W_n$ *endet.* $\square$

Die Prozedur BCP-FF? (siehe Algorithmus 4.3) stellt — wie wir gleich nachweisen werden — eine Realisierung der Schnittstellenfunktion follows-from? dar (man beachte, daß es im LTMS keinen Widerspruchsknoten $\bot$ gibt; deshalb die Sonderbehandlung in Schritt 3).[7] Ist Γ die Menge der dem LTMS momentan bekannten Constraints, so läßt sich der Aufruf

$$\text{BCP-FF?}(\Psi, \Sigma)$$

mit einem Worst-Case Zeitaufwand von $O(|\Gamma| + |\Sigma|)$ auswerten: Zur Beantwortung der Anfrage müssen schlimmstenfalls alle Annahmen aus Σ durch Einheitsklauseln im LTMS installiert werden (ein Teil von ihnen ist ja eventuell bereits durch Klauseln aus Γ vertreten). Dabei kann jedesmal eine Propagierungswelle ausgelöst werden, die jeweils maximal $|\Gamma| + |\Sigma|$ Schritte lang ist. Dies liefert eine erste Abschätzung des Zeitaufwands durch $|\Sigma| \cdot (|\Gamma| + |\Sigma|)$.

Diese Abschätzung kann jedoch noch verfeinert werden: Da während der Auswertung der Anfrage keine Constraints zurückgenommen werden, bleibt die Markierung aller Knoten stabil. Ist die Markierung eines Knotens einmal zu TRUE oder FALSE bestimmt, so ändert sie sich nicht mehr.[8] Einmal gefeuerte Constraints können demnach kein zweites Mal feuerbereit werden. Wenn also alle Annahmen aus Σ als Einheitsklauseln installiert sind, enthält das Netz $|\Gamma| + |\Sigma|$ Constraints, die schlimmstenfalls alle einmal gefeuert haben.

Nachdem dann die Antwort auf die ursprünglich gestellte Frage ermittelt wurde, muß man die Annahmen aus Σ wieder zurücknehmen und die Markierung des Netzes entsprechend aktualisieren: Am einfachsten geht das dadurch, daß man alle $|\Gamma| + |\Sigma|$ Knoten des Netzes mit UNKNOWN (de)markiert und anschließend mit PROPAGATE-LABELS neu markiert.[9] Der Gesamtaufwand für die Auswertung der Anfrage ist damit — wie behauptet — von der Größenordnung $O(|\Gamma| + |\Sigma|)$.

Im Zusammenhang mit Boolescher Constraint-Propagierung spielen subsumierte Klauseln eine besondere Rolle. Dabei unterstellen wir den üblichen Subsumtionsbegriff für propositionale Klauseln, d.h. gilt für zwei Klauseln C_1 und C_2 die Beziehung

$$C_1 \subset C_2,$$

---

[7] Die Prozedur behandelt einen eventuell gesetzten, nicht-leeren momentanen Kontext Σ_c so, als wäre er Bestandteil der Constraint-Menge Γ. Schließlich werden ihr ja die Annahmen, relativ zu denen Ψ auszuwerten ist, explizit als zweites Argument übergeben.

[8] Dies ist eine Eigenschaft, die die Prozedur PROPAGATE-LABELS mit Goodwin's RELABEL-Algorithmus gemeinsam hat — vgl. Abschnitt 3.6.

[9] In Abschnitt 4.9 beschreiben wir ein selektiveres und damit effizienteres Verfahren zur Rücknahme von Klauseln.

BCP-FF?(Ψ, Σ):

1. Führe für jede Annahme aus Σ einen Aufruf der
   Schnittstellenfunktion `add-constraint!` aus
   (diese Aufrufe bewirken insbesondere für jede Annahme aus
   Σ einen Aufruf der Prozedur **PROPAGATE-LABELS**).

2. Wurde bei der Bekanntmachung einer der Annahmen von
   PROPAGATE-LABELS eine Constraint-Verletzung signalisiert?
   Falls ja:

   (a) *Answer* := **YES**;   (ex falso quod libet)

   (b) Weiter mit Schritt 4!

3. Gilt $\Psi = \bot$?

   - Falls ja: *Answer* := **UNKNOWN**;
   - Falls nein: *Answer* := $\begin{cases} \textbf{YES} & \text{falls } \mathcal{B}(\Psi) = \textbf{T}, \\ \textbf{NO} & \text{falls } \mathcal{B}(\Psi) = \textbf{F}, \\ \textbf{UNKNOWN} & \text{sonst.} \end{cases}$

4. Nimm alle Constraints zu Annahmen aus Σ zurück;
   aktualisiere dabei mit den Prozeduren **PROPAGATE-LABELS**
   und **PROPAGATE-OUT-LABELS** (siehe Algorithmus 4.5) die
   Markierung des Abhängigkeitsnetzes.

5. Kehre zurück mit der Antwort *Answer*.

Algorithmus 4.3: Die Prozedur **BCP-FF?**

so sagen wir, daß die Klausel C_1 die Klausel C_2 *subsumiert*. Sind außerdem C_1 und C_2 verschieden, so sagen wir C_2 wird *echt* von C_1 subsumiert.

Subsumierte Klauseln sind in Bezug auf die Label-Propagierung offensichtlich kontraproduktiv: Sie tragen nicht zum Erschließen neuer Information bei, d.h. jeder Endzustand, der mit ihnen erzielt werden kann, läßt sich auch ohne sie erreichen. Bei der Propagierung werden deshalb subsumierte Klauseln unnötigerweise auf Feuerbereitschaft überprüft.

In [CRMM87] und [McD91] wird daher vorgeschlagen, parallel zur Neuaufnahme einer Klausel C all jene Klauseln aus dem Abhängigkeitsnetz zu entfernen, die von C subsumiert werden und dann C aufzunehmen. Außerdem bietet es sich natürlich an, neue Klauseln, die von bereits im Netz vorhandenen Klauseln subsumiert werden, gar nicht erst in das Netz aufzunehmen.

In beiden Fällen ist es jedoch notwendig, subsumierte Klauseln für den Fall aufzuheben, daß später eine der Klauseln, die ihre Aufnahme verhindert, oder ihr Entfernen aus dem Netz bewirkt haben, entfernt wird. Macht man dann nämlich nicht die subsumierten Klauseln nachträglich bekannt, so schließt man eventuell Propagierungsschritte aus, die mit den subsumierten Klauseln möglich gewesen wären. Technisch läßt sich das Memorieren subsumierter Klauseln durch einen einfachen Verweis von der subsumierenden zur subsumierten Klausel realisieren, der dann bei Entfernen der subsumierenden Klausel für die (Re-)Aktivierung der subsumierten Klausel verwendet wird.

Beispiel 4.5.2 *(Subsumtion — aus [Küc92])*
Sei $\Gamma = \{C_1, C_2\}$ *mit* $C_1 = A \vee B$ *und* $C_2 = \neg B$ *gegeben. Zuerst wird* $C_3 = A \vee B \vee C$ *mitgeteilt und anschließend* $E = A$ *als Annahme gesetzt. Dabei entsteht das in der Abbildung 4.9 dargestellte Abhängigkeitsnetz (aufgrund von subsumierten Klauseln inaktive Teile sind gepunktet gezeichnet).*

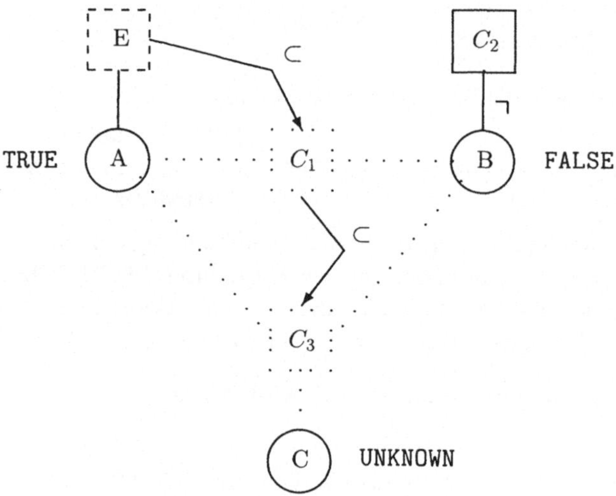

Abbildung 4.9: Subsumtion

4.6 Ableitbarkeit im LTMS

Natürlich müssen wir noch zeigen, daß die Realisierung der Schnittstellenfunktion `follows-from?` über die Prozedur `BCP-FF?` korrekt ist. Dazu definieren wir zunächst, was wir unter *Ableitbarkeit im* LTMS (genauer: Ableitbarkeit durch Boolesche Constraint-Propagierung) verstehen wollen.

Sei also ein Constraint-Problem (Γ, Σ) sowie ein Literal Ψ gegeben. Bei der Auswertung des Aufrufs `BCP-FF?`(Ψ, Σ) wird im ersten Schritt das Abhängigkeitsnetz von Γ zu dem Graphen $\mathcal{G}(\Gamma, \Sigma)$ des Constraint-Problems (Γ, Σ) erweitert. Ist $\mathcal{V}$ der Zustand von $\mathcal{G}(\Gamma, \Sigma)$ unmittelbar nach Ausführen dieses Schrittes, dann ist aber über $\mathcal{V}$ mit $\mathcal{B} := \textit{transform} \circ \mathcal{V}$ eine Bewertungsfunktion für atomare Formeln gegeben (vgl. Abschnitt 4.2), die in gewohnter Weise auf beliebige aussagenlogische Formeln übertragen werden kann.

Ein Literal Ψ heißt dann durch Boolesche Constraint-Propagierung aus Γ und Σ *ableitbar*

$$\Gamma \vdash \Sigma \to \Psi,$$

wenn eine der beiden Bedingungen

1. $\mathcal{B}(\Psi) = \mathbf{T}$ oder

2. es gibt ein $C \in \Gamma \cup \Sigma$ mit $\mathcal{B}(C) = \mathbf{F}$ (C ist verletzt)

erfüllt ist.[10] Im zweiten Fall sagen wir auch, daß durch Boolesche Constraint-Propagierung aus Γ und Σ ein *Widerspruch abgeleitet* wird und schreiben dies

$$\Gamma \vdash \Sigma \to \bot.$$

Für die Prozedur BCP-FF? gilt aufgrund ihrer Konstruktion

$$\begin{aligned} \texttt{BCP-FF?}(\Psi, \Sigma) &= \texttt{YES} \quad \text{gdw.} \quad \Gamma \vdash \Sigma \to \Psi \\ \texttt{BCP-FF?}(\Psi, \Sigma) &= \texttt{NO} \quad \text{gdw.} \quad \Gamma \vdash \Sigma \to \neg\Psi. \end{aligned} \tag{4.3}$$

Andererseits gilt aufgrund der Korrektheit des einzelnen Propagierungsschrittes (die wir in bereits in Abschnitt 4.3 gezeigt haben)

$$\Gamma \vdash \Sigma \to \Psi \ \Rightarrow \ (\Gamma, \Sigma) \models \Psi, \tag{4.4}$$

d.h. falls Ψ durch Boolesche Constraint-Propagierung aus $\Gamma \cup \Sigma$ ableitbar ist, dann ist Ψ auch logische Konsequenz von $\Gamma \cup \Sigma$. Die Prozedur BCP-FF? zur Berechnung von BCP-Ableitbarkeit ist demnach eine korrekte Realisierung der Schnittstellenfunktion `follows-from?`.

Unterstellen wir also, daß der momentane Kontext des LTMS gleich Σ_c ist, so können wir

$$\texttt{follows-from?}(\Psi) := \texttt{BCP-FF?}(\Psi, \emptyset)$$

setzen, weil dann Γ die Annahmenmenge Σ_c bereits umfaßt. Die Auswertung in der Prozedur BCP-FF? reduziert sich dabei auf den Schritt 3.

Auf eine Realisierung der Schnittstellenfunktion `contradictory?` kann ganz verzichtet werden, da die Schnittstellenfunktion `add-constraint!` nur solche Constraint-Definitionen zuläßt, die den momentanen Kontext Σ_c nicht inkonsistent werden lassen.

---

[10] Anstelle von $\Gamma \vdash \emptyset \to \Psi$ schreiben wir auch kurz $\Gamma \vdash \Psi$.

4.7   Unvollständigkeit von Boolescher Constraint-Propagierung

Nachdem wir uns von der Korrektheit der BCP-Realisierung der Schnittstellen-funktion `follows-from?` überzeugt haben, liegt es natürlich nahe, zu fragen, ob die Prozedur BCP-FF? auch eine vollständige Realisierung darstellt, d.h. ob für beliebige Klauselmengen Γ und Literalmengen Σ

$$\Gamma \cup \Sigma \models \Psi \quad \text{gdw.} \quad \Gamma \vdash \Sigma \rightarrow \Psi \tag{4.5}$$

gilt (die Implikation von rechts nach links gilt schon aufgrund der Korrektheit von BCP-FF?).[11]

Leider ist dies nicht der Fall. Boolesche Constraint-Propagierung ist *bestätigungs-unvollständig*: Es gibt Constraint-Mengen Γ, Annahmenmengen Σ und Literale Ψ, so daß Ψ logische Konsequenz von $\Gamma \cup \Sigma$ ist, ohne daß dies von Boolescher Constraint-Propagierung erkannt wird.

Beispiel 4.7.1 *(Bestätigungs-Unvollständigkeit)*
Sei $\Gamma = \{C_1, C_2\}$ mit $C_1 = A \vee \neg B$ und $C_2 = A \vee B$ und $\Sigma = \emptyset$. Damit ergibt sich ein Abhängigkeitsnetz, das wie in Abbildung 4.10 dargestellt, markiert ist. Alle Knoten bleiben mit UNKNOWN *markiert, d.h. $\Gamma \not\vdash \Sigma \rightarrow A$, obwohl $(\Gamma, \Sigma) \models A$*

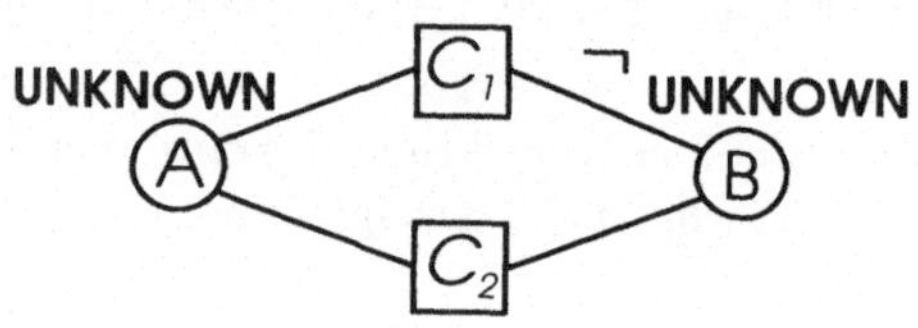

Abbildung 4.10: Ein bestätigungs-unvollständiges Abhängigkeitsnetz

gilt.   □

Außerdem interessieren wir uns natürlich dafür, ob für beliebige Constraint-Mengen Γ und Annahmenmengen Σ

$$\Gamma \cup \Sigma \text{ ist unerfüllbar} \quad \text{gdw.} \quad \Gamma \vdash \Sigma \rightarrow \bot \tag{4.6}$$

zutrifft (auch hier haben wir mit der Korrektheit von Boolescher Constraint-Propagierung bereits die Richtung von rechts nach links nachgewiesen).

Leider ist auch dies nicht allgemein der Fall. Boolesche Constraint-Propagierung ist *widerlegungs-unvollständig*: Es gibt Constraint-Mengen Γ und Annahmenmengen Σ, so daß das zugehörige Constraint-Problem keine Lösung hat und Boolesche Constraint-Propagierung dies nicht feststellen kann.

---

[11] Wir reden im folgenden häufig schlicht von Boolescher Constraint-Propagierung, wenn wir eigentlich die Prozedur BCP-FF? meinen.

Beispiel 4.7.2 *(Widerlegungs-Unvollständigkeit)*
Sei $\Gamma = \{C_1, C_2, C_3, C_4\}$ *mit* $C_1 = A \vee B$, $C_2 = A \vee \neg B$, $C_3 = \neg A \vee B$ *und* $C_4 = \neg A \vee \neg B$ *und* $\Sigma = \emptyset$.

Man kann leicht nachrechnen, daß $\Gamma \not\vdash \Sigma \to \bot$ *gilt, obwohl* Γ *unerfüllbar ist (siehe Abbildung 4.11).* $\qquad\qquad\square$

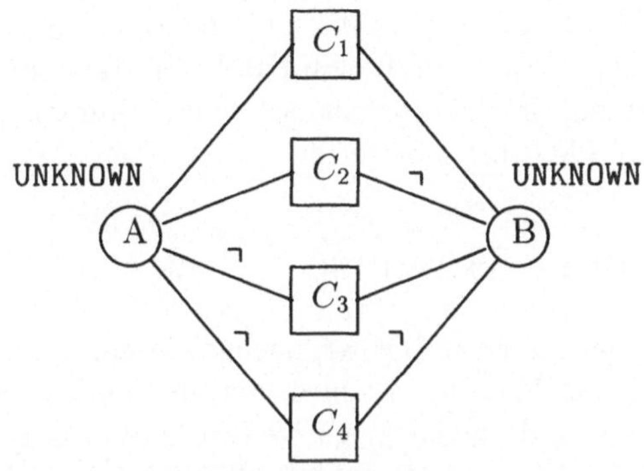

Abbildung 4.11: Ein widerlegungs-unvollständiges Abhängigkeitsnetz

Auch ohne die Angabe eines Gegenbeispiels war natürlich nicht zu erwarten, daß Boolesche Constraint-Propagierung für beliebige Constraint-Mengen widerlegungs-vollständig ist. Schließlich ist das *Erfüllbarkeits-Problem für beliebige aussagenlogische Klauseln* ein *NP-vollständiges Problem* (siehe [GJ79]). Die Komplexität von **BCP-FF?** ist aber — wie wir gesehen haben — linear in $|\Gamma| + |\Sigma|$.

Wie kann die Unvollständigkeit von Boolescher Constraint-Propagierung abgeschwächt werden? Es ergeben sich zwei Möglichkeiten.

- Die BCP-Realisierung beibehalten, aber die verarbeitete Formelklasse einschränken oder

- Boolesche Constraint-Propagierung auf geeignete Weise verfeinern.

Wie die folgende Überlegung zeigt, ist Boolesche Constraint-Propagierung bestätigungs-vollständig für positive Literale, wenn als Constraints nur *definite* Klauseln (d.h. Klauseln mit genau einem positiven Literal) zugelassen werden: Sei eine Menge Γ definiter Klauseln und eine Annahmenmenge Σ gegeben, die nur aus positiven Literalen besteht. Man betrachte alle positiven Literale, die in $\Gamma \cup \Sigma$ auftreten. Für ein konkretes positives Literal Ψ gilt $(\Gamma, \Sigma) \models \Psi$ genau dann, wenn gilt:

1. $\Psi \in \Sigma$ oder

2. es gibt eine Klausel C mit $C \in \Gamma$, $\Psi \in C$ und
   für alle $\Phi \in C - \{\Psi\}$ gilt $(\Gamma, \Sigma) \models \neg\Phi$.

Damit läßt sich ähnlich wie in Abschnitt 2.5 ein Begründungsbaum bilden, dessen Wurzel Ψ ist und dessen Blätter aus Annahmen von Σ oder Einheitsklauseln aus Γ bestehen. Aus der Endlichkeit von $\Gamma \cup \Sigma$ folgt aufgrund der Definition von **PROPAGATE-LABELS** (das Einheitsresolutionsschritte mit Klauseln aus $\Gamma \cup \Sigma$ durchführt), daß der Knoten $atom(\Psi)$ mit **TRUE** markiert und damit $\Gamma \vdash \Sigma \rightarrow \Psi$ erkannt wird.

Boolesche Constraint-Propagierung kann natürlich trivial widerlegungs-vollständig für positive Literale gemacht werden, wenn als Constraints nur *definite* Klauseln zugelassen werden: In diesem Fall kann grundsätzlich keine Constraint-Verletzung auftreten, da definite Klauselmengen immer dadurch erfüllbar sind, daß man alle Variablen mit **T** bewertet.

4.8 Indirekte Beweise

Dowling und Gallier haben in [DG84] nachgewiesen, daß das Erfüllbarkeits-Problem für Hornklausel-Theorien Γ (in denen also neben definiten Klauseln auch Klauseln zugelassen sind, die nur negative Literale enthalten) mit einem Aufwand von $O(\|\Gamma\|)$, d.h. linear in der Anzahl der Literale, die in Γ auftreten (Mehrfachauftreten mitgezählt), entscheidbar ist. Betrachtet man sich ihren Beweis genauer, so sieht man, daß sie ähnlich wie das L_{TMS} einen Graphen aufbauen, in dem dann Markierungen wie bei Boolescher Constraint-Propagierung propagiert werden (in ihrer Aufwandsabschätzung sind die Kosten für den Aufbau des Graphen enthalten). Nachdem sich jeder Propagierungsschritt in ihrem Beweis mit einem BCP-Schritt im L_{TMS} nachvollziehen läßt, kann man folgern, daß Boolesche Constraint-Propagierung auch für Hornklausel-Theorien widerlegungs-vollständig ist und damit über die triviale aussagenlogische Beziehung

$$\Gamma \models \Psi \quad \text{gdw.} \quad \Gamma \cup \{\neg \Psi\} \text{ ist nicht erfüllbar} \tag{4.7}$$

auch leicht bestätigungs-vollständig gemacht werden kann (*indirekter Beweis*).

Die notwendigen Schritte sind in Algorithmus 4.4 dargestellt, der die Prozedur **INDIRECT-PROOF** realisiert.[12] In der Prozedur wird der Operator $\sim$ verwendet, der Literale auf Literale abbildet und wie folgt definiert ist

$$\sim L := \begin{cases} \neg L & \text{falls } L = atom(L), \\ atom(L) & \text{sonst,} \end{cases}$$

d.h. $\sim L$ stellt immer das zu L komplementäre *Literal* dar.

Beispiel 4.8.1 *Mit Hilfe von Algorithmus 4.4 läßt sich für das Beispiel 4.7.1 A als logische Konsequenz von $\Gamma \cup \Sigma$ nachweisen:* **INDIRECT-PROOF***($A, \emptyset$) versucht zunächst, A mit Boolescher Constraint-Propagierung abzuleiten, scheitert aber. Deshalb trifft die Prozedur $\neg A$ als zusätzliche Annahme. Mittels Boolescher Constraint-Propagierung wird nun A mit* **FALSE** *und B mit* **TRUE** *markiert, d.h. die*

---

[12] Eine Variante dieser Technik wurde erstmals von McAllester im Kontext von Truth-Maintenance-Systemen eingesetzt (siehe [McA80]).

INDIRECT-PROOF(Ψ, Σ)

1. *Answer* := BCP-FF?(Ψ, Σ);

2. Gilt *Answer* = UNKNOWN?
   Falls ja: *Answer* := BCP-FF?($\bot, \Sigma \cup \{\sim \Psi\}$);

3. Kehre mit *Answer* als Wert zurück!

Algorithmus 4.4: Indirekter Beweis

Klausel C_1 ist verletzt (BCP-FF?($\bot, \{\sim A\}$) = YES), und INDIRECT-PROOF *er-kennt, daß $\{C_1, C_2\} \models A$ gilt.* $\qquad\square$

Die Prozedur INDIRECT-PROOF ist also eine „vollständigere" Realisierung der Schnittstellenfunktion `follows-from?` als die Prozedur BCP-FF?. Da sie aber eine schlimmstenfalls doppelt so hohe Komplexität wie die Prozedur BCP-FF? hat, wird INDIRECT-PROOF ebenfalls nicht für beliebige Klausel-Theorien wider-legungs-vollständig und somit auch nicht bestätigungs-vollständig sein (sonst gälte ja $P = NP$).

Beispiel 4.8.2 *(Unvollständigkeit von* INDIRECT-PROOF*)*
Sei $\Gamma = \{C_1, C_2, C_3, C_4\}$ mit $C_1 = A \vee B \vee C$, $C_2 = A \vee \neg B \vee C$, $C_3 = \neg A \vee B \vee C$ und $C_4 = \neg A \vee \neg B \vee C$ und $\Sigma = \emptyset$.

Offensichtlich gilt $(\Gamma, \Sigma) \models C$. Jedoch kann kein einziger Propagierungsschritt durchgeführt werden, d.h. $\Gamma \not\vdash \Sigma \to C$. Daran ändert sich auch nichts nach Treffen der Annahme $\neg C$, d.h. es gilt auch $\Gamma \not\vdash \Sigma \cup \{\neg C\} \to \bot$. $\qquad\square$

In Abschnitt 4.14ff werden wir zwei Wege aufweisen, wie ein vollständiger Ab-leitungsbegriff für Truth-Maintenance-Systeme vom LTMS-Typ gewonnen werden kann. Aus den bisherigen Überlegungen sollte jedoch deutlich geworden sein, daß jede derartige Vervollständigung nur auf Kosten eines größeren Berechnungs-aufwandes oder mit einer Einschränkung der Ausdrucksstärke der Constraint-Sprache realisiert werden kann.

4.9 Demarkierung von Knoten

Nachdem wir bereits bei der Beschreibung der Prozedur BCP-FF? davon Ge-brauch gemacht haben, wollen wir nun betrachten, wie eine Rücknahme von Constraints im LTMS vorgenommen werden kann.

Beim Entfernen einer Klausel C aus dem Abhängigkeitsnetz langt es ja nicht, lediglich die Klausel selbst zu entfernen. Schließlich können durch die Klausel Markierungen von Netzknoten bewirkt worden sein, die ohne die Klausel nicht mehr zwingend wären. Deshalb aktiviert das LTMS unmittelbar nach dem eigentlichen Entfernen der Klausel C die Prozedur PROPAGATE-OUT-LABELS (siehe Algorithmus 4.5), die dann für eine Aktualisierung der Markierung sorgt.

Die Schlüsselidee dieses Algorithmus besteht in der Aufteilung der Demarkierung in zwei Phasen (vgl. [McA78]):

1. Zunächst werden alle Knoten des Netzes demarkiert (wieder mit UNKNOWN markiert), die durch Rücknahme der Klausel C möglicherweise ihre Markierung verlieren würden.

2. Danach wird PROPAGATE-LABELS auf diejenigen Klauseln angewendet, die den in Phase 1 demarkierten Knoten wieder eine Markierung verleihen könnten.

PROPAGATE-OUT-LABELS(C)

1. Hat C einen aktiven Knoten N,
   der bereits (ungleich UNKNOWN) markiert ist?
   Falls nein: Fertig!

2. $\mathcal{K} :=$ DELABEL($\emptyset, \{N\}$).

3. Für jeden Knoten $K \in \mathcal{K}$ mit

   (a) $\mathcal{V}(K) =$ UNKNOWN,

   (b) für den es ein Constraint C' gibt,
       in dem K aktiver Knoten ist,

   führe aus: PROPAGATE-LABELS(C').

Algorithmus 4.5: Die Prozedur PROPAGATE-OUT-LABELS

Beispiel 4.9.1 *Wir betrachten das Abhängigkeitsnetz, das in Abbildung 4.12 dargestellt ist.*

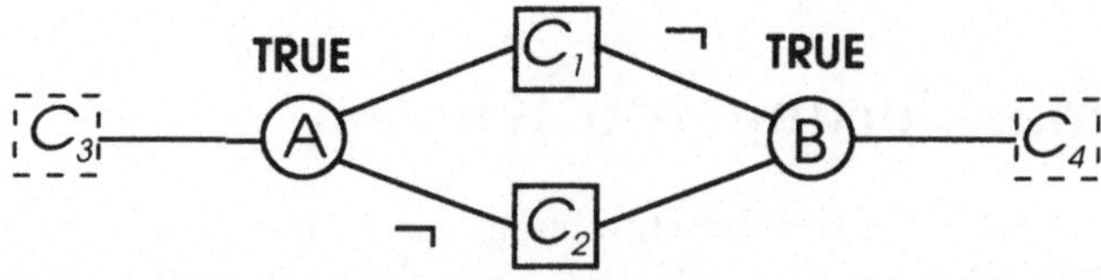

Abbildung 4.12: Ein Demarkierungsbeispiel: Ausgangszustand

Aus diesem Netz soll die Annahmenklausel C_3 entfernt werden. Wir interessieren uns dafür, wie dann die Prozedur PROPAGATE-OUT-LABELS wieder eine

---

DELABEL(Del, $Todel$)

1. Gilt $Todel = \emptyset$,
   d.h. sind keine Knoten mehr zu demarkieren?
   Falls ja: Fertig, liefere Del als Ergebnis zurück!

2. Wähle ein Element $N \in Todel$ und
   entferne es aus $Todel$.

3. Ermittle die Constraints, zu denen N konträr ist:

$$\mathcal{S} := \{C \mid N \in Mis(C)\}.$$

4. Ermittle alle Knoten P, die in einem der Constraints von $\mathcal{S}$
   als einziger Knoten nicht-konträr auftreten und deren
   Markierung bekannt ist:

$$\mathcal{M} := \bigcup_{C \in \mathcal{S}} \{P \mid \exists_1 M \in NonMis(C) \cap K(C) : M = P\}.$$

5. Demarkiere N: $\mathcal{V}(N) :=$ UNKNOWN.

6. DELABEL($Del \cup \{N\}$, $Todel \cup \mathcal{M}$).

Algorithmus 4.6: Die Prozedur DELABEL

korrekte Markierung herstellt: A ist der aktive, ungleich UNKNOWN *markierte Knoten von C_3 und wird deshalb an* DELABEL *(siehe Algorithmus 4.6) weitergereicht. Die einzige Klausel, die A als konträren Knoten enthält, ist C_2. A wird demarkiert und* DELABEL *rekursiv auf B, den aktiven Knoten von C_2 angewendet. B wird ebenfalls demarkiert. A, als möglicher aktiver Knoten von C_1, ist schon demarkiert worden; daher kommt die Demarkierung hier zum Stillstand (Abbildung 4.13).*

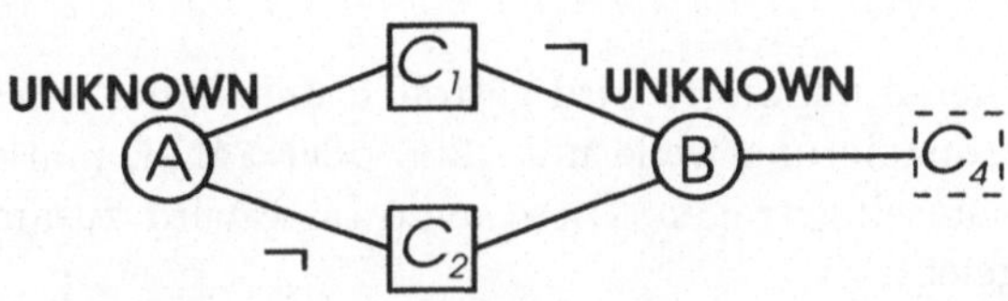

Abbildung 4.13: Ein Demarkierungsbeispiel: Zustand vor Neumarkierung

DELABEL *liefert die Knoten A und B als Kandidaten zur Remarkierung zurück. Bei A schlägt diese zunächst fehl, doch C_4 zwingt B auf* TRUE *und A wird infolge B über C_1 wieder mit* TRUE *markiert (Abbildung 4.14).*

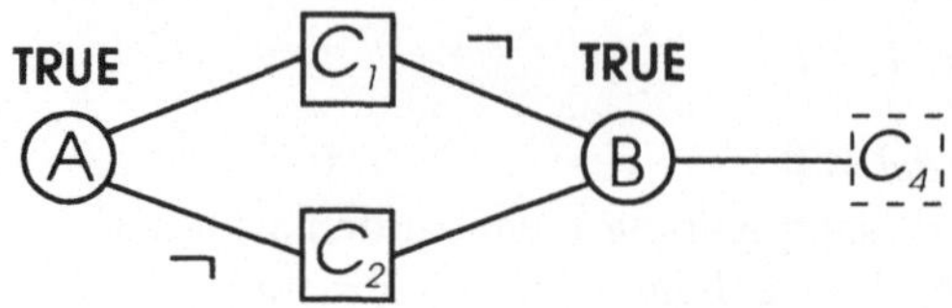

Abbildung 4.14: Ein Demarkierungsbeispiel: Endzustand

Offensichtlich waren die Markierungen von A und B doppelt gestützt, so daß die Rücknahme einer der beiden Klauseln C_3 oder C_4 allein nicht ausreichte, um den Zustand der Knoten auf UNKNOWN *zu kippen.*   □

PROPAGATE-OUT-LABELS muß im schlimmsten Fall in Phase 1 das gesamte Abhängigkeitsnetz demarkieren. Phase 2 wiederum kann zur vollständigen Remarkierung führen.

Beispiel 4.9.2 *(Worst-Case Situation für* PROPAGATE-OUT-LABELS*)*
Seien $\Gamma = \{C_i \mid C_i = \neg W_i \vee W_{i+1}, 1 \leq i < n\} \cup \{C_i \mid C_i = \neg W_{i+1} \vee W_i, 1 \leq i < n\}$ *und* $\Sigma = \{W_1, W_n\}$ *gegeben. Es werden zunächst alle Constraints aus* Γ*, dann* W_1 *und zuletzt* W_n *mittels* PROPAGATE-LABELS *mitgeteilt. Mit der Entfernung von Annahmenklausel* W_1 *und Aktivierung von* PROPAGATE-OUT-LABELS*(W_1) rollt eine „Demarkierungs-Welle" von den Knoten zu* W_1 *bis* W_n*, die an* W_n *„reflektiert" wird, und zur Remarkierung bis* W_1 *zurückläuft.*   □

Der aufmerksame Leser wird erkennen, daß das Beispiel 4.9.2 dem Worst-Case Beispiel 4.5.1 für PROPAGATE-LABELS zum Verwechseln ähnlich sieht.

Mit den beiden Prozeduren PROPAGATE-LABELS und PROPAGATE-OUT-LABELS haben wir zwei Instrumente an der Hand, mit denen beliebige Veränderungen des momentanen Kontexts Σ_c vorgenommen werden können. Der Vollständigkeit halber sei aber noch auf eine zweite, von McAllester in [McA90a] vorgeschlagene Möglichkeit zur Kontextverwaltung hingewiesen, bei der die Menge Σ_c in einem *Keller* verwaltet wird. Für diesen Zweck werden die beiden Keller-Operationen **push** und **pop** wie folgt realisiert:

- **push**(A): Die Annahme A wird getroffen und dabei jeder, von der nachfolgenden Propagierungswelle mit TRUE oder FALSE markierte Knoten in eine *undo*-Liste eingetragen. Diese undo-Liste wird zusammen mit A auf den Keller gelegt.

- **pop**(): Das zuletzt auf den Keller gelegte Paar aus Annahme A und undo-Liste U wird aus dem Keller und die zu A gehörende Annahmenklausel aus dem Abhängigkeitsnetz entfernt (*ohne* anschließendes Aktivieren der Prozedur PROPAGATE-OUT-LABELS). Danach werden alle Knoten aus U mit UNKNOWN markiert.

Der Keller ist anfangs leer. Ein Wechsel zum Kontext, der durch die Annahmenmenge Σ repräsentiert wird, ist dann folgendermaßen durchzuführen: Zuerst wird solange die Operation **pop** ausgeführt, bis der Keller entweder leer ist oder nur noch Paare (A,U) mit $A \in \Sigma$ enthält. Anschließend werden alle Ausnahmen $A \in \Sigma$, für die noch kein Paar (A,U) auf dem Keller liegt, über eine **push**-Operation auf den Keller plaziert. Danach ist im Abhängigkeitsnetz der Kontext zu Σ repräsentiert, d.h. Σ_c stimmt mit Σ überein.

Die keller-basierte Verwaltung ist häufig dann effizienter als die konventionelle Methode zur Verwaltung von Σ_c, wenn in aufeinanderfolgenden Anfragen des Problemlösers systematisch die Annahmenmenge erweitert und danach in umgekehrter Reihenfolge wieder reduziert wird. Ein typisches Beispiel dafür ist die abhängigkeiten-gesteuerte Suche, mit der wir uns im Abschnitt 4.13 beschäftigen werden (mehr dazu später). In anderen Anwendungsfällen muß genau zwischen den zusätzlichen Kosten für die Verwaltung der *undo*-Listen und den ersparten Kosten aufgrund vermiedener Demarkierungswellen abgewogen werden.

Wie auch die Truth-Maintenance-Systeme vom JTMS-Typ gestatten die meisten Systeme vom LTMS-Typ die Definition von Prozeduren oder Regeln, die beim Neumarkieren oder Ummarkieren ausgezeichneter Knoten aktiv werden. Wir haben derartige Erweiterungen bereits in den Abschnitten 2.15ff formal charakterisiert. Nachdem sie sich im Falle von single-context Truth-Maintenance-Systemen auch vergleichsweise einfach implementieren lassen, verweisen wir den interessierten Leser für technische Details auf [Küc92] und für pragmatische Fragen auf [FdK93, Kap. 10].

4.10 Begründungen im LTMS

Nachdem wir bereits beschrieben haben, wie sich die generischen Schnittstellenfunktionen **add-constraint!** und **follows-from?** im LTMS realisieren lassen, wenden wir uns nun den Funktionen zu, mit deren Hilfe Begründungen konstruiert werden können.

Dazu definieren wir uns zunächst — wie schon in Abschnitt 3.8 für das JTMS — den Current-Support zu einem Knoten des Abhängigkeitsnetzes: Sei N ein Knoten im Abhängigkeitsnetz und seien im Zustand $\mathcal{V}_0$ noch alle Knoten des Abhängigkeitsnetzes mit UNKNOWN markiert. Ist dann $C_1, \ldots, C_k$ mit $(k \geq 1)$ eine Folge von Constraints mit den Eigenschaften

1. $\mathcal{V}_i \rightarrow_{C_{i+1}} \mathcal{V}_{i+1}$ für $(0 \leq i < k)$ und

2. $\mathcal{V}_k(N) \neq$ UNKNOWN

$(C_1, \ldots, C_k$ repräsentiert dann eine Folge von Propagierungsschritten), so nennen wir mit der Abkürzung

$$i_N := \max\{i \mid \mathcal{V}_i(N) = \text{UNKNOWN} \wedge 0 \leq i < k\} + 1$$

die Klausel C_{i_N} den *Current-Support* $CS(N)$ von N relativ zur Folge $C_1, \ldots, C_k$. Zur Vereinfachung der Notation erweitern wir außerdem den Begriff des Current-Supports durch

$$CS(\Psi) := CS(atom(\Psi))$$

auf beliebige Literale Ψ.[13]

Zur Berechnung der Current-Supports muß also lediglich die Prozedur `ALIGN` (siehe Algorithmus 4.2) um eine Anweisung ergänzt werden, die immer dann, wenn ein Knoten N neu markiert wird, einen Verweis von diesem Knoten auf seinen Support fixiert.

Mit Hilfe des Current-Supports kann nun die generische Schnittstellenfunktion `justifying-constraints?` relativ zum momentanen Kontext Σ_c wie folgt realisiert werden:

$$\texttt{justifying-constraints?}(\Psi) := \{CS(\Psi)\}.$$

Und auch die Schnittstellenfunktion `justifying-literals?` läßt sich über die Current-Supports einfach realisieren: Dazu definiert man eine Abbildung Λ, die den Knoten im Abhängigkeitsnetz die entsprechenden abgeleiteten Literale zuordnet

$$\Lambda(P) := \begin{cases} P & \text{falls } \mathcal{V}(P) = \texttt{TRUE}, \\ \neg P & \text{falls } \mathcal{V}(P) = \texttt{FALSE}, \\ \text{undefiniert} & \text{sonst} \end{cases}$$

und legt dann `justifying-literals?` relativ zum momentanen Kontext Σ_c wie folgt fest:

$$\texttt{justifying-literals?}(\Psi) := \{\Lambda(N) \mid N \in Mis(CS(\Psi))\}.$$

Von diesen Realisierungen bekommt man natürlich nur dann eine korrekte Antwort, wenn zum Anfragezeitpunkt die Beziehung

$$\Gamma \vdash \Sigma \rightarrow \Psi$$

erfüllt und damit Ψ logische Konsequenz von $\Gamma \cup \Sigma$ ist (siehe Abschnitt 2.4).

Die typische LTMS-Realisierung von `justifying-constraints?` (über den aus der Booleschen Constraint-Propagierung resultierenden Current-Support) liefert also *genau ein* Constraint, das den fraglichen Knoten im momentanen Kontext Σ_c rechtfertigt (siehe auch Abschnitt 3.12). Mit der rekursiven Definition

$$\texttt{underlying-premises?}(\Psi) :=$$
$$\begin{cases} \{\Psi\} & \text{falls } \Psi \in \Sigma_c, \\ \bigcup_{\Phi \in Mis(CS(\Psi))} \texttt{underlying-premises?}(\Lambda(\Phi)) & \text{sonst} \end{cases}$$

haben wir daher eine LTMS-Realisierung der optionalen Schnittstellenfunktion `underlying-premises?`, die die Blätter der von den Schnittstellenfunktionen

---

[13] Auch der Current-Support im LTMS ist kein *Support,* wie er in Abschnitt 2.8 definiert wurde, sondern eine *monotone momentane Begründung* gemäß den Ausführungen in Abschnitt 2.4.

`justifying-constraints?` und `justifying-literals?` festgelegten Begründungsbäume berechnet.[14]

Die Berechnung der optionalen Schnittstellenfunktion `minimal-supporters?`, die für ein vorgegebenes Literal Ψ alle minimalen Erklärungen relativ zu Γ und einer Annahmenmenge $\mathcal{A}$ liefert, ist dagegen ungleich schwerer effizient zu realisieren, weil das LTMS eben nur einen Kontext gleichzeitig verwaltet. Ein Problemlöser, der starken Gebrauch von dieser Funktion macht, ist daher besser beraten, mit einem multiple-context TMS zusammenzuarbeiten.

Wir beschränken uns hier darauf, mit der Prozedur `BCP-MIN-SUPP`(siehe Algorithmus 4.7) ein Verfahren von Küchler anzugeben (korrigiert und in leicht modifizierter Form — siehe [Küc92]). Mit diesem Verfahren kann man im momentanen Kontext Σ_c für jedes Literal Ψ, das die Bedingung

$$\Gamma \not\vdash \Sigma_c \to \bot \quad \text{und} \quad \Gamma \vdash \Sigma_c \to \Psi \tag{4.8}$$

erfüllt, die minimalen Begründungen von Ψ berechnen. Das Verfahren liefert dann die minimalen Erklärungen Σ von Ψ, für die $\Sigma \subseteq \Sigma_c$ gilt.

Es arbeitet weitaus effizienter als das naheliegende naive Verfahren zur Realisierung von `minimal-supporters?`, bei dem man alle Teilmengen Σ von $\mathcal{A}$ aufzählt, dabei die Annahmenmengen sammelt, für die der Aufruf `BCP-FF?`(Ψ, Σ) die Antwort **YES** liefert und zum Schluß die resultierende Menge von Annahmenmengen minimiert. Dafür ist aber das naive Verfahren auf beliebige Literale anwendbar, d.h. auch auf solche Literale, die nicht der Bedingung (4.8) genügen.

Weder das Verfahren von Küchler, noch das naive Verfahren sind jedoch i.allg. in der Lage, *alle logisch möglichen* minimalen Erklärungen für Ψ zu berechnen, da Boolesche Constraint-Propagierung — wie wir mittlerweile wissen — unvollständig ist, wenn als Constraints beliebige Klauseln zugelassen sind.[15]

Die Prozedur `BCP-MIN-SUPP` bestimmt zu jedem Knoten N neben der im LTMS üblichen Markierung $\mathcal{V}(N)$ eine Menge sogenannter *Umgebungen*, die *minimale* Begründungen für den Knoten Ψ relativ zu Γ und dem momentanen Kontext Σ_c repräsentieren. Diese Menge wird als das *Label* $l(N)$ von N bezeichnet und hat die folgenden Eigenschaften:

1. Korrektheit: $\forall U \in l(N): \ \Gamma \vdash U \to \Psi.$

2. Vollständigkeit:

$$\forall U: \ (U \subseteq \Sigma_c \wedge \Gamma \vdash U \to \Psi$$
$$\Rightarrow \ \exists U' \in l(N): \ U' \subseteq U).$$

3. Minimalität: $\forall U, U' \in l(N): \ U \subseteq U' \ \Rightarrow \ U = U'.$

---

[14] Die Begründungsbäume sind eindeutig, da die beiden Schnittstellenfunktionen `justifying-constraints?` und `justifying-literals?` über die ebenfalls eindeutigen Current-Supports realisiert sind.

[15] Wie diese Erklärungen theoretisch berechenbar sind, wird in Abschnitt 4.17 diskutiert.

Das Label eines ableitbaren Knotens N enthält also genau die minimalen Umgebungen, mit denen der Knoten aus Γ ableitbar ist. Dabei ist eine Umgebung U' minimal, wenn sie von keiner anderen Umgebung U des gleichen Labels *subsumiert* wird.[16] Da die Umgebungen alle Teilmengen von Σ_c sind, ist außerdem aufgrund von (4.8) jede dieser Umgebungen konsistent:

    4. Konsistenz: $\forall U \in l(P) : \Gamma \nvdash U \to \bot.$

Die Prozedur BCP-MIN-SUPP vermerkt darüberhinaus auch an den Klauseln des Abhängigkeitsnetzes Label, die Umgebungen enthalten und die Rolle von Zwischenergebnissen spielen und die Berechnung der Label für die zugehörenden Pins vereinfachen. Für das Label $l(C)$ einer Klausel C gilt dabei jeweils:

    1. $\forall U \in l(C) :\ (\forall Q \in Mis(C) : \Gamma \vdash U \to \Lambda(Q))$

    2. $\forall U \subseteq \Sigma_c :\ (\forall Q \in Mis(C) : \Gamma \vdash U \to \Lambda(Q)$
                                  $\Rightarrow\ \exists U' \in l(C) :\ U' \subseteq U)$

    3. $\forall U, U' \in l(C) :\ U \subseteq U' \Rightarrow U = U'$

Das wohlgeformte Label $l(C)$ einer Klausel C ist demnach die maximale Menge minimaler Umgebungen, die hinreichend sind, um gleichzeitig alle Literale zu den konträren Knoten von C abzuleiten (diese sind ja gemeinsam für die Markierung des Knotens verantwortlich, der von C momentan gestützt wird).

Die Label sollten — sobald sich Gelegenheit dazu ergibt — wieder vom LTMS gelöscht werden, da sie bei Änderungen am Abhängigkeitsnetz (dazu gehören ja auch Modifikationen am momentanen Kontext Σ_c) neu berechnet werden müssen und (wie wir in Abschnitt 5.13 zeigen werden) sehr groß werden können.

Die Korrektheit der Prozedur BCP-MIN-SUPP, die auf dem Propagierungsalgorithmus beruht, den de Kleer für das ATMS entwickelt hat (siehe [dK86a]), wird nach einem Studium des nächsten Kapitels über multiple-context Truth-Maintenance-Systeme (Algorithmus 5.6) auf der Hand liegen. Dort werden auch ausführlich der Minimierungsoperator

$$\mu : 2^A \to 2^A,$$

der gemäß

$$\mu(L) := \{U \mid U \in L\ \wedge\ \forall U' \in L : (U' \subseteq U \Rightarrow U = U')\}$$

definiert ist, sowie der Operator

$$\otimes : 2^A \times 2^A \to 2^A$$

zur Verknüpfung von Labeln diskutiert, für den

$$L_1 \otimes L_2 = \{U_1 \cup U_2 \mid U_1 \in L_1 \text{ und } U_2 \in L_2\}$$

gilt und der in der Prozedur BCP-MIN-SUPP in der (aufgrund seiner Assoziativität möglichen) Verallgemeinerung auf beliebige endliche Label-Produkte verwendet wird (siehe Abschnitt 5.7ff).

---

[16] Eine Umgebung U subsumiert eine andere Umgebung U', wenn $U \subset U'$ gilt.

BCP-MIN-SUPP(Ψ):

1. Initialisiere die Label der Einheitsklauseln:

   - Jede Constraintklausel C erhält als Label $l(C) := \emptyset$.
   - Jede Annahmenklausel C, die das Literal Ψ mit $\Psi \in \Sigma_c$ repräsentiert, bekommt $l(C) := \{\{\Psi\}\}$ als Label.

2. Weise Knoten P, die nicht mit UNKNOWN markiert sind, das Label zu, das aus der Vereinigung der Label zu Klauseln C entsteht, die P als aktiven Knoten führen

$$l' := \bigcup_{NonMis(C)=\{P\}} l(C)$$

und entferne eventuell subsumierte Umgebungen

$$l(P) := \mu(l').$$

3. Versehe Klauseln C, die keinen mit UNKNOWN markierten aktiven Knoten haben, mit dem Label, das dem $\otimes$-Produkt der Label zu den konträren Knoten von C entspricht

$$l'' := \bigotimes_{P \in Mis(C)} l(P)$$

und entferne eventuell subsumierte Umgebungen

$$l(C) := \mu(l'').$$

4. Kehre zurück mit dem Label zum Knoten $atom(\Psi)$ als Wert.

Algorithmus 4.7: Eine BCP-Approximation von `minimal-supporters`?

4.11 Anwendungs-unabhängige Widerspruchsbehandlung

Da im LTMS als Constraint-Menge Γ *beliebige Boolesche Ausdrücke* zugelassen sind, benötigt es nicht, wie zum Beispiel das JTMS, einen ausgezeichneten Widerspruchsknoten $\perp$. Widersprüche treten zutage, wenn Klauseln von der Prozedur PROPAGATE-LABELS als *verletzt* erkannt werden. Das LTMS signalisiert dann den Widerspruch und erwartet, daß der Problemlöser Maßnahmen zur Bereinigung der Situation unternimmt.

Gemäß unserer Definition aus Abschnitt 4.3 ist eine Klausel $C \in \Gamma$ verletzt, wenn

$$Pins(C) = Mis(C)$$

gilt. C kann als (nicht-leere) Klausel jedoch nicht allein die Ursache des Widerspruchs sein. Dafür sind — eine konsistente Constraint-Menge Γ vorausgesetzt — die Annahmen aus Σ_c verantwortlich.

Wir nennen in Übereinstimmung mit [McD91], [dK86a] und [CRMM87] eine Menge $\Sigma_\perp \subset \mathcal{A}$ von LTMS-Annahmen genau dann einen NOGOOD, wenn

$$\Gamma \vdash \Sigma_\perp \to \perp$$

gilt. Wie schon im JTMS muß eine widersprüchliche Annahmenmenge erst als solche vom TMS erkannt sein, bevor wir sie einen NOGOOD nennen — vgl. Abschnitt 3.10.

Beispiel 4.11.1 *Sei $\Gamma = \{C_1, C_2\}$ und $\Sigma = \{E_1, E_2, E_3\}$. Es werden dem LTMS der Reihe nach $C_1 = \neg A \vee B$, $E_1 = A$, $E_2 = B$, $E_3 = C$ und $C_2 = \neg B \vee \neg C$ mitgeteilt. Dabei ergibt sich der Zustand, der in Abbildung 4.15 dargestellt ist.*

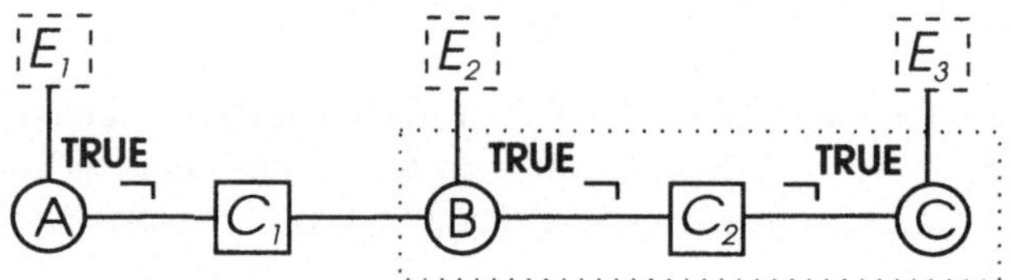

Abbildung 4.15: Resultat einer Widerspruchsbehandlung

C_2 wird als verletzte Klausel erkannt. Eine Rücknahme von E_1 oder E_2 allein führt nicht zur Auflösung des Widerspruchs. Als NOGOODS kommen die Mengen $\{E_1, E_3\}$, $\{E_2, E_3\}$ und $\{E_1, E_2, E_3\}$ in Frage. $\square$

Wie kann man nun die NOGOODS berechnen, die zur Verletzung einer Klausel C geführt haben? Die einfachste Lösung besteht natürlich darin, die Annahmenmenge Σ_c zum momentanen Kontext auszuweisen: Nimmt man alle Annahmen aus Σ_c zurück, so verschwindet der Widerspruch mit Sicherheit — eine einfache, aber doch recht drastische Lösung des Problems.

Eine bessere Lösung besteht darin, sich die Begründungsbäume zu dem Pin des verletzten Constraints C anzusehen, bei dem der Widerspruch entdeckt wurde:

```
underlying-nogood?(C) :=
```
$$\bigcup_{\Phi \in Mis(C)} \texttt{underlying-premises?}(\Lambda(\Phi))$$

berechnet dann einen NOGOOD, der in Σ_c enthalten ist und

$$\texttt{minimal-nogoods?}(C) := \bigotimes_{P \in Mis(C)} l(P),$$

unmittelbar nach einem Aufruf von `BCP-MIN-SUPP` ausgeführt, der die Label der Pins aus $Mis(C)$ berechnet, ermittelt die Gesamtheit aller NOGOODS, die relativ zum momentanen Kontext Σ_c vom LTMS entdeckt werden können.

Beispiel 4.11.2 *Für das Beispiel 4.11.1 liefert* `minimal-nogoods?`(C_2) *die Umgebungen* $\{E_1, E_3\}$ *und* $\{E_2, E_3\}$. $\qquad\qquad\square$

Der Widerspruch ist auf jeden Fall beseitigt, wenn man aus der von `minimal-nogoods?` gelieferten Menge $\mathcal{M}$ von minimalen NOGOODS für jeden NOGOOD eine beliebige Annahme zurücknimmt. Danach gilt dann:

$$Pins(C) \neq Mis(C) \quad \text{und} \quad \Gamma \not\vdash \Sigma \to \bot.$$

Wenn man jedoch aus jedem NOGOOD *willkürlich* eine Annahme zurücknimmt, so werden i.allg. mehr Annahmen zurückgenommen, als zur Bereinigung des Widerspruchs nötig wären. Statt dessen bestimmt man besser eine Überdeckung S von $\mathcal{M}$ und nimmt die in S enthaltenen Annahmen zurück. Dabei ist eine Menge S *Überdeckung* von $\mathcal{M}$, wenn

$$\forall S' \in \mathcal{M} : \; S \cap S' \neq \emptyset$$

gilt.[17][18] Offensichtlich genügt es für die Bereinigung der widersprüchlichen Situation, nur die Annahmen aus einer *minimalen Überdeckung* der Menge $\mathcal{M}$ von NOGOODS zurückzunehmen (einer Überdeckung, die keine andere Überdeckung als echte Teilmenge hat).

Beispiel 4.11.3 *Für das Beispiel 4.11.1 ist sowohl die Menge* $\{E_1, E_2\}$ *als auch die Menge* $\{E_3\}$ *minimale Überdeckung der Menge* $\{\{E_1, E_3\}, \{E_2, E_3\}\}$ *von minimalen* NOGOODS. *Der Problemlöser steht also vor der Wahl, entweder die Annahme* E_3 *allein, oder gleichzeitig die Annahmen* E_1 *und* E_2 *zur Auflösung des Widerspruchs zurückzunehmen.* $\qquad\square$

Aus einem Nogood $\Sigma_\bot$ läßt sich eine NOGOOD-Klausel $C_{\Sigma_\bot}$ formen, indem man die Disjunktion der negierten Literale aus $\Sigma_\bot$ bildet:

$$C_{\Sigma_\bot} := \bigvee_{\Psi \in \Sigma_\bot} \neg\Psi.$$

Wird $C_{\Sigma_\bot}$ bei der Beseitigung eines Widerspruchs dem TMS als neues Constraint mitgeteilt, so ist garantiert, daß derselbe NOGOOD (und Obermengen davon) später nicht erneut ermittelt wird (diese Technik wird auch im JTMS in der DDB-Prozedur verwendet — vgl. Abschnitt 3.10).

Setzt man Truth-Maintenance-Systeme zur constraint-basierten Suche ein, so kann an jedem Punkt des Suchbaums ein Widerspruch entstehen, zu dessen Auflösung Annahmen aus NOGOODS zurückgenommen werden müssen. Dabei können NOGOOD-Klauseln als zusätzliche Constraints etabliert und so der Suchraum weiter eingeschränkt werden (*Dependency-Directed Backtracking* — siehe [Doy79b], [CRMM87] und vor allem [Tsa93]). In Abschnitt 4.13 werden wir ein ähnliches Verfahren für eine allgemeinere Klasse von Suchproblemen kennenlernen.

---

[17] Man beachte, daß der Begriff „Überdeckung" hier anders als in der Geometrie üblich verwendet wird.

[18] Enthält $\mathcal{M}$ also die leere Menge, so hat $\mathcal{M}$ keine Überdeckung.

4.12   Flexible Behandlung von Widersprüchen

Bis jetzt haben wir nur erklärt, welche Instrumente dem LTMS oder dem Problemlöser zur Analyse einer widersprüchlichen Situation zur Verfügung stehen und wie so eine Situation durch geeignete Variation der Annahmen aus dem momentanen Kontext Σ_c bereinigt werden kann. Dabei konnten wir bereits erkennen, daß es i.allg. mehr als eine Möglichkeit gibt, eine bestehende Constraint-Verletzung zu beheben.

Das LTMS braucht also Hinweise vom Problemlöser, wenn es die — aus Sicht des Problemlösers — beste Variante wählen soll. Das anwendungs-unabhängige Kriterium, nach dem das LTMS die Annahmenmenge Σ_c möglichst wenig zur Auflösung des Widerspruchs modifizieren soll, reicht dafür — wie wir am Beispiel der DDB-Prozedur des JTMS (siehe die Abschnitte 3.10 und 3.13) gesehen haben — nicht aus.

Wie kann man also eine maximal flexible, d.h. für die jeweilige Anwendung und Problemlösesituation spezifizierbare Behandlung von Constraint-Verletzungen gewährleisten? Natürlich ist die Antwort auf diese Frage abhängig davon, ob der Problemlöser mit einem single- oder einem multiple-context TMS zusammenarbeitet.[19] In beiden Fällen wird aber eine Lösung des Problems das Auftreten einer widersprüchlichen Situation als ein interessantes asynchrones Ereignis ansehen, das die automatische Ausführung von Routinen zur Wiederherstellung eines konsistenten Zustands nach sich zieht. Diese Routinen stellen Programme für die vom jeweils betrachteten TMS zur Verfügung gestellten prozeduralen Erweiterungen dar (siehe auch Abschnitt 2.15ff) und sind vom Konstrukteur des TMS-basierten Problemlösers zusammen mit dem eigentlichen Problemlöser vorzugeben.

Forbus und de Kleer schlagen in [FdK93, Kap. 10] ein keller-basiertes Regime vor, mit dessen Hilfe eine flexible Behandlung von Widerspruchssituationen möglich ist. Dieser sogenannte *Contradiction-Manager* findet erstmals in [FMdK89] Erwähnung und wurde — soweit wir wissen — nur in den prototypischen TMS-Implementationen von Forbus und de Kleer (siehe [FdK91]) sowie in Küchlers LTMS-Implementierung TRUMP (siehe [Küc92]) realisiert.

Der Contradiction-Manager (CM) verwaltet zwei Datenstrukturen:

1. Einen als *Contradiction-Handler-Stack* bezeichneten Keller (CH-Keller), in dem *Contradiction-Handler* genannte Routinen (CH-Routinen) vermerkt werden. Der CH-Keller wird in Bezug auf schreibende oder löschende Operationen wie ein klassischer Keller verwaltet; ein lesender Zugriff ist jedoch auf jedes Element des CH-Kellers erlaubt.

2. Eine Menge *CSet* von momentan verletzten Klauseln, das sogenannte *Contradiction-Set*. In diese Menge werden während der Propagierung jene Klauseln eingetragen, die die Prozedur PROPAGATE-LABELS als verletzt erkennt.

---

[19] Wir werden deshalb dieses Thema im Abschnitt 7.16 Kontext von multiple-context Truth-Maintenance-Systemen erneut aufgreifen.

Umgekehrt werden Klauseln, die aufgrund einer (möglicherweise partiellen) Widerspruchsbehandlung nicht länger verletzt sind, so früh wie möglich wieder aus *CSet* entfernt.

Das LTMS testet unter der Kontrolle des Contradiction-Managers auf Widersprüche, indem es im Anschluß an Änderungen des Abhängigkeitsnetzes jeweils nach dem Verebben aller davon ausgelösten Propagierungswellen prüft, ob die Menge *CSet* leer ist. Enthält die Menge *CSet* mindestens eine verletzte Klausel, so wird gemäß Algorithmus 4.8 über die im CH-Keller vermerkten CH-Routinen eine Auflösung des Widerspruchs versucht.

CH-Routinen sind vom Benutzer oder Problemlöser definierte Routinen, die als Argument eine Menge von verletzten Klauseln erwarten. Sie werden vom Contradiction-Manager in widersprüchlichen Situationen aktiviert. In Abhängigkeit von dem Rückgabewert, den sie nach ihrer Ausführung liefern, lassen sich zwei Fälle unterscheiden:

1. Die CH-Routine fühlte sich für den Widerspruch nicht zuständig oder konnte ihn nicht vollständig beseitigen. In diesem Fall wird der Wert `NOPE` (für *no hope*) zurückgeliefert.

2. Die Routine konnte den Widerspruch auflösen. Dieser Fall wird von der CH-Routine durch Rückgabe des Wertes `OK` angezeigt.

Eine CH-Routine wird also in der Regel

- NOGOODS berechnen,

- daraus Annahmen auswählen, diese zurücknehmen und

- eventuell zu jedem der entdeckten NOGOODS eine entsprechende NOGOOD-Klausel installieren.

Das geschilderte Kontroll-Regime funktioniert natürlich nur, wenn der Problemlöser beim Setzen oder Zurücknehmen von seiner Meinung nach relevanten Annahmen eine entsprechende CH-Routine auf den Keller legt bzw. vom Keller nimmt. Algorithmus 4.8 bewirkt dann bei der Entdeckung eines Widerspruchs eine Art von chronologischem Backtracking mit den vom Problemlöser als relevant erachteten Annahmen, d.h. der Widerspruch wird im CH-Keller, bei der Spitze beginnend, von einer CH-Routine zur „nächst-älteren" solange weitergereicht, bis eine der Routinen den Widerspruch endgültig auflösen kann.[20]

Hier sind drei CH-Routinen, die wohl in jeder LTMS-Implementierung standardmäßig zur Verfügung stehen:

Automatische Behandlung im Stil des JTMS: Diese Routine berechnet Nogoods zu den verletzten Argumentklauseln. Anschließend wird für jeden

---

[20] Eine CH-Routine, die den Wert `NOPE` liefert, kann ja vorher schon eine Teilbereinigung des Widerspruchs vorgenommen haben.

---

1. Entferne alle nicht mehr verletzten Klauseln C (also solche mit $Pins(C) \neq Mis(C)$) aus dem Contradiction-Set *CSet*.

2. Ist *CSet* leer: Fertig!
   Es kann kein Widerspruch abgeleitet werden.

3. Ansonsten beginne an der Spitze des CH-Kellers.

4. Lies die dort liegende CH-Routine aus und aktiviere sie mit dem Argument *CSet*.

5. Liefert die CH-Routine den Wert OK, so ist die Widerspruchssituation bereinigt. Fertig!

6. Andernfalls wiederhole Schritt 4 mit der im CH-Keller nächst-tiefer liegenden CH-Routine.

Algorithmus 4.8: Widerspruchsbehandlung mit dem CH-Keller

NOGOOD eine entsprechende NOGOOD-Klausel installiert und eine beliebige Annahme aus dem NOGOOD zurückgezogen, bis entweder keine der Argumentklauseln mehr verletzt ist oder bis ein leerer NOGOOD entdeckt wird. Im letzten Fall wird über den Wert NOPE ein Mißerfolg signalisiert.

Benutzerunterstützte Behandlung: Diese CH-Routine fordert den Benutzer auf, aus NOGOODS, die für die verletzten Argumentklauseln berechnet wurden, Annahmen zur Rücknahme auszuwählen. Danach wird jeweils die entsprechende NOGOOD-Klausel als Constraint etabliert. Dies wird solange wiederholt, bis entweder der Widerspruch beseitigt ist oder ein leerer NOGOOD auftaucht. Im letztgenannten Fall wird NOPE zurückgegeben.

Widerspruchsauflösung durch Benutzerintervention: Diese Routine fragt den Benutzer, welche der verletzten Constraints zurückgenommen werden sollen und nimmt dann die entsprechenden Modifikationen am Abhängigkeitsnetz vor.

Der Contradiction-Manager initialisiert den leeren CH-Keller, indem er zuunterst eine CH-Routine zur Benutzerintervention und direkt darüber eine solche zum benutzerunterstützten Dependency-Directed Backtracking plaziert. Diese Maßnahme garantiert, daß die Widerspruchssituation auf jeden Fall bereinigt ist, bevor Algorithmus 4.8 den Boden des CH-Kellers erreicht hat: Der Benutzer muß spätestens dann in das Geschehen eingreifen, wenn alle Versuche zur (teil-)automatischen Widerspruchsbeseitigung versagt haben.

4.13 Dependency-Directed Search

Abhängigkeiten-gesteuerte Suche (DDS) ist ein Beispiel, an dem sich die Technik der Widerspruchsbehandlung mit dem CH-Keller gut illustrieren läßt (für eine ausführliche Behandlung von abhängigkeiten-gesteuerter Suche konsultiere man [Tsa93, Kap. 5.3 und 5.4]; für Hintergrundinformation siehe auch unsere entsprechenden Ausführungen in Abschnitt 2.9 und 4.11).

Definieren wir deshalb zunächst, was genau wir unter einem Suchproblem und seinen Lösungen verstehen wollen: Ein n-dimensionales *Suchproblem* $\mathrm{SP}(\mathcal{K}, \Gamma)$ ist gegeben durch ein Produkt

$$\mathcal{K} = \Sigma_1 \times \Sigma_2 \times \ldots \times \Sigma_n$$

von n disjunkten Auswahlmengen Σ_i ($1 \leq i \leq n$), die jeweils Atome enthalten und über eine Menge $\Gamma \subset PL[\Sigma_1 \cup \Sigma_2 \cup \ldots \cup \Sigma_n]$ von Booleschen Constraints in Beziehung gesetzt sind. Eine Menge $\mathcal{S} \subseteq \mathcal{K}$ heißt dann die *vollständige Lösung* des n-dimensionalen Suchproblems $\mathrm{SP}(\mathcal{K}, \Gamma)$, wenn

$$s \in \mathcal{S} \quad \text{gdw.} \quad \Gamma \cup \{\Pi_1(s), \Pi_2(s), \ldots, \Pi_n(s)\} \text{ ist konsistent}$$

gilt (dabei ist Π_i die Projektion $\Pi_i : \mathcal{K} \longrightarrow \Sigma_i$ auf die i-te Komponente eines n-Tupels aus $\mathcal{K}$). Die vollständige Lösung von $\mathrm{SP}(\mathcal{K}, \Gamma)$ ist also die Menge aller n-Tupel aus $\mathcal{K}$, die mit der Constraint-Menge Γ verträglich sind.

Beispiel 4.13.1 *Sei* $\mathcal{K} = \{S, L\} \times \{B, J\} \times \{H, T\}$ *und* $\Gamma = \{C_1, C_2, C_3, C_4\}$ *mit* $C_1 = \neg L \vee \neg B \vee \neg T$, $C_2 = \neg S \vee \neg B$, $C_3 = J \vee B$ *und* $C_4 = \neg H \vee \neg L$.

Dann stellt die Menge $\{(S, J, H), (S, J, T), (L, J, T)\}$ *die vollständige Lösung des 3-dimensionalen Suchproblems* $SP(\mathcal{K}, \Gamma)$ *dar.* $\qquad\square$

Die Prozedur DDS (siehe Algorithmus 4.9) löst Suchprobleme der Art, wie wir sie gerade definiert haben, durch abhängigkeiten-gesteuerte Suche (*Dependency-Directed Search*). Sei $\mathrm{SP}(\mathcal{K}, \Gamma)$ ein n-dimensionales Suchproblem mit $\mathcal{K} = \Sigma_1 \times \Sigma_2 \times \ldots \times \Sigma_n$ und $\mathcal{G}(\Gamma)$ das von Γ induzierte Abhängigkeitsnetz. Die eigentliche Suche wird dann mit dem Aufruf DDS(0,n,`end-code`) angestoßen. Dabei ist `end-code` eine Funktion, die Lösungstupel aufsammelt oder ein gefundenes Lösungstupel zur Anzeige bringt (etwa indem sie jeweils alle Knoten P von $\mathcal{G}(\Gamma)$ mit $\mathcal{V}(P) = $ `TRUE` liefert). DDS berechnet die vollständige Lösung von $\mathrm{SP}(\mathcal{K}, \Gamma)$.

4.14 Erweiterte Boolesche Constraint-Propagierung

Das generische TMS, so wie wir es in Kapitel 2 eingeführt haben, läßt beliebige aussagenlogische Formeln in der Constraint-Menge Γ zu. Zur Verarbeitung im LTMS werden diese allgemeinen Formeln zunächst in die äquivalente konjunktive Normalform gebracht und anschließend die dabei entstehende Klauselmenge Klausel für Klausel über die Schittstellenfunktion `add-constraint!` in

---

```
DDS(i,n,end-code):
```

1. Gilt $i = n$?

2. Falls ja: Ein Lösungstupel wurde gefunden.
   Führe `end-code` aus. Fertig!

3. Falls nein: Führe für alle $S \in \Sigma_i$ der Reihe nach die
   folgenden Operationen aus:

   (a) Falls $\mathcal{V}(S) = $ `FALSE` gilt: Fertig!
   $\neg S$ ist mit den bereits getroffenen Annahmen ableitbar.

   (b) Gilt $\mathcal{V}(S) = $ `TRUE`, so wurde S bereits durch
   vorhergehende Schritte abgeleitet.
   Setze die Berechnung mit `DDS(`$i + 1$`,`n`,end-code)` fort.

   (c) Sonst:

      i. Veranlasse den CM, eine zur Wahl S passende
   CH-Routine CH_S auf den CH-Keller zu legen
   (vgl. Algorithmus 4.10).

     ii. Triff die Annahme S.
   Dies wird eine Propagierungswelle auslösen und im
   Fall einer Constraint-Verletzung zur Aktivierung
   von CH_S führen.

   iii. Führe die Suche mit `DDS(`$i + 1$`,`n`,end-code)` fort.

    iv. Ziehe die Annahme S wieder zurück.

     v. Veranlasse den CM dazu, die Routine CH_S wieder
   von der Spitze des CH-Kellers zu nehmen.

Algorithmus 4.9: Abhängigkeiten-gesteuerte Suche mit dem CH-Keller

das Abhängigkeitsnetz zu Γ eingebaut. Damit kann dann die auf Klauseln effiziente Technik der Booleschen Constraint-Propagierung für die Realisierung der Schnittstellenfunktionen des LTMS eingesetzt werden, die die logischen Konsequenzen von Γ auswerten.

Leider mußten wir jedoch in Abschnitt 4.7 feststellen, daß diese Effizienz mit der logischen Unvollständigkeit der Booleschen Constraint-Propagierung erkauft wird.[21] Selbst die in Abschnitt 4.8 vorgestellte Technik des indirekten Beweisens

---

[21] Würden wir — wie in Abschnitt 4.3 angedeutet — Boolesche Constraint-Propagierung auf beliebige aussagenlogische Formeln verallgemeinern, so hätten wir natürlich anstelle des Unvollständigkeitsproblems ein gewaltiges Effizienzproblem; dann ist offensichtlich bereits der Test, ob ein Constraint feuerbereit ist, ein NP-vollständiges Problem. Dies erklärt auch, warum bis heute niemand ernsthaft die theoretisch mögliche Implementierung von Boolescher Constraint-Propagierung für beliebige aussagenlogische Formeln in Angriff genommen hat.

Contradiction-Handler CH_S für eine Wahl S:

1. Berechne die Nogoods zu den verletzten Klauseln.

2. Installiere die entsprechenden NOGOOD-Klauseln.

3. Falls S an einem der Nogoods beteiligt ist,

   (a) signalisiere Zuständigkeit für die
       Widerspruchsbeseitigung und

   (b) gib die Kontrolle an den Punkt 3(c)iv im
       DDS-Algorithmus ab.

Algorithmus 4.10: Contradiction-Handler für Algorithmus DDS

konnte dieses Manko nur graduell mindern.

Was soll aber ein Problemlöser tun, der zumindest in bestimmten Situationen auf eine *definite* (d.h. von UNKNOWN verschiedene) Antwort des TMS angewiesen ist? Wir werden in den nächsten Abschnitten zwei prinzipiell verschiedene Möglichkeiten zur (partiellen) Vervollständigung des LTMS aufzeigen.

Bei der einen Variante wird die effiziente aber unvollständige Realisierung der Schnittstellenfunktion `follows-from?` über Boolesche Constraint-Propagierung durch eine vergleichsweise ineffiziente Realisierung ersetzt, die dafür immer korrekt mit YES oder NO antwortet. Diese Variante hat den Vorteil, daß sich der Problemlöser — je nach Situation — entscheiden kann, die eine oder die andere Variante der Schnittstellenfunktion einzusetzen und somit nur in ausgezeichneten Situationen hohe Kosten durch die Auswertung seiner Anfragen verursacht. Wir nennen diese Variante eine *prozedurale Vervollständigung* des LTMS.

Der anderen Variante zur Vervollständigung des LTMS liegt die Idee zugrunde, die Schnittstellenfunktion `add-constraint!` so zu erweitern, daß sie bei der Neuaufnahme eines Constraints in Γ automatisch zusätzliche Klauseln in Γ aufnimmt, die zwar logische Konsequenz von Γ und damit redundant sind, dafür aber sicherstellen, daß konventionelle Boolesche Constraint-Propagierung auf der so erweiterten Constraint-Menge vollständig ist. Diese Variante der Vervollständigung wollen wir eine *syntaktische Vervollständigung* des LTMS nennen. Bei der syntaktischen Vervollständigung entstehen sowohl bei der Bekanntmachung der Constraints erhöhte Kosten (die zusätzlichen Klauseln müssen bestimmt werden), als auch dadurch, daß durch die Vervollständigung Γ deutlich größer werden kann.

Sie hat gegenüber der prozeduralen Variante den Nachteil, daß die automatisch generierten Klauseln in Begründungen auftauchen können und der Problemlöser so mit Klauseln konfrontiert wird, die er dem LTMS nicht selber mitgeteilt hat. Außerdem verkompliziert die syntaktische Vervollständigung entscheidend das Zurücknehmen von Constraints, da mit dem Zurücknehmen eines Constraints auch alle automatisch generierten Constraints aus dem Abhängigkeitsnetz entfernt werden müssen, die ohne das zu entfernende Constraint gar nicht erst generiert worden wären.

4.15   Der Davis-Putnam-Algorithmus und BCP

Sehen wir uns zunächst an, wie das LTMS prozedural vervollständigt werden kann. Die Schlüsselidee bei dieser Vervollständigung ist die gleiche, die auch der Technik des indirekten Beweisens zugrunde liegt, nämlich die Beziehung (4.7) von Seite 134. Sie gestattet es, ein Verfahren, das die Erfüllbarkeit einer aussagenlogischen Klauselmenge (das SAT-Problem) entscheidet, in ein solches umzumünzen, mit dessen Hilfe entschieden werden kann, ob ein Literal *logische Konsequenz* einer Klauselmenge ist.

Ein klassisches Verfahren, mit dem sich logische Theorien, die in Klauselform vorliegen, auf Erfüllbarkeit testen lassen, ist der sogenannte Davis-Putnam-Algorithmus (das Original findet sich in [DP60, DLL62], zahlreiche Verbesserungen in [Loz93]). Obwohl schon sehr alt, ist dieser Algorithmus bis heute eines der besten Verfahren zur Lösung des bekanntlich NP-vollständigen SAT-Problems (siehe [Hoo93]).

Die Prozedur DP (siehe Algorithmus 4.11) zeigt eine Spezialisierung des Davis-Putnam-Algorithmus, mit der eine Menge Γ *aussagenlogischer* Klauseln auf ihre Erfüllbarkeit getestet werden kann. Die Formulierung des Algorithmus verwendet den Begriff des reinen Literals: Ein Literal L tritt *rein* (engl. *pure*) in einer Klauselmenge Γ auf, wenn L in einer Klausel von Γ enthalten ist, aber $\sim L$ in keiner Klausel von Γ vorkommt:

$$L \text{ rein in } \Gamma \qquad \text{gdw.} \qquad L \in \bigcup_{C \in \Gamma} C \;\wedge\; \sim L \notin \bigcup_{C \in \Gamma} C.$$

Bewertet man die reinen Literale einer Klauselmenge Γ mit T und vereinfacht Γ entsprechend, so ist die entstehende Klauselmenge offensichtlich genau dann erfüllbar, wenn Γ erfüllbar ist.

Jede der drei Regeln, die durch die Schritte 2–4 der DP-Prozedur repräsentiert werden, ersetzt die Constraint-Menge Γ durch ein oder zwei kleinere Constraint-Mengen, die genau dann erfüllbar sind, wenn Γ erfüllbar ist, da sie alle entweder eine Klausel aus Γ entfernen, oder eine Klausel aus Γ durch Entfernen eines Literals verkürzen. Weil die Klauselmenge Γ nur endlich viele Klauseln mit endlich vielen Literalen enthält, terminiert deshalb DP für beliebige Γ. Die Prozedur DP kann die Erfüllbarkeit beliebiger Klauselmengen entscheiden, hat aber aufgrund von Schritt 4 eine exponentielle Worst-Case Komplexität.

Besonders interessant für uns ist natürlich Schritt 2 der DP-Prozedur. Dort wird Einheitsresolution auf allgemeinen Klauseln durchgeführt. Genau dasselbe leistet aber auch Boolesche Constraint-Propagierung auf Klauseln. Die DP-Prozedur verwendet also Boolesche Constraint-Propagierung, um die Klauselmenge

DP(Γ) :

1. *Terminierung:*

   - Wenn Γ leer ist, so ist Γ erfüllbar.
   - Wenn Γ eine leere Klausel enthält, so ist Γ unerfüllbar.

   Gilt einer dieser beiden Fälle: Fertig!

2. *Unit Clause Rule:*
   Wenn Γ eine Einheitsklausel $C' = \{L'\}$ enthält:

   (a) $\Gamma'_1 := \Gamma - \{C \mid L' \in C \text{ und } C \in \Gamma\}$;

   (b) $\Gamma'_2 := \{(C - \{\sim L'\}) \mid C \in \Gamma'_1\}$;

   (c) Kehre mit dem Ergebnis von DP(Γ'_2) zurück;   Fertig!

3. *Pure Literal Rule:*
   Wenn Γ ein reines Literal L'' enthält:

   (a) $\Gamma'' := \Gamma - \{C \mid L'' \in C \text{ und } C \in \Gamma\}$;

   (b) Kehre mit dem Ergebnis von DP(Γ'') zurück;   Fertig!

4. *Choose a literal and guess:*
   Sonst wähle ein Literal L, das in Γ auftritt:

   (a) Sei nun:

   $$\begin{aligned}
   \Delta_L &:= \{C \in \Gamma \mid L \in C\}, \\
   \Delta_{\sim L} &:= \{C \in \Gamma \mid \sim L \in C\}, \\
   \Delta &:= \Gamma - (\Delta_L \cup \Delta_{\sim L}), \\
   \Gamma_L &:= \Delta \cup \{C - \{\sim L\} \mid C \in \Delta_{\sim L}\}, \\
   \Gamma_{\sim L} &:= \Delta \cup \{C - \{L\} \mid C \in \Delta_L\};
   \end{aligned}$$

   (b) Wähle Γ_L oder $\Gamma_{\sim L}$ und wende DP darauf an.
   Γ ist erfüllbar, wenn Γ_L oder $\Gamma_{\sim L}$ erfüllbar ist.

Algorithmus 4.11: Der Davis-Putnam-Algorithmus

zu vereinfachen, bevor sie in Schritt 3 und Schritt 4 komplexere Regeln zur Reduktion des mit Γ vorliegenden Erfüllbarkeits-Problems versucht. Es bietet sich folglich an, das Gerüst des DP-Algorithmus für eine prozedurale Vervollständigung des LTMS einzusetzen.

Einen solchen Versuch haben Zabih und McAllester in [ZM88] (für einen anderen Zweck) unternommen. Sie beschreiben in dieser Publikation eine Variante der DP-Prozedur, die für beliebige Klauselmengen Γ das Constraint-Problem zu Γ löst — die Prozedur BCP-SEARCH (eine korrigierte und leicht modifizierte Version zeigt Algorithmus 4.12). BCP-SEARCH löst also nicht nur das Erfüllbarkeits-Problem für Γ, sondern berechnet auch eine konkrete Bewertung von Γ, die alle Constraints aus Γ wahr macht. Dazu verwaltet BCP-SEARCH — wie das klassische Verfahren zur Booleschen Constraint-Propagierung — Markierungen auf dem Abhängigkeitsnetz zu Γ.

Um ihr Verfahren formulieren zu können, benötigen wir den Begriff des *Offenseins in einer Markierung* des Abhängigkeitsnetzes: Ein Knoten L heißt offen in einer Markierung $\mathcal{V}$ des Abhängigkeitsnetzes zu Γ, wenn $\mathcal{V}(L) =$ UNKNOWN gilt. Entsprechend heißt ein Constraint $C \in \Gamma$ offen in $\mathcal{V}$, wenn es weder erfüllt noch verletzt ist, also mindestens einen offenen Knoten besitzt.

Sei Γ eine Menge von Constraints in KNF und $\mathcal{V}$ jene Markierung des Abhängigkeitsnetzes zu Γ, in der noch alle Knoten offen sind. Dann findet die Prozedur BCP-SEARCH mit Hilfe der Prozedur BCP-SEARCH' (siehe Algorithmus 4.13) eine vollständige Erweiterung von $\mathcal{V}$, die Γ erfüllt (vorausgesetzt, so eine Markierung existiert).

BCP-SEARCH' verwendet eine Hilfs-Prozedur namens BCP-UPDATE, die wir nicht ausgeführt haben: Ein Aufruf von BCP-UPDATE mit den Argumenten Γ und $\mathcal{V}$ liefert jene Erweiterung der Markierung $\mathcal{V}$, die von einfacher Boolescher Constraint-Propagierung für das Abhängigkeitsnetz zu Γ produziert wird, wenn man den Propagierungsprozeß mit der Markierung $\mathcal{V}$ startet (vgl. auch Algorithmus 4.3).

BCP-SEARCH $(\Gamma, \mathcal{V})$:

  1. Führe BCP-SEARCH' $(\Gamma, \mathcal{V})$ aus.

  2. Falls BCP-SEARCH' hierher zurückkehrt:
     Liefere als Ergebnis „Γ ist unerfüllbar".

Algorithmus 4.12: Die Prozedur BCP-SEARCH

Schritt 4 von BCP-SEARCH' entspricht natürlich Schritt 4 von DP. Allerdings legt BCP-SEARCH' im Gegensatz zur DP-Prozedur die Reihenfolge fest, in der Γ_L bzw. $\Gamma_{\sim L}$ für die Weiterverarbeitung herangezogen werden: Zunächst wird die Bewertung von L zu TRUE geraten; erst wenn das zu einem Widerspruch führt, wird die Suche nach einer Γ erfüllenden Markierung mit der gegensätzlichen Bewertung für L fortgesetzt.

Die Prozedur BCP-SEARCH enthält — so wie sie von Zabih und McAllester ausgeführt wurde — kein Gegenstück zur Pure Literal Rule des DP-Algorithmus (Schritt 3 von Algorithmus 4.11). Eine Beschleunigung von BCP-SEARCH könnte deshalb durch Einfügen des folgenden Schrittes zwischen Schritt 2 und 3 von Algorithmus 4.13 erreicht werden:

BCP-SEARCH' $(\Gamma, \mathcal{V})$:

1. *Klauselpropagierung:*
   Erweitere $\mathcal{V}$ mit BCP: $\mathcal{V} :=$ BCP-UPDATE$(\Gamma, \mathcal{V})$

2. *Terminierung:*

   - Wenn $\mathcal{V}$ ein Constraint aus Γ verletzt, kehre zurück.

   - Wenn es keine offenen Constraints mehr gibt, so liefere
     BCP-COMPL-STATE$(\mathcal{V})$ als Ergebnis von BCP-SEARCH.
     Fertig!   (nicht-lokaler Ausgang)

3. *Klauselauswahl:*
   Wähle ein Constraint C aus Γ, das in $\mathcal{V}$ offen ist.

4. *Rekursion:*   Wiederhole, solange C offen in $\mathcal{V}$ ist:

   (a) Wähle einen offenen Knoten $L \in \mathit{Pins}(C)$,

   (b) Rate eine Markierung für L:

      i. $\mathcal{V}(L) := \begin{cases} \text{TRUE} & \text{falls } L \in \mathit{PosPins}(C), \\ \text{FALSE} & \text{sonst.} \end{cases}$
      ii. Führe BCP-SEARCH' $(\Gamma, \mathcal{V})$ aus.

   (c) Die geratene Markierung führte zu einem Widerspruch:

      i. $\mathcal{V}(L) := \begin{cases} \text{FALSE} & \text{falls } L \in \mathit{PosPins}(C), \\ \text{TRUE} & \text{sonst.} \end{cases}$
      ii. $\mathcal{V} :=$ BCP-UPDATE$(\Gamma, \mathcal{V})$

Algorithmus 4.13: Die Prozedur BCP-SEARCH'

2.5. Wenn Γ einen für $\mathcal{V}$ reinen Knoten L enthält:
   (a) $\mathcal{V}(L) := \begin{cases} \text{TRUE} & \text{falls } L \in \mathit{PosPins}(C), \\ \text{FALSE} & \text{sonst.} \end{cases}$
   (b) BCP-SEARCH' (Γ, V)
   (c) Ein Constraint wurde verletzt! Kehre zurück.

Dabei tritt ein Knoten L in einer Constraint-Menge Γ *rein* für eine Markierung $\mathcal{V}$ auf, wenn L offen in $\mathcal{V}$ ist und es keine zwei in $\mathcal{V}$ offenen Constraints C_1 und C_2 aus Γ gibt mit:

$$L \in \mathit{PosPins}(C_1) \cap \mathit{NegPins}(C_2).$$

Es kann sein, daß BCP-SEARCH' aus einer Rekursion mit einer Markierung zurückkehrt, in der noch gewisse Knoten unbestimmt sind. Aufgrund der Konstruktion des Algorithmus können diese aber *beliebig* markiert werden. Die Prozedur BCP-COMPL-STATE (siehe Algorithmus 4.14) markiert die Knoten deshalb mit dem ausgezeichneten Wert DONT-CARE.

BCP-COMPL-STATE(Γ, V)

1. Falls es keinen für V offenen Knoten L in Γ mehr gibt: Fertig! Kehre mit V als Wert zurück.

2. Ansonsten: Wähle einen für V offenen Knoten L:

   (a) $V(L) :=$ DONT-CARE.

   (b) Führe BCP-COMPL-STATE(Γ, V) aus.

Algorithmus 4.14: Die Prozedur BCP-COMPL-STATE

Beispiel 4.15.1 *Wir betrachten die Constraint-Menge $\Gamma = \{C_1, C_2\}$ mit $C_1 = X \vee Y$ und $C_2 = \neg X \vee Y$ und die Annahmenmenge $\Sigma = \emptyset$. Einfache Boolesche Constraint-Propagierung kann keine Lösung des Constraint-Problems (Γ, Σ) finden, da keines der Constraints feuerbereit ist.*

Die Prozedur BCP-SEARCH', wie sie Zabih und McAllester vorgeschlagen haben, wählt in Schritt 3 ein offenes Constraint, etwa C_1, und gleich danach in Schritt 4 einen offenen Knoten von C_1, z.B. den Knoten X: Für diesen Knoten wird die Markierung TRUE versucht. Damit ist das Constraint C_1 erfüllt. Jetzt ist C_2 feuerbereit und einfache Boolesche Constraint-Propagierung sorgt dafür, daß Y ebenfalls mit TRUE markiert wird. Eine Lösung des Constraint-Problems ist also $V_1 = \{X/\text{TRUE}, Y/\text{TRUE}\}$. Wählt BCP-SEARCH am Anfang das offene Constraint C_2 und den offenen Knoten X, so resultiert die alternative Lösung $V_2 = \{X/\text{FALSE}, Y/\text{TRUE}\}$.

Verwendet man zusätzlich die Pure Literal Rule, so wird in jedem Fall zuerst Y als reiner Knoten ausgewählt und mit der Markierung TRUE versehen. Damit sind aber bereits beide Constraints erfüllt, so daß die Markierung für X beliebig, d.h. zu DONT-CARE festgelegt werden kann. Die entsprechende allgemeine Lösung lautet $V_3 = \{X/\text{DONT-CARE}, Y/\text{TRUE}\}$.   □

Bei Verwendung der Pure Literal Rule spart man also Verarbeitungsschritte und erhält unter Umständen allgemeinere Lösungen. Daß man von BCP-SEARCH aber i.allg. nicht alle Lösungen eines Constraint-Problems kompakt als einen einzigen Zustand V serviert bekommt, der vielleicht viele DONT-CARE Markierungen enthält, zeigt das nächste Beispiel.

Beispiel 4.15.2 *Sei $\Gamma = \{C_1, C_2\}$ mit $C_1 = A \vee B$ und $C_2 = \neg A \vee \neg B$. Außerdem sei Σ wieder leer. Zu Anfang ist kein Constraint feuerbereit und damit keinerlei Propagierung möglich.*

Nun wird ein offenes Constraint und ein offener Knoten ausgewählt, sagen wir C_1 und A. Nach der Markierung von A mit TRUE ist C_1 jetzt erfüllt, C_2 kann feuern und legt die Markierung von B zu FALSE fest. Die gefundene Lösung lautet somit $V = \{A/\text{TRUE}, B/\text{FALSE}\}$.

Tatsächlich hat aber das Constraint-Problem (Γ, Σ) noch eine weitere Lösung: $\{A/\text{FALSE}, B/\text{TRUE}\}$. $\qquad\square$

Natürlich sind die von der Prozedur BCP-SEARCH gefundenen Lösungen i.allg. keine logischen Konsequenzen von $\Gamma\cup\Sigma$, d.h. i.allg. gilt *nicht* für beliebige Knoten P des Abhängigkeitsnetzes zu Γ und Σ:

$$\mathcal{B}(P) = \text{T} \quad\Rightarrow\quad (\Gamma, \Sigma) \models P.$$

BCP-SEARCH kann also nicht direkt zur Implementierung der generischen Schnittstellenfunktion follows-from? eingesetzt werden. Aufgrund von Beziehung (4.7) kann aber die Prozedur BCP-COMPL-FF? (siehe Algorithmus 4.15), die eine naheliegende Verallgemeinerung von INDIRECT-PROOF (siehe Algorithmus 4.4) darstellt, auf die gleiche Weise für eine *vollständige* Realisierung von follows-from? herangezogen werden, wie wir das in Abschnitt 4.6 mit der Prozedur BCP-FF? (siehe Algorithmus 4.3) für eine *unvollständige* Realisierung von follows-from? getan haben.

BCP-COMPL-FF?(Ψ, Σ)

   1. *Answer* := BCP-FF?(Ψ, Σ);

   2. Gilt *Answer* $\neq$ UNKNOWN?

      • Falls ja: Weiter mit Schritt 3!

      • Falls nein:
$$\textit{Answer} := \begin{cases} \text{YES} & \text{falls} \quad \text{BCP-SEARCH}(\Gamma \cup \Sigma \cup \{\sim\Psi\}) \\ & \qquad \text{Unerfüllbarkeit meldet,} \\ \text{NO} & \text{sonst;} \end{cases}$$

   3. Kehre mit *Answer* als Wert zurück!

Algorithmus 4.15: Vollständige Boolesche Constraint-Propagierung

Unabhängig davon, ob man die Schnittstellenfunktion follows-from? vollständig realisieren will oder nicht, läßt sich übrigens die Pure Literal Rule einsetzen, um die Prozedur BCP-FF? (siehe Algorithmus 4.3) „vollständiger" zu realisieren.[22] Dazu ersetzt man in dieser Prozedur den Schritt 3 durch den folgenden Schritt:

   3. Gilt $\Psi = \bot$?

      • Falls ja: Hat jedes noch offene Constraint des Abhängigkeitsnetzes einen relativ zur momentanen Markierung reinen Pin?

---

[22] Die einfache Version von BCP-FF?, die wir in Abschnitt 4.5 beschrieben haben, liefert für $\Psi = \bot$ nur die Antworten YES oder UNKNOWN, aus Korrektheitsgründen aber niemals die Antwort NO (denn Boolesche Constraint-Propagierung ist ja unvollständig).

– Falls ja: $Answer := \texttt{NO}$;

– Falls nein: $Answer := \texttt{UNKNOWN}$;

- Falls nein: $Answer := \begin{cases} \texttt{YES} & \text{falls } \mathcal{B}(\Psi) = \texttt{T}, \\ \texttt{NO} & \text{falls } \mathcal{B}(\Psi) = \texttt{F}, \\ \texttt{UNKNOWN} & \text{sonst.} \end{cases}$

Diese Erweiterung von $\texttt{BCP-FF?}$ läßt sich mit einer vernachlässigbaren Komplexitätssteigerung erreichen, da die Überprüfung, ob ein Literal in der momentanen Markierung rein ist, mit einem Aufwand linear in der Anzahl noch unmarkierter Knoten durchgeführt werden kann. Für jeden dieser Knoten braucht man nämlich nur zu testen, ob er zwei komplementär beschriftete Kanten besitzt.

4.16 Syntaktische Vervollständigung von BCP

Nachdem wir nun wissen, wie das LTMS prozedural vervollständigt werden kann, wollen wir betrachten, wie eine gleichwertige Vervollständigung auf syntaktischem Wege erreicht werden kann. Die zentrale Idee bei der syntaktischen Vervollständigung des LTMS besteht darin, bei jeder Aufnahme eines neuen Constraints C in eine bestehende Constraint-Menge Γ eine Menge $\Delta\Gamma$ zusätzlicher Klauseln zu generieren, für die einerseits

$$\Gamma \cup \{C\} \text{ und } \Gamma \cup \{C\} \cup \Delta\Gamma \text{ sind logisch äquivalent} \tag{4.9}$$

und andererseits für beliebige Literale Ψ und beliebige Annahmenmengen Σ

$$\Gamma \cup \{C\} \cup \Delta\Gamma \cup \Sigma \models \Psi \text{ gdw. } \Gamma \cup \{C\} \cup \Delta\Gamma \vdash \Sigma \to \Psi \tag{4.10}$$

gilt, die also dafür sorgt, daß Boolesche Constraint-Propagierung für die neue Constraint-Menge *vollständig* ist.[23]

Sei Ψ ein Literal und Σ eine Annahmenmenge. Dann erfüllt jede Menge $\Delta\Gamma$, die der Bedingung (4.9) genügt, die Bedingung (4.10) genau dann, wenn $\Delta\Gamma$ die folgende einfachere Bedingung (4.11) erfüllt

$$\Gamma \cup \{C\} \cup \Delta\Gamma \models \Psi \text{ gdw. } \Gamma \cup \{C\} \cup \Delta\Gamma \vdash \Psi, \tag{4.11}$$

da die Annahmen aus Σ Literale darstellen.

Wie kann man nun aber eine solche Menge $\Delta\Gamma$ finden und was ist eine gute Wahl für $\Delta\Gamma$? I.allg. wird es ja sehr viele Mengen $\Delta\Gamma$ geben, die die Bedingungen (4.9) und (4.11) erfüllen.

Zur Beantwortung dieser Frage ist der Begriff des Implikats hilfreich: Eine Klausel C heißt *Implikat* (engl. *implicate*) einer Klauselmenge Γ, wenn $\Gamma \models C$

---

[23] Dieser Ansatz geht auf de Kleer's *Clause-Management-System*, ein generalisiertes ATMS [RdK87] (siehe auch Abschnitt 4.17), zurück und wird in [dK90b] für Truth-Maintenance-Systeme vom LTMS-Typ erweitert.

gilt.[24] Wir bezeichnen die Menge aller Implikate von Klauseln aus Γ mit $Impl(\Gamma)$. Offensichtlich erfüllt $\Delta\Gamma = Impl(\Gamma)$ die Beziehungen (4.9) und (4.11), denn es gilt $\Gamma \subseteq Impl(\Gamma)$ und $Impl(\Gamma)$ enthält insbesondere alle Literale, die logische Konsequenz von Γ sind.

Andererseits ist $Impl(\Gamma)$ aber noch unnötig groß. Wir haben ja bereits in Abschnitt 4.5 gesehen, daß subsumierte Klauseln aus einer Constraint-Menge entfernbar sind, ohne dabei das Markierungsverhalten der Booleschen Constraint-Propagierung zu beeinflussen. Minimiert man die Menge $Impl(\Gamma)$ bezüglich Subsumtion (entfernt man also Elemente aus $Impl(\Gamma)$, die von einem anderen Element aus $Impl(\Gamma)$ echt subsumiert werden), so erhält man die Menge

$$MinImpl(\Gamma) := \{C \mid C \in Impl(\Gamma) \land$$
$$\forall C' \in Impl(\Gamma) : (C' \subseteq C \Rightarrow C' = C)\}$$

der *minimalen Implikate* von Γ.

Die *Prim-Implikate* von Γ sind die Implikate C von Γ, für die es kein von C verschiedenes Implikat $C' \in Impl(\Gamma)$ mit $C' \models C$ gibt:

$$Prim(\Gamma) := \{C \mid C \in Impl(\Gamma) \land$$
$$\forall C' \in Impl(\Gamma) : (C' \models C \Rightarrow C' = C)\}.$$

Sie stellen die *fundamentalen* minimalen Implikate von Γ dar, d.h. jene minimalen Implikate, die kein Literal sowohl positiv als auch negativ enthalten. Nachdem wir sowieso keine Tautologien in das Abhängigkeitsnetz aufnehmen wollen, gilt unser eigentliches Interesse also den Prim-Implikaten.

Sei Γ eine aus Klauseln bestehende konsistente Menge von Constraints, Σ eine Menge von Literalen und Ψ ein Literal. Dann ist $Prim(\Gamma)$ *BCP-vollständig*, d.h. es gilt:

$$
\begin{aligned}
\Gamma \cup \Sigma \text{ konsistent:} &\implies \Gamma \cup \Sigma \models \Psi \text{ gdw. } Prim(\Gamma) \vdash \Sigma \to \Psi, \\
\Gamma \cup \Sigma \text{ inkonsistent:} &\implies Prim(\Gamma) \vdash \Sigma \to \bot.
\end{aligned}
\tag{4.12}
$$

Dieses Ergebnis läßt sich wie folgt beweisen: Angenommen $\Gamma \cup \Sigma$ ist konsistent. Die Richtung von rechts nach links gilt bereits aufgrund der Korrektheit von Boolescher Constraint-Propagierung. Betrachten wir also jetzt die Richtung von links nach rechts: Gilt $\Gamma \cup \Sigma \models \Psi$, so existieren Literale $\Psi_1,\ldots,\Psi_n$ mit $\Psi_i \in Prim(\Gamma) \cup \Sigma$ und $\Gamma \cup \{\Psi_1,\ldots,\Psi_n\} \models \Psi$. O.B.d.A. sei die Literalmenge $\{\Psi_1,\ldots,\Psi_n\}$ minimal. Es gilt $\Gamma \models \Psi_1 \land \ldots \land \Psi_n \to \Psi$ und damit $C = \neg\Psi_1 \lor \ldots \lor \neg\Psi_n \lor \Psi \in Impl(\Gamma)$. Aufgrund der Konsistenz von $\Gamma \cup \Sigma$ muß C fundamental sein und weil $\{\Psi_1,\ldots,\Psi_n\}$ minimal ist, kann C von keiner Klausel aus $Prim(\Gamma)$ echt subsumiert werden, d.h. $C \in Prim(\Gamma)$. Boolesche Constraint-Propagierung markiert alle Ψ_i und damit über die Klausel C auch Ψ mit TRUE. Damit folgt die Behauptung für eine konsistente Menge $\Gamma \cup \Sigma$.

---

[24] Im Bereich des automatischen Beweisens wurden Implikate wohl zuerst von Slagle, Chang und Lee eingesetzt (siehe [SCL70]). Die zu den Implikaten dualen Implikanten spielten aber bereits viel früher im Bereich der Minimierung Boolescher Funktionen eine Rolle (vgl. [McC56] und [BLR62]).

Nehmen wir dagegen an, $\Gamma \cup \Sigma$ ist inkonsistent. Dann ist auch $Prim(\Gamma) \cup \Sigma$ inkonsistent und es muß eine Klausel $C = \neg A_1 \vee \ldots \vee \neg A_n$ mit $A_i \in \Sigma$ geben, die Implikat von $Prim(\Gamma)$ ist (denn Γ wurde als konsistent vorausgesetzt, d.h. $Prim(\Gamma)$ allein ist noch konsistent). Als Implikat von $Prim(\Gamma)$ wird C von einer Klausel S mit $S \in Prim(\Gamma)$ subsumiert (die mit C übereinstimmen kann). Da Boolesche Constraint-Propagierung die Annahmen $A_i \in \Sigma$ mit TRUE markiert, entdeckt sie aber auch S als verletzte Klausel. Die Behauptung folgt demnach also auch im Falle der Inkonsistenz von $\Gamma \cup \Sigma$.

Beispiel 4.16.1 *Sei* $\Gamma = \{C_1, C_2\}$ *mit* $C_1 = \neg X \vee Y \vee Z$ *und* $C_2 = X \vee Y \vee Z$ *und* $\Sigma = \{\neg Y\}$. *Nun gilt zwar* $\Gamma \cup \Sigma \models Z$, *Boolesche Constraint-Propagierung ist aber nicht in der Lage, dies zu erkennen.*

Erweitert man jedoch Γ *um oder ersetzt* Γ *durch* $Prim(\Gamma)$, *d.h. die Klauselmenge* $\{Y \vee Z\}$, *so gilt natürlich* $\Gamma \vdash \Sigma \rightarrow Z$. $\qquad\qquad$ □

Nun fehlt uns also nur noch eine effiziente Methode, mit der wir aus einer Klauselmenge Γ die zugehörige Menge $Prim(\Gamma)$ ihrer Prim-Implikate berechnen können. Dazu benötigen wir den Begriff des Konsensus. Dieser Begriff geht auf Quine (siehe [vOQ55]) zurück: Die Resolvente $R(C_1, C_2)$ zweier Klauseln C_1 und C_2 bezüglich eines Literals X heißt *Konsensus* von C_1 und C_2 bezüglich X, wenn sie fundamental ist (also kein Literal sowohl positiv als auch negativ enthält). Das sogenannte *Konsensus-Theorem* sagt dann folgendes aus:

1. Ist K der Konsensus zweier Klauseln aus Γ, so ist K ein Implikat von Γ.

2. Die Menge $Prim(\Gamma)$ ist eindeutig bestimmt und logisch äquivalent zu Γ.

Der einfachste Algorithmus zur Bestimmung von $Prim(\Gamma)$ besteht also darin, solange je zwei Klauseln aus Γ auszuwählen, die einen Konsensus K besitzen, K zu Γ hinzuzunehmen und danach Γ bezüglich Subsumtion zu minimieren, bis kein neuer Konsensus mehr mit Klauseln aus Γ gebildet werden kann. Danach gilt dann $\Gamma = Prim(\Gamma)$.

Für unser Problem der syntaktischen Vervollständigung des LTMS können wir natürlich davon ausgehen, daß die Constraint-Menge Γ dem LTMS nicht auf einmal, sondern Klausel für Klausel mitgeteilt wird und dabei jeweils bezüglich Prim-Implikaten abgeschlossen werden soll.

Gesucht ist also ein Algorithmus, der eine Constraint-Menge Γ, mit $Prim(\Gamma) \subseteq \Gamma$ und ein neues Constraint C als Eingabe erwartet und Γ durch $Prim(\Gamma \cup \{C\})$ ersetzt, der also die Prim-Implikate von Γ inkrementell berechnet.

Aus der Literatur sind zwei Verfahren zur inkrementellen Berechnung von Prim-Implikaten bekannt, die beide auf Tisons Arbeit zur Konsensus-Theorie (siehe [Tis67]) beruhen: das Verfahren von Kean und Tsiknis (siehe [KT90]) und eine implementations-technische Verbesserung von de Kleer (siehe [dK92] und [FdK93, Kap. 13]).

Außerdem gibt es noch das Verfahren von Hwa (siehe [Hwa74]), die Baummethode von Slagle, Chang und Lee (siehe [SCL70]) sowie ein auf der Matrixmethode von Bibel (siehe [Bib82, Bib87]) beruhendes Verfahren von Jackson (siehe [JP90]) zur Berechnung von Prim-Implikanten (den dualen Gegenstücken zu den Prim-Implikaten).

Algorithmus 4.16 zeigt eine vergleichsweise einfache Prozedur, mit der in eine bereits durch Prim-Implikate vervollständigte Constraint-Menge Γ ein neues Constraint C so aufgenommen werden kann, daß Γ hinterher wieder abgeschlossen ist. Aufgrund des Konsensus-Theorems terminiert die entsprechende Prozedur ADD-AND-COMPLETE für beliebige Γ und C und ist korrekt.[25]

Die Prozedur ADD-AND-COMPLETE ist zwar deutlich weniger effizient als zum Beispiel das oben erwähnte Verfahren von de Kleer. Andererseits stellen Hornklausel-Theorien über n Booleschen Variablen, die in n exponentiell viele Prim-Implikate besitzen, absolut keine Ausnahme dar (siehe Abschnitt 5.14). Für solche Theorien werden aber auch die besten Verfahren zur Berechnung von Prim-Implikaten einen unbefriedigenden Umgang mit Ressourcen an den Tag legen — selbst dann, wenn sie inkrementell arbeiten.

ADD-AND-COMPLETE(Γ, C):

1. $\Delta := \{C\}$;

2. Falls $\Delta = \emptyset$ gilt: Fertig!

3. Wähle ein $J \in \Delta$;
   $\Delta := \Delta - \{J\}$;

4. Falls es ein $K \in \Gamma$ gibt mit $K \subset J$: Weiter mit 2!

5. Für alle Klauseln $S \in \Gamma$ mit $J \neq S$ und $J \subset S$:

$$\Gamma := \Gamma - \{S\};$$

6. Für jeden Konsensus R von J mit einer Klausel aus Γ:

$$\Delta := \Delta \cup \{R\};$$

7. $\Gamma := \Gamma \cup \{J\}$;

8. Weiter mit 2!

Algorithmus 4.16: Die Prozedur ADD-AND-COMPLETE

Beispiel 4.16.2 *(aus [Küc92])*
Die Tabelle 4.1 zeigt einen Trace von ADD-AND-COMPLETE *für die Argumente* $\Gamma = \{\neg X \vee Y, \neg Z \vee W\}$ *und* $C = (\neg Y \vee Z\}$.

---

[25] Alternativ könnte die Korrektheit über das Theorem 2 aus [MR72] bewiesen werden, da ADD-AND-COMPLETE mit einer speziellen Art von linearer Resolution arbeitet.

Δ	J	Γ	*Resolventen*
$\neg Y \vee Z$	$\neg Y \vee Z$	$\neg X \vee Y,\ \neg Z \vee W$	$Z \vee \neg X,\ \neg Y \vee W$
$Z \vee \neg X$ $\neg Y \vee W$	$Z \vee \neg X$	$\neg X \vee Y,\ \neg Z \vee W$ $\neg Y \vee Z$	$\neg X \vee W$
$\neg Y \vee W$ $\neg X \vee W$	$\neg Y \vee W$	$\neg X \vee Y,\ \neg Z \vee W$ $\neg Y \vee Z,\ Z \vee \neg X$	$\neg X \vee W$
$\neg X \vee W$	$\neg X \vee W$	$\neg X \vee Y,\ \neg Z \vee W,\ \neg Y \vee Z$ $Z \vee \neg X,\ \neg Y \vee W$	—
—	—	$\neg X \vee Y,\ \neg Z \vee W,\ \neg Y \vee Z$ $Z \vee \neg X,\ \neg Y \vee W,\ \neg X \vee W$	—

Tabelle 4.1: Ein Trace der Prozedur ADD-AND-COMPLETE

Die Prozedur aktualisiert Γ *zu* $\{\neg X \vee Y, \neg Z \vee W, \neg Y \vee Z, Z \vee \neg X, \neg Y \vee W, \neg X \vee W\}$. □

Es ist übrigens *nicht* immer notwendig, *alle Prim-Implikate* zu Γ zu berechnen. Zum Zeitpunkt der Bekanntmachung eines neuen Constraints sind nämlich — relativ zur *momentanen Markierung* $\mathcal{V}$ des Abhängigkeitsnetzes zu Γ — häufig schon *einige Constraints erfüllt*.

Die Resolvente (und damit gegebenenfalls der Konsensus) einer von $\mathcal{B} = transform \circ \mathcal{V}$ erfüllten Klausel mit einer beliebigen anderen Klausel wird ja auch von $\mathcal{B}$ erfüllt. Sie ist damit zwar ein potentielles Prim-Implikat von Γ, jedoch kann mit ihr bei der Propagierung keine neue Information erschlossen werden. Nimmt man solche Klauseln gar nicht erst in das Abhängigkeitsnetz auf, so kann man in vielen Fällen das Abhängigkeitsnetz signifikant kleiner halten und die spätere Propagierung im Netz direkt proportional zu dieser Einsparung beschleunigen.

Betrachten wir zur Verdeutlichung die Resolvente $R = \beta \vee \gamma$ zweier beliebiger Klauseln C_1 und C_2 mit

$$C_1 = X \vee \beta \quad \text{und} \quad C_2 = \neg X \vee \gamma$$

bezüglich des positiven Literals X (β und γ stehen also jeweils für ganze Teilklauseln). Dann lassen sich drei Fälle unterscheiden:

1. $\mathcal{V}(X) = $ TRUE:

   $\mathcal{B}$ erfüllt die Klausel C_1. Damit C_2 von $\mathcal{B}$ (oder einer Erweiterung von $\mathcal{B}$) erfüllt werden kann, muß mindestens ein Literal von γ mit TRUE bewertet sein. Also kann mit der Resolvente R bei der Propagierung keine neue Information erschlossen werden, da R bereits erfüllt ist.

2. $\mathcal{V}(X) = $ FALSE:

   Analog zu 1. (man vertausche in der Argumentation C_1 mit C_2 und ersetze γ durch β).

3. $\mathcal{V}(X) = $ `UNKNOWN`:

> Damit C_1 oder C_2 von $\mathcal{B}$ erfüllt wird, muß eines der Literale in β oder γ durch $\mathcal{V}$ mit `TRUE` markiert werden. Dies könnte bei Boolescher Constraint-Propagierung möglicherweise über die Resolvente $\beta \vee \gamma$ erreicht werden.

Es ist also ratsam, in Schritt 6 von `ADD-AND-COMPLETE` nur Konsensus-Bildung bezüglich solcher Literale X zu betreiben, für die $\mathcal{V}(X) = $ `UNKNOWN` gilt. Andernfalls wird auf jeden Fall mindestens eine der miteinander zu resolvierenden Klauseln bereits von der Markierung erfüllt und die Resolvente trägt nicht zur Propagierung bei.

Beispiel 4.16.3 *Sei $\Sigma = \{X\}$. Werden nun dem TMS die Klauseln $C_1 = X \vee Y$ und $C_2 = \neg X \vee Y$ mitgeteilt, so ist C_1 momentan erfüllt, da X als Annahme bereits mit* `TRUE` *markiert ist. Die Resolvente Y braucht also nicht in das Abhängigkeitsnetz aufgenommen zu werden; Y wird schon aufgrund Boolescher Constraint-Propagierung über C_1 mit* `TRUE` *markiert.* $\square$

Resolventen bezüglich bekannter Knoten, die bei der Konsensus-Bildung in Schritt 6 *nicht* in Γ aufgenommen wurden, weil eine der miteinander resolvierten Klauseln bereits erfüllt war, muß man aber trotzdem *memorieren*: Verliert so ein Knoten nämlich später seine Markierung (etwa weil eine Annahme zurückgenommen wird), dann müssen die unterschlagenen Resolventen nachgereicht werden, wenn man nicht den Verlust der Vollständigkeit riskieren will.

Beispiel 4.16.4 *Betrachten wir noch einmal das Beispiel 4.16.3. Nimmt man die Annahme X zurück, so führt das zu einer Demarkierung von X. Y ist damit nicht länger ableitbar, obwohl $\{C_1, C_2\} \models Y$ gilt. Dazu bräuchten wir die Klausel Y, die wir aber aus Effizienzgründen nicht in das Abhängigkeitsnetz aufgenommen hatten.* $\square$

Wie läßt sich nun diese Tatsache technisch berücksichtigen? Hier bieten sich prinzipiell zwei Vorgehensweisen an, die beide ihre Vor- und Nachteile haben.

Bei der einen werden zwar alle Prim-Implikate von Γ berechnet. Jedoch werden nur diejenigen nicht-tautologischen Resolventen in das Abhängigkeitsnetz aufgenommen, die *nicht* bezüglich eines bereits bekannten Knotens gebildet wurden. Die solchermaßen jeweils aufgrund eines bekannten Knotens X unterschlagenen Implikate werden jedoch bei dem Knoten X vermerkt und spätestens dann mit `ADD-AND-COMPLETE` in das Abhängigkeitsnetz eingebaut, wenn X seine Markierung verliert. Diese Technik verfährt also mit unterschlagenen Klauseln ähnlich, wie wir das im Abschnitt 4.5 für subsumierte Klauseln ausgeführt haben. Sie verzögert aber nur die *Mitteilung* von Prim-Implikaten und nicht die eventuell sehr aufwendige *Berechnung* der Implikate selbst, wird also unter dem Strich keine allzugroße Effizienzsteigerung bewirken, falls es viele Prim-Implikate gibt.

Bei der alternativen Vorgehensweise wird die Konsensus-Bildung bezüglich eines bekannten Knotens X verzögert: Die von dem Knoten bereits erfüllte Klausel

C wird speziell markiert, der Konsensus R aber erst gebildet, wenn X seine Markierung verliert und die markierte Klausel dadurch wieder offen wird. In diesem Moment ist dann R mit Hilfe der Prozedur `ADD-AND-COMPLETE` nachzureichen. Man kann sich vorstellen, daß bei dieser Vorgehensweise die Berechnung der Prim-Implikate mit der eigentlichen Propagierung verzahnt abläuft und Prim-Implikate nur soweit, wie tatsächlich benötigt, generiert werden. Allerdings ist Vorsicht geboten, wenn — wie das in manchen Implementierungen des LTMS möglich ist — nicht nur Annahmen, sondern beliebige Constraints zurückgenommen werden dürfen, da dann mit dem Entfernen einer markierten Klausel auch alle verzögerten Konsensus-Berechnungen verhindert würden (für Details sei der Leser auf [FdK93, Kap. 13] verwiesen).

Unabhängig davon, wie man nun technisch bei der syntaktischen Vervollständigung vorgeht, wird man aufgrund der schieren Anzahl von Prim-Implikaten mit einer *kombinatorischen Explosion* rechnen müssen, wenn man eine große Constraint-Menge Γ als Ganzes vervollständigt. Viele Anwendungen weisen jedoch eine inhärente Lokalität auf, lassen sich also bei der Modellierung in Module aufteilen, innerhalb derer zwar starke Abhängigkeiten bestehen, die jedoch untereinander nur schwach abhängig sind.

Eine solche Anwendung — die qualitative Modellierung von physikalischen Vorgängen — hat de Kleer motiviert, ein *Modulkonzept* für die Constraint-Verarbeitung vorzuschlagen (siehe [dK90a]): Ein Modul besteht aus einer beliebigen Menge von aussagenlogischen Constraints, die im Extremfall nur ein einziges Constraint enthält. Das TMS garantiert die Vollständigkeit für ein einzelnes Modul, wendet aber Boolesche Constraint-Propagierung auf das gesamte Abhängigkeitsnetz an. Der Problemlöser hat die Möglichkeit, neue Module zu definieren und kann das TMS zur Verschmelzung zweier Module auffordern. Solange keine Anfrage an das TMS erfolgt, werden die mitgeteilten Constraints nur gesammelt. Das TMS selbst wird erst bei einer Anfrage aktiv: Es versucht zunächst, die Anfrage allein mit Hilfe Boolescher Constraint-Propagierung zu beantworten. Gelingt dies nicht, so wird das Modul, mit dessen Hilfe die Anfrage beantwortbar sein müßte, durch Prim-Implikate syntaktisch vervollständigt und danach erneut mit Boolescher Constraint-Propagierung nach einer Antwort gesucht. Nachdem einzelne Module auf Wunsch des Problemlösers schon bei der Definition mit Prim-Implikaten vervollständigt werden, lassen sich so „vorkompilierte" anwendungs-spezifische Modul-Bibliotheken aufbauen.

4.17   Das Clause-Management-System

Zum Schluß unserer Ausführungen über das LTMS wollen wir noch das Versprechen einlösen, das wir in Abschnitt 4.10 abgegeben haben, und erläutern, wie die Schnittstellenfunktion `minimal-supporters?` *vollständig* für das LTMS realisiert werden kann.

Reiter und de Kleer präsentieren in [RdK87] ein TMS, das beliebige Klauseln als Constraints akzeptiert und alle theoretisch möglichen minimalen Erklärungen für beliebige, vom Problemlöser vorgelegte Literale berechnen kann, ein *Clause-Management-System* (CMS).

Tatsächlich kann das CMS, so wie sie es definieren, sogar die minimalen Erklärungen für beliebige Klauseln berechnen. In Verallgemeinerung unserer Definition aus Abschnitt 2.8 ist dann für eine Klauselmenge Γ eine Klausel S *Support* für eine zweite Klausel C, wenn

$$\Gamma \models S \vee C \quad \text{und} \quad \Gamma \not\models S \tag{4.13}$$

gilt, wenn also die Bedingungen

$$\Gamma \cup \{\neg S\} \models C \quad \text{und} \quad \Gamma \cup \{\neg S\} \text{ ist konsistent}$$

erfüllt sind.[26] Außerdem nennen wir S einen *minimalen* Support für C, wenn S von keinem anderen Support subsumiert wird, und die Formel $\neg S$ eine (minimale) *Erklärung von C relativ zu* Γ, wenn S einen (minimalen) Support für C relativ zu Γ darstellt.Nachdem wir Klauseln als Mengen von Literalen auffassen, lesen wir dabei natürlich $\neg S$ als die zu S duale Konjunktion $\bigwedge_{L \in S} \sim L$ der Komplemente von Literalen aus S.

Beispiel 4.17.1 *(modifiziert, aus [RdK87])*
Sei $\Gamma = \{P \vee Q \vee R, P \vee \neg Q, P \vee \neg R, \neg P \vee Q \vee S, Q \vee R \vee \neg T\}$. Dann hat relativ zur Constraint-Menge Γ

- *die leere Klausel keine minimalen Erklärungen (Γ ist konsistent),*

- *die Einheitsklausel P als logische Konsequenz von Γ die leere minimale Erklärung,*

- *die Einheitsklausel Q drei minimale Erklärungen*
  $\neg S$, $\neg R \wedge T$ und Q (eine davon trivial),

- *die Klausel $P \vee Q$ wieder die leere minimale Erklärung und*

- *die Klausel $S \vee R$ drei minimale Erklärungen*
  $\neg Q$, S und R (zwei davon trivial).

$\square$

Wie lassen sich nun aber für eine Klausel C die minimalen Erklärungen relativ zu einer vorgegebenen Constraint-Menge Γ berechnen? Darauf gibt das zentrale Theorem aus [RdK87] Antwort: Mit der Abkürzung

$$\Delta_{MI}(C, \Gamma) := \{\Pi - C \mid \Pi \in \text{MinImpl}(\Gamma) \text{ und } \Pi \cap C \neq \emptyset\}$$

---

[26] Wenn die Constraint-Menge Γ inkonsistent ist, gibt es folglich keinen Support für C, da dann $\text{MinImpl}(\Gamma) = \{\emptyset\}$ gilt.

gilt für die Menge $MS(C, \Gamma)$ der minimalen Supports für C relativ zu Γ die Gleichung:

$$MS(C, \Gamma) = \mu(\Delta_{MI}(C, \Gamma)). \tag{4.14}$$

Man muß demnach mit Hilfe der minimalen Implikate von Γ die minimalen Supports bestimmen und enthält aus diesen dann durch Dualisieren die minimalen Erklärungen.

Interessiert man sich — so wie wir das in den Abschnitten 2.8 und 4.10 getan haben — nur für minimale Supports zu Einheitsklauseln (Literalen), so können diese etwas einfacher berechnet werden: Sei wieder Γ eine Menge von Klauseln und Ψ ein Literal. Mit der Abkürzung

$$\Delta_{MIL}(\Psi, \Gamma) := \{\Pi - \{\Psi\} \mid \Pi \in MinImpl(\Gamma) \text{ und } \Psi \in \Pi\}$$

gilt dann zunächst

$$MS(\Psi, \Gamma) = \mu(\Delta_{MIL}(\Psi, \Gamma)), \tag{4.15}$$

da ein Literal Ψ die Beziehung $\Pi \cap \{\Psi\} \neq \emptyset$ offensichtlich genau dann erfüllt, wenn $\Psi \in \Pi$ zutrifft. Darüberhinaus gilt aber sogar

$$MS(\Psi, \Gamma) = \Delta_{MIL}(\Psi, \Gamma). \tag{4.16}$$

Nehmen wir nämlich an, es gäbe zwei Klauseln S und S' mit

$$S \subseteq S' \quad \text{und} \quad S \in \Delta_{MIL}(\Psi, \Gamma) \text{ und } S' \in \Delta_{MIL}(\Psi, \Gamma).$$

Dann gibt es aufgrund der Definition von $\Delta_{MIL}(\Psi, \Gamma)$ zwei Klauseln Π und Π' mit

1. $\Pi \in MinImpl(\Gamma)$ und $\Psi \in \Pi$,

2. $\Pi' \in MinImpl(\Gamma)$ und $\Psi \in \Pi'$, und

3. $S = \Pi - \{\Psi\}$ und $S' = \Pi' - \{\Psi\}$.

Damit gilt aber wegen $S \subseteq S'$ auch $\Pi \subseteq \Pi'$, und deshalb wegen der Minimalität von Π' auch $\Pi = \Pi'$ und $S = S'$. Das heißt $\Delta_{MIL}(\Psi, \Gamma)$ kann nicht weiter minimiert werden.

Aufgrund von Gleichung (4.16) braucht man also für eine Realisierung der Schnittstellenfunktion `minimal-supporters?` nur jene Supports aus $\Delta_{MIL}(\Psi, \Gamma)$ auszuwählen, die ausschließlich aus Annahmen (Elementen von $\mathcal{A}$) bestehen:[27]

$$\texttt{minimal-supporters?}(\Psi) := \{\neg S \mid S \in \Delta_{MIL}(\Psi, \Gamma) \text{ und } S \subseteq \mathcal{A}\}.$$

Betrachtet man das Beispiel 4.17.1 genauer, so sieht man, daß zu den berechneten minimalen Erklärungen auch triviale Erklärungen (Q für Q und S bzw. R

---

[27] Diese auf den ersten Blick triviale Beziehung wird sich später (in Abschnitt 5.14) als *die* Schlüsselbeobachtung für eine allgemeine Komplexitätsuntersuchung des ATMS erweisen.

für $S \vee R$) gehören. An diesen Erklärungen ist der Problemlöser voraussichtlich nicht sonderlich interessiert.

Triviale Erklärungen lassen sich vermeiden, wenn man statt minimaler Supports Prim-Supports berechnet. Dabei ist ein Support S für C relativ zu Γ ein *Prim-Support* für C relativ zu Γ, wenn S ein minimaler Support für C relativ zu Γ und $S \vee C$ fundamental (d.h. nicht tautologisch) ist. Entsprechend heißen die durch Dualisieren aus Prim-Supports erhältlichen Erklärungen *Prim-Erklärungen*.

Beispiel 4.17.2 *Sei* Γ *wieder wie in Beispiel 4.17.1. Die Einheitsklausel* Q *hat die beiden Prim-Erklärungen* $\neg S$ *und* $\neg R \wedge T$, *und die Klausel* $S \vee R$ *hat eine Prim-Erklärung, nämlich* $\neg Q$. $\qquad\square$

Prim-Supports verhalten sich zu minimalen Supports so wie Prim-Implikate zu minimalen Implikaten. Damit liegt auf der Hand, wie Prim-Supports berechnet werden können: Mit der Abkürzung

$$\Delta_{PI}(C,\Gamma) := \{\Pi - C \mid \quad \Pi \in Prim(\Gamma), \ \Pi \cap C \neq \emptyset \\ \text{und } \Pi \vee C \text{ ist fundamental}\}$$

gilt für die Menge $PS(C,\Gamma)$ der Prim-Supports für C relativ zu Γ die Gleichung:

$$PS(C,\Gamma) = \mu(\Delta_{PI}(C,\Gamma)) \tag{4.17}$$

(siehe [TK88, KT93]).

Kean und Tsiknis verallgemeinern übrigens das CMS noch weiter als Reiter und de Kleer, indem sie nicht nur Klauseln sondern sogar Konjunktionen von Klauseln als Anfragen zulassen: Ist $C_1 \wedge C_2$ Konjunktion zweier Klauseln, so erhält man den Begriff des Supports von $C_1 \wedge C_2$, indem man in der Definition (4.13) C durch $C_1 \wedge C_2$ ersetzt. Für die Menge $MS(G_1 \wedge G_2, \Gamma)$ der minimalen Supports für $G_1 \wedge G_2$ relativ zur Constraint-Menge Γ gilt dann mit der Abkürzung

$$\Delta := \{S_1 \vee S_2 \mid \quad S_1 \in MS(G_1,\Gamma), \ S_2 \in MS(G_2,\Gamma) \\ \text{und kein } M \in MinImpl(\Gamma) \text{ subsumiert } S_1 \vee S_2\}$$

die Beziehung:

$$MS(G_1 \wedge G_2, \Gamma) = \mu(\Delta)$$

(für Details, insbesondere einen Beweis, siehe [KT93]).

Beispiel 4.17.3 *(aus [KT93])*
Sei $\Gamma = \{\neg P \vee Q, \neg Q \vee R, \neg P \vee T\}$. *Mit etwas Mühe rechnet man nach, daß*
$MinImpl(\Gamma) = \{\neg P \vee Q, \neg Q \vee R, \neg P \vee T, \neg P \vee R\}$, $MS(R,\Gamma) = \{\neg Q, \neg P, \neg R\}$,
$MS(T,\Gamma) = \{\neg P, \neg T\}$, $\Delta = \{\neg Q \vee \neg P, \neg Q \vee \neg T, \neg P, \neg P \vee \neg T, \neg R \vee \neg P, \neg R \vee \neg T\}$
und $MS(R \wedge T, \Gamma) = \{\neg Q \vee \neg T, \neg P, \neg R \vee \neg T\}$ *gilt.* $\qquad\square$

Wie könnte eine Realisierung eines CMS aussehen? Reiter und de Kleer schlagen in [RdK87] zwei Varianten vor, die sie als *interpretierende* bzw. *kompilierende* Realisierung bezeichnen.

Die interpretierende Realisierung speichert die Originalklauseln in der Klauseldatenbank so, wie sie der Problemlöser dem CMS mitgeteilt hat. Sie berechnet die minimalen Supports jeweils dann, wenn, und in dem Umfang, wie der Problemlöser danach fragt. Die interpretierende CMS-Realisierung hat — wie die prozedurale Variante der LTMS-Vervollständigung — den Vorteil, daß Änderungen an Γ mit einem vernachlässigbaren Aufwand durchgeführt werden können. Dafür sind aber bei jeder Anfrage erneut die minimalen Implikate von Γ für die Bestimmung der minimalen Supports zu berechnen.

Die kompilierende Realisierung speichert anstelle der Constraints aus Γ die minimalen Implikate aus Γ in der Klauseldatenbank. Zur Berechnung von minimalen Supports werden dann die gespeicherten Implikate verwendet. Diese Lösung bietet sich an, wenn der Problemlöser häufig Anfragen an das CMS stellt und relativ selten Änderungen an Γ vornimmt. Sie ist geradezu zwingend, wenn das CMS Teil eines LTMS ist, das — wie in Abschnitt 4.16 beschrieben — syntaktisch vervollständigt wurde, da dann die meisten minimalen Implikate schon im Zuge der Vervollständigung berechnet werden. Wie nicht anders zu erwarten, leidet die kompilierende Realisierung des CMS aber auch unter all den Problemen, die die syntaktische Methode der LTMS-Vervollständigung mit Änderungen von Γ hat.

Welcher Realisierung nun der Vorzug zu geben ist, läßt sich schwer allgemein festlegen, zumal nicht einmal klar ist, wann man ein CMS überhaupt guten Gewissens einsetzen sollte: Sowohl die interpretierende, als auch die kompilierende Realisierung muß im schlimmsten Fall alle Prim-Implikate einer Klauselmenge Γ bestimmen und von denen gibt es i.allg. (gemessen in der Anzahl von in Γ auftretenden Klauseln) exponentiell viele (vgl. unsere Ausführungen in den Abschnitten 4.16 und 5.14).[28]

Ohne Einschränkungen an die Syntax der Klauseln aus Γ wird ein CMS daher trotz seiner theoretischen Eleganz nur für sehr kleine Instanzen der z.B. in [KT92] diskutierten, typischen CMS-Anwendungen wie Abduktion und Diagnose *praktisch* einsetzbar sein.

Eine solche syntaktische Einschränkung besteht darin, in Γ nur Hornklauseln zuzulassen. Mit dem dabei entstehenden CMS — de Kleers ATMS — werden wir uns im folgenden Kapitel auseinandersetzen.

---

[28] Dieses grundsätzliche Problem wird auch nicht dadurch aus der Welt geschafft, daß man einen der in Abschnitt 4.16 erwähnten *inkrementellen* Algorithmen zur Bestimmung von Prim-Implikaten verwendet.

Kapitel 5

Annahmen-basiertes Truth-Maintenance — Grundlagen

Nachdem wir uns in den beiden vorausgegangenen Kapiteln jeweils mit einem single-context TMS — dem nicht-monotonen JTMS und dem monotonen LTMS — beschäftigt haben, wollen wir uns in diesem und dem nächsten Kapitel mit multiple-context Truth-Maintenance-Systemen auseinandersetzen.

Die Auslegung eines TMS als *single-context TMS*, d.h. als ein TMS, das zu jedem Zeitpunkt nur einen Kontext und nicht wie ein *multiple-context TMS* den kompletten Kenntnisstand (also alle möglichen Kontexte gleichzeitig) verwaltet, vereinfacht natürlich ganz erheblich dessen Konstruktion. Andererseits hat diese Entwurfsentscheidung ziemlich *drastische Konsequenzen* für den mit dem single-context TMS zusammenarbeitenden Problemlöser.

De Kleer war der erste, der diese Konsequenzen in einer Veröffentlichung [dK86b] genauer untersuchte. Das von ihm entworfene multiple-context TMS namens ATMS [dK86a] (Assumption-Based Truth Maintenance System), mit dem wir uns im folgenden genauer beschäftigen wollen, löst zwar einen Teil der Probleme, die beim Umgang mit single-context Truth-Maintenance-Systemen entstehen, ist aber — wie wir in Kürze sehen werden — selbst nicht ganz unproblematisch.

5.1   Schwächen von single-context Systemen

Ein offensichtliches Problem mit single-context Systemen besteht darin, daß für den Fall von mehr als einer Lösung zu ein und demselben Constraint-Problem (Γ, Σ) das LTMS bzw. JTMS trotzdem nur eine Lösung findet; und das im Falle des nicht-monotonen JTMS sogar in Abhängigkeit von der *Reihenfolge* der Bekanntmachung der Constraints und Annahmen (Annahmen sind im JTMS ja Rechtfertigungen, die als hierarchische Defaults interpretiert werden können — vgl. Abschnitt 3.7)!

Damit ist es für den Problemlöser außerordentlich schwierig, Kontexte zu *vergleichen* oder *alle Lösungen* eines Problems zu ermitteln. Beides würde wiederholte *Kontextwechsel* und damit verbunden aufwendige Ummarkierungen sowie im Falle des JTMS zusätzliche nicht-monotone Rechtfertigungen zum Überschreiben alter Defaults (vgl. Abschnitt 3.8) erfordern.

Ein weiteres Problem mit single-context Truth-Maintenance-Systemen ist die Art und Weise, wie sie Widersprüche auflösen. Sowohl das JTMS als auch das LTMS gehen dabei recht *radikal* vor: Sie versuchen nämlich, durch Änderungen an der Constraint-Menge in jedem Fall mindestens einen Knoten des zum Widerspruch gehörenden NOGOOD zu invalidieren — das LTMS durch Zurücknehmen von Annahmen, das JTMS durch Einfügen neuer nicht-monotoner Rechtfertigungen, die in Summe zu einer OUT-Markierung des Knotens führen (vgl. die Abschnitte 4.11 und 3.10).

Damit geht aber alle *Information* über logische Konsequenzen dieses Knotens, die unabhängig von den restlichen NOGOOD-Knoten sind, *verloren.*

Außerdem bewirkt die Behandlung von Widersprüchen durch die DDB-*Prozedur* (siehe Algorithmus 3.7; vgl. auch Abschnitt 4.11 für das entsprechende Vorgehen im LTMS), daß für den Problemlöser sichtbare Constraints etabliert werden, die zwar der DDB-Prozedur bei der systematischen Suche nach Kontextreparaturen helfen, den Problemlöser aber eher *irritieren* (etwa bei der Generierung von Begründungen).

Im JTMS kommt als weiteres Problem hinzu, daß ein JTMS-Knoten seinen Charakter von einem *ableitbaren Knoten* zu einer *Annahme* ändert, sobald er das erste Mal mit einer nicht-monotonen Rechtfertigung versehen wird (vgl. Abschnitt 3.7). Dies verkompliziert natürlich seine Behandlung durch den Problemlöser, weil damit das Bekanntmachen neuer Constraints zum Treffen (bzw. Verwerfen) von Annahmen führen kann, ohne daß der Problemlöser von diesem Vorgang Kenntnis erlangt.

In den meisten monotonen Systemen werden Knoten durch eine *explizite Deklaration* des Problemlösers zu Annahmen. Damit bleiben konventionelle Knoten und Annahmen unabhängig von eventuellen späteren Änderungen der Constraint-Menge Γ für den Problemlöser unterscheidbar.

Ein und derselbe Knoten kann im LTMS (JTMS) mehrmals sein Label zwischen TRUE und FALSE (IN und OUT) wechseln (etwa bei der Bereinigung von Widersprüchen oder aufgrund von Änderungen an der Constraint-Menge Γ). Besonders interessant sind dabei Markierungswechsel der Form

$$\text{IN} \rightarrow \text{OUT} \rightarrow \text{IN}.$$

De Kleer bezeichnet solche Markierungswechsel in [dK86b] als *Unouting* des entsprechenden Knotens. Unouting kann zu unnötigen *Wiederholungen bereits erfolgter Berechnungen* führen, wenn der Problemlöser dem TMS PS-Regeln bekanntgemacht hat (vgl. die Abschnitte 2.15 und 2.18): Bei der zweiten IN-Markierung des Knotens werden Regeln, die für diesen Knoten bereits bei der ersten IN-Markierung gefeuert wurden, eventuell erneut gefeuert.

Wie wir in Kürze sehen werden, lassen sich die meisten der geschilderten Probleme in multiple-context Truth-Maintenance-Systemen (hinfort auch *Truth-Maintenance-Systeme vom* ATMS-*Typ* genannt) vermeiden.

5.2 Vom LTMS zum ATMS

Truth-Maintenance-Systeme vom ATMS-Typ (das ATMS selbst [dK86a], MBR [Mar83, MS88], Clause-Management-Systeme [RdK87, KT93] oder die verteilten Systeme DATMS [MJ89] und DARMS [Fuh93, BFK93]) wurden wesentlich später als solche vom JTMS- oder LTMS-Typ entwickelt.

Wegbereitend für Truth-Maintenance-Systeme vom ATMS-Typ war McDermotts Veröffentlichung [McD83], in der zum erstenmal eine kontextabhängige Verwaltung von Abhängigkeiten skizziert wurde.

Das erste praktisch einsetzbare System zur Verwaltung von Abhängigkeiten für multiple Kontexte war MBR (ein Nebenprodukt der Dissertation [Mar83] von Joao Martins). MBR erreichte aber nie die Popularität des später entwickelten ATMS von de Kleer [dK86a]. Der Hauptgrund für dieses Ignorieren von MBR ist wohl der, daß dem Folgerungsbegriff von MBR Relevanzlogik [And75], dem des ATMS jedoch die in KI-Systemen häufiger genutzte klassische Aussagenlogik zugrunde liegt. Aus dem gleichen Grund diskutieren auch wir MBR hier nicht genauer.

Analog zum JTMS oder LTMS werden im ATMS Problemlöserdaten durch (ATMS-) Knoten repräsentiert und über Rechtfertigungen zueinander in Beziehung gesetzt. Das ATMS verwaltet die Knoten und Rechtfertigungen aus Effizienzgründen geradeso wie das JTMS und das LTMS in einem entsprechenden bipartiten Graphen — dem *Abhängigkeitsnetz* (vgl. Abschnitt 3.1 bzw. 4.2). Wir bezeichnen die Menge der dem ATMS bekannten Knoten mit $\mathcal{N}$ und die der bekannten Rechtfertigungen mit $\mathcal{R}$. *Rechtfertigungen* haben im ATMS die Form:

$$x_1, \ldots, x_m \Rightarrow n.$$

In diesem Ausdruck sind $x_1, \ldots, x_m$ und n ATMS-Knoten. Wir schreiben so eine Rechtfertigung meistens in der Form

$$\mathcal{X} \Rightarrow n,$$

wenn $\mathcal{X} = \{x_1, \ldots, x_m\}$ aus dem Verwendungs-Kontext hervorgeht. Die Knoten aus der Menge $\mathcal{X}$ werden auch die *Antezedenten* und der Knoten n die *Konsequenz* der Rechtfertigung genannt.

Logisch gesehen steht eine ATMS-Rechtfertigung

$$x_1, \ldots, x_m \Rightarrow n$$

für das Boolesche Constraint

$$x_1 \wedge \ldots \wedge x_m \rightarrow n.$$

Im ATMS sind also für die generische Schnittstellenfunktion `add-constraint!`
nur definite aussagenlogische Klauseln zugelassen.

Die meisten konkreten ATMS-Implementierungen erwarten, daß die in Rechtfertigungen auftretenden ATMS-Knoten zuvor „erzeugt", d.h. im Sinne unserer
Ausführungen über das generische TMS `relevant!` erklärt werden.

Der Problemlöser kann einen Knoten n zum *Widerspruchsknoten* erklären.
Er teilt dem ATMS damit mit, daß so ein Knoten in keinem Kontext gelten soll.
Der für den Problemlöser einfachste Weg, dies zu tun, besteht darin, dem ATMS
eine Rechtfertigung

$$n \Rightarrow \bot$$

für den vordefinierten Widerspruchsknoten $\bot$ bekanntzumachen.

Annahmen sind spezielle ATMS-Knoten (wir schreiben Annahmen im folgenden mit Großbuchstaben). Sie werden vom Problemlöser als Hypothesen betrachtet und sind dem ATMS vor ihrer ersten Verwendung durch eine `assumption!`-
Deklaration wie beim generischen TMS mitzuteilen. Das ATMS erzeugt bei Bekanntwerden einer Annahme A einen ATMS-Knoten mit dem Problemlöserdatum
A, fügt A zur Menge $\mathcal{A}$ der *bekannten Annahmen* hinzu und verhält sich in Bezug
auf die Annahme hinfort so, als wäre vom Problemlöser die Rechtfertigung

$$A \Rightarrow A$$

bekannt gemacht worden.

Wie wir später (in Abschnitt 6.8) sehen werden, ist es für den nicht-monotonen Betrieb des ATMS (die sogenannte Interpretationskonstruktion) von Vorteil,
wenn Annahmen *logisch voneinander unabhängig* sind. Der Problemlöser sollte
deshalb Annahmen möglichst nicht direkt als Antezedenten und auf keinen Fall
als Konsequenz von Rechtfertigungen verwenden. De Kleer empfiehlt statt dessen
(etwa in [dK86b]), Annahmen in Rechtfertigungen durch *angenommene Knoten*
zu repräsentieren. Stellt A eine Annahme dar, so wird a durch die Rechtfertigung

$$A \Rightarrow a$$

zum angenommenen Knoten für A. Bei Einhalten dieses Protokolls kann es also
nicht mehr passieren, daß durch das Mitteilen von Rechtfertigungen eine Annahme zusammen mit den Hornklauseln der bekannten Rechtfertigungen logische Konsequenz von anderen Annahmen wird. Die einzig möglichen logischen
Abhängigkeiten zwischen Annahmen sind dann NOGOODS der Form

$$A_1 \wedge \ldots \wedge A_m \rightarrow \bot,$$

die die Unverträglichkeit der Annahmen $A_1, \ldots, A_m$ bedeuten (vgl. Abschnitt 2.7).

5.3   Umgebungen, Kontexte und Ableitbarkeit

Kontexte werden im ATMS mit Hilfe von Annahmen-Mengen $U \subseteq \mathcal{A}$ (*Umgebungen*) repräsentiert, die als Konjunktion der in ihnen enthaltenen Annahmen
aufzufassen sind.

Für diese Repräsentation berechnet das ATMS zu einer vorgegebenen Menge $\mathcal{R}$ von Rechtfertigungen die folgende *Ableitbarkeits-Relation*: Ein Knoten n *gilt* in einer Umgebung U (ist mit U *ableitbar*) bei einer Menge $\mathcal{R}$ von Rechtfertigungen

$$\mathcal{R} \vdash U \to n,$$

wenn es eine Folge von Knoten-Mengen $S_1, \ldots, S_m$ gibt, mit

1. $S_1 = U$,
2. $S_{i+1} = S_i \cup \{y \mid \exists\,(\mathcal{X} \Rightarrow y) \in \mathcal{R} \text{ mit } \mathcal{X} \subseteq S_i\}$,
3. $n \in S_m$.

Gilt n in U, so ist n offensichtlich in jeder Umgebung U' mit $U \subseteq U'$ ableitbar ($\vdash$ ist *monoton*).

Bezeichnet $\Gamma_\mathcal{R}$ die Menge der Booleschen Constraints (Hornklauseln) zu den Rechtfertigungen aus $\mathcal{R}$, so entspricht die ATMS-Ableitbarkeit $\vdash$ der klassischen Ableitbarkeit in der aussagenlogischen Theorie, die $\Gamma_\mathcal{R}$ als *nicht-logische* Axiome hat.

Die generische Schnittstellenfunktion `follows-from?` ist damit im ATMS folgendermaßen realisiert:

$$\texttt{follows-from?}_{\Gamma_\mathcal{R}}(n, U) := \begin{cases} \texttt{YES} & \text{falls } \mathcal{R} \vdash U \to n, \\ \texttt{NO} & \text{sonst.} \end{cases}$$

Da Einheitsresolution für Hornklauseln vollständig ist (vergleiche die Abschnitte 2.11 und 4.5), gilt

$$\mathcal{R} \vdash U \to n \quad \text{gdw.} \quad (\Gamma_\mathcal{R}, U) \models n,$$

d.h. die ATMS-Realisierung von `follows-from?` ist *vollständig*.

Eine Umgebung U ist *inkonsistent*, wenn in ihr ein Widerspruchsknoten gilt:

$$\mathcal{R} \vdash U \to \bot \quad \text{bzw.} \quad \texttt{mat-incons?}_{\Gamma_\mathcal{R}}(U) = \texttt{YES}.$$

Sie heißt dann auch NOGOOD-*Umgebung*.

Im Gegensatz zum JTMS oder LTMS *signalisiert* das ATMS dem Problemlöser *keine* neu entdeckten *Widersprüche*. Nachdem das ATMS an der Schnittstelle zum Problemlöser statt der Funktion `follows-from?` die über `follows-from?` definierte Funktion `holds-in?` verfügbar macht, ist sichergestellt, daß der Problemlöser keinen Knoten in einem Kontext glauben kann, in dem gleichzeitig ein Widerspruchsknoten gilt.

Der Problemlöser kann eine Umgebung $U = \{A_1, \ldots, A_m\}$ auch explizit zur NOGOOD-Umgebung erklären:

$$nogood\{A_1, \ldots, A_m\}$$

(oder äquivalent durch die Rechtfertigung $A_1, \ldots, A_m \Rightarrow \bot$).[1] Solche NOGOODS werden genauso behandelt wie die durch Widerspruchsknoten entdeckten NO-GOODS.

---

[1] *nogood* ist also streng genommen eine weitere Schnittstellenfunktion des Problemlösers. Sie kann trivial mit der Schnittstellenfunktion `add-constraint!` realisiert werden.

Für eine *konsistente* Umgebung U heißt die (unter ATMS-Ableitbarkeit abgeschlossene) Knoten-Menge

$$ctxt(U) := \{n \mid \mathcal{R} \vdash U \to n\}$$

der von U beschriebene ATMS-*Kontext*. Umgekehrt heißt U *charakterisierende Umgebung* eines ATMS-Kontexts C, wenn gilt

$$ctxt(U) = C.$$

Nachdem C ein Kontext und damit deduktiv abgeschlossen ist, muß es immer mindestens eine Annahmenmenge U geben, die diese Eigenschaft in Bezug auf C besitzt. Außerdem gilt dann offensichtlich $U \subseteq C$.

Da im ATMS die Schnittstellenfunktion `follows-from?` und damit auch die Funktion `holds-in?` vollständig realisiert ist, gilt

$$n \in ctxt(U) \quad \text{gdw.} \quad (n, U, \text{YES}) \in Bel_{\Gamma_{\mathcal{R}}, \mathcal{N}, \mathcal{A}}(U).$$

Der ATMS-Kontext zu U stellt also eine kompakte Repräsentation des entsprechenden Kontexts im Sinne unserer Ausführungen in Abschnitt 4.1 dar. Wir unterscheiden daher im folgenden nicht mehr zwischen den Begriffen Kontext und ATMS-Kontext.

Die Gesamtheit der charakterisierenden Umgebungen eines Kontexts C notieren wir durch

$$cenvs(C) := \{U \mid ctxt(U) = C\}.$$

Treten Annahmen nicht als Konsequenzen von Rechtfertigungen auf, so gilt natürlich

$$|cenvs(C)| = 1.$$

Hätte C nämlich mindestens zwei verschiedene charakterisierende Umgebungen, so wären diese jeweils als Konjunktion von Annahmen äquivalent und würden somit mindestens eine Annahme zur logischen Konsequenz der anderen machen, was aber ausgeschlossen ist, wenn Annahmen nicht gerechtfertigt werden dürfen.

Besitzt C genau eine charakterisierende Umgebung, so sprechen wir auch von *der* (eindeutigen) charakterisierenden Umgebung $cenv(C)$ von C. In diesem Fall muß $cenv(C)$ jede der Annahmen aus dem (konsistenten) Kontext C enthalten und stimmt daher mit C überein. Wir unterstellen im folgenden, daß Annahmen im Regelfall *nicht* gerechtfertigt werden und weisen im Ausnahmefall explizit darauf hin. Damit lassen sich Kontexte bequem über ihre jeweils eindeutigen charakterisierenden Umgebungen vergleichen..

Unter den Kontexten eines *Knotens* n verstehen wir die Menge der Kontexte, in denen n gilt:

$$ctxts(n) := \{ctxt(U) \mid U \in 2^{\mathcal{A}} \ \wedge \ U \text{ konsistent} \ \wedge \ n \in ctxt(U)\}.$$

Bezeichnet man die Menge

$$jctxts(\mathcal{X} \Rightarrow n) := \bigcap_{x \in \mathcal{X}} ctxts(x)$$

als die Kontexte, die eine *Rechtfertigung* $\mathcal{X} \Rightarrow n$ einbringt, so besteht damit die Beziehung:

$$ctxts(n) = \bigcup_{(\mathcal{X} \Rightarrow n) \in \mathcal{R}} jctxts(\mathcal{X} \Rightarrow n).$$

5.4 ATMS-Label und ihre Eigenschaften

Zentrale Aufgabe des ATMS ist die effiziente Berechnung von Kontexten relativ zu einer Menge $\mathcal{R}$ von Rechtfertigungen:

> Gilt ein Knoten n in einem durch eine Umgebung U vorgegebenen Kontext aufgrund von $\mathcal{R}$ oder nicht

(was ist der Status von n relativ zu U und $\mathcal{R}$)? Nachdem diese *Berechnung recht teuer* ist, wenn sie nur auf Anforderung und dann evtl. wiederholt durchgeführt wird (vgl. Abschnitt 5.13), aktualisiert das ATMS den Status von Knoten inkrementell nach jeder Änderung des Abhängigkeitsnetzes und vermerkt ihn im *Label* des Knoten.

Um *wohlgeformt* zu sein, muß das Label $l(n)$ eines Knotens n nach de Kleer (siehe [dK86b]) die folgenden vier Bedingungen erfüllen:

1. *Konsistenz*: $\forall U \in l(n) : \mathcal{R} \nvdash U \to \bot$.

2. *Korrektheit*: $\forall U \in l(n) : \mathcal{R} \vdash U \to n$.

3. *Vollständigkeit*:

$$\forall U \, [(U \text{ konsistent}) \wedge (\mathcal{R} \vdash U \to n)$$
$$\Rightarrow \quad \exists U' \in l(n) : U' \subseteq U].$$

4. *Minimalität*:

$$\forall U_1, U_2 \in l(n) : (U_1 \subseteq U_2 \;\Rightarrow\; U_1 = U_2).$$

Wir schreiben das Label von n häufig auch als Paar: $(n, l(n))$.

Das Label $l(n)$ eines Knotens n ist also *eindeutig* und enthält (in kompakter Form) die charakterisierenden Umgebungen *aller* Kontexte, in denen n, aber nicht $\bot$ ableitbar ist.[2]

Sei n ein Knoten, $l(n)$ sein Label, C ein Kontext und *cenv(C)* die charakterisierende Umgebung von C. Der Knoten n *gilt* genau dann im Kontext C, wenn

$$\exists U \in l(n) : U \subseteq cenv(C)$$

zutrifft.

---

[2] Man vergleiche die Wohlgeformtheitsbedingungen für ATMS-Label mit jenen Eigenschaften, die wir in Abschnitt 4.10 für die von der Prozedur BCP-MIN-SUPP berechneten Label identifiziert haben.

Ein Knoten n gilt in *jedem* Kontext (ist eine *Prämisse*, ist wahr), wenn sein Label die leere Umgebung enthält:

$$\emptyset \in l(n)$$

(erzeugen läßt sich so ein Knoten durch die Rechtfertigung $\emptyset \Rightarrow n$). Einmal wahr, bleibt ein Knoten immer wahr — unabhängig davon, welche weiteren Rechtfertigungen dem ATMS bekannt werden. Die einzige Ausnahme hiervon tritt ein, wenn die leere Umgebung zum NOGOOD wird. In diesem katastrophalen Fall bekommen aber *alle* Knoten ein leeres Label und das ATMS kann nicht mehr sinnvoll eingesetzt werden (siehe Abschnitt 7.6). Hat der Knoten n ein *leeres Label*

$$l(n) = \emptyset,$$

so gilt er in *keinem* Kontext, der dem ATMS bisher bekannt ist.

Sei NG die Menge der dem ATMS explizit bekannten NOGOOD-Umgebungen (die sogenannte NOGOOD-Tabelle). Dann besteht unter Verwendung des wie folgt definierten Operators

$$U^+ := \{U' \mid \mathcal{A} \supseteq U' \supseteq U\}$$

und mit der Abkürzung

$$nogoods := \bigcup_{U \in NG} U^+$$

für beliebige Knoten $n \in \mathcal{N}$ die Beziehung

$$ctxts(n) = \bigcup_{U \in l(n)} U^+ - nogoods. \tag{5.1}$$

Mengen von Umgebungen, für die die Integritätsbedingung 4 (Minimalität) verletzt ist, nennen wir im folgenden auch *Prälabel*. Offensichtlich ist jede Umgebungsmenge L mit

$$ctxts(n) = \bigcup_{U \in L} U^+ - nogoods \tag{5.2}$$

ein Prälabel für n. Außerdem stimmt das *größte* Prälabel für n mit der *Menge aller Erklärungen* für n relativ zu $\mathcal{R}$ überein (vgl. unsere Diskussion in Abschnitt 2.8).

5.5   ATMS-Label und Prim-Implikanten

Nach Gleichung (5.1) ist die Menge $ctxts(n)$ Differenz zweier nach oben abgeschlossener Mengen von Umgebungen. Damit ist eine alternative Charakterisierung der Label möglich (in [FH91] wird diese Charakterisierung verwendet, um eine deklarative Semantik für das Kern-ATMS zu definieren).

Eine Umgebungsmenge $L \subseteq 2^{\mathcal{A}}$ heißt *nach oben abgeschlossen*, wenn

$$\forall U, U' : \; (U \in L \wedge U' \in U^+ \;\Rightarrow\; U' \in L)$$

gilt, und die Menge

$$ucl(L) := \{U' \mid U' \in U^+ \text{ für ein } U \in L\}$$

entsprechend der *obere Abschluß von L*.

Sei $I \subseteq \mathcal{A}$ und $\mathcal{V}_I$ die von I induzierte Bewertung mit

$$\mathcal{V}_I(x) = \begin{cases} \text{T} & \text{falls } x \in I, \\ \text{F} & \text{sonst} \end{cases}$$

für $x \in \mathcal{A}$. Dann gibt es bekannterweise zu jeder Teilmenge L von $2^{\mathcal{A}}$ eine aussagenlogische Formel $ch(L) \in PL[\mathcal{A}]$ mit der Eigenschaft

$$I \in L \quad \text{gdw.} \quad \mathcal{V}_I(ch(L)) = \text{T},$$

das *charakteristische Prädikat zu L*.

Eine Formel p ist *Prim-Implikante* (engl. *prime implicant*, vgl. [BB70, KT90]) einer zweiten Formel $F \in PL[\mathcal{A}]$, wenn es eine Menge $U \subseteq \mathcal{A}$ gibt mit:

1. $p = \bigwedge_{x \in U} x \;\wedge\; p \models F$,

2. $U' \subset U \;\Rightarrow\; \bigwedge_{x \in U'} x \not\models F$,

d.h. p ist eine minimale Konjunktion von Literalen, die F impliziert.[3]

Offensichtlich ist die Abbildung $c : 2^{\mathcal{A}} \to PL[\mathcal{A}]$ mit

$$c(U) := \begin{cases} \bigwedge_{x \in U} x & \text{falls } U \neq \emptyset, \\ \text{T} & \text{sonst} \end{cases}$$

für jede nach oben abgeschlossene Menge $L \subseteq 2^{\mathcal{A}}$ eine Bijektion zwischen

- den (bzgl. Mengeninklusion) minimalen Elementen von L und

- den Prim-Implikanten von $ch(L)$.

Für das Label $l(n)$ eines beliebigen Knotens n gilt folglich:

$$p \text{ ist Prim-Implikante von } ch(ucl(ctxts(n)))$$
$$\text{gdw.}$$
$$c^{-1}(p) \in l(n).$$

---

[3] Vergleichen wir diesen Begriff mit dem bereits in Abschnitt 4.16 eingeführten Begriff des Prim-Implikats, so handelt es sich bei den beiden offensichtlich um im klassischen Sinne *duale Begriffe*.

5.6   Verwendung der Label

Aufgrund der Eigenschaften wohlgeformter Label gilt

$$\texttt{follows-from?}_{\Gamma_{\mathcal{R}}}(n, U) = \texttt{YES} \quad \text{gdw.} \quad \exists U' \in l(n) : U' \subseteq U$$

für beliebige (auch inkonsistente) Umgebungen U und Knoten n.

Ist erst einmal das Label von n berechnet, so können aufgrund der Definition der generischen Schnittstellenfunktion $\texttt{holds-in?}$ Anfragen der Form

$$\texttt{holds-in?}_{\Gamma_{\mathcal{R}}}(n, U)$$

auf Teilmengenvergleiche von U mit Umgebungen aus $l(n)$ und Tests auf materiale Inkonsistenz (durch Nachschlagen in der NOGOOD-Tabelle) reduziert werden (siehe Algorithmus 5.1).

$\texttt{holds-in?}(n, U)$:

1. Gilt $n = \bot$?

2. Falls ja: Kehre zurück mit Resultat R, wobei:

$$R = \texttt{mat-incons?}_{\Gamma_{\mathcal{R}}}(U).$$

3. Falls nein: Liefere den Wert R' mit:

$$R' = \begin{cases} \texttt{YES} & \text{falls} \quad \texttt{mat-incons?}_{\Gamma_{\mathcal{R}}}(U) = \texttt{NO} \ \wedge \\ & \qquad\qquad \texttt{follows-from?}_{\Gamma_{\mathcal{R}}}(n, U) = \texttt{YES}, \\ \texttt{NO} & \text{sonst.} \end{cases}$$

Algorithmus 5.1: ATMS-Version der Schnittstellenfunktion $\texttt{holds-in?}$

Außerdem läßt sich die Schnittstellenfunktion $\texttt{minimal-supporters?}$ aus der erweiterten Schnittstelle mit Hilfe der Label effizient realisieren. Dazu setze man für einen Knoten n und eine Annahmenmenge U:

$$\texttt{minimal-supporters?}_{\Gamma_{\mathcal{R}}}(n, U) := \{U' \mid U' \in l(n) \text{ und } U' \subseteq U\}.$$

Die Label zu Knoten aus $\mathcal{N}$, Annahmen aus $\mathcal{A}$ und Rechtfertigungen aus $\mathcal{R}$ lassen sich folglich als eine sehr *kompakte Repräsentation des Kenntnisstands* $Bel_{\Gamma_{\mathcal{R}},\mathcal{N},\mathcal{A}}$ ansehen!

Kontextwechsel erfordern deshalb im ATMS keinen nennenswerten Berechnungsaufwand, dafür aber einen komplexeren Algorithmus zur Label-Propagierung und ein aufwendigeres Auswerten von Labeln (zum Thema Effizienz werden wir in den Abschnitten 5.13, 5.15 und 5.25 noch mehr zu sagen haben).

Zum Vergleich: Ein JTMS verwaltet lediglich *eine* (momentane) Umgebung U. Deshalb fallen dort für einen IN-Knoten n die vier Label-Bedingungen zu zwei Spezialfällen zusammen:

1. *Konsistenz*: $\mathcal{R} \not\vdash U \to \bot$

2. *Korrektheit*: $\mathcal{R} \vdash U \to n$

(die Umgebung U ist dabei aufgrund der JTMS-Annahmen gegeben).

Kontextwechsel erfordern in single-context Systemen ein aufwendiges Neumarkieren von Teilen des Abhängigkeitsnetzes. Dafür lassen sich Label-Auswertungen in diesen Systemen mit konstantem Aufwand durchführen.

5.7 Lokale Label-Updates und ihre Korrektheit

Das Label eines Knoten n kann sich nur ändern, wenn dem ATMS eine neue Rechtfertigung oder Annahme bekanntgemacht wird (bei der Definition einer Annahme A wird ja begleitend die Rechtfertigung $A \Rightarrow A$ eingeführt). Das ATMS aktualisiert in so einem Fall zunächst das Label des Konsequenz-Knotens zu dieser Rechtfertigung (macht es *lokal wohlgeformt*) und *propagiert* dann die entsprechenden Label-Änderungen in dem durch $\mathcal{R}$ gegebenen Abhängigkeitsnetz weiter.

Um diesen Prozeß formal beschreiben, sowie als korrekt nachweisen zu können (de Kleer definiert das Verfahren in [dK86b] nur informell), benötigen wir wieder die beiden, bereits in Abschnitt 4.10 eingeführten, auf Mengen L von Umgebungen definierten Operationen:

Minimierung: Entfernung subsumierter Umgebungen:

$$\mu(L) := \{U \mid U \in L \ \wedge \ \forall U' \in L : (U' \subseteq U \Rightarrow U = U')\}.$$

Produkt: Das Produkt zweier Umgebungsmengen:

$$L_1 \otimes L_2 := \{U_1 \cup U_2 \mid U_1 \in L_1 \wedge U_2 \in L_2\}.$$

Außerdem verwenden wir die Abkürzung

$$\mu_M(L) := \{U \mid U \in L \ \wedge \ \forall U' \in M : (U' \subseteq U \Rightarrow U' = U)\}$$

für die *Minimierung von L bzgl. M*, d.h. die Menge von Umgebungen, die aus L durch Streichen von echten Obermengen von Elementen aus M entsteht.

Die folgenden Eigenschaften des Minimierungs- bzw. Produktoperators lassen sich leicht aus deren Definition herleiten (L, L' bzw. L'' stehe jeweils für eine beliebige Menge von Umgebungen). Wir werden von ihnen später in Beweisen beim Umformen von Labeln Gebrauch machen.

Nützliche Eigenschaften des Minimierungsoperators:

- *Idempotenz*: $\mu(\mu(L)) = \mu(L)$
  (μ ist ein *Abschlußoperator*);

- $\mu(L \cup L') = \mu(\mu(L) \cup L') = \mu(\mu(L) \cup \mu(L'))$;

- $\mu(L \otimes L') = \mu(\mu(L) \otimes L')$.

Als eine für algebraische Umformungen sehr angenehme Eigenschaft des Produktoperators erweist sich zudem, daß $(2^{\mathcal{A}}, \otimes, \{\emptyset\})$ ein *kommutatives Monoid* bildet:

- *Eins-Element*:　$\{\emptyset\} \otimes L = L$;

- *Kommutativität*:　$L \otimes L' = L' \otimes L$;

- *Assoziativität*:　$L \otimes (L' \otimes L'') = (L \otimes L') \otimes L''$.

Damit läßt sich der Produktoperator gemäß

$$\bigotimes \mathcal{L} := \bigotimes_{L \in \mathcal{L}} L$$

auf Mengen $\mathcal{L}$ von Umgebungsmengen verallgemeinern. Außerdem gilt:

- *Null-Element*:　$\emptyset \otimes L = \emptyset$
  ($\emptyset$ ist ein Annihilator für $(2^{\mathcal{A}}, \otimes, \{\emptyset\})$);

- $(2^{\mathcal{A}}, \cup, \emptyset)$ ist ein *kommutatives Monoid*;

- *Distributivität* des Produkts über der Mengenvereinigung:

$$(L \cup L') \otimes L'' = (L \otimes L'') \cup (L' \otimes L'').$$

Ingesamt ist also $(2^{\mathcal{A}}, \cup, \otimes, \emptyset, \{\emptyset\})$ ein *kommutativer Quasiring* mit der *Null* $\emptyset$ und der *Eins* $\{\emptyset\}$ über der Potenzmenge zu $\mathcal{A}$, bei dem der Produktoperator die Rolle der *Multiplikation* und die Mengenvereinigung die der *Addition* spielt (zu einem Ring fehlen die Inversen bzgl. der Mengenvereinigung — für eine erschöpfende Behandlung der Eigenschaften dieser mathematischen Strukturen siehe [BB70]).

Das *lokal wohlgeformte Label* zu einem Knoten n läßt sich in zwei Schritten aus den wohlgeformten Labeln der Rechtfertigungen von n berechnen (siehe Algorithmus 5.2). Die beiden Schritte dieses Verfahrens bilden zusammen einen *lokalen Propagierungs-Schritt* des ATMS; das Verfahren selbst wird auch als *Regel zur lokalen Propagierung* bezeichnet.

Beispiel 5.7.1 *Angenommen, wir haben die Label*

$$(e, \{\{A, B\}\{C\}\}) \quad und \quad (f, \{\{A\}\{D\}\}),$$

sowie den NOGOOD *nogood*$\{C, D\}$ *und erzeugen einen Knoten* g *mit der Rechtfertigung*

$$e, f \Rightarrow g.$$

1. Für jede Rechtfertigung $\mathcal{X} \Rightarrow n$ wird ermittelt, welche Umgebungen ihr „Label" zu n beiträgt : Das *tentative* Label der Rechtfertigung $\mathcal{X} \Rightarrow n$ ist durch

$$l'(\mathcal{X} \Rightarrow n) := \bigotimes_{x \in \mathcal{X}} l(x)$$

   definiert. Durch *Minimieren* und Entfernen evtl. vorhandener NOGOODS erhält man daraus das (wohlgeformte) Label

$$l(\mathcal{X} \Rightarrow n) := \mu(l'(\mathcal{X} \Rightarrow n)) - nogoods$$

   von $\mathcal{X} \Rightarrow n$.

2. Die Label aller Rechtfertigungen von n werden kombiniert. Verfügt n über die Rechtfertigungen $J_1, \ldots, J_m$, so erhält man das *tentative Label* von n durch

$$l'(n) := \bigcup_{i=1}^{m} l(J_i).$$

   Aus diesem läßt sich dann das wohlgeformte Label von n durch

$$l(n) := \mu(l'(n))$$

   gewinnen.

Algorithmus 5.2: Ein (naiver) lokaler Propagierungs-Schritt im ATMS

Das tentative Label für diese Rechtfertigung ist dann

$$\{\{A, B\}\{A, B, D\}\{A, C\}\{C, D\}\}.$$

Nach Entfernen der subsumierten Umgebung $\{A, B, D\}$ *und des* NOGOOD $\{C, D\}$ *erhält man damit das wohlgeformte Label*

$$(g, \{\{A, B\}\{A, C\}\}).$$

Da g nur eine Rechtfertigung besitzt, ist dies auch das Label von g. $\quad\square$

Wir zeigen jetzt, daß der im Algorithmus 5.2 skizzierte Propagierungs-Schritt korrekt ist. Dazu zeigen wir zunächst, daß die lokale Label-Berechnung für den Spezialfall, daß n *genau eine* Rechtfertigung

$$\mathcal{X} \Rightarrow n$$

hat ($\mathcal{X} = \{n_1, \ldots, n_k\}$), im ersten Schritt genau das Label berechnet, das diese Rechtfertigung für n einbringt. Für diesen Spezialfall ist im zweiten Schritt von Algorithmus 5.2 nichts mehr zu tun:

$$jctxts(\mathcal{X} \Rightarrow n) = ctxts(n). \tag{5.3}$$

Aufgrund der Definition von $jctxts$ gilt:

$$jctxts(\mathcal{X} \Rightarrow n) = \bigcap_{j=1}^{k} ctxts(n_j).$$

Unter Ausnutzung von (5.1) sind damit folgende Umformungen möglich:

$$
\begin{aligned}
jctxts(\mathcal{X} \Rightarrow n) &= \bigcap_{j=1}^{k} \Big(\bigcup_{U_j \in l(n_j)} U_j^+ - nogoods \Big) \\
&= \bigcap_{j=1}^{k} \Big(\bigcup_{U_j \in l(n_j)} U_j^+ \Big) - nogoods.
\end{aligned}
$$

Mit der Abkürzung

$$\mathcal{L} := \{ \bigcap_{j=1}^{k} U_j^+ \mid U_j \in l(n_j) \text{ für } 1 \leq j \leq k \}$$

gilt dann (wg. der Distributivität von $\cap$ über $\cup$)

$$jctxts(\mathcal{X} \Rightarrow n) = \bigcup_{L \in \mathcal{L}} L - nogoods.$$

Andererseits gilt für beliebige Annahmenmengen $U_1, \ldots, U_k$

$$\bigcap_{j=1}^{k} U_j^+ = \Big(\bigcup_{j=1}^{k} U_j \Big)^+,$$

da $U \in \bigcap_{j=1}^{k} U_j^+$ gdw. $U \supseteq U_j$ für $1 \leq j \leq k$ gdw. $U \supseteq \bigcup_{j=1}^{k} U_j$ gdw. $U \in (\bigcup_{j=1}^{k} U_j)^+$. Daher stimmt $\mathcal{L}$ mit der Menge

$$\{ \Big(\bigcup_{j=1}^{k} U_j \Big)^+ \mid U_j \in l(n_j) \text{ für } 1 \leq j \leq k \}$$

überein. Aufgrund von

$$\bigotimes_{j=1}^{k} l(n_j) = \{ \bigcup_{j=1}^{k} U_j \mid U_j \in l(n_j) \text{ für } 1 \leq j \leq k \}$$

und (5.3) gilt damit

$$ctxts(n) = \bigcup_{L \in \bigotimes_{j=1}^{k} l(n_j)} L^+ - nogoods,$$

d.h. die Umgebungsmenge

$$\bigotimes_{j=1}^{k} l(n_j) - nogoods$$

ist wegen (5.2) ein Prälabel von n. Deshalb stimmt

$$\mu(\bigotimes_{j=1}^{k} l(n_j)) - nogoods$$

mit dem Label von n bzw. seiner einzigen Rechtfertigung überein.

Hat n genau die m Rechtfertigungen

$$\mathcal{X}_i \Rightarrow n \qquad (1 \leq i \leq m),$$

so gilt aufgrund der Definition von *jctxts*

$$ctxts(n) = \bigcup_{i=1}^{m} jctxts(\mathcal{X}_i \Rightarrow n).$$

Gerade diese Menge wird aber im zweiten Schritt des Algorithmus zur lokalen Label-Berechnung als tentatives Label für n ermittelt, d.h.

$$l(n) = \mu(ctxts(n)),$$

was zu beweisen war.

5.8 Globale Label-Updates

Die folgende Prozedur NEW-JUST (Algorithmus 5.3) realisiert die *Definition einer Rechtfertigung* $\mathcal{X} \Rightarrow n$. Sie kann als eine einfache ATMS-Realisierung der Schnittstellenfunktion add-constraint! angesehen werden. NEW-JUST setzt voraus, daß die Label aller Knoten vor dem Hinzufügen der Rechtfertigung wohlgeformt waren und berechnet dann mit Hilfe der Prozedur NAIVE-PROPAGATE die neuen Label.

NEW-JUST($\mathcal{X} \Rightarrow n$):

1. Mache die Rechtfertigung $\mathcal{X} \Rightarrow n$ bekannt:
   $\mathcal{R} := \mathcal{R} \cup \{\mathcal{X} \Rightarrow n\}$.

2. NAIVE-PROPAGATE(n).

Algorithmus 5.3: Naive ATMS-Version von NEW-JUST

`NAIVE-PROPAGATE(`n`)`:

1. Merke das alte Label l_{alt} von n.

2. Berechne das neue wohlgeformte Label l_{neu} zum Knoten n.

3. Gilt $l_{alt} = l_{neu}$? Falls ja: Fertig!

4. Falls n ein Widerspruchsknoten (z.B. der Knoten $\perp$) ist, so

   - markiere alle Umgebungen aus l_{neu} als NOGOODS und

   - entferne die neuen NOGOODS aus den Labeln aller bekannten Knoten.

5. Falls n kein Widerspruchsknoten ist, so führe

$$\text{NAIVE-PROPAGATE}(n')$$

aus für jede Rechtfertigung $\mathcal{X}' \Rightarrow n'$ mit $n \in \mathcal{X}'$.

Algorithmus 5.4: Naives Propagieren im ATMS

5.9 Effiziente Label-Propagierung

Die Prozedur `NAIVE-PROPAGATE` (Algorithmus 5.4) ist zwar leicht verständlich, für eine konkrete Implementierung allerdings viel zu *ineffizient*. Sie berechnet für jeden Knoten, bei dem die Propagierung ankommt, mit Hilfe von Algorithmus 5.2 sein Label *komplett neu*.

Die folgende formale Rekonstruktion der Prozedur `PROPAGATE` aus [dK88] arbeitet *inkrementell* und damit wesentlich effizienter. Bei ihr wird von einem Knoten an Stelle von l_{neu} nur der *Unterschied* zwischen l_{alt} und l_{neu} weiterpropagiert. Die Prozedur `PROPAGATE` (Algorithmus 5.6) erwartet drei Argumente:

- eine Menge $\mathcal{X}$ von Antezedenten,

- einen Konsequenzknoten n sowie

- eine minimierte Menge I von Umgebungen, die zusammen mit den Labeln der Knoten in $\mathcal{X}$ in das Label von n einzumischen sind.

Die Menge I wird von der inkrementellen Version der Prozedur `NEW-JUST` (Algorithmus 5.5) anläßlich der Definition einer Rechtfertigung und von `UPDATE` (Algorithmus 5.8) beim rekursiven Propagieren der Labeländerungen geeignet versorgt.

`PROPAGATE` verwendet zwei Hilfs-Prozeduren `WEAVE` und `UPDATE` (Algorithmus 5.7 bzw. 5.8), um mehrere Label zu einem zu kombinieren und das dabei

---

NEW-JUST($\mathcal{X} \Rightarrow n$):

1. Mache die Rechtfertigung $\mathcal{X} \Rightarrow n$ bekannt:
   $\mathcal{R} := \mathcal{R} \cup \{\mathcal{X} \Rightarrow n\}$.

2. PROPAGATE($\mathcal{X}, n, \{\emptyset\}$).

Algorithmus 5.5: Inkrementelle ATMS-Version von NEW-JUST

PROPAGATE($\mathcal{X}, n, I$):

1. Berechnung des Label-Inkrements:
   $L := $ WEAVE($\mathcal{X}, I$).
   Falls $L = \emptyset$, so kehre zurück.

2. Aktualisiere das Label von n und rekurriere:
   UPDATE(L, n).

Algorithmus 5.6: Inkrementelles Propagieren im ATMS

entstehende Label-Inkrement an den von der Änderung betroffenen Knoten weiterzupropagieren.

Die Prozedur WEAVE berechnet bei Versorgung mit der Knotenmenge $\mathcal{X}$ und dem partiellen Label I das Label-Inkrement:

$$\mu(I \otimes \bigotimes_{x \in \mathcal{X}} l(x)) - nogoods.$$

Bei Betreten der UPDATE-Prozedur sind das Label-Inkrement L (da von WEAVE produziert) und natürlich das alte Label $l(n)$ von n bereits minimiert. Schritt 1 erklärt sämtliche Umgebungen aus L zu NOGOODS, falls es sich beim Knoten n um den Widerspruchsknoten handelt. Allgemein gilt

$$L = \mu(L) \ \wedge \ L' = \mu(L') \\ \Rightarrow \ \ \mu(L \cup L') \ = \ \mu_{L'}(L) \cup \mu_L(L').$$

Damit bestehen nach Ausführen von Schritt 2 die Beziehungen

$$l(n) = \mu(l_{alt} \cup L) \quad \text{und} \quad \Delta L = l(n) - l_{alt},$$

d.h. dieser Schritt berechnet das neue, wohlgeformte Label für n sowie dessen Änderung ΔL. Diese Änderung des Labels von n wird dann in Schritt 3 an die von n betroffenen Knoten weiterpropagiert. Die zugehörige Propagierungswelle kann zur Entdeckung von NOGOODS und/oder redundanten Umgebungen in l_{pre} führen, die auch in ΔL vorhanden sind. Solche Umgebungen sollten natürlich

---

WEAVE$(\mathcal{X}, I)$:

1. Terminierung:
   Falls $\mathcal{X} = \emptyset$, kehre mit I als Wert zurück.

2. Wähle ein $x \in \mathcal{X}$.

3. Inkrementelle Konstruktion des Label-Inkrements:

$$I' := I \otimes l(x).$$

4. Kompaktifizierung von I':
   Entferne alle redundanten und inkonsistenten Umgebungen
   aus dem inkrementellen Label I':

$$I'' := \mu(I') - nogoods.$$

5. Kehre mit WEAVE$(\mathcal{X} - \{x\}, I'')$ als Wert zurück.

Algorithmus 5.7: Die Prozedur WEAVE

nicht bei der Behandlung der restlichen von n betroffenen Knoten an diese Knoten weiterpropagiert werden und sind deshalb aus ΔL herauszunehmen.

Der inkrementelle Label-Update Algorithmus propagiert ebenso wie der naive Algorithmus nach einer *Tiefe-Zuerst Strategie* im Abhängigkeitsnetz.

Der Test in Schritt 1 dieser Prozedur ist unnötig, falls NOGOOD von UPDATE aufgerufen wurde, da U dann als von WEAVE produzierte Umgebung nicht inkonsistent sein kann.

Beispiel 5.9.1 *Ein zyklisches Abhängigkeitsnetz: Hinzunahme von $(g \Rightarrow f)$ zum Beispiel 5.7.1 bringt folgendes Geschehen in Gang:*

PROPAGATE$(\{g\}, f, \{\emptyset\})$

WEAVE$(\{g\}, \{\emptyset\})$ *liefert* $L := \{\{A, B\}, \{A, C\}\}$

UPDATE(L, f):

    1. $\Delta L := \emptyset$ *wg.* $\{A\} \in l(f)$; $l(f)$ *bleibt unverändert*

    2. PROPAGATE$(\{e\}, g, \emptyset)$ *verursacht* WEAVE$(\{e\}, \emptyset)$.

    3. Letzteres liefert $\emptyset$: *Fertig!*

Die neue Rechtfertigung hat also nichts an den Labeln der Knoten e, f oder g geändert.   □

$\text{UPDATE}(L, n):$

1. Behandlung von NOGOODS:
   Gilt $n = \perp$, so

   (a) führe $\text{NOGOOD}(U)$ aus für jedes $U \in L$.

   (b) Fertig.

2. Erweiterung von $l(n)$ um L:

   (a) $l_{alt} := l(n)$;

   (b) $\Delta L := \mu_{l_{alt}}(L) - l_{alt}$;

   (c) $l(n) := \mu_{\Delta L}(l_{alt}) \cup \Delta L$;

3. Für jede Rechtfertigung $\mathcal{X}' \Rightarrow n'$ mit $n \in \mathcal{X}'$:

   (a) $l_{pre} := l(n)$;
   $\text{PROPAGATE}(\mathcal{X}' - \{n\}, n', \Delta L)$;
   (dadurch kann sich das Label von n ändern).

   (b) Entferne die jetzt bzgl. $l(n)$ redundanten oder
   inkonsistenten Umgebungen aus ΔL:

   $$\Delta L := \Delta L - (l_{pre} - l(n));$$

   (c) Frühe Terminierung:
   Gilt nun $\Delta L = \emptyset$, so kehre zurück.

Algorithmus 5.8: Die Prozedur UPDATE

5.10 Korrektheit der inkrementellen Label-Propagierung

Wir zeigen nun, daß das angegebene Verfahren zum inkrementellen Propagieren
von Labeln korrekt ist. Dazu nehmen wir an, zwei Knoten n und n' stehen über
eine Rechtfertigung

$$\mathcal{X}' \Rightarrow n' \quad \text{mit} \quad n \in \mathcal{X}'$$

in Beziehung, der Propagierungsalgorithmus hat soeben das alte Label $l_{alt}(n)$
von n um die Umgebungsmenge ΔL zum neuen Label

$$l_{neu}(n) = \mu(l_{alt}(n) \cup \Delta L)$$

erweitert und propagiert jetzt ΔL über die Rechtfertigung $\mathcal{X}' \Rightarrow n'$ an n' weiter.

Wie muß das neue Label $l_{neu}(n')$ von n' nach dieser Label-Änderung von n
aktualisiert werden? Untersuchen wir zunächst, wie sich das Label der Rechtfer-

---

NOGOOD(U):

1. Falls es einen NOGOOD $U' \in NG$ gibt mit $U' \subseteq U$:
   Fertig! (ein allgemeinerer NOGOOD war schon bekannt)

2. Eintrag von U in die NOGOOD-Tabelle:

$$NG := NG \cup \{U\}.$$

3. Entferne für jeden Knoten n jene Umgebungen aus $l(n)$, die
   den NOGOOD U umfassen:

$$l(n) := \mu_{\{U\}}(l(n)) - \{U\}.$$

Algorithmus 5.9: NOGOOD-Behandlung im ATMS

tigung $\mathcal{X}' \Rightarrow n'$ durch den Update von n ändert:

$$
\begin{aligned}
l_{neu}(\mathcal{X}' \Rightarrow n') &= \mu(\bigotimes_{x \in \mathcal{X}'} l(x)) - nogoods \\
&= \mu(l_{neu}(n) \otimes L) - nogoods \\
&= \mu(\mu(l_{alt}(n) \cup \Delta L) \otimes L) - nogoods \\
&= \mu((l_{alt}(n) \cup \Delta L) \otimes L) - nogoods
\end{aligned}
$$

wobei die Abkürzung

$$L := \bigotimes_{x \in \mathcal{X}' - \{n\}} l(x)$$

gelten möge.

Um weiterarbeiten zu können, benötigen wir den folgenden Hilfssatz:
Für beliebige Umgebungsmengen L und L' gilt:

$$\mu(L) - \bigcup_{U \in L'} U^+ = \mu(L - \bigcup_{U \in L'} U^+). \tag{5.4}$$

Beweis: Sei $V \in \mu(L) - \bigcup_{U \in L'} U^+$, d.h. wir haben

1. $V \in L$,

2. $\forall V' \in L : \ V \supseteq V' \Rightarrow V = V'$,

3. $\forall U \in L' : \ U \nsubseteq V$.

Aus der 2. Eigenschaft folgt:

4. $\forall V' \in (L - \bigcup_{U \in L'} U^+) : \ V \supseteq V' \Rightarrow V = V'$,

d.h. $V \in \mu(L - \bigcup_{U \in L'} U^+)$.

Für die andere Richtung der Inklusion nehmen wir $V \in \mu(L - \bigcup_{U \in L'} U^+)$ an: Dann gelten die 1., 3. und 4. Bedingung. Gäbe es ein $V' \in L \cap \bigcup_{U \in L'} U^+$, so gälte insbesondere $V' \in \bigcup_{U \in L'} U^+$, d.h. es gäbe ein U mit $V' \supseteq U$. Für dieses $U \in L'$ gälte aber unter der zusätzlichen Annahme $V \supseteq V'$ auch $V \supseteq U$ — im Widerspruch zur 3. Bedingung. Es muß also

$$5. \quad \forall V' \in (L \cap \bigcup_{U \in L'} U^+): \quad V \supseteq V' \Rightarrow V = V'$$

gelten. Zusammen mit der trivialen Beziehung

$$L = (L - \bigcup_{U \in L'} U^+) \cup (L \cap \bigcup_{U \in L'} U^+)$$

folgt damit die 2. Bedingung, d.h. $V \in \mu(L) - \bigcup_{U \in L'} U^+$.

Mit (5.4) gilt nun aufgrund der Abkürzung $nogoods = \bigcup_{U \in NG} U^+$:

$$
\begin{aligned}
l_{neu}(\mathcal{X}' \Rightarrow n') &= \mu((l_{alt}(n) \cup \Delta L) \otimes L) - nogoods \\
&= \mu((l_{alt}(n) \cup \Delta L) \otimes L - nogoods) \\
&= \mu((l_{alt}(n) \otimes L \;\cup\; \Delta L \otimes L) - nogoods) \\
&= \mu((l_{alt}(n) \otimes L - nogoods) \;\cup \\
&\qquad (\Delta L \otimes L - nogoods)) \\
&= \mu(\mu(l_{alt}(n) \otimes L - nogoods) \;\cup \\
&\qquad \mu(\Delta L \otimes L - nogoods)) \\
&= \mu((\mu(l_{alt}(n) \otimes L) - nogoods) \;\cup \\
&\qquad (\mu(\Delta L \otimes L) - nogoods)) \\
&= \mu(l_{alt}(\mathcal{X}' \Rightarrow n') \;\cup\; \mathtt{WEAVE}(\mathcal{X}' - \{n\}, \Delta L)).
\end{aligned}
$$

Damit haben wir genug Information, um das neue Label von n' in Abhängigkeit vom alten zu berechnen:

$$
\begin{aligned}
l_{neu}(n') &= \mu(\bigcup_{(\mathcal{X}'' \Rightarrow n') \in \mathcal{R}} l_{neu}(\mathcal{X}'' \Rightarrow n')) \\
&= \mu(l_{neu}(\mathcal{X}' \Rightarrow n') \;\cup\; L') \\
&= \mu(\mu(l_{alt}(\mathcal{X}' \Rightarrow n') \cup \mathtt{WEAVE}(\mathcal{X}' - \{n\}, \Delta L)) \;\cup\; L') \\
&= \mu(l_{alt}(\mathcal{X}' \Rightarrow n') \;\cup\; \mathtt{WEAVE}(\mathcal{X}' - \{n\}, \Delta L) \;\cup\; L') \\
&= \mu(l_{alt}(\mathcal{X}' \Rightarrow n') \;\cup\; L' \;\cup\; \mathtt{WEAVE}(\mathcal{X}' - \{n\}, \Delta L)) \\
&= \mu(\mu(l_{alt}(\mathcal{X}' \Rightarrow n') \;\cup\; L') \;\cup\; \mathtt{WEAVE}(\mathcal{X}' - \{n\}, \Delta L)) \\
&= \mu(l_{alt}(n') \;\cup\; \mathtt{WEAVE}(\mathcal{X}' - \{n\}, \Delta L))
\end{aligned}
$$

wobei die Abkürzung

$$
L' := \bigcup_{\substack{(\mathcal{X}'' \Rightarrow n') \in \mathcal{R} \\ \mathcal{X}'' \neq \mathcal{X}'}} l_{neu}(\mathcal{X}'' \Rightarrow n')
$$

gelten möge (für $\mathcal{X}'' \neq \mathcal{X}'$ gilt ja $l_{neu}(\mathcal{X}'' \Rightarrow n') = l_{alt}(\mathcal{X}'' \Rightarrow n')$).

Diese Beziehung zusammen mit unseren Ausführungen zur UPDATE-Prozedur hat nun unmittelbar die Korrektheit des inkrementellen Algorithmus zur Label-Propagierung zur Folge:

- Der Aufruf $\mathtt{PROPAGATE}(\mathcal{X}' - \{n\}, n', \Delta L)$ führt zunächst zur Berechnung von

$$\mathtt{WEAVE}(\mathcal{X}' - \{n\}, \Delta L)$$

- und im anschließenden Aufruf $\mathtt{UPDATE}(\Delta L, n')$ zur korrekten Aktualisierung

$$l_{neu}(n') := \mu(l_{alt}(n') \ \cup \ \mathtt{WEAVE}(\mathcal{X}' - \{n\}, \Delta L))$$

des über $\mathcal{X}' \Rightarrow n'$ betroffenen Knotens n'.

Der inkrementelle Propagierungs-Algorithmus PROPAGATE liefert das gleiche Ergebnis wie der naive Algorithmus NAIVE-PROPAGATE: Ersetzt man in Schritt 3 der Prozedur UPDATE den Aufruf

$$\mathtt{PROPAGATE}(\mathcal{X}' - \{n\}, n', \Delta L)$$

durch den in Bezug auf Label-Updates äquivalenten

$$\mathtt{PROPAGATE}(\mathcal{X}', n', \{\emptyset\}),$$

so berechnet PROPAGATE genau wie NAIVE-PROPAGATE das Label der Rechtfertigung $\mathcal{X}' \Rightarrow n'$ vollständig neu:

$$\mathtt{WEAVE}(\mathcal{X}', \{\emptyset\}) = l(\mathcal{X}' \Rightarrow n').$$

Die folgende Überlegung zeigt, daß dieser Propagierungsalgorithmus für beliebige Abhängigkeitsnetze *terminiert*.

Ist das Netz zyklenfrei, so ergibt sich die Terminierung trivial (das Abhängigkeitsnetz ist endlich). Wir nehmen also an, daß das Netz einen *(gerichteten) Zyklus* enthält:

$$n_1 \longrightarrow n_2 \longrightarrow \ldots \longrightarrow n_k \longrightarrow n_1$$

Dabei bedeute $n \longrightarrow m$, es gebe eine Rechtfertigung

$$\mathcal{X}' \Rightarrow m \quad \text{mit} \quad n \in \mathcal{X}'$$

Eine Erweiterung von $l(n_1)$ um eine Umgebung U kann nur bewirken, daß die Label $l(n_i)$ mit $i > 1$ neue Umgebungen erhalten, die *Obermengen* von U sind. Kommt die Propagierung zurück zu n_1, kann $l(n_1)$ also nur um Obermengen von U erweitert werden, was aber aufgrund der *Label-Minimalität* unterbleibt. Der Zyklus wird also *nur einmal* durchlaufen.

5.11 Wie teuer ist das Arbeiten mit dem ATMS?

Das ATMS kann hauptsächlich deshalb die 2^n Kontexte *effizient verwalten*, die sich theoretisch aufgrund von n Annahmen konstruieren lassen, weil die Kontexte, in denen ein Knoten gilt, bei diesem Knoten kompakt in Form seines (minimierten) Labels gespeichert werden (im Fall von Widerspruchsknoten wie z.B. $\perp$ kann die NOGOOD-Tabelle als deren Label aufgefaßt werden, deren Umgebungen natürlich alle inkonsistent sind). Ist darüber hinaus der Problemlöser so ausgelegt, daß er dem ATMS kleine NOGOODS möglichst früh mitteilt, so müssen bei der Suche nach einer Lösung des Constraint-Problems (Γ, Σ) viele Kontexte gar nicht explizit auf Konsistenz hin überprüft werden (in Abschnitt 6.9 werden wir diesen Punkt noch detaillierter diskutieren).

De Kleer behauptet deshalb in [dK86b], daß ein Problemlöser auf der ATMS-Seite Kosten verursacht, die direkt proportional zur Anzahl der Kontexte (und damit der sie repräsentierenden Umgebungen) sind, zu deren Exploration der Problemlöser das ATMS zwingt. Er schildert in [dK86d] und etwas detaillierter in [dKW86a] ein auf das ATMS übertragenes Beispiel von McAllester [McA85] (Konstruktion von Binärzahlen mit vorgegebener Parität), bei dem das ATMS zur Exploration aller theoretisch möglichen 2^n Kontexte gezwungen wird.

Dieses Beispiel setzt allerdings eine prozedurale Erweiterung des ATMS — die Consumer-Architektur — voraus (mehr dazu in Abschnitt 7.1) und wird auch gleich von de Kleer durch eine Reformulierung — ebenfalls mit Mitteln der Consumer-Architektur — entschärft. Wir wollen im folgenden genauer untersuchen, wie es um die Worst-Case Komplexität des Kern-ATMS bestellt ist. Es wird sich zeigen, daß bereits im Kern-ATMS der schlimmste Fall von $O(2^n)$ Umgebungen im Label eines Knotens konstruierbar ist.

5.12 Was bringt Minimierung?

Betrachtet man den Propagierungs-Algorithmus von de Kleer [dK88] genauer (vgl. auch die Algorithmen 5.5–5.9), so erkennt man, daß dabei das *Minimieren* von Prälabeln eine zentrale und häufig benutzte, gleichzeitig aber recht *aufwendige Operation* ist. Es liegt also nahe, zu fragen, ob sich das Minimieren unter dem Strich lohnt, oder man sich auf ein *Faktorisieren* der Label beschränken, d.h. nur Umgebungsduplikate aus Prälabeln entfernen und damit die 4. von de Kleers Forderungen für die Wohlgeformtheit von Labeln (siehe Abschnitt 5.4) aufgeben sollte.

Bevor wir diese Frage angehen, machen wir drei Annahmen, die wohl für jede effiziente ATMS-Implementierung zutreffen werden:

1. Umgebungen werden mittels eines Schlüssels in einer *zentralen Umgebungstabelle* gespeichert (*interniert*).

2. In Labeln werden die *Schlüssel* anstelle der Umgebungen eingesetzt.

3. Durch geeignete Verwaltungsstrukturen können über den Schlüssel einer Umgebung schnell jene Knoten identifiziert werden, die die Umgebung in ihrem Label erwähnen (*Label-Invertierung*).

Die ersten beiden Forderungen stellen sicher, daß das ATMS Umgebungen, die in mehr als einem Label auftreten, *nicht mehrfach* speichert. Die dritte Forderung ermöglicht eine erheblich beschleunigte Verarbeitung neuer NOGOODS durch die Prozedur NOGOOD.

Wir unterstellen außerdem, daß mit Hilfe des Schlüssels die Größe der Umgebung *direkt* nachgeschlagen, d.h. ohne Zählen ermittelt werden kann. Dies gestattet es, effizienter zu faktorisieren (unterschiedlich große Umgebungen sind sicher verschieden).[4]

Wie wir gleich sehen werden, kann ein Problemlöser ein Abhängigkeitsnetz erzeugen, in dem einzelne Knoten ein (gemessen in der Anzahl der Annahmen) exponentiell großes Label zugewiesen bekommen, ohne daß dieses Explodieren der Label durch das ATMS verhinderbar wäre.

Um ein Label mit k Umgebungen zu faktorisieren oder gar zu minimieren, muß das ATMS

$$\binom{k}{2} = \frac{k(k-1)}{2}$$

Teilmengenvergleiche durchführen.[5] Für große Label ist diese, bei jedem Propagierungsschritt fällig werdende Operation also ganz erheblich an den Gesamtkosten für die Aktualisierung der Label beteiligt.

5.13   Worst-Case Label-Komplexitäten

Gegeben n Annahmen, mit denen der Problemlöser spielt: Wie groß kann das Label schlimmstenfalls werden?

Die zu Anfang des Abschnitts skizzierten Implementierungsannahmen über das ATMS berechtigen uns, die *Größe eines Labels* mit der Anzahl der Umgebungen im Label zu messen. Nehmen wir für einen Moment an, bei der Propagierung würden Label *nicht* minimiert (aber faktorisiert). Da Umgebungen Mengen von Annahmen repräsentieren, kann ein Prälabel im schlimmsten Fall

$$2^n$$

verschiedene Umgebungen enthalten. Ist so ein Label auch *praktisch* (mit Hilfe von Rechtfertigungen) herstellbar? Natürlich — wie *jedes* andere Label auch. Sei nämlich für beliebige k

$$L = \{\mathcal{X}_1, \ldots, \mathcal{X}_k\}$$

---

[4] Umgebungen, die beim Propagieren durch Kombinieren anderer Umgebungen entstehen, müssen explizit interniert, d.h. in die zentrale Umgebungstabelle aufgenommen werden (falls sie das nicht schon sind).

[5] Um Umgebungen schnell miteinander vergleichen zu können, wird man sie intern natürlich als geordnete Mengen — Listen oder Bitvektoren — darstellen.

eine Menge von Umgebungen. Dann enthält das Label des Knotens m nach Bekanntgabe der k Rechtfertigungen

$$\mathcal{X}_1 \Rightarrow m,$$
$$\vdots$$
$$\mathcal{X}_k \Rightarrow m,$$

mindestens die Umgebungen $\mathcal{X}_1, \ldots, \mathcal{X}_k$ aus L (wir nehmen ja gerade an, daß nicht minimiert wird).

Dies funktioniert sogar noch mit den beiden folgenden *Einschränkungen*:

1. Eine Rechtfertigung darf höchstens zwei Antezedenten haben.

2. Ein Knoten darf höchstens zwei Rechtfertigungen erhalten.

Die erste Einschränkung läßt sich folgendermaßen erreichen: Gegeben eine Rechtfertigung

$$x_1, \ldots, x_{k-1}, x_k \Rightarrow y$$

mit $k > 2$, so erzeugt man einen neuen Knoten y' und ersetzt diese Rechtfertigung durch die beiden folgenden Rechtfertigungen:

$$\begin{aligned} x_1, \ldots, x_{k-1} &\Rightarrow y' \\ y', x_k &\Rightarrow y \end{aligned}$$

Diese Transformation macht man $(k-2)$ mal, d.h. solange, bis dabei keine Rechtfertigung mit mehr als 2 Antezedenten *neu* entsteht.

Hat die Rechtfertigung aus $\mathcal{R}$ mit den meisten Antezedenten gerade k Antezedenten, so wird bei Anwendung dieser Transformation auf alle Rechtfertigungen die Zahl der Knoten und die der Rechtfertigungen jeweils schlimmstenfalls um den Faktor k größer.

Analog berücksichtigt man die zweite Einschränkung: Hat ein Knoten $k > 2$ Rechtfertigungen

$$\begin{aligned} \mathcal{X}_1 &\Rightarrow y, \\ \mathcal{X}_2 &\Rightarrow y, \\ &\vdots \\ \mathcal{X}_k &\Rightarrow y, \end{aligned}$$

so erzeugt man einen neuen Knoten y' und ersetzt die beiden ersten Rechtfertigungen durch:

$$\begin{aligned} \mathcal{X}_1 &\Rightarrow y', \\ \mathcal{X}_2 &\Rightarrow y', \\ y' &\Rightarrow y. \end{aligned}$$

Diesen Schritt wiederholt man $(k-2)$ mal, d.h. solange, bis y nur noch 2 Rechtfertigungen hat.

Ist k die Anzahl der Rechtfertigungen des Knotens mit den meisten Rechtfertigungen, so wird durch diese Transformation das Abhängigkeitsnetz des ATMS schlimmstenfalls um den Faktor k aufgebläht.

Durch vetretbare Einschränkungen an die syntaktische Form von Rechtfertigungen läßt sich also nicht von vornherein die Komplexität der von den Rechtfertigungen erzeugten Label begrenzen.[6] Außerdem folgt aus den vorausgegangenen Überlegungen, daß man jedes Label, das man mit *polynomialem Aufwand* (d.h. mit polynomial vielen Rechtfertigungen) erzeugen kann, auch noch mit den beiden genannten Einschränkungen mit polynomialem Aufwand generieren kann.

Daß ein *exponentiell großes Label* mit exponentiell vielen Rechtfertigungen herstellbar ist, verwundert nicht besonders. Unterstellen wir also, daß ein „typischer Problemlöser" abhängig von der Anzahl der Annahmen nur *polynomial* viele Rechtfertigungen generiert (andernfalls ist das Gesamtsystem aus Problemlöser und ATMS ja schon allein durch den Problemlöser intraktabel). Lassen sich dann trotzdem noch exponentiell große Label erzeugen?

Wie das folgende Beispiel zeigt, lautet die Antwort: Ja! Der Problemlöser schließe dazu mit der Annahmenmenge

$$\{A_1, \ldots, A_n\}.$$

Über die $2n$ Rechtfertigungen

$$
\begin{aligned}
&\Rightarrow\ a_1 \\
A_1 &\Rightarrow\ a_1 \\
a_i &\Rightarrow\ a_{i+1} \qquad (1 \le i < n) \\
a_i, A_{i+1} &\Rightarrow\ a_{i+1} \qquad (1 \le i < n)
\end{aligned}
$$

bekommen für $(1 \le i \le n)$ die Knoten a_i damit 2^i Umgebungen — alle Umgebungen, die man mit den Annahmen $A_1, \ldots, A_i$ bilden kann. Und die Label aller a_i-Knoten zusammen haben immerhin eine *Gesamtkomplexität* von

$$\sum_{i=1}^{n} 2^i = 2^{n+1} - 2.$$

Freilich erhalten alle Knoten in diesem Beispiel das Label $\{\emptyset\}$, d.h. es resultiert eine Gesamtkomplexität von n, wenn — wie in den Prozeduren `WEAVE` und `UPDATE` (Algorithmus 5.7 bzw. 5.8) vorgesehen — minimiert wird, womit wir auch schon bei der Frage sind, wie der *Worst-Case bei Minimierung* aussieht.

Um diesen Fall genauer untersuchen zu können, benötigen wir zuerst einige Eigenschaften von zusammenhängenden Mengen: Zwei Mengen M_1 und M_2 heißen *zusammenhängend*, wenn

- $M_1 \subseteq M_2$ oder

---

[6] Die einzige andere syntaktische Einschränkung, bei der man sich nicht schon auf Prämissen als Rechtfertigungen festlegt, ist wohl die, eine *a priori Schranke* dafür zu setzen, wie oft ein Knoten in Rechtfertigungen auftreten darf — also eine *Grad-Beschränkung* für das Abhängigkeitsnetz (vgl. Abschnitt 3.6). Diese Einschränkung wird z.B. von Mason und Johnson für das DATMS (vgl. [MJ89]) gemacht, läßt sich aber unseres Erachtens nur schwer inhaltlich begründen.

- $M_2 \subseteq M_1$

gilt (andernfalls heißen sie *unzusammenhängend*).

In einem *minimierten* Label sind damit die Umgebungen *paarweise* unzusammenhängend, d.h. unsere Frage nach dem Worst-Case läßt sich folgendermaßen umformulieren: Gegeben eine Annahmenmenge $\mathcal{A}$, welches ist die *größte* Teilmenge von $2^{\mathcal{A}}$, deren Mengen paarweise unzusammenhängend sind?

Nehmen wir an, $\mathcal{A}$ habe die Kardinalität n. Offensichtlich sind jeweils die *k-Teilmengen*

$$U_k := \{U \mid U \subseteq \mathcal{A} \text{ und } |U| = k\}$$

von $\mathcal{A}$ für $(0 \leq k \leq n)$ Mengen paarweise unzusammenhängender Annahmenmengen mit der Kardinalität $\binom{n}{k}$. Wegen der Symmetrie des Pascalschen Dreiecks läßt sich

$$m_{\mathcal{A}} := \max\{|U_k| \mid 0 \leq k \leq n\}$$

direkt über die folgende Fallunterscheidung ausdrücken:

$$m_{\mathcal{A}} = \begin{cases} \binom{2m}{m} & \text{falls} \quad n = 2m, \\ \binom{2m+1}{m} & \text{falls} \quad n = 2m + 1. \end{cases}$$

Für gerade n gilt also:

$$m_{\mathcal{A}} = \binom{n}{n/2} = \frac{2^n (n/2 - 1/2)!}{\sqrt{\pi}(n/2)!}.$$

Mit größer werdendem n konvergiert dieser Ausdruck gegen

$$2^n \frac{\sqrt{2}}{\sqrt{\pi n}}$$

(wg. Stirlings Näherung: $n! \approx \sqrt{2\pi n}(\frac{n}{e})^n$; vgl. etwa [Bog83]).

Man kann zeigen, daß es *keine* Menge von paarweise unzusammenhängenden Teilmengen von $\mathcal{A}$ gibt, die *mehr* Elemente als $U_{m_{\mathcal{A}}}$ enthält (siehe z.B. [PTW83]). Das Worst-Case Label bei Minimierung besitzt also gerade den Bruchteil $\sqrt{\frac{2}{\pi n}}$ der Größe des Worst-Case Labels ohne Minimierung.

Mit diesem Resultat gerüstet, können wir nun zeigen, daß die Worst-Case Label-Komplexität bei Minimierung auch schon mit *polynomial* vielen Rechtfertigungen erzeugbar ist: Dazu schließe der Problemlöser wieder mit den Annahmen

$$\{A_1, \ldots, A_n\}$$

und es werden für

$$1 \leq i \leq n,$$
$$1 \leq u \leq v < w \leq n,$$
$$0 \leq m \leq v - u + 1,$$
$$0 \leq m' \leq w - v$$

die folgenden Rechtfertigungen bekanntgemacht:

$$\begin{aligned} \Rightarrow\ &a_{i,i,0}, \\ A_i \Rightarrow\ &a_{i,i,1}, \\ a_{u,v,m},\, a_{v+1,w,m'} \Rightarrow\ &a_{u,w,m+m'}. \end{aligned}$$

Die Knoten sind alle von der Form

$$a_{u,u+k,m}$$

mit

$$1 \le u \le n,$$
$$0 \le k \le n - u,$$
$$0 \le m \le k + 1.$$

Im Beispiel werden also genau

$$\sum_{u=1}^{n} \sum_{k=0}^{n-u} \sum_{m=0}^{k+1} 1 = \frac{n(n^2 + 6n + 5)}{6}$$

Nicht-Annahmenknoten und

$$2n + \sum_{u=1}^{n-1} \sum_{v=u}^{n-1} \sum_{w=v+1}^{n} \sum_{m=0}^{v-u+1} \sum_{m'=0}^{w-v} 1 = \frac{n(n^4 + 15n^3 + 45n^2 - 15n + 194)}{120}$$

Rechtfertigungen generiert. Das Label der Knoten $a_{u,u+k,m}$ enthält für $(0 \le m \le k + 1)$ jeweils

- genau $\binom{k+1}{m}$ Umgebungen mit genau m Annahmen

- aus der Menge $\{A_u, \ldots, A_{u+k}\}$.

Die *Gesamtkomplexität* ist demnach:

$$\sum_{u=1}^{n} \sum_{k=0}^{n-u} \sum_{m=0}^{k+1} \binom{k+1}{m} = \sum_{u=1}^{n} \sum_{k=0}^{n-u} 2^{k+1} = 2^{n+2} - 2(n + 2).$$

Der Knoten $a_{1,n,\lceil n/2 \rceil}$ hat also das gesuchte minimierte Label mit der *Worst-Case* Zahl von

$$\binom{n}{\lceil n/2 \rceil}$$

paarweise unzusammenhängenden Umgebungen.[7] Die Vereinigung der Label der Knoten $a_{1,n,k}$ enthält dann für $(0 \le k \le n)$ *alle* Umgebungen, die man mit den Annahmen $A_1, \ldots, A_n$ bilden kann.

Das ATMS muß also auch hier — wie schon im Beispiel 5.13 für den Worst-Case ohne Minimierung — *alle möglichen* 2^n Umgebungen erzeugen und zentral verwalten.

---

[7] Dieser Knoten ließe sich auch mit etwa dem halben Aufwand erzeugen, indem man nur Knoten der Form $a_{u,u+k,m}$ mit $m \le \lceil n/2 \rceil$ berücksichtigt. Das ändert jedoch nichts an der Größenordnung.

5.14 Die Komplexität des Label-Updates

In der RMS-Literatur finden sich nur wenige allgemeine Aussagen bezüglich der Komplexität des dem ATMS zugrundeliegenden Algorithmus zur Aktualisierung der Label (im wesentlichen [Pro88c] und [KT90]).

Bevor wir die wichtigsten Ergebnisse rekonstruieren, ist es jedoch angebracht, sich noch einmal in das Gedächtnis zu rufen, was der Propagierungsalgorithmus des ATMS eigentlich leisten muß, nämlich eine *Berechnung der minimalen Supports* (vgl. Abschnitt 2.8) der (relevanten) Knoten im Abhängigkeitsnetz. Die zu diesen minimalen Supports gehörenden *minimalen Erklärungen* werden bei den entsprechenden Knoten als (wohlgeformte) *Label*, d.h. Mengen von Umgebungen, von denen jede für sich eine minimale Erklärung repräsentiert, abgelegt. Außerdem werden die minimalen Erklärungen für den Widerspruchs-Knoten $\perp$ in einer separaten Tabelle — der NOGOOD-*Tabelle* — vermerkt. Die gespeicherten Erklärungen stellen zusammen eine kompakte Repräsentation des *Kenntnisstands* des ATMS dar (vgl. Abschnitt 2.13 und 5.6).

Das ATMS aktualisiert über den Algorithmus 5.6 die gespeicherten Erklärungen, wenn über die Schnittstellenfunktionen durch Bekanntmachen neuer Rechtfertigungen oder NOGOODS Änderungen am Abhängigkeitsnetz vorgenommen werden. Das Besondere an der ATMS-Realisierung eines Clause-Management-Systems (vgl. Abschnitt 4.17) für Hornklausel-Theorien ist dabei, daß das ATMS für die entsprechenden Aktualisierungen den Kenntnisstand nicht jedesmal komplett neu, sondern *inkrementell* — die Technik des *lokalen Propagierens* ausnutzend — berechnet.

Mit Hilfe der gespeicherten Erklärungen kann das ATMS (vorausgesetzt die konkrete Implementierung respektiert die Implementierungsannahmen aus Abschnitt 5.12)

- effizient feststellen, welche Knoten in einer Umgebung Σ (konsistent) gelten und umgekehrt

- mit konstantem Aufwand für einen vorgegebenen Knoten minimale Erklärungen relativ zu $\mathcal{A}$ und $\mathcal{R}$ finden.

Um diese Dienste jedoch bereitstellen zu können, muß das ATMS das sogenannte Literal-Konsistenz-Problem entscheiden (für Details siehe [Pro88c]).

Bezeichne wieder, wie gewohnt,

- Γ die Menge der logischen Constraints, die von der Menge $\mathcal{R}$ der dem ATMS bekannten Rechtfertigungen repräsentiert wird,

- G_0 die Menge der Booleschen Variablen, über denen diese Constraints formuliert sind (im ATMS repräsentiert durch die Menge $\mathcal{N}$ der Knoten) und

- $vars(\Gamma) \subseteq G_0$ die Menge der in Γ auftretenden Booleschen Variablen und

- $\|\Gamma\|$ die Anzahl der positiven und negativen Literale, die in Γ auftreten (Mehrfachauftreten mitgezählt).[8]

Das *Literal-Konsistenz-Problem* (LC-Problem) für Γ ist dann das folgende Entscheidungsproblem:

> Haben für eine vorgegebene Zahl $k \leq |vars(\Gamma)|$ mindestens k Knoten des Abhängigkeitsnetzes ein wohlgeformtes Label?

Provan zeigt in [Pro88c] für Constraint-Mengen Γ, die (wie im ATMS) nur aus Hornklauseln bestehen, daß sich das NP-vollständige Problem mit dem Namen SET-COVERING (für eine Definition siehe [GJ79]) in polynomialer Zeit auf das LC-Problem reduzieren läßt. Bei dem LC-Problem handelt es sich also um ein *NP-hartes* Entscheidungsproblem — selbst dann, wenn man sich für Γ syntaktisch auf Hornklauseln einschränkt.

Im Vergleich dazu muß das (single-context) LTMS (wie wir in Abschnitt 4.5 gesehen haben) schlimmstenfalls den Aufwand $O(|\Gamma|)$ treiben, um für eine Hornklausel-Theorie Γ zu entscheiden, ob sie konsistent ist.

Für beliebige Klausel-Theorien stimmt das zum LTMS gehörende LC-Problem allerdings mit SAT (allgemeine aussagenlogische Erfüllbarkeit — vgl. [GJ79]) überein und ist damit *NP-vollständig*.

Aufgrund der Überlegungen in Abschnitt 4.5 läßt sich die Frage, ob eine bestimmte Umgebung $\Sigma \subseteq \mathcal{A}$ eine Erklärung für ein vorgegebenes Literal Ψ relativ zur Constraint-Menge Γ darstellt (*Erklärungsverifikation*), im ATMS mit einem Aufwand von

$$O(|\Gamma| + |\Sigma|) \tag{5.5}$$

entscheiden: Dazu braucht man nur bei jedem ATMS-Knoten zwei weitere Datenfelder vorzusehen, die

- ein LTMS-Label, d.h. eine Markierung mit **TRUE**, **FALSE** oder **UNKNOWN**, und

- einen LTMS-Current-Support (anfangs leer)

zum ATMS-Knoten enthalten und das ATMS für die Verifikation wie ein LTMS zu betreiben.

Algorithmus 5.10 zeigt, wie man dazu vorgeht: Er liefert für ein positives Literal Ψ und eine Annahmenmenge Σ die Antwort **YES**, falls (Γ, Σ) eine korrekte Erklärung für Ψ darstellt und sonst die Antwort **NO** (die Constraint-Menge Γ ist lediglich implizites Argument der Prozedur). Für ein korrektes Funktionieren wird vorausgesetzt, daß jeweils beim Erzeugen einer ATMS-Prämisse (Einheitsklausel aus Γ) das LTMS-Label des zugehörigen Knotens mit **TRUE** initialisiert und mit **PROPAGATE-LABELS** (siehe Algorithmus 4.1) durch das Netz propagiert wird (die LTMS-Label der restlichen ATMS-Knoten sind vorher natürlich mit **UNKNOWN** zu initialisieren).

---

[8]Zum Vergleich: $|\Gamma|$ bezeichnet die Anzahl der dem ATMS bekannten Rechtfertigungen.

Nachdem — wie in Abschnitt 4.8 ausgeführt — Boolesche Constraint-Propagierung für Hornklausel-Theorien eine vollständige Realisierung der Schnittstellenfunktion `follows-from?` ermöglicht, hat die Prozedur `VERIFY-EXPLANATION` offensichtlich die in (5.5) angegebene Worst-Case Komplexität (man vergleiche diesen Algorithmus mit dem Algorithmus 4.3 aus Abschnitt 4.5).

`VERIFY-EXPLANATION`(Ψ, Σ):

1. Versehe die ATMS-Annahmen aus Σ mit dem LTMS-Label `TRUE`.

2. Propagiere die LTMS-Label dieser Knoten wie im LTMS mit konventioneller BCP durch das ATMS-Abhängigkeitsnetz (dabei sind insbesondere Current-Supports bei den Knoten zu vermerken — siehe Abschnitt 4.10).

3. Falls $\bot$ jetzt die LTMS-Markierung `TRUE` hat:

    (a) $Answer := \begin{cases} \text{YES} & \text{falls } \Psi = \bot, \\ \text{NO} & \text{sonst;} \end{cases}$

    (b) Weiter mit Schritt 5!

4. Andernfalls sei L das LTMS-Label zum Knoten Ψ:

$$Answer := \begin{cases} \text{YES} & \text{falls } L = \text{TRUE,} \\ \text{NO} & \text{sonst.} \end{cases}$$

5. Demarkiere unter Berücksichtigung der in Schritt 2 berechneten Current-Supports beginnend bei den in Schritt 1 erzeugten Annahmen alle über ATMS-Rechtfertigungen erreichbaren Knoten (setze deren LTMS-Label auf `UNKNOWN` — siehe Prozedur `PROPAGATE-OUT-LABELS`, Algorithmus 4.5).

6. Kehre zurück mit der Antwort *Answer*.

Algorithmus 5.10: Erklärungsverifikation im ATMS

Wir haben uns bereits in Abschnitt 4.17 klargemacht, daß für die Berechnung der Label — logisch gesehen — zunächst die Prim-Implikate von Γ ermittelt werden müssen. Von diesen gibt es aber im schlimmsten Fall exponentiell viele und zwar

- sowohl exponentiell in Bezug auf $|vars(\Gamma)|$

- als auch exponentiell bezüglich $||\Gamma||$,

falls Γ ein beliebiger Boolescher Ausdruck in KNF ist (vgl. [Pro90] und [CM78]).

Ein konkretes Beispiel mit exponentiell großen minimierten Labeln haben wir im vorausgehenden Abschnitt 5.13 kennengelernt.

Ein weiteres Beispiel, das wir zu Beginn von Abschnitt 5.11 kurz erörtert haben, ist de Kleers ATMS-Kodierung der n-stelligen Paritätsfunktion. Die zugehörige Hornklausel-Theorie hat nämlich nach Lupanow 2^{n-1} Prim-Implikate, die jeweils aus genau n Literalen bestehen (für Details konsultiere man [Lup65]).

Weitaus schlimmer als diese Worst-Case Beispiele ist jedoch für die Praxis ein Resultat von Provan (in [Pro88c]), demzufolge ein *vollständiges Berechnen der Label für fast alle Hornklausel-Theorien* Γ *nicht traktabel* ist. Das liegt daran, daß nach einem Ergebnis von Kuznetsov [Kuz83] für fast alle Hornklausel-Theorien Γ die Anzahl ihrer Prim-Implikate obere und untere Schranken der Ordnung $2^{|vars(\Gamma)|}$ hat. Dabei gilt gemäß der Definition von Zhuravlev [Zhu82] eine Eigenschaft für *fast alle* Funktionen der Algebra der Logik, wenn der Anteil der Funktionen in n Booleschen Variablen, die diese Eigenschaft *nicht* aufweisen, mit wachsendem n gegen 0 strebt.

An den negativen Auswirkungen dieses Ergebnisses ändert selbst die Tatsache nichts, daß das ATMS seine Label *inkrementell* berechnet. Nachdem es alle Label und die vollständig berechnet, ist das inkrementelle Aktualisieren im Worst-Case *genauso wenig traktabel* wie deren komplette Neuberechnung. Allerdings gestattet es die inkrementelle Realisierung der Algorithmen, die Gesamtheit der minimalen Erklärungen zu einem beliebigen Literal mit konstantem Aufwand zu ermitteln, sobald einmal die Label der Knoten berechnet sind.

Was bedeutet dies für mögliche Anwendungen des ATMS? Zur Beantwortung dieser Frage ist es hilfreich, zwei Klassen von RMS-Anwendungen zu unterscheiden:

- $m/1$-Anwendungen, bei denen der Problemlöser *nur an einer* Lösung des zugehörigen Constraint-Problems interessiert ist und

- m/n-Anwendungen, bei denen sich der Problemlöser für *alle* Lösungen interessiert.

Anwendungen, denen Constraint-Probleme zugrunde liegen, die höchstens eine Lösung besitzen (d.h. 1/1-Anwendungen) sind von vornherein keine besonders guten Kandidaten für eine Unterstützung durch ein multiple-context TMS und sollten daher besser über ein single-context TMS realisiert werden.

m/n-Anwendungen sind offensichtlich Parade-Anwendungen für multiple-context Truth-Maintenance-Systeme wie das ATMS. Nachdem sich der Problemlöser bei diesen Anwendungen für alle Lösungen interessiert, muß er allerdings auch in Kauf nahmen, daß deren Berechnung sehr teuer werden kann.

Schwerer sind $m/1$-Anwendungen im Hinblick darauf zu beurteilen, ob man sie eher durch ein LTMS als durch ein ATMS unterstützen sollte. Sie sind häufig nur dann effizient durch das ATMS verarbeitbar, wenn man sie auf spezielle Art und Weise formuliert (zahlreiche Beispiele hierfür finden sich in [dK86d]) und/oder sich bei der ATMS-Formulierung der zugehörigen Constraints die prozeduralen Erweiterungen des ATMS zunutze macht (was natürlich a priori Aussagen über das zu erwartende Problemlösegeschehen stark erschwert — dazu später mehr).

In beiden Fällen sind jedoch aufgrund der geschilderten Komplexitätsergebnisse traktable $m/1$-Anwendungen des ATMS nur dann möglich, wenn man die *Vollständigkeitsforderung* für die ATMS-Label aufgibt und sich statt dessen zum Beispiel mit Teillösungen zufrieden gibt oder nur bestimmte (nach gewissen Kriterien beste) Lösungen berechnet. Wir werden im folgenden einige Techniken kennenlernen, die solche approximativen Problemlösetechniken unterstützen oder gar erst ermöglichen, indem sie entweder nur ausgewählte Label komplettieren oder Label nur bei Bedarf und soweit benötigt berechnen.

5.15 Maßnahmen zur Effizienzsteigerung

Collins und DeCoste beschreiben in [CD91] eine Variante des ATMS (das sogenannte CATMS), die sich für bestimmte Problemklassen besser als das klassische ATMS verhält, weil sie durch heuristisches Komprimieren von ATMS-Labeln deren exponentielles Wachstum bremst.

Sie verallgemeinern dazu die Subsumtionsrelation, die das ATMS für den Vergleich von Umgebungen verwendet, zur sogenannten *c-Subsumtion*. Im ATMS *subsumiert* eine Umgebung U_1 eine zweite Umgebung U_2, wenn $U_1 \subseteq U_2$ gilt und das ATMS sorgt dann für die Elimination von U_2, falls

1. U_1 und U_2 im gleichen Prälabel liegen und

2. U_1 und U_2 verschieden sind.

Gilt die entsprechende Beziehung für die Annahmenhüllen der Umgebungen U_1 und U_2, so heißt U_2 *c-subsumiert* von U_1. Dabei ist die *Annahmenhülle Closure(U)* einer Umgebung U definiert durch:

$$Closure(U) := \{A \in \mathcal{A} \mid \mathcal{R} \vdash U \to A\}$$

($\mathcal{A}$ sei wie üblich die Menge der Annahmen und $\mathcal{R}$ die Menge der Rechtfertigungen, die dem ATMS bekannt sind).

Offensichtlich gilt

$$U_1 \text{ subsumiert } U_2 \quad \Rightarrow \quad U_1 \text{ c-subsumiert } U_2,$$

d.h. minimiert man ein Prälabel bzgl. c-Subsumtion, so entsteht immer ein Label, das in dem Label *enthalten* ist, das durch Minimierung bzgl. Subsumtion produziert wird.

De Kleer fordert in [dK86c], daß Annahmen logisch voneinander *unabhängig* sein sollen, damit der Problemlöser sie unabhängig voneinander treffen oder verwerfen kann und damit Kontexte einfach miteinander vergleichbar sind. Er rät deshalb dazu, Annahmen als Konsequenz von Rechtfertigungen zu verbieten (vgl. unsere Diskussion der Technik der angenommenen Knoten in Abschnitt 5.2).

Solange aber Annahmen nicht als Konsequenz von Rechtfertigungen auftreten dürfen, wird immer

$$U = Closure(U)$$

gelten, d.h. zu einem *Zusammenfallen* der Begriffe c-Subsumtion und Subsumtion führen und somit die willkommene Verkleinerung der Label verhindern.

Was versprechen sich also Collins und DeCoste davon, wenn sie die Propagierungsalgorithmen des ATMS so ändern, daß sie Tests auf c-Subsumtion statt Subsumtion durchführen und gleichzeitig vehement, aber u.E. mit wenig überzeugenden Argumenten fordern, die Unterscheidung zwischen Annahmen und Nicht-Annahmen aufzugeben?

Zunächst handeln sie sich ja durch den veränderten Subsumtionstest den zusätzlichen Aufwand ein, daß die Schnittstellenfunktion `holds-in?` ihre Umgebungsvergleiche ebenfalls bzgl. c-Subsumtion machen muß:

> Die Label wären bei Verwendung von (konventionellen) Subsumtionstests *unvollständig*, da in ihnen bei Propagierung mit c-Subsumtion als Mengen verschiedene aber logisch äquivalente Umgebungen nur einmal repräsentiert sind.

Dieser Aufwand läßt sich zwar aufgrund der folgenden Beziehung

$$Closure(U_1) \subseteq Closure(U_2) \quad \text{gdw.} \quad U_1 \subseteq Closure(U_2)$$

reduzieren, ist aber immer noch deutlicher höher als der eines schlichten Teilmengenvergleichs.

Für manche Anwendungen wird er jedoch durch die folgenden beiden Modifikationen des Propagierungsalgorithmus mehr als wettgemacht:

Modifikation 1: Erreicht die Propagierung einen Annahmenknoten (wird also ein Aufruf `UPDATE`(A, L) mit $A \in \mathcal{A}$ durchgeführt), so

- versieht das CATMS den Annahmenknoten A mit dem annahmentypischen Label $\{\{A\}\}$,

- merkt sich in einer speziellen Tabelle (nennen wir sie die *Hüllentabelle*), daß A von den Umgebungen aus L minimal c-subsumiert wird und

- stoppt dann die Propagierung bei A.

Damit diese Modifikation bei gleichzeitiger Einhaltung von de Kleers Unabhängigkeitsforderung überhaupt eine Wirkung zeigen kann, modifizieren Collins und DeCoste den Propagierungsalgorithmus noch an einer zweiten Stelle:

Modifikation 2 (*Label-Kompression*): Das CATMS macht nach einer vorgegebenen Heuristik

- Knoten, deren Label kritische Größen erreicht, zu Annahmen (die dann natürlich entgegen de Kleers Rat Rechtfertigungen besitzen),

- schlägt deren Label der Hüllentabelle zu und

- propagiert dann anstelle des alten Knotenlabels die nur aus der Annahme zum Knoten bestehende Umgebung weiter.

Eine derart *automatische generierte Annahme* wird vom CATMS vor dem Problemlöser verborgen und so de Kleers Forderung nach der wechselseitigen Unabhängigkeit von Annahmen aus der Sicht des Problemlösers eingehalten.

Die extreme Heuristik, jeden Knoten mit einem Label, das mehr als eine Umgebung enthält, automatisch zur Annahme zu machen, würde beispielsweise dazuführen, daß das Abhängigkeitsnetz des ATMS zu einem trivial markierten Netz wie das des LTMS degeneriert und bei Anfragen mit der Schnittstellenfunktion `holds-in?` der Löwenanteil des Rechenaufwands in die Bestimmung der Hülle der einzigen einelementigen Umgebung des fraglichen Knotens wandert. Man kann wohl mit Sicherheit annehmen, daß das entstehende System von der Performanz einem LTMS, das jeweils vor der Anfrage mit der Anfrageumgebung versorgt wird, weit unterlegen wäre (dazu haben wir gleich noch mehr zu sagen).

Das andere Extrem einer Kompressionsheuristik besteht darin, niemals zu komprimieren. Bei Anwendung dieser Heuristik wird die Hüllentabelle leer bleiben und sich das CATMS exakt wie ein konventionelles ATMS verhalten, wenn de Kleers Unabhängigkeitsforderung für Annahmen vom Problemlöser respektiert wird.

Eine Kompressionsheuristik in der Mitte dieses Spektrums zu finden, die das CATMS für eine vorgegebene Anwendung sowohl dem LTMS als auch dem ATMS vom Umgang mit den Systemressourcen her überlegen macht, ist sicherlich keine triviale Aufgabe.

Die Autoren berichten in [CD91] über eine Anwendung des CATMS, die die Forbus'sche *Qualitative Process Engine* [For86, For88, For90] nutzt und bei der eine Geschwindigkeitssteigerung fast um den Faktor zwei beobachtbar war, wenn man die einfache Heuristik einer Schranke von 50 für die Größe von Umgebungen verwendet.

So ermutigend dieses experimentelle Ergebnis auch sein mag, sollte es andererseits aber auch klar sein, daß die Technik der Labelkompression die kombinatorische Explosion der ATMS-Label i.allg. nicht prinzipiell verhindern, sondern *nur hinauszögern* wird. Die Autoren stellen nämlich fest, daß die *Komplexität der Hüllentabelle* (im schlimmsten Fall) quadratisch mit der Summe der Labelgrößen der Annahmenknoten vor der Kompression wächst. Bei unserem Worst-Case Beispiel für Labelkomplexitäten bei Minimierung aus Abschnitt 5.13 werden demnach zwar nicht die Label der ATMS-Knoten, dafür aber die Hüllentabelle des CATMS kombinatorisch explodieren.

Unsere Ausführungen zum Thema Erklärungsverifikation (vgl. Abschnitt 5.14) lassen überhaupt vermuten, daß der ganze im CATMS betriebene Aufwand zur Verwaltung der Hüllentabelle unnötig ist, wenn man statt dessen ein *Hybridsystem* aus einem LTMS und einem ATMS baut, bei dem die Prozedur VERIFY-EXPLANATION (Algorithmus 5.10) als eine alternative Realisierung der ATMS-Schnittstellenfunktion `holds-in?` zur Verfügung steht (die Berechnung der Annahmenhüllen im CATMS kann ja auch bestenfalls mit linearem Aufwand erfolgen).

Man könnte dann — in Analogie zum CATMS — bei Anfragen mit der Schnittstellenfunktion `holds-in?` für Knoten mit zu groß werdenden Labeln nach bestimmten Heuristiken anstelle von Algorithmus 5.1 (der ein vorberechnetes ATMS-Label erwartet), die Prozedur `VERIFY-EXPLANATION` zur Beantwortung verwenden. Der zur Verwaltung dieser Information benötigte zusätzliche Speicheraufwand würde dann (abgesehen von den beiden Knotenfeldern zur Verwaltung von LTMS-Label und Current-Support) nur ein Bit pro Knoten ausmachen, das signalisiert, ob für den Knoten ein ATMS-Label berechnet wurde, oder nicht.

Lediglich (optionale) Schnittstellenfunktionen wie z.B. die Funktion `minimal-supporters?`, die das *gesamte* ATMS-*Label* auswerten, müßten dann — wie auch im CATMS — zum Anfragezeitpunkt das ATMS-Label des fraglichen Knotens (rekursiv aus den ATMS-Labeln der Rechtfertigungen des Knotens) errechnen.

Eine weitere Möglichkeit zur Steigerung der Effizienz ist die *Parallelisierung*. Obwohl es hierzu schon einige Arbeiten gibt (u.a. [DdK88, RG89, Löh93]), wird das Erstellen einer *skalierbaren* parallelen Implementierung eines ATMS nach wie vor als ein ungelöstes Problem angesehen (für eine ausführlichere Diskussion vgl. [FdK93]). Im Rahmen dieser Arbeit wird daher auf Parallelisierung nicht weiter eingegangen.

Dafür wollen wir uns hier und in Abschnitt 7.21 kurz ansehen, wie sich Techniken der *verzögerten Label-Propagierung* zur Effizienzsteigerung des ATMS einsetzen lassen. Kelleher und van der Gaag beschreiben in [KvdG93] eine Variante des ATMS (das sogenannte LAZYRMS), bei der die Label von Knoten erst dann berechnet werden, wenn sie zur Beantwortung einer vom Problemlöser gestellten Anfrage benötigt werden. Durch dieses *verzögerte Aktualisieren* lassen sich Berechnungen von Labeln einsparen, die für den Problemlöser nicht von Interesse sind.

Als Konsequenz werden jedoch manche Knoten im Abhängigkeitsnetz keine wohlgeformten Label aufweisen. Das LAZYRMS signalisiert dies den Schnittstellenfunktionen, indem es die fraglichen Knoten als potentiell aktualisierungsbedürftig *markiert*. Die Funktionen müssen dann gegebenenfalls vor dem Ausführen ihrer eigentlichen Aufgabe die benötigten Label berechnen und Ummarkierungen vornehmen lassen.

Beim Bekanntmachen einer neuen Rechtfertigung werden der Konsequenzknoten dieser Rechtfertigung und alle von ihm erreichbaren Knoten markiert. Dabei ist ein Knoten x_2 im Abhängigkeitsnetz $\mathcal{R}$ *erreichbar* von einem zweiten Knoten x_1 (notiert als $x_1 \rightsquigarrow x_2$), wenn gilt:

$$\exists (\mathcal{X} \Rightarrow x) \in \mathcal{R} : x_1 \in \mathcal{X} \wedge (x = x_2 \vee x \rightsquigarrow x_2). \tag{5.6}$$

Wenn der Konsequenzknoten n der neuen Rechtfertigung nicht mit dem Widerspruchsknoten $\perp$ zusammenfällt, aktualisiert das LAZYRMS jedoch weder das Label von n, noch das der von n erreichbaren Knoten. Handelt es sich bei n um den Widerspruchsknoten, d.h. wird ein neuer NOGOOD bekanntgemacht, so markiert das LAZYRMS alle in den neuen hinreichenden Begründungen für $\perp$

auftretenden Annahmen sowie die von diesen Annahmen erreichbaren Knoten als aktualisierungsbedürftig.

Die Label unmarkierter Knoten sind wohlgeformt und können direkt zur Beantwortung von Anfragen des Problemlösers herangezogen werden. Label von markierten Knoten werden jedoch i.allg. nicht wohlgeformt sein und sind deshalb erst wohlgeformt zu machen. Dazu müssen die Label der markierten Knoten, von denen der fragliche Knoten aus erreicht werden kann, neu berechnet werden. Für den Fall, daß der Problemlöser Anfragen zu vielen verschiedenen Knoten stellt oder viele große NOGOODS bekanntmacht, ist daher mit dem LAZYRMS kein Effizienzgewinn gegenüber einem herkömmlichen ATMS zu erwarten.

In Abschnitt 7.21 werden wir uns mit einer weiteren Technik zur Effizienzsteigerung beschäftigen, die eng mit der des verzögerten Propagierens zusammenhängt — der globalen Kontrolle der Propagierung durch sogenannte Fokus-Umgebungen.

5.16 Generieren von Begründungen

Analog zu single-context Truth-Maintenance-Systemen kann man mit Hilfe der Rechtfertigungen und der Label *Begründungen* für elementare Beliefs (Auskünfte über den Kenntnisstand, d.h. Elemente von $Bel_{\Gamma,\mathcal{N},\mathcal{A}}$) generieren.

Die Schnittstellenfunktion `justifying-literals?` läßt sich offensichtlich unmittelbar durch Auswerten der Label realisieren. Ist nämlich n ein Knoten und U eine Umgebung, für die das ATMS die Anfrage

$$\texttt{holds-in?}_{\Gamma_{\mathcal{R}}}(n, U)$$

mit YES beantwortet (n ist dann ableitbar aus U und $\mathcal{R}$), so braucht das ATMS zur Beantwortung der Anforderung

$$\texttt{justifying-literals?}_{\Gamma_{\mathcal{R}}}(n, U)$$

lediglich eine der Umgebungen U' mit der Eigenschaft

$$U' \in l(n) \quad \text{und} \quad U' \subseteq U$$

zu liefern (eine solche Umgebung muß es dann ja nach Voraussetzung geben).

Die Schnittstellenfunktion `justifying-constraints?` läßt sich nicht ganz so leicht realisieren. Bedauerlicherweise stehen im ATMS nicht wie im JTMS oder LTMS Current-Supports zur Konstruktion von Begründungen zur Verfügung (das Konzept Current-Support macht im multiple-context ATMS keinen Sinn). Deshalb erfordert die Realisierung der Funktion `justifying-constraints?` im ATMS etwas mehr Aufwand als im JTMS oder LTMS.

Sei $\mathcal{R}$ die Menge der momentan bekannten Rechtfertigungen: Dann liefert ein Aufruf der Prozedur EXPLAIN (Algorithmus 5.11 — rekonstruiert aus dem [FdK93] begleitenden Quellcode) bei Übergabe eines Knotens n und einer Umgebung U, von denen bekannt ist, daß n über U und $\mathcal{R}$ ableitbar ist, eine der möglicherweise vielen geordneten Mengen $\mathcal{E} \subseteq \mathcal{R}$ von Rechtfertigungen, mit den Eigenschaften

1. $\mathcal{E}$ induziert einen zyklenfreien Teilgraphen des Abhängigkeitsnetzes.

2. $\mathcal{E} \vdash U \to n$.

Sie kann folglich als eine Realisierung der Schnittstellenfunktion `justifying-constraints?` aufgefaßt werden. Mit Hilfe von `EXPLAIN` lassen sich demnach — wie in Abschnitt 2.5 vorgeführt — *hierarchisch strukturierte Begründungen* berechnen.

Die Prozedur `EXPLAIN` ist deshalb komplizierter als man zunächst erwartet, weil das Abhängigkeitsnetz des ATMS *Zyklen* enthalten kann, die ohne entsprechende Vorkehrungen zirkuläre Begründungen verursachen könnten (vgl. Abschnitt 2.5). Außerdem soll `EXPLAIN` eventuell vorhandene *identische Teilbegründungen* nicht wiederholen.

`EXPLAIN`$(n, U) \equiv$ `DO-EXPLAIN`$(n, U, \emptyset, \emptyset)$

`DO-EXPLAIN`$(n, U, NoNos, \mathcal{E})$:

1. Falls $n \in NoNos$ gilt, so kehre mit $\emptyset$ als Wert zurück (vermeide Zyklen).

2. Ist n ein angenommener Knoten mit $N \in U$?
   Falls ja, so kehre mit $\mathcal{E} \cup \{N \Rightarrow n\}$ als Wert zurück.

3. Ist schon eine Rechtfertigung für n in $\mathcal{E}$ enthalten?
   Falls ja, so kehre mit $\mathcal{E}$ als Wert zurück
   (keine Wiederholung identischer Teilbegründungen).

4. $\mathcal{E}_{neu} := \mathcal{E}$.

5. Finde eine Rechtfertigung J,

   - die n als Konsequenz erwähnt und

   - deren Antezedenten alle in U gelten,

   und für die die folgende Anweisung, einmal auf jeden Antezedenten p von J angewendet, kein $\mathcal{E}_{neu} = \emptyset$ liefert:

   $$\mathcal{E}_{neu} := \text{DO-EXPLAIN}(p, U, NoNos \cup \{n\}, \mathcal{E}_{neu}).$$

   Erfolg: Über J kann n begründet werden;   liefere $\mathcal{E}_{neu} \cup \{J\}$.

   Sonst: keine Begründung für n;   liefere $\emptyset$.

Algorithmus 5.11: Begründungsgenerierung im ATMS

Beispiel 5.16.1 *(aus [FMdK89])*
Dem ATMS *sei folgendes bekanntgemacht worden:*

$$A \Rightarrow a, \quad B \Rightarrow b, \quad C \Rightarrow c,$$
$$a \Rightarrow x = 1, \quad b \Rightarrow y = x, \quad c \Rightarrow x = z,$$
$$nogood\{A, B\},$$
$$x = 1, y = x \Rightarrow y = 1$$
$$\Rightarrow z = 1$$
$$z = 1, x = z \Rightarrow x = 1$$

Die Label der Knoten sehen dann folgendermaßen aus:

$$(x = 1, \{\{A\}, \{C\}\})$$
$$(y = x, \{\{B\}\})$$
$$(x = z, \{\{C\}\})$$
$$(y = 1, \{\{B, C\}\})$$
$$(z = 1, \{\emptyset\})$$

EXPLAIN$(x = 1, \{A\})$ *liefert die Begründung*

$$\{a \Rightarrow x = 1, A \Rightarrow a\}.$$

Oder etwas komplizierter: die Begründung von $y = 1$ *relativ zu* $\{B, C\}$:

$$\{(x = 1, y = x \Rightarrow y = 1),$$
$$b \Rightarrow y = x, B \Rightarrow b,$$
$$(z = 1, x = z \Rightarrow x = 1), c \Rightarrow x = z, C \Rightarrow c, \Rightarrow z = 1\}.$$

$\square$

5.17 Elementar-Updates versus Bulks

Bei genauerer Betrachtung des Protokolls zwischen Problemlöser und ATMS kann man den klassischen Propagierungsalgorithmus [dK88] weiter optimieren (siehe dazu auch [BG93c]). Offensichtlich fließt ein Strom von *Updates* (ausgelöst durch Aufrufe der Schnittstellenfunktionen `add-constraint!`, `relevant!` und `assumption!`) und *Anfragen* (aufgrund von Aufrufen der Funktionen `follows-from?` bzw. `holds-in?` sowie den Funktionen `justifying-constraints?` und `justifying-literals?`) vom Problemlöser zum ATMS. Für die nachfolgende Betrachtung wird zur Vereinfachung angenommen, daß die Updates nur aus `add-constraint!`-Aufrufen bestehen.

Beim klassischen ATMS-Propagierungsalgorithmus (Algorithmus 5.6) wird nach *jedem* Update eine vollständige Label-Propagierung durchgeführt, so daß anschließend alle Label wohlgeformt sind. Wohlgeformte Label werden jedoch nur zur Beantwortung von Anfragen benötigt.

Dies macht sich z.B. die parallele ATMS-Implementierung von [RG89] zunutze. Dort führen nebenläufige Prozesse die Updates durch. Eine Synchronisation

(Warten auf Terminierung aller am Update beteiligten Prozesse) erfolgt jeweils vor dem Beantworten von Anfragen.

Eine Folge $\langle \mathcal{X}_1 \Rightarrow n_1, \mathcal{X}_2 \Rightarrow n_2, \ldots \rangle$ von nicht durch Anfragen unterbrochenen `add-constraint`!-Updates kann als Einheit betrachtet und verarbeitet werden. Da das ATMS ein monotones TMS ist, sind die Updates in einer solchen Folge *assoziativ* und *kommutativ*, d.h. die Elementar-Updates können beliebig zu sogenannten *Bulks* gruppiert und für die Auswertung in ihrer Reihenfolge vertauscht werden.

Dieser Freiheitsgrad kann für Optimierungen ausgenutzt werden. Im klassischen Algorithmus wird mit einer Tiefe-Zuerst Strategie propagiert. Die rekursiven Aufrufe können aus diesem Algorithmus eliminiert werden, indem ein *Keller* eingeführt wird, auf dem die auszuführenden Updates abgelegt sind (vgl. [RG89]). Diese Updates werden im folgenden als *Elementar-Updates* bezeichnet.

Bei der Propagierung wird der oberste Elementar-Update vom Keller heruntergenommen, verarbeitet und eventuell eine Menge von Elementar-Updates neu auf den Keller gelegt. Ist der Keller leer, so ist die Propagierung abgeschlossen.

Ein Elementar-Update wird vollständig durch ein Tripel $(\mathcal{X}, n, I)$ beschrieben: Die Label der Knoten aus $\mathcal{X}$ und die Umgebungen aus I zusammen mit dem alten Label von n (dies sind auch die Parameter der Prozedur `PROPAGATE` im konventionellen ATMS) ergeben das *neue Label* von n

$$l_{neu}(n) := \mu(l_{alt}(n) \cup (I \otimes \bigotimes_{x \in \mathcal{X}} l(x) - nogoods))$$

sowie eine (eventuell leere) Menge von Elementar-Updates, die noch durchzuführen sind.

Da die Reihenfolge der Elementar-Updates beliebig ist, darf man aus dem Keller an beliebiger Stelle beliebig viele Elemente herausnehmen. Wie kann man diese Freiheit nutzen, um einen möglichst effizienten Algorithmus zur Verarbeitung von Bulk-Updates zu gewinnen?

Zur Beantwortung der Frage betrachten wir eine von Anfragen ununterbrochene Folge von Updates. Diese läßt sich — die Reihenfolge ist ja unerheblich — als eine Menge $\mathcal{U}$ von noch durchzuführenden Elementar-Updates darstellen.

5.18　Vermeiden redundanter Berechnungen

Nehmen wir nun an, eine Teilmenge

$$\mathcal{U}' = \{(\mathcal{X}_1, n_1, I_1), \ldots, (\mathcal{X}_k, n_k, I_k)\}$$

von $\mathcal{U}$ ist *auf einmal* zu verarbeiten.

Dazu muß im klassischen ATMS für jeden Elementar-Update $(\mathcal{X}_i, n_i, I_i) \in \mathcal{U}'$ das von der zugehörigen neuen Rechtfertigung $\mathcal{X}_i \Rightarrow n_i$ verursachte Label-Inkrement

$$l_i := \texttt{WEAVE}(\mathcal{X}_i, I_i) = \mu(I_i \otimes \bigotimes_{x \in \mathcal{X}_i} l(x)) - nogoods$$

berechnet werden. Bei dieser separaten Berechnung der Label-Inkremente wird jedoch i.allg. zuviel Aufwand getrieben: Gibt es eine *mindestens zweielementige* Menge $\mathcal{U}'' \subseteq \mathcal{U}'$ von Elementar-Updates und eine *mindestens zweielementige* Menge $\mathcal{X}''$ von Antezedenten mit

$$\forall (\mathcal{X}, n, I) \in \mathcal{U}'' : \mathcal{X}'' \subseteq \mathcal{X}, \tag{5.7}$$

dann werden die Label der Antezedenten aus $\mathcal{X}''$ mehrfach (nämlich $|\mathcal{U}''|$-fach) miteinander multipliziert.

Beispiel 5.18.1 *(aus [Gei94]) Angenommen, die drei Label-Produkte*

$$\begin{aligned} P_1 &:= L_1 \otimes L_2 \otimes L_3 \otimes L_4, \\ P_2 &:= L_1 \otimes L_3 \otimes L_4 \quad und \\ P_3 &:= L_1 \otimes L_3 \otimes L_5 \end{aligned}$$

sind zu ermitteln, weil dem ATMS *gerade die Rechtfertigungen* $(n_1, n_2, n_3, n_4 \Rightarrow n)$, $(n_1, n_3, n_4 \Rightarrow n')$ *und* $(n_1, n_3, n_5 \Rightarrow n'')$ *bekanntgemacht wurden. Das klassische* ATMS *führt für diese Aufgabe insgesamt sieben Multiplikationen durch, von denen aber einige — z.B. die Multiplikationen* $L_1 \otimes L_3$ *und* $L_3 \otimes L_4$ *— mehrfach ausgeführt werden.* □

Wenn solche redundanten Multiplikationen eingespart werden können, dann läßt sich wesentlich Rechenzeit einsparen, da das Multiplizieren von Labeln eine sehr aufwendige ATMS-Operation darstellt. Dazu ist aber eine Reorganisation der Label-Propagierung im ATMS nötig, bei der die aus einem Bulk resultierenden Produkte *nicht isoliert* in voneinander unabhängigen Aufrufen von WEAVE (Algorithmus 5.7) berechnet, sondern unter Ausnutzung der Tatsache, daß $(2^{\mathcal{A}}, \otimes, \{\emptyset\})$ ein *kommutatives Monoid* ist, *in ihrer Gesamtheit* an einer Stelle im ATMS verarbeitet werden können.

Gilt für einen Bulk von Updates die Beziehung (5.7), so vermeidet die folgende Vorgehensweise viele unnötige Multiplikationen. Es wird zunächst l', das Produkt der Label der in allen Elementar-Updates aus $\mathcal{U}''$ vorkommenden Antezedenzknoten aus $\mathcal{X}''$ ermittelt:

$$l' := \mu(\bigotimes_{x \in \mathcal{X}''} l(x)) - nogoods.$$

Damit läßt sich dann die ursprüngliche Aufgabe der Verarbeitung von $\mathcal{U}'$ in eine einfachere transformieren, bei der die Label-Inkremente l_i unter Verwendung des *Zwischenergebnisses* l' berechnet werden:

$$l_i := \begin{cases} \mu(l' \otimes \bigotimes_{x \in \mathcal{X}_i - \mathcal{X}''} l(x)) - nogoods & \text{für } (\mathcal{X}_i, n_i, I_i) \in \mathcal{U}'' \\ \mu(\bigotimes_{x \in \mathcal{X}} l(x)) - nogoods & \text{für } (\mathcal{X}_i, n_i, I_i) \notin \mathcal{U}'' \end{cases}$$

Durch iterierte Anwendung dieses Schemas können natürlich noch weitere Effizienzsteigerungen erreicht werden.

Beispiel 5.18.2 *Die bei naiver Auswertung für das letzte Beispiel benötigten sieben Multiplikationen lassen sich nach diesem Schema mit zwei Iterationen auf vier Multiplikationen reduzieren:*

$$
\begin{aligned}
P' &:= L_1 \otimes L_3, \\
P_2 &:= P' \otimes L_4, \\
P_1 &:= P_2 \otimes L_2, \\
P_3 &:= P_2 \otimes L_5
\end{aligned}
$$

(bei der ersten Iteration wird P', bei der zweiten P_2 als Zwischenergebnis ermittelt).   □

Wenn wir nun auch noch I_i berücksichtigen, geht es also darum, ein Berechnungsschema zu finden, mit dem unter Ausnutzung von Zwischenergebnissen die Berechnung der Ausdrücke

$$
I_i \otimes \bigotimes_{x \in \mathcal{X}_i} l(x) \qquad \text{für alle } (\mathcal{X}_i, n_i, I_i) \in \mathcal{U}'
$$

mit möglichst wenigen Multiplikationen durchgeführt werden kann. Da nicht jede Multiplikation gleich lange dauert, liefert dieses Vorgehen nur eine *approximative* Lösung des eigentlichen Problems, die Produkte mit möglichst wenig Rechenaufwand zu berechnen. Das ist auch der Grund, warum die Beschleunigung des verbesserten Propagierungsalgorithmus i.allg. nicht proportional zur Anzahl der eingesparten Multiplikationen ist.

Außerdem addieren sich die Zeiten für das Finden und das eigentliche Auswerten des Berechnungsschemas. Gesucht wird also ein Algorithmus, der *schnell relativ gute* Berechnungsschemata berechnet.

Im Compilerbau gibt es ein ähnliches Problem, die *common subexpression elimination* (für einen Überblick siehe z.B. [TS89]). Und auch in der Schaltungstheorie ist ein ähnliches Problem bekannt — die *simultane Minimierung einer Menge von Schaltfunktionen* (vgl. etwa [BLR62]). Die Ansätze aus diesen Bereichen sind allerdings hier nicht verwendbar, da die Optimierung in den genannten Bereichen zur Kompilationszeit vorgenommen wird und daher nicht wie im ATMS unter extrem zeitkritischen Bedingungen stattfinden muß.

Der folgende, *heuristische* Divide&Conquer-Algorithmus kann effizient implementiert werden und wertet die Produkte nach einem recht guten Berechnungsschema aus, das jedoch nicht immer optimal sein muß. Wir beschreiben ihn zunächst informell und konkretisieren dann eine verfeinerte Version. Argumente des Algorithmus sind ein Akkumulator-Label L_A (anfangs das Eins-Element $\{\emptyset\}$ der in Abschnitt 5.7 eingeführten Label-Algebra) sowie die Menge $\mathcal{U}'$ der noch zu verarbeitenden Elementar-Updates.

Enthält die Menge $\mathcal{U}'$ lediglich ein Element, so wird eine Lösungsmenge berechnet, indem die Label aller Antezedenten dieses Elementar-Updates und das Akkumulator-Label miteinander multipliziert werden. Die Berechnung endet dann mit dieser Lösungsmenge.

Ansonsten wird jeder Knoten x, der in den Antezedentenmengen $\mathcal{X}_i$ *aller* Elementar-Updates $(\mathcal{X}_i, n_i, I_i) \in \mathcal{U}'$ vorkommt, aus diesen Antezedentenmengen entfernt und sein Label $l(x)$ zum Akkumulator-Label hinzumultipliziert:

$$L_A := \mu(L_A \otimes l(x)).$$

Sei nun x_P ein Knoten, der *maximal* oft in den Antezedentenmengen *aller* Elementar-Updates vorkommt (x_P wird natürlich i.allg. *nicht eindeutig* zu sein). Das Problem (effiziente Berechnung der Produkte für eine Menge von Elementar-Updates) wird dann mit Hilfe von x_P in zwei *kleinere Teilprobleme* unterteilt:

- Das eine Teilproblem enthält alle Elementar-Updates, deren Antezedentenmengen x_P enthalten,

- das andere alle Elementar-Updates, die x_P *nicht* enthalten

(x_P spielt hier also die Rolle eines *Pivot-Knotens*). Nach Lösung der Teilprobleme muß man dann nur noch deren Lösungsmengen vereinigen, um zu einer Lösung des Ausgangsproblems zu gelangen.

Um das wiederholte Analysieren der Antezedentenmengen zu beschleunigen, werden zu Beginn diejenigen Antezedenten eliminiert, die in der jeweils betrachteten Menge von Elementar-Updates nur einmal vorkommen. Sie finden bei der Berechnung der Lösungsmenge am Ende der Rekursion Berücksichtigung, indem ihre Label zur Lösung hinzumultipliziert werden.

Beispiel 5.18.3 *(aus [Gei94])*
Es seien die folgenden Label-Produkte zu berechnen:

$$
\begin{aligned}
P_1 &:= L_1 \otimes L_2 \otimes L_3 \otimes L_4, \\
P_2 &:= L_1 \otimes L_2 \otimes L_5 \otimes L_6 \quad und \\
P_3 &:= L_3 \otimes L_4 \otimes L_5 \otimes L_6.
\end{aligned}
$$

Der Divide&Conquer-Algorithmus würde z.B. die folgende, im Vergleich zur naiven Berechnung kostengünstigere Organisation der Berechnung wählen:

$$
\begin{aligned}
P' &:= L_1 \otimes L_2, \\
P_1 &:= P' \otimes L_3 \otimes L_4, \\
P_2 &:= P' \otimes L_5 \otimes L_6, \\
P_3 &:= L_3 \otimes L_4 \otimes L_5 \otimes L_6.
\end{aligned}
$$

Wie man aber auch an der nachfolgenden (optimalen) Lösung sieht, ist die heuristisch gefundene Lösung nicht notwendig schon die beste mögliche:

$$
\begin{aligned}
P' &:= L_1 \otimes L_2, \\
P'' &:= L_3 \otimes L_4,
\end{aligned}
$$

$$
\begin{aligned}
P''' &:= L_5 \otimes L_6, \\
P_1 &:= P' \otimes P'', \\
P_2 &:= P' \otimes P''', \\
P_3 &:= P'' \otimes P'''.
\end{aligned}
$$

$\square$

Verwendet man anstelle der Antezedentenmengen (die ja Mengen von *Knoten* darstellen) die Mengen der zugehörigen Antezedenten*label*, so lassen sich u.U. noch weitere redundante Berechnungen einsparen, da mehrere Knoten das gleiche Label haben können. Diese Einsparung wird allerdings durch den für Labelmengen wesentlich aufwendiger zu realisierenden Test auf Gleichheit erkauft.

Wir betrachten nun im Detail eine konkrete Realisierung des Verfahrens mit Labelmengen — die Prozedur **MULTI-WEAVE** (Algorithmus 5.12). Die Prozedur erwartet in ihrem zweiten Argument $\mathcal{T}$ eine Menge von Tripeln, die die Elementar-Updates aus $\mathcal{U}'$ repräsentieren (das erste Argument dient wie bereits erwähnt als Akkumulator-Label). Bei dieser Repräsentation von $\mathcal{U}'$ wird ein Elementar-Update $(\mathcal{X}, n, I) \in \mathcal{U}'$ durch seine *Label-Variante* $(\{l(x) \mid x \in \mathcal{X}\} \cup \{I\}, n, \emptyset)$ dargestellt. Die jeweils dritte Komponente dieser Tupel repräsentiert die Menge der Label, die in der momentan betrachteten Menge von Elementar-Updates *genau einmal* vorkommen und ist deshalb zu Beginn der Berechnung leer.

Die Hilfs-Prozedur **W** berechnet für eine Menge $\mathcal{L}$ von Labeln

$$
\mathrm{W}(\mathcal{L}) := \mu(\bigotimes \mathcal{L}) - \mathit{nogoods}.
$$

W ist im Prinzip wie die Prozedur **WEAVE** (Algorithmus 5.7) implementiert (also insbesondere inkrementell). Offensichtlich gilt ja:

$$
\mathrm{WEAVE}(\mathcal{X}, I) = \mathrm{W}(\{I\} \cup \{l(x) \mid x \in \mathcal{X}\}).
$$

Die Prozedur **MULTI-WEAVE** *terminiert* für beliebige Argumente, da ihr zweiter Parameter eine Menge ist, deren Kardinalität bei jedem rekursiven Aufruf abnimmt ($\mathcal{P} \neq \emptyset$!). Sie liefert dann jeweils die aus den Updates $(\mathcal{X}_i, n_i, I_i)$ resultierenden Label-Inkremente $(n_i, \Delta L_i)$ für die Weiterverarbeitung durch die Prozedur **MULTI-PROPAGATE**.

5.19   Propagieren von Bulks

Die Prozedur **MULTI-PROPAGATE** (Algorithmus 5.13) ist das Herzstück des Algorithmus zur Verarbeitung von Bulk-Updates: Sie erwartet eine Menge $\mathcal{U}'$ von Elementar-Updates, die durch Tripel der Form $(\mathcal{X}_i, n_i, I_i)$ gegeben sind, führt gewisse Label-Aktualisierungen aus und gibt eine neue Menge (abgeleiteter) Elementar-Updates zurück.

Die Elementar-Updates $(\mathcal{X}_i, n_i, I_i)$ werden im ersten Schritt in eine zur Verarbeitung durch **MULTI-WEAVE** geeignete Form gebracht (durch ihre Label-Varianten

---

MULTI-WEAVE$(L_A, \mathcal{T})$:

1. Falls $\mathcal{T} = \emptyset$: Kehre zurück mit Wert $\emptyset$.

2. Falls $\mathcal{T} = \{(D, n, E)\}$:
   Kehre zurück mit Wert $\{(n, \text{W}(\{L_A\} \cup D \cup E))\}$.

3. $\mathcal{L} := \bigcup_{(D,n,E)\in\mathcal{T}} D$;
   Für alle $L \in \mathcal{L}$:

   $$occ(L) := |\{(D, n, E) \mid (D, n, E) \in \mathcal{T} \wedge L \in D\}|;$$

   $\mathcal{I} := \{L \mid L \in \mathcal{L} \wedge occ(L) = |\mathcal{T}|\};$
   $\mathcal{S} := \{L \mid L \in \mathcal{L} \wedge occ(L) = 1\};$
   $\mathcal{P} := \mathcal{L} - (\mathcal{I} \cup \mathcal{S});$

4. Label aus $\mathcal{I}$ vorab behandeln: $L'_A := \text{W}(\{L_A\} \cup \mathcal{I})$.

5. Gibt es Kandidaten für ein Pivot-Label, d.h. gilt $\mathcal{P} \neq \emptyset$?

   Ja: Wähle ein gutes Pivot-Label, d.h. ein Label $P \in \mathcal{P}$ mit

   $$occ(P) = \max\{occ(L) \mid L \in \mathcal{P}\}$$

   und kehre zurück mit Wert

   MULTI-WEAVE$(\text{W}(\{L'_A, P\}),$
   $\qquad\qquad \{(D - (\{P\} \cup \mathcal{S} \cup \mathcal{I}), n, E \cup (D \cap \mathcal{S})) \mid$
   $\qquad\qquad\qquad (D, n, E) \in \mathcal{T} \wedge P \in D\})$
   $\cup$ MULTI-WEAVE$(L'_A,$
   $\qquad\qquad \{(D - (\mathcal{S} \cup \mathcal{I}), n, E \cup (D \cap \mathcal{S})) \mid$
   $\qquad\qquad\qquad (D, n, E) \in \mathcal{T} \wedge P \notin D\}).$

   Nein: Kehre zurück mit Wert

   $$\{(n, \text{W}((\{L'_A\} \cup D \cup E) - \mathcal{I})) \mid (D, n, E) \in \mathcal{T}\}.$$

Algorithmus 5.12: Die Prozedur MULTI-WEAVE

repräsentiert). Nach Ermittlung der zugehörigen Label-Inkremente über die Hilfs-Prozedur MULTI-WEAVE in Schritt 2 werden in Schritt 3 von MULTI-PROPAGATE die Teilergebnisse für die einzelnen Knoten zusammengefaßt. Danach gilt dann:

$$R = \{(n, \mu L'') \mid \quad \exists (\mathcal{X}_i, n, I_i) \in \mathcal{U}' :$$
$$L'' = \bigcup_{(\mathcal{X}'_i, n, I'_i) \in \mathcal{U}'} \text{WEAVE}(\mathcal{X}'_i, I'_i)\}.$$

MULTI-PROPAGATE($\mathcal{U}'$):

1. Ermittlung der Label-Varianten zu den Elementar-Updates:

$$\mathcal{T} := \{(\{l(x) \mid x \in \mathcal{X}\} \cup \{I\}, n, \emptyset) \mid (\mathcal{X}, n, I) \in \mathcal{U}'\}.$$

2. Berechnung der Label-Inkremente:

$$R' := \text{MULTI-WEAVE}(\{\emptyset\}, \mathcal{T}).$$

3. Knotenweise Zusammenfassung der Teilergebnisse:

$$R \;:=\; \{(n, \mu L'') \mid \exists (n, L) \in R' : L'' = \bigcup_{(n, L') \in R'} L'\}.$$

4. Aktualisierung der Label und Generierung neuer Elementar-Updates:

$$\mathcal{U}'' := \bigcup_{(n, L) \in R} \text{MULTI-UPDATE}(n, L).$$

5. Kehre mit dem Wert $\mathcal{U}''$ zurück.

Algorithmus 5.13: Die Prozedur MULTI-PROPAGATE

Vergleichen wir dies mit der Beziehung

$$L = \text{WEAVE}(\mathcal{X}, I),$$

die nach Schritt 1 in der Prozedur PROPAGATE (Algorithmus 5.6) für den singulären Update $U' = \{(\mathcal{X}, n, I)\}$ gilt, so wird deutlich, daß MULTI-PROPAGATE eine *Verallgemeinerung* von PROPAGATE darstellt. Schließlich sind im letzten Schritt von MULTI-PROPAGATE die für die Knoten berechneten Label-Updates auf die einzelnen Knoten anzuwenden. Diese Aufgabe erledigt die Hilfs-Prozedur MULTI-UPDATE (Algorithmus 5.14) — das Gegenstück zur UPDATE-Prozedur des klassischen ATMS (Algorithmus 5.8).

Die Prozeduren MULTI-UPDATE und UPDATE unterscheiden sich nur geringfügig: UPDATE führt nach der Label-Aktualisierung einen rekursiven Aufruf der Prozedur PROPAGATE durch, während MULTI-UPDATE statt dessen eine neue, aus den Aktualisierungen der Label resultierende, Menge von Elementar-Updates berechnet und diese an MULTI-PROPAGATE zurückreicht.

Die Prozedur NOGOOD des klassischen ATMS (Algorithmus 5.9) muß ebenfalls erweitert werden, da in der Menge der noch zu bearbeitenden Elementar-Updates $\mathcal{U}$ Umgebungen vorkommen können, die aufgrund der Updates aus $\mathcal{U}'$ inkonsistent geworden sind. Die Erweiterung spiegelt den Schritt nach dem rekursiven Aufruf von PROPAGATE in der Funktion UPDATE wieder: Auch hier ist wie in der

---

MULTI-UPDATE(n, L):

1. Behandlung von NOGOODS:
   Gilt $n = \perp$, so

   (a) führe NOGOOD(U) aus für jedes $U \in L$.

   (b) Kehre zurück mit dem Wert $\emptyset$.

2. Erweiterung von $l(n)$ um L:

   (a) $l_{alt} := l(n)$;

   (b) $\Delta L := \mu_{l_{alt}}(L) - l_{alt}$;

   (c) $l(n) := \mu_{\Delta L}(l_{alt}) \cup \Delta L$;

3. Kehre zurück mit dem Wert

$$\{(\mathcal{X}' - \{n\}, n', \Delta L) \mid (\mathcal{X}' \Rightarrow n') \in \mathcal{R} \wedge n \in \mathcal{X}'\}$$

   (ein neuer Elementar-Update für jeden von n direkt
   betroffenen Knoten).

Algorithmus 5.14: Die Prozedur MULTI-UPDATE

klassischen Version der Test in Schritt 1 unnötig, falls NOGOOD von MULTI-UPDATE aufgerufen wurde, da E dann als von MULTI-WEAVE produzierte Umgebung nicht inkonsistent sein kann.

5.20 Schnittstellenfunktionen für Bulk-Updates

Das zur Verarbeitung von Bulks fähige ATMS $(\mathcal{N}, \mathcal{A}, \mathcal{R}, \mathcal{U})$ verwaltet neben je einer Menge von *Knoten* $\mathcal{N}$, *Annahmen* $\mathcal{A}$ und *Rechtfertigungen* $\mathcal{R}$ eine globale Menge von mitgeteilten und noch zur Bearbeitung *anstehenden Elementar-Updates* $\mathcal{U}$. Diese Menge ist anfangs leer.

Die Schnittstellenfunktionen add-constraint! und assumption! des ATMS erweitern diese Menge um *neue* Elementar-Updates. *Bevor* eine Schnittstellenfunktion (insbesondere holds-in?) auf ein Label zugreifen darf, muß das Label im ATMS *wohlgeformt* sein. Eine einfache Möglichkeit, dies sicherzustellen, ist es, solange noch ausstehende Elementar-Updates aus $\mathcal{U}$ mit MULTI-PROPAGATE zu verarbeiten, bis dabei keine neuen Elementar-Updates mehr erzeugt werden.

Natürlich müssen i.allg. nicht alle Label im ATMS wohlgeformt sein, bevor die Anfrage nach dem Label eines Knotens n ausgewertet werden kann — es genügt, neben dem Label von n nur die Label von im Abhängigkeitsnetz topologisch

NOGOOD(U):

1. Falls es einen NOGOOD $U' \in NG$ gibt mit $U' \subseteq U$:
   Fertig! (ein allgemeinerer NOGOOD war schon bekannt)

2. Eintrag von U in die NOGOOD-Tabelle:

$$NG := NG \cup \{U\}.$$

3. Entferne für jeden Knoten n jene Umgebungen aus $l(n)$, die
   den NOGOOD U umfassen:

$$l(n) := \mu_{\{U\}}(l(n)) - \{U\}.$$

4. Entferne aus jedem Elementar-Update $(\mathcal{X}, n, I) \in \mathcal{U}$ die
   Umgebungen, die U umfassen:

$$\mathcal{U} := \{(\mathcal{X}, n, \mu_{\{U\}}(I) - \{U\}) \mid (\mathcal{X}, n, I) \in \mathcal{U}\}$$

Algorithmus 5.15: Bulk-Version der Prozedur NOGOOD

früheren Knoten und das „Label" des ausgezeichneten NOGOOD-Knotens $\perp$ zu aktualisieren (siehe dazu auch [KvdG93]).

Wir schildern hier nur die einfache Vorgehensweise, bei der *alle* Label vor einer Anfrage aktualisiert werden. Dies wird von der Prozedur SYNCHRONIZE erledigt (siehe Algorithmus 5.16).

SYNCHRONIZE():

Solange $\mathcal{U} \neq \emptyset$:

1. Wähle $\mathcal{U}'$ mit $\emptyset \subset \mathcal{U}' \subseteq \mathcal{U}$.
2. $\mathcal{U} := (\mathcal{U} - \mathcal{U}') \cup$ MULTI-PROPAGATE($\mathcal{U}'$)

Algorithmus 5.16: Die Prozedur SYNCHRONIZE

Wie schon im klassischen ATMS läßt sich die Schnittstellenfunktion add-constraint! direkt über die interne Prozedur NEW-JUST (Algorithmus 5.5) realisieren. Anstatt sofort nach dem Bekanntmachen der neuen Rechtfertigung eine Propagierungswelle beim Konsequenz-Knoten der neuen Rechtfertigung zu starten, vermerkt jedoch die Bulk-Version von NEW-JUST die neue Rechtfertigung als einen noch anstehenden Elementar-Update in $\mathcal{U}$: Da das ATMS bis zur nächsten Anfrage Updates lediglich in $\mathcal{U}$ sammelt, aber keine Propagierungen durchführt, muß die Schnittstellenfunktion `holds-in?` *vor* dem Zugriff auf die relevanten Label eine Synchronisation der ATMS-Label erzwingen.

`NEW-JUST`$(\mathcal{X} \Rightarrow n)$:

1. Füge die Rechtfertigung $\mathcal{X} \Rightarrow n$ zum Abhängigkeitsnetz hinzu:

$$\mathcal{R} := \mathcal{R} \cup \{\mathcal{X} \Rightarrow n\}$$

2. Erweitere die Menge der noch zur Bearbeitung anstehenden Elementar-Updates:

$$\mathcal{U} := \mathcal{U} \cup \{(\mathcal{X}, n, \{\emptyset\})\}$$

Algorithmus 5.17: Bulk-Version der Prozedur `NEW-JUST`

Algorithmus 5.18 zeigt die Bulk-Version der Realisierung der Schnittstellenfunktion `holds-in?` (Algorithmus 5.1 für das konventionelle ATMS). `holds-in?` verwendet die Prozedur `SYNCHRONIZE` um sicherzustellen, daß vor Auswertung der eigentlichen Anfrage die noch ausstehenden Elementar-Updates erledigt werden. Nachdem alle angesammelten Elementar-Updates verarbeitet worden sind,

---

`holds-in?`(n, U):

1. `SYNCHRONIZE`();

2. Gilt $n = \bot$?

3. Falls ja: Kehre zurück mit Resultat R, wobei:

$$R = \texttt{follows-from?}_{\Gamma_{\mathcal{R}}}(\bot, U).$$

4. Falls nein: Liefere den Wert R' mit:

$$R' = \begin{cases} \texttt{YES} & \text{falls } \texttt{follows-from?}_{\Gamma_{\mathcal{R}}}(\bot, U) = \texttt{NO} \ \wedge, \\ & \qquad \texttt{follows-from?}_{\Gamma_{\mathcal{R}}}(n, U) = \texttt{YES}, \\ \texttt{NO} & \text{sonst.} \end{cases}$$

Algorithmus 5.18: Bulk-Version der Schnittstellenfunktion `holds-in?`

also alle Label wieder den vier de Kleer'schen Integritätsbedingungen von Abschnitt 5.4 genügen, verwendet `holds-in?` die relevanten Label wie im konventionellen ATMS zur Bestimmung der korrekten Antwort.

5.21   Strategien zur Bulk-Auswahl

In der bisher vorgestellten Skizze einer Implementierung des ATMS ist noch ein
wesentlicher Freiheitsgrad offen geblieben: die Wahl einer Teilmenge von Elementar-Updates (im Schritt 1 in der Prozedur SYNCHRONIZE).

Diese Wahl hat auf die *Korrektheit* des Algorithmus keinen Einfluß, wohl aber
auf dessen *Effizienz*. Ob eine Auswahl-Strategie geeignet ist, oder nicht, hängt
sehr stark von den Eingabedaten ab. Wenn z.B. der Versuch, redundante Labelmultiplikationen bei WEAVE-Operationen zu eliminieren, eine Effizienzsteigerung
bewirken soll, dann müssen die Rechtfertigungen eine Struktur haben, die dies
begünstigt. Der Propagierungsalgorithmus kann aber im schlechtesten Fall mit
einem Abhängigkeitsnetz konfrontiert sein, dessen Label exponentiell groß sind
(vgl. unsere Ausführungen in Abschnitt 5.14) und in diesem Fall ändert selbst
die beste Auswahl-Strategie nichts daran, daß das System aus Problemlöser und
ATMS intraktabel geworden ist.

Die *optimale* Auswahl-Strategie muß also i.allg. abhängig von der konkreten
Anwendung auf der Grundlage von Experimenten festgelegt und in der Prozedur
SYNCHRONIZE kodiert werden.

Ein Extrem bei der Auswahl einer Menge von Elementar-Updates ist die Wahl
einer *einelementigen* Menge:

- Auswahl des *zuletzt* in $\mathcal{U}$ aufgenommenen Elementes, d.h. $\mathcal{U}$ wird als *Keller* verwaltet. Dies ist der klassische ATMS-Algorithmus mit seiner *Tiefe-
  Zuerst*-Propagierung [dK88]. Der Algorithmus zur Propagierung von Bulks
  ist daher eine Verallgemeinerung des konventionellen ATMS-Propagierungsalgorithmus.

- Auswahl des sich am *längsten* in der Menge $\mathcal{U}$ befindenden Elementes,
  d.h. $\mathcal{U}$ wird als *Warteschlange* verwaltet und die Propagierung erfolgt
  Breite-Zuerst.

- Wahl basierend auf der *Topologie* des Abhängigkeitsnetzes (hierzu wird
  später noch mehr gesagt).

Natürlich kann MULTI-WEAVE keine redundanten Multiplikationen von Labeln
vermeiden, wenn $\mathcal{U}'$ einelementig gewählt wird.

Das andere Extrem bei der Wahl der Elementar-Updates $\mathcal{U}'$ ist es, *alle noch
ausstehenden* Elementar-Updates *auf einmal* für die nächste Iteration der Prozedur MULTI-PROPAGATE zu betrachten:

$$\mathcal{U}' := \mathcal{U}.$$

Bei diesem Vorgehen besteht die größte Chance zur Eliminierung redundanter
Labelmultiplikationen.

5.22 Synchronisation von Propagierungswellen

Betrachtet man jeweils alle noch ausstehenden Elementar-Updates als einen Bulk für die nächste Iteration der Prozedur `MULTI-PROPAGATE`, so ist jedoch keine vernünftige Steuerung der Propagierung möglich. Insbesondere lassen sich dann nicht mehrere, an einem Knoten zusammenlaufende Propagierungswellen *synchronisieren*.

Wir verdeutlichen dies an zwei Beispielen. In den Abbildungen zu diesen Beispielen zeichnen wir ATMS-Knoten als Kreise, Annahmen als Doppelkreise und Rechtfertigungen der Form $x_1, \ldots, x_n \Rightarrow y$ als Graphen mit der Gestalt, wie sie in Abbildung 5.1 skizziert ist.

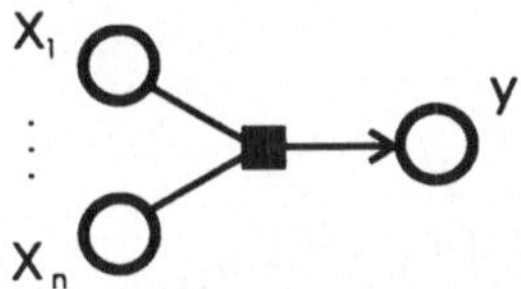

Abbildung 5.1: Graphische Darstellung der Rechtfertigung $x_1, \ldots, x_n \Rightarrow y$

Gegeben sei das Abhängigkeitsnetz in der Abbildung 5.2, in das die beiden heller gezeichneten Rechtfertigungen $J_1 = (n_1 \Rightarrow n_2)$ und $J_2 = (C \Rightarrow n_3)$ neu eingefügt werden.

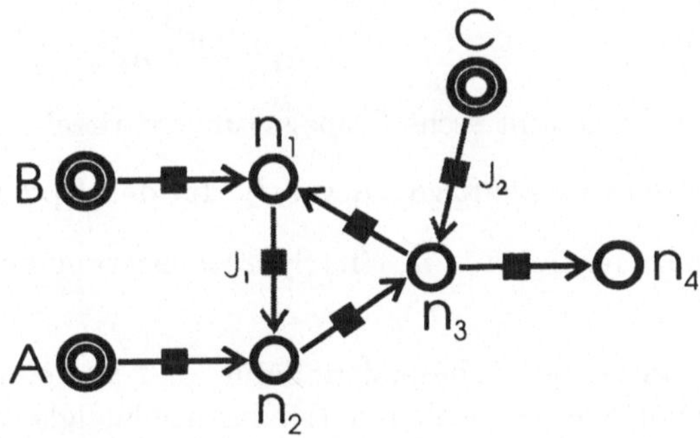

Abbildung 5.2: Synchronisierung der Propagierung

Vor den Einfügen von J_1 und J_2 gilt:

$$l(n_1) = \{\{A\}, \{B\}\}, \quad l(n_2) = l(n_3) = l(n_4) = \{\{A\}\}.$$

Danach gilt offensichtlich

$$l(n_1) = l(n_2) = l(n_3) = l(n_4) = \{\{A\}, \{B\}, \{C\}\}.$$

Propagieren nach dem klassischen Algorithmus bringt — je nachdem, ob zuerst der Elementar-Update J_1 oder der Elementar-Update J_2 ausgeführt wird — folgendes Geschehen in Gang:

1. Erst J_1, dann J_2 einfügen (neun Propagierungsschritte):

   (a) Bekanntmachen von J_1:
   $$n_1 \xrightarrow{\{A\},\{B\}} n_2 \xrightarrow{\{B\}} n_3 \xrightarrow{\{B\}} n_1, \quad n_3 \xrightarrow{\{B\}} n_4 \ .$$

   (b) Bekanntmachen von J_2:
   $$C \xrightarrow{\{C\}} n_3 \xrightarrow{\{C\}} n_1 \xrightarrow{\{C\}} n_2 \xrightarrow{\{C\}} n_3 \ ,$$
   $$n_3 \xrightarrow{\{C\}} n_4 \ .$$

2. Erst J_2, dann J_1 einfügen (sieben Propagierungsschritte):

   (a) Bekanntmachen von J_2:
   $$C \xrightarrow{\{C\}} n_3 \xrightarrow{\{C\}} n_1 \ ,$$
   $$n_3 \xrightarrow{\{C\}} n_4 \ .$$

   (b) Bekanntmachen von J_1:
   $$n_1 \xrightarrow{\{A\},\{B\},\{C\}} n_2 \xrightarrow{\{B\},\{C\}} n_3 \xrightarrow{\{B\}} n_1,$$
   $$n_3 \xrightarrow{\{B\}} n_4 \ .$$

Dabei bedeute $x \xrightarrow{U_1,\dots,U_n} y$, daß die Prozedur UPDATE (Algorithmus 5.8) das Label-Inkrement $\Delta L = \{U_1, \dots, U_n\}$ von x nach y überträgt.

Besser wäre es jedoch, die beiden Updates *verzahnt* wie folgt auszuführen:

$$C \xrightarrow{\{C\}} n_3 \xrightarrow{\{C\}} n_1 \xrightarrow{\{A\},\{B\},\{C\}} n_2 \xrightarrow{\{B\},\{C\}} n_3 \xrightarrow{\{B\}} n_1 \ ,$$
$$n_3 \xrightarrow{\{B\},\{C\}} n_4 \ .$$

So benötigt man nur insgesamt sechs Propagierungsschritte:

- es wird die bessere Reihenfolge „J_1 vor J_2" für den Update gewählt und

- außerdem erfolgt am Knoten n_3 eine Synchronisierung der Propagierungswellen.

Diese Synchronisierung sorgt insbesondere dafür, daß *nur eine* Propagierungswelle in den vom Knoten n_4 erreichbaren Teil des Abhängigkeitsnetzes geschickt wird. Offensichtlich kann der konventionelle Propagierungs-Algorithmus des ATMS die Label nicht in der geschilderten, optimalen Weise aktualisieren.

An dem Abhängigkeitsnetz in Abbildung 5.3 läßt sich noch eine weitere Schwäche des klassischen Propagierungsalgorithmus zeigen. Dazu betrachten wir, was passiert, wenn eine Propagierungswelle über den Knoten n_0 den Knoten n_1 erreicht.

Bei der *Tiefe-Zuerst-Propagierung* des klassischen ATMS kommen für ($1 \leq i \leq n + k$) im ungünstigsten Fall (der vorliegt, wenn keine Propagierungswelle verebbt) jeweils

$$l_1 * l_2 * \dots * l_{i-1}$$

Wellen am Knoten n_i an, die alle bis auf eine unnötig sind! Ein bessere Strategie zur Aktualisierung dieses Netzes bestünde darin,

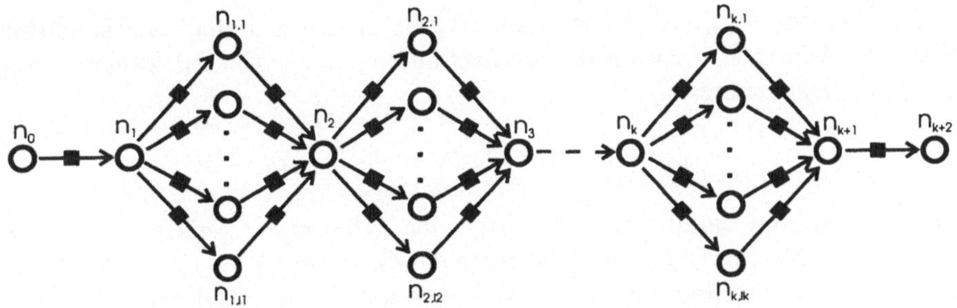

Abbildung 5.3: Minimierung der Propagierungswellen

- am Knoten n_{i+1} ankommende Propagierungswellen solange zu verzögern, bis alle Propagierungswellen von Vorgängerknoten zu n_{i+1} eingetroffen und lokal verarbeitet sind und

- erst dann jeweils genau einen Update bei den Nachfolgeknoten $n_{i+1,j}$ zu veranlassen $(1 \leq i \leq l_j)$.

Die Idee, die Topologie des Abhängigkeitsnetzes (insbesondere die topologische Sortierung der starken Zusammenhangskomponenten) für die Propagierung auszunutzen, ist nicht neu. Sie wurde bereits von Goodwin in [Goo82] zur Konstruktion eines effizienten Propagierungs-Algorithmus für Truth-Maintenance-Systeme vom JTMS-Typ eingesetzt (siehe Abschnitt 3.4 und den RELABEL-Algorithmus 3.1). In [DF89, DF91] wird die gleiche Idee für die verzögerte Propagierung von Umgebungen im ATMS als potentielles Optimierungsmittel angedeutet. Außerdem aktualisiert das LAZYRMS [KvdG93] — eine Variante des ATMS, das sich verzögerte Label-Propagierung zunutze macht — seine Label in der Reihenfolge der topologischen Sortierung der starken Zusammenhangskomponenten.

Bevor wir formal beschreiben können, wie sich die Topologie des Abhängigkeitsnetzes für die Auswahl der als nächstes zu bearbeitenden Menge von Elementar-Updates einsetzen läßt, benötigen wir aber noch den Begriff der *wechselseitigen Erreichbarkeit*.

5.23 Priorisieren der Knoten des Abhängigkeitsnetzes

In Abschnitt 5.15 hatten wir bereits bei der Betrachtung des LAZYRMS über die Eigenschaft (5.6) definiert, was es heißt, daß ein Knoten x_2 von einem anderen Knoten x_1 erreichbar ist, d.h. wann $x_1 \rightsquigarrow x_2$ gilt. Erreichbarkeit ist auch im Zusammenhang mit Bulk-Updates von großer Bedeutung. Ist nämlich ein Knoten x_2 *nicht* von einem anderen Knoten x_1 erreichbar, so können (mit Ausnahme der nicht-lokalen Aktualisierungen aufgrund von NOGOODS) Elementar-Updates des Labels von x_1 keinen Einfluß auf das Label von x_2 haben (da dann keine von x_1 gestartete Propagierungswelle x_2 erreichen kann).

Die Relation $\rightsquigarrow \subseteq (\mathcal{N}, \mathcal{N})$ ist transitiv. Sie induziert deshalb auf kanonische Weise die Äquivalenzrelation der *wechselseitigen Erreichbarkeit* zweier Knoten im Abhängigkeitsnetz:

$$x_1 \sim x_2 \quad \text{gdw.} \quad x_1 = x_2 \vee x_1 \rightsquigarrow x_2 \vee x_2 \rightsquigarrow x_1$$

Zwei Knoten sind damit äquivalent bzgl. der Relation $\sim$, wenn sie in der gleichen *starken Zusammenhangskomponente* des Graphen $(\mathcal{N}, \rightsquigarrow)$ liegen (vgl. auch Abschnitt 3.4). Die Relationen $\rightsquigarrow$ und $\sim$ lassen sich auf naheliegende Weise auf Paare von Elementar-Updates übertragen:

$$(\mathcal{X}, n, I) \rightsquigarrow (\mathcal{X}', n', I') \quad \text{gdw.} \quad n \rightsquigarrow n'$$
$$(\mathcal{X}, n, I) \sim (\mathcal{X}', n', I') \quad \text{gdw.} \quad n \sim n'$$

Mit Hilfe der so verallgemeinerten Relation $\sim$ kann man nun die Menge $\mathcal{U}$ der noch ausstehenden Elementar-Updates in Äquivalenzklassen aufteilen:

$$\mathcal{U}_\sim := \{\{U' \mid U' \sim U\} \mid U \in \mathcal{U}\}$$

Von besonderem Interesse sind hier natürlich die Elemente von $\mathcal{U}_\sim$, die minimal bzgl. $\rightsquigarrow$ sind:

$$\mathcal{U}_{\min} := \{u \mid \ u \in \mathcal{U}_\sim \wedge \forall u' \in \mathcal{U}_\sim :$$
$$(\forall U \in u, U' \in u' : \ U' \rightsquigarrow U \rightarrow u = u')\}$$

Damit können wir nun eine Konkretisierung der Prozedur SYNCHRONIZE — die Prozedur SYNCHRONIZE-PRIORIZED (Algorithmus 5.19) — angeben, bei der für die Verarbeitung einer vorgegebenen Menge von Elementar-Updates $\mathcal{U}$ im Vergleich zum konventionellen ATMS weniger unnötige Propagierungswellen durch das Abhängigkeitsnetz geschickt werden.

In einem azyklischen Netz wird nämlich ein Knoten n zu einem Elementar-Update aus $\mathcal{U}_{\min}$ nicht mehr von den Propagierungswellen erreicht, die ein bei n vorgenommener Elementar-Update ausgelöst hat und in zyklischen Netzen gilt das gleiche, sobald die Zyklen durch die Zerlegung in starke Zusammenhangskomponenten „ausfaktorisiert" sind.

Betrachten wir uns einmal, wie diese Variante von SYNCHRONIZE mit dem Bulk-Update $\mathcal{U} = \{(\{n_1\}, n_2, \{\emptyset\}), (\{C\}, n_3, \{\emptyset\}))$ aus dem Beispiel zur Synchronisierung der Propagierung umgeht: Vor dem Bekanntmachen der Rechtfertigungen $(n_1 \Rightarrow n_2)$ und $(C \Rightarrow n_3)$ stellt jeder Knoten des Beispielnetzes eine starke Zusammenhangskomponente dar. Da Annahmen nicht selber gerechtfertigt werden sollen, also immer singuläre und minimale starke Zusammenhangskomponenten darstellen werden, beschränken wir uns hier auf die Komponenten mit Nicht-Annahmenknoten. Deren partielle Ordnung ist gegeben durch

$$\{n_2\} \rightsquigarrow \{n_3\}, \{n_3\} \rightsquigarrow \{n_4\}, \{n_3\} \rightsquigarrow \{n_1\}.$$

SYNCHRONIZE-PRIORIZED():

1. Dekomponiere den zum Abhängigkeitsnetz gehörenden Graphen $(\mathcal{N}, \rightsquigarrow)$ in seine starken Zusammenhangskomponenten.

2. Solange $\mathcal{U} \neq \emptyset$:

   (a) Bestimme mit Hilfe der Zusammenhangskomponenten von $(\mathcal{N}, \rightsquigarrow)$ die Menge $U_{\sim}$ der Äquivalenzklassen von $\mathcal{U}$ bzgl. wechselseitiger Erreichbarkeit.

   (b) Priorisiere die Elementar-Updates in $\mathcal{U}$ verträglich mit der von $\rightsquigarrow$ auf $U_{\sim}$ induzierten partiellen Ordnung.

   (c) Ermittle die Elementar-Updates $\mathcal{U}' \subseteq \mathcal{U}$ mit *minimaler* Priorität:

   $$\mathcal{U}' := \{U \mid U \in u \wedge u \in \mathcal{U}_{\min}\}.$$

   (d) $\mathcal{U} := (\mathcal{U} - \mathcal{U}') \cup \texttt{MULTI-PROPAGATE}(\mathcal{U}')$

Algorithmus 5.19: Die Prozedur **SYNCHRONIZE-PRIORIZED**

Nach Bekanntmachen der beiden Rechtfertigungen fallen die Komponenten $\{n_1\}$, $\{n_2\}$ und $\{n_3\}$ zu einer einzigen Komponente zusammen; die Ordnung der Komponenten ist jetzt mit

$$\{n_1, n_2, n_3\} \rightsquigarrow \{n_4\}$$

vollständig beschrieben. Der Bulk des Beispiels kann nun in fünf Iterationen erledigt werden:

1. $\mathcal{U} := \{((\{n_1\}, n_2, \{\emptyset\}), (\{C\}, n_3, \{\emptyset\}))\}$; $\mathcal{U}' := \mathcal{U}$;
   MULTI-PROPAGATE: $n_1 \xrightarrow{\{A\},\{B\}} n_2$, $C \xrightarrow{\{C\}} n_3$;

2. $\mathcal{U} := \{((\{n_2\}, n_3, \{\{B\}\}), (\{n_3\}, n_1, \{\{C\}\}),$
   $\phantom{\mathcal{U} :=} (\{n_3\}, n_4, \{\{C\}\}))\}$;
   $\mathcal{U}' := \{((\{n_2\}, n_3, \{\{B\}\}), (\{n_3\}, n_1, \{\{C\}\}))\}$;
   MULTI-PROPAGATE: $n_2 \xrightarrow{\{B\}} n_3$, $n_3 \xrightarrow{\{C\}} n_1$;

3. $\mathcal{U} := \{((\{n_3\}, n_4, \{\{B\}, \{C\}\}), (\{n_1\}, n_2, \{\{C\}\}))\}$;
   $\mathcal{U}' := \{((\{n_1\}, n_2, \{\{C\}\}))\}$;
   MULTI-PROPAGATE: $n_1 \xrightarrow{\{C\}} n_2$;

4. $\mathcal{U} := \{((\{n_3\}, n_4, \{\{B\}, \{C\}\}), (\{n_2\}, n_3, \{\{C\}\}))\}$;
   $\mathcal{U}' := \{((\{n_2\}, n_3, \{\{C\}\}))\}$;
   MULTI-PROPAGATE: macht keine Updates;

5. $\mathcal{U} := \{((\{n_3\}, n_4, \{\{B\}, \{C\}\}))\}; \quad \mathcal{U}' := \mathcal{U};$
   MULTI-PROPAGATE: $\quad n_3 \xrightarrow{\{B\},\{C\}} n_4.$

Wie schon die handoptimierte Lösung erfordert die von der Prozedur 5.19 gefundene Lösung auch nur sechs Einzel-Updates, propagiert jedoch kleinere Label-Inkremente, was zu einer weiteren kleinen Beschleunigung führen sollte.

5.24 Effizientes Umpriorisieren bei Updates

Für eine vollständige Beschreibung des Bulk-Update-Algorithmus muß jetzt nur noch geklärt werden, wie sich

- die starken Zusammenhangskomponenten des Graphen $(\mathcal{N}, \rightsquigarrow)$ sowie die

- partielle Ordnung $\rightsquigarrow$ auf diesen Komponenten

und damit die Menge $U_{\min}$ *effizient* berechnen lassen.

Dieses wichtige Teil-Problem wird weder von Dressler und Farquhar [DF89, DF91] noch von Goodwin [Goo82] thematisiert. Im LAZYRMS [KvdG93] ist eine effiziente Berechnung der Zusammenhangskomponenten und ihrer Ordnung nicht so wichtig, da deren Aufwand dort sicher von dem zur Berechnung der transitiven Hülle des Abhängigkeitsnetzes dominiert wird. Wohl aus diesem Grund widmen sich auch Kelleher und van der Gaag gar nicht erst diesem Problem.

Die adhoc-Lösung, einen der Standard-Graphen-Algorithmen zur Bestimmung der starken Zusammenhangskomponenten und deren topologischer Sortierung zu verwenden (etwa die aus [CLR90]), verbietet sich, da diese Algorithmen eine Zeitkomplexität aufweisen, die von der *Gesamtgröße* des Graphen (hier das Abhängigkeitsnetz) abhängt.

Dies liegt daran, daß der Standard-Algorithmus zur Bestimmung der starken Zusammenhangskomponenten den *kompletten* Graphen als Eingabe voraussetzt. Damit würden in der Prozedur SYNCHRONIZE-PRIORIZED jedes Mal *alle* starken Zusammenhangskomponenten des Graphen von Grund auf neu berechnet. Dies ist offensichtlich nicht nötig — schließlich hat sich der Graph seit dem letzten SYNCHRONIZE-PRIORIZED Aufruf nur wie durch die Menge $\mathcal{U}$ der Elementar-Updates beschrieben, verändert.

Das ATMS selbst arbeitet inkrementell. Außerdem lassen sich mit den Schnittstellenfunktionen des ATMS nur *neue* Rechtfertigungen definieren aber keine alten Rechtfertigungen eliminieren (eine der Voraussetzungen für die *Monotonie* des ATMS). Ein Algorithmus zur Berechnung der starken Zusammenhangskomponenten sollte deshalb ausnutzen, daß die meisten starken Zusammenhangskomponenten des Abhängigkeitsnetzes *vor* dem Hinzufügen der neuen Rechtfertigungen schon bekannt waren und diese Information zur Aktualisierung der starken Zusammenhangskomponenten verwenden, also ebenso wie schon das Kern-ATMS *inkrementell* arbeiten.

Aus der Literatur ist noch kein inkrementeller Algorithmus für die Berechnung starker Zusammenhangskomponenten bekannt (eine Einführung in das Gebiet der inkrementellen Algorithmen bieten u.a. [RR91, Ber92]; dort finden sich auch weitere Literaturangaben). Es gibt allerdings einen Algorithmus, mit dem inkrementell eine topologische Sortierung von azyklischen Graphen berechnet werden kann [AHR$^+$90]. In [Gei94] wird gezeigt, wie sich dieser Algorithmus erweitern läßt, so daß sich inkrementell starke Zusammenhangskomponenten und eine topologische Sortierung des Komponentengraphen berechnen lassen.

Der Algorithmus erhält als Eingabe die Menge der zum Graphen hinzugefügten Kanten (entsprechend der Menge der zum Abhängigkeitsnetz hinzugefügten Rechtfertigungen) und berechnet den neuen Komponentengraphen sowie dessen topologische Sortierung. Die Zeitkomplexität dieses Algorithmus hängt nur von der Größe der mindestens nötigen Änderung des Graphen ab und nicht mehr von der Gesamtgröße des Graphen. Für Details wird auf [Gei94] verwiesen.

5.25 Effizienzsteigerung mit Bulks

Rothberg und Gupta beschreiben in [RG89] zwei Kunstgriffe, über die sich die Anzahl von Labelmultiplikationen auf Kosten von zusätzlichen Teilmengentests für Annahmenmengen reduzieren läßt.

Angenommen, das Label L eines bestimmten Knotens soll um das Produkt von k Labeln $L_1, \ldots, L_k$ erweitert und das resultierende Label-Inkrement im Netz weiterpropagiert werden. In klassischen Algorithmus wird dafür zunächst mit Hilfe der Prozedur WEAVE (Algorithmus 5.7) der Ausdruck

$$L' := \mu(L_1 \otimes \ldots \otimes L_k) - nogoods$$

berechnet und zwar schrittweise nach dem Schema:

$$
\begin{aligned}
F_1 &:= L_1, \\
F_{i+1} &:= \mu(F_i \otimes L_i) - nogoods, \quad (1 \le i < k) \\
L' &:= F_k.
\end{aligned}
$$

Dieses Schema kann unter bestimmten Voraussetzungen effizienter ausgewertet werden. Eine Verbesserung läßt sich aufgrund der folgenden Eigenschaft des Schemas vornehmen:

$$\forall U \in F_i, U' \in L_i : U' \subseteq U \to U \in F_{i+1} \quad (1 \le i < k).$$

Eine Umgebung $U \in F_i$, die von einer Umgebung $U' \in L_i$ subsumiert wird, muß also bei der Berechnung des Produkts $F_i \otimes L_i$ nicht mit den Umgebungen in L_i vereinigt werden. Die resultierenden Umgebungen würden bei der nachfolgenden Minimierung nur wieder entfernt. Diese Optimierungstechnik kann direkt für den Bulk-Update-Algorithmus (in die Prozedur MULTI-WEAVE) übernommen werden.

Die zweite Schlüsselbeobachtung ist die folgende:

> Gibt es eine Umgebung $U \in F_i$, die von einer Umgebung $U' \in L$ subsumiert wird, so wird auch jede in der Folge durch Multiplikation mit U entstehende Umgebung von U' subsumiert werden.

Solche Umgebungen brauchen also gar nicht erst berechnet zu werden.

Eine Integration dieser Optimierungstechnik in den Bulk-Update-Algorithmus ist schwieriger. Die Prozedur `MULTI-WEAVE` (Algorithmus 5.12) berechnet mehrere Label-Updates auf einmal. Wird dabei das Produkt zweier Label ermittelt, so resultiert dies immer in einer Menge $\mathcal{L}$ von Labeln, die mit den zu diesem Produkt gehörenden Label-Inkrementen aktualisiert werden müssen. Die zweite Optimierungstechnik von Rothberg und Gupta kann aber nur angewendet werden, wenn in jedem Label von $\mathcal{L}$ eine Umgebung U' mit $U' \subseteq U$ enthalten ist. Gegebenenfalls muß man also den zu verarbeitenden Bulk in zwei Teile zerlegen, von denen ein Teil nur zu aktualisierende Label mit subsumierenden Umgebungen enthält.

Die beiden Optimierungstechniken von Rothberg und Gupta werden natürlich nicht für jede Anwendung einen Effizienzgewinn erbringen. Übersteigt der Aufwand, der zum Test auf eine eventuelle Einsparmöglichkeit bei der Produktbildung getrieben werden muß, die eingesparten Kosten, so führen sie sogar zu einem Effizienzverlust.

Wie werden später (in Abschnitt 7.21) mehrere Möglichkeiten betrachten, wie sich die Propagierung im ATMS unter Zuhilfenahme sogenannter Fokus-Umgebungen kontrollieren läßt. Im fokussierten Betrieb des ATMS muß im allgemeinen bei jeder Änderung des globalen Fokus eine Vielzahl von Labeln aktualisiert werden. Stellt man also die entsprechenden Updates als eine Menge von Elementar-Updates dar, so kann man den Bulk-Update-Algorithmus zur *effizienten* Propagierung der Auswirkungen einer Fokus-Änderung einzusetzen.

Im LAZYRMS [KvdG93], das wir in Abschnitt 5.15 kurz vorgestellt haben, müssen bei der Neuberechnung von Labeln markierter Knoten i.allg. mehrere Label neu berechnet werden. Dazu wird — wie bei den Bulk-Updates — in der Reihenfolge der topologischen Sortierung der starken Zusammenhangskomponenten vorgegangen. Es liegt deshalb nahe, diesen Vorgang mit der gleichen Technik zur Elimination redundanter Labelmultiplikationen zu verbinden, die auch in der Prozedur `MULTI-WEAVE` eingesetzt wird. In diesem Falle bräuchte man dann auch nicht wie beschrieben die starken Zusammenhangskomponenten und die Topologieinformation zu warten. Die Erreichbarkeit von Knoten wird schließlich im LAZYRMS explizit repräsentiert (für jeden Knoten wird die Menge der ihn erreichenden Knoten gespeichert), so daß die entsprechenden Informationen jederzeit effizient errechenbar sind.

5.26   Bulk-Verarbeitung im Rückblick

Damit ist unsere Diskussion des Algorithmus zur Verarbeitung von Bulks komplett. Er stellt eine *Verallgemeinerung* des klassischen Propagierungsalgorithmus von de Kleer dar, die sehr flexibel für die konkrete Anwendung parametrisiert werden kann.

Die zugehörige Problemlöser/ATMS Schnittstelle unterscheidet sich nicht von der des klassischen ATMS. Die einzige nach außen sichtbare Änderung ist das veränderte Zeitverhalten der Schnittstellenfunktionen:

- `add-constraint!` wird nun in konstanter Zeit ausgeführt,

- das erste `holds-in?` nach einer Folge von anderen Operationen kann lange dauern und

- die anschließenden Aufrufe von `holds-in?` werden wieder so schnell wie im klassischen ATMS beantwortet.

In der konkreten Implementierung des Algorithmus werden Bulks agendagesteuert propagiert (vgl. [Gei94]) — über unterschiedliche Strategien der Agenda-Abarbeitung kann dabei *anwendungs-abhängig optimiert* werden.

Der Algorithmus führt im Vergleich zum klassischen Propagierungs-Algorithmus weniger redundante Multiplikationen von Umgebungen durch, da mit Hilfe der Agenda die Möglichkeit besteht, mehrere Multiplikationen gleichzeitig auszuführen und der heuristische Divide&Conquer-Algorithmus in `MULTI-WEAVE` die meisten redundanten Multiplikationen erkennt und dann nicht wiederholt berechnet.

Die Propagierung im Abhängigkeitsnetz verläuft *global gerichtet* und *synchronisiert* in Richtung der topologischen Sortierung der starken Zusammenhangskomponenten des Abhängigkeitsnetzes. Dabei wird die für die global gerichtete Propagierung in Richtung einer topologischen Sortierung der starken Zusammenhangskomponenten nötige Hilfsinformation *inkrementell* verwaltet.

Durch die Technik der Bulk-Verarbeitung werden Anwendungen von Truth-Maintenance-Systemen möglich, die mit dem klassischen Algorithmus zur Label-Propagierung nur mit deutlich höherem Aufwand realisierbar wären. Typischerweise ist dies für Anwendungen der Fall, bei denen bereits der Problemlöser Updates für das ATMS in Bulks gruppiert und auf einmal mitteilt. Das ATMS hat damit eine gute Vorgabe für die Auswahl der Menge $\mathcal{U}'$ von Elementar-Updates in Schritt 1 der Prozedur `SYNCHRONIZE` (siehe Algorithmus 5.16).

Eine solche Anwendung ist z.B. das PNMS (Plan Network Management System [Lin91, BLS92]), das ein ATMS zur Verwaltung der generierten Pläne verwendet. Bei Verwendung des Bulk-Update-Algorithmus anstelle des konventionellen Propagierungsalgorithmus konnte allein dadurch schon eine Beschleunigung des PNMS um mehr als 100% erzielt werden, daß die Rechtfertigungen, die jeweils zu einem neu entdeckten Teilplan gehören, als Bulk im ATMS verarbeitet wurden.

Eine zweite typische Anwendung, für die der Bulk-Update-Algorithmus erprobt wurde, ist das hybride Unterstützungssystem ATTMS, das wir bereits in der Einleitung skizziert haben (für Details siehe [BG93b, BG94] und [Gei94]).

Die zeitlich schließende Komponente des ATTMS (die annahmen-basierte Verallgemeinerung des STP [DMP91], das sogenannte ASTP) teilt nämlich immer
dann, wenn sie ihre Repräsentationsstrukturen aufgrund neuer Informationen
vom ATMS aktualisiert hat, alle ihrerseits für das ATMS relevanten Informationen in einem Bulk an das ATMS mit.

Eine erste prototypische Version des Mini-Schedulers aus der Einleitung, in
der noch keine Scheduling-Heuristiken zum Einsatz kamen, sondern mit Hilfe des
ATTMS kombinatorisch nach allen Lösungen gesucht wurde, konnte selbst für sehr
kleine Scheduling-Probleme erst bei Einsatz des Bulk-Update-Algorithmus mit
einem einigermaßen vertretbaren Zeitverhalten betrieben werden.[9]

---

[9] Dabei darf man natürlich nicht vergessen, daß Scheduling ein NP-vollständiges Problem
ist und deshalb mit einer noch so guten ATMS-Realisierung nur bei gleichzeitigem Einsatz von
guten allgemeinen und problem-spezifischen Heuristiken „effizient gelöst" werden kann.

Kapitel 6

Annahmen-basiertes Truth-Maintenance — Erweiterungen

Das Kern-ATMS gestattet nur die Formulierung von Rechtfertigungen, die logisch durch aussagenlogische Formeln der Form

$$x_1 \wedge \ldots \wedge x_n \to y,$$

interpretierbar sind, also definite Klauseln oder (für $y = \bot$) materiale Integritätsbedingungen darstellen. Diese Einschränkung macht es dem Problemlöser nicht gerade leicht, Constraint-Probleme für das ATMS aufzubereiten. Es ist also kein Wunder, daß seit den ersten Veröffentlichungen zum ATMS (de Kleers Trilogie [dK86a]) zahlreiche Vorschläge für Erweiterungen des Kern-ATMS gemacht wurden. Diese Erweiterungen lassen sich im wesentlichen in zwei Kategorien einteilen, die wir als

- deklarative bzw.

- prozedurale

Erweiterungen bezeichnen wollen.

Zu den *deklarativen Erweiterungen* zählen wir Versuche, die Sprache zu liberalisieren, in der der Problemlöser dem ATMS Constraints mitteilt. Wir werden dazu in diesem Kapitel Ansätze zur Verarbeitung von Disjunktionen, von Negation, von verallgemeinerten Hornklauseln, aber auch Vorschläge zur Verarbeitung nicht-monotoner Ausdrucksmittel kennenlernen.

Später wenden wir uns dann den *prozeduralen Erweiterungen* zu. Darunter verstehen wir Erweiterungen des Kern-ATMS, bei denen der Problemlöser Prozeduren vorgibt, die bei Eintreten von gewissen, klar definierten Bedingungen über dem Kenntnisstand, Operationen auf dem ATMS durchführen. Ein disziplinierter Einsatz solcher Prozeduren (also ein Einsatz, der sich an unseren Ausführungen in Kapitel 2 orientiert), gestattet es, einfache Constraint-Schemata mit dem

ATMS zu verarbeiten. Außerdem können die prozeduralen Sprachelemente dieser Erweiterungen dazu verwendet werden, um Kontrolle über das Problemlösegeschehen auszuüben.

6.1 Primitive Disjunktionen

Um die *volle Klauselform*

$$x_1 \wedge \ldots \wedge x_n \rightarrow y_1 \vee \ldots \vee y_m$$

verarbeiten zu können, benötigt man ein zusätzliches Konzept — die *primitive Disjunktion* von Annahmen („primitiv" weil in den Disjunktionen nur Annahmen, nicht aber beliebige Knoten erlaubt sind).

De Kleer erweitert dazu in [dK86c] das Kern-ATMS um eine Schnittstellenfunktion namens *choose*. Führt der Problemlöser einen Aufruf der Form

$$choose\{A_1, \ldots, A_n\}$$

mit den Annahmen $A_1, \ldots, A_n$ durch, so bewirkt dies, daß die logische Disjunktion

$$A_1 \vee \ldots \vee A_n$$

dieser Annahmen im ATMS etabliert wird. Eine maximale konsistente Umgebung muß damit mindestens eine der Annahmen A_i enthalten. Derart miteinander in Beziehung gesetzte Annahmen sind natürlich genau wie solche, die gemeinsam in NOGOODS auftreten, *nicht* mehr voneinander *unabhängig*. Primitive Disjunktionen stellen damit bereits eine gewisse Abkehr de Kleers von seiner eigenen Forderung nach der logischen Unabhängigkeit von Annahmen dar (vgl. Abschnitt 5.2, 5.15 und 6.8).

Primitive Disjunktionen werden (wie NOGOODS) als Teil der Rechtfertigungen des ATMS betrachtet und sind deshalb — einmal dem ATMS mitgeteilt — vom Problemlöser *nicht mehr zurücknehmbar*. So wie es eine NOGOOD-Tabelle *NG* gibt, existiert auch eine entsprechende Tabelle *CT* der dem ATMS bekannten CHOOSES (Tabelle der primitiven Disjunktionen). Sie kann wie die NOGOOD-Tabelle aufgrund der Beziehung

$$A \vee B \rightarrow A \vee B \vee C$$

in *minimaler Form* (mit $\mu(CT) = CT$) gehalten werden.

Das ATMS repräsentiert damit zwei Arten von Booleschen Constraints:

1. Rechtfertigungen entsprechende definite Klauseln (dazu zählen als Rechtfertigungen für den Widerspruchsknoten $\perp$ auch die NOGOODS) und

2. primitiven Disjunktionen entsprechende positive Klauseln (primitive Disjunktionen von Annahmen).

Für die Verarbeitung primitiver Disjunktionen ist also der Begriff der ATMS-*Ableitbarkeit* von aussagenlogischer Ableitbarkeit über Hornklauseln auf aussagenlogische Ableitbarkeit über Hornklauseln und Disjunktionen von Annahmen zu *erweitern*. Alle anderen Begriffe, die über den Begriff der ATMS-Ableitbarkeit eingeführt wurden, sind dann genauso für ATMS-Ableitbarkeit mit Disjunktionen definierbar.

6.2 Primitive Disjunktionen und lokale Propagierung

Wir haben uns bereits in Abschnitt 4.5 davon überzeigt, daß Boolesche Constraint-Propagierung (also Einheitsresolution) zwar für Hornklausel-Theorien vollständig, für allgemeine Klauseln aber unvollständig ist (siehe Abschnitt 4.7).

Ohne zusätzliche Maßnahmen garantiert deshalb der Propagierungsalgorithmus des Kern-ATMS (Algorithmus 5.6) bei Verwendung primitiver Disjunktionen zwar die *Korrektheit* und *Minimalität*, nicht aber die *Konsistenz* und *Vollständigkeit* von Labeln.

So bleiben etwa NOGOODS, die sich mit Hilfe von primitiven Disjunktionen verkleinern lassen, unentdeckt (und damit die Label, die solche unerkannten NOGOODS enthalten, inkonsistent).

Beispiel 6.2.1 *(aus [dK86c]): Der Problemlöser habe dem* ATMS *folgendes mitgeteilt:*

$$A \Rightarrow a, \quad B \Rightarrow b, \quad C \Rightarrow c,$$
$$choose\{A, B\},$$
$$c, a \Rightarrow \bot,$$
$$c, b \Rightarrow \bot.$$

*Das Kern-*ATMS *erkennt zwar die* NOGOODS $\{C, A\}$ *und* $\{C, B\}$*, nicht aber den* NOGOOD $\{C\}$*!* □

Außerdem werden Label nicht genügend reduziert, da dem Propagierungsalgorithmus schlicht die Mittel zur Vereinfachung von disjunktiven Normalformen aufgrund primitiver Disjunktionen fehlen.

Beispiel 6.2.2 *(korrigiert, Original aus [dK86c]): Dem* ATMS *sei folgendes bekannt gemacht worden:*

$$A \Rightarrow a, \quad B \Rightarrow b,$$
$$a \Rightarrow c,$$
$$b \Rightarrow c,$$
$$choose\{A, B\}.$$

*Damit weist das Kern-*ATMS *dem Knoten c das Label $\{\{A\}, \{B\}\}$ zu, reduziert es jedoch nicht zu $\{\emptyset\}$ (d.h. im Label von c fehlt die Umgebung $\emptyset$ — es ist unvollständig).* □

Will man auch bei Anwesenheit von Disjunktionen alle vier Integritätsbedingungen für die Label sicherstellen, so erfordert das neben der Regel zur lokalen Propagierung von Labeln (Algorithmus 5.2) *zusätzliche Maßnahmen*, die sicherstellen, daß die notwendigen Änderungen an den Labeln und der NOGOOD-Tabelle durchgeführt werden.

De Kleer nennt in [dK86c] zwei die lokale Propagierungs-Regel ergänzende Schlußregeln, mit deren Hilfe auch bei Vorhandensein primitiver Disjunktionen Konsistenz und Vollständigkeit von Labeln garantiert werden kann.

Logisch gesehen lassen sich diese Regeln als *Hyperresolutions-Regeln* (vgl. [CL73, WOLB84]) auf den durch die Rechtfertigungen, NOGOODS und primitiven Disjunktionen repräsentierten Constraints auffassen (jedes dieser Constraints liegt ja in Klauselform vor). Die erste Regel (korrigiert, Original aus [dK86c]) sichert die *Konsistenz* von Labeln:

$$
\frac{\{A_1,\dots,A_n\} \in CT \quad \alpha_i \in NG \text{ mit } A_i \in \alpha_i \text{ und } A_{j\neq i} \notin \alpha_i \text{ für } 1 \leq i,j \leq n}{\bigcup_{i=1}^{n}[\alpha_i - \{A_i\}] \in NG.} \tag{6.1}
$$

Die zweite Propagierungs-Regel (ebenfalls korrigiert, Original aus [dK86c]) garantiert *Vollständigkeit*:

$$
\frac{\begin{array}{l}\{A_1,\dots,A_n\} \in CT \\ \{A_i\} \cup \alpha_i \in NG \text{ oder } \{A_i\} \cup \alpha_i \in l_{old}(k) \\ \qquad \text{mit } \{A_1,\dots,A_n\} \cap \alpha_i = \emptyset \text{ für } 1 \leq i \leq n\end{array}}{\{\bigcup_{i=1}^{n}\alpha_i\} \cup \mu_{\{\bigcup_{i=1}^{n}\alpha_i\}}(l_{old}(k)) \text{ ist neues Label von } k} \tag{6.2}
$$

($\{\bigcup_{i=1}^{n}\alpha_i\} \cup l_{old}(k)$ ist dann nämlich das neue Prälabel von k). Diese Regel aktualisiert das Label von k aufgrund eines vorgegeben alten Labels $l_{old}(k)$.

Angewandt auf Beispiel 6.2.1

$$
\frac{\begin{array}{l}\{A,B\} \in CT \\ \{A,C\} \in NG \\ \{B,C\} \in NG\end{array}}{\{C\} \in NG}
$$

ermittelt (6.1) gerade den fehlenden NOGOOD. Eine Anwendung von Schlußregel (6.2) auf Beispiel 6.2.2

$$
\frac{\begin{array}{l}\{A,B\} \in CT \\ \{A\} \cup \emptyset \in \{\{A\},\{B\}\}, \quad \{A,B\} \cap \emptyset = \emptyset \\ \{B\} \cup \emptyset \in \{\{A\},\{B\}\}, \quad \{A,B\} \cap \emptyset = \emptyset\end{array}}{(c,\{\emptyset\})}
$$

bewirkt, daß c als universell (d.h. als Prämisse) erkannt wird.

Beispiel 6.2.3 *Nach den Problemlöser-Mitteilungen*

$$A \Rightarrow a, \quad B \Rightarrow b,$$
$$choose\{A, B\},$$
$$a \Rightarrow c,$$
$$b \Rightarrow \perp$$

*errechnet das Kern-*ATMS *zunächst* $\{\{A\}\}$ *als Label für c. Nun läßt sich die Regel (6.2) mit* $l_{old}(c) = \{\{A\}\}$ *anwenden*

$$\frac{\{A, B\} \in CT \qquad \{A\} \cup \emptyset \in \{\{A\}\}, \quad \{A\} \cap \emptyset = \emptyset \qquad \{B\} \in NG}{(c, \{\emptyset\})}$$

und damit c als allgemeingültig erkennen. $\square$

Es liegt auf der Hand, daß ein konsequentes Anwenden dieser Regeln *enorm ineffizient* ist: Die Regel (6.1) ist noch einigermaßen vertretbar — muß sie doch nur dann probiert werden, wenn eine *neue* primitive Disjunktion oder ein *neuer* NOGOOD vom Problemlöser mitgeteilt oder vom ATMS entdeckt wird. Das eigentliche Problem stellt die Regel (6.2) dar. Sie müßte streng genommen *bei jedem Update* eines Labels auf Anwendbarkeit geprüft werden. Die Vorteile, die mit der Beschränkung auf die Sprache der Hornklausel-Logik (erweitert um primitive Disjunktionen) gewonnen wurden, müssen demnach infrage gestellt werden:

> Wenn eine derartige Behandlung der Disjunktion durch ein TMS nur mit einer Komplexität zu erzielen ist, die mit der eines Beweisers für die volle Klausellogik vergleichbar ist, warum verwendet man dann nicht gleich die Sprache beliebiger Klauseln mit einem entsprechenden vollen Theorembeweiser?

Bei de Kleer finden sich in [dK86c, S. 170ff] zwei verschiedene Antworten auf diese Frage, die wir auch getrennt behandeln wollen:

1. Die Regeln (6.1) und (6.2) können häufig durch effizient verarbeitbare *Spezialfälle* ersetzt werden.

2. Die sachgemäße Behandlung primitiver Disjunktionen kann vom ATMS ohne (weitere) Steigerung der Komplexität gewährleistet werden, wenn es im sogenannten *nicht-monotonen Betrieb* mit *Defaults* schließt (dazu gleich mehr).

6.3   Spezialbehandlung primitiver Disjunktionen

Betrachten wir zunächst die erste Antwort etwas genauer. De Kleer führt zu ihrer Begründung vier Spezialfälle der Regeln (6.1) und (6.2) in das Feld, für die ein Problemlöser einzeln vorgeben kann, ob das ATMS sie bei der Aktualisierung der Label verwenden soll, oder nicht. Die ersten beiden Spezialfällen entstehen durch Spezialisierung der Regeln (6.1) und (6.2) auf unäre CHOOSES (d.h. Prämissen). Regel (6.1) wird damit zu

$$\frac{\{A\} \in CT \qquad \{A\} \cup \alpha \in NG \text{ mit } A \notin \alpha}{\alpha \in NG} \tag{6.3}$$

und Regel (6.2) zu

$$\frac{\{A\} \in CT \qquad \{\{A\} \cup \alpha\} \cup \beta \text{ ist altes Label zu Knoten } k \text{ mit } A \notin \alpha}{\{\alpha\} \cup \beta \text{ ist neues Label von } k.} \tag{6.4}$$

Der dritte von de Kleer bemühte Spezialfall entspricht der zu Regel (6.3) dualen Regel

$$\frac{\{A\} \in NG \qquad \{A\} \cup \alpha \in CT \text{ mit } A \notin \alpha}{\alpha \in CT,} \tag{6.5}$$

stellt also eine Spezialbehandlung *unärer* NOGOODS dar, die zusammen mit den Regeln (6.3) und (6.5) zu einer weiteren Reduzierung unentdeckter Label-Inkonsistenzen führen.

Die ersten drei Spezialfälle formalisieren demnach eine Sonderbehandlung von Annahmen, die in jedem Kontext vorkommen müssen und solchen, die in keinem Kontext auftreten dürfen. Produziert ein Problemlöser viele solcher Annahmen, so ist dies andererseits ein Zeichen dafür, daß seine Problemrepräsentation suboptimal ist — bei wahren oder falschen Annahmen (Prämissen bzw. unären NOGOODS) hat der Problemlöser ja später keine Wahl mehr, ob er die entsprechende Annahme trifft oder nicht.

Der vierte und letzte Speziallfall, den de Kleer nennt, behandelt *binäre* CHOOSES (primitive Disjunktionen mit genau zwei Annahmen):

$$\frac{\{A, B\} \in CT \qquad \{A\} \cup \alpha \in NG \text{ mit } A \notin \alpha}{\alpha \Rightarrow B} \tag{6.6}$$

(hier korrigiert dargestellt). Bei dieser Regel wird eine definite Klausel über Annahmen hergeleitet.

Vermutlich unterstellt de Kleer, daß definite Klauseln, die aus einer Anwendung von Regel (6.6) resultieren, dem ATMS automatisch als Rechtfertigung bekanntgemacht werden. Andernfalls geht zumindest aus seiner ATMS-

Trilogie [dK86a] nicht hervor, wie diese Klauseln vom ATMS verwaltet und für weitere Schlüsse mit den Annahmen einzusetzen sind (die Regeln (6.3)–(6.5) verarbeiten ja nur positive oder negative Klauseln).

De Kleer schlägt vor, die Regeln (6.3)–(6.6) für jede ATMS-Anwendung mit primitiven Disjunktionen einzusetzen. Die bei Anwendung dieser Regeln unentdeckt bleibenden Label-Inkonsistenzen und -Unvollständigkeiten sind — so de Kleer — *unbedenklich*, solange die Label nur als Hilfsstrukturen bei der Suche nach maximal konsistenten Kontexten (der *Interpretationskonstruktion*) verwendet werden.

Ein Einsatz von Regel (6.1) *beschleunigt* die Interpretationskonstruktion, falls es *viele inkonsistente* Umgebungen gibt. Für Anwendungen, die auf wohlgeformte Label angewiesen sind, muß man jedoch in den sauren Apfel beißen und die teure Regel (6.2) gezielt, d.h. für *ausgewählte Knoten*, oder sogar *global* aktiviert haben.

Auch das Hauptanliegen, mit dem de Kleer die Einführung der Disjunktion begründet, eine Realisierung der klassischen Negation, kann mit den effizient verarbeitbaren Spezialfällen nicht verwirklicht werden. Klassische Negation läßt sich mit Hilfe der primitiven Disjunktion zwar implizit für einzelne Annahmenpaare A_1 und A_2 formulieren

$$A_1, A_2 \Rightarrow \perp,$$
$$choose\{A_1, A_2\}$$

und suggestiv mit der Abkürzung $A_2 \equiv \neg A_1$ schreiben. Das ändert aber nichts daran, daß sie nur dann vom ATMS wie eine klassische Negation behandelt wird, wenn auch die allgemeinen Hyperresolutions-Regeln (6.1) und (6.2) verwendet werden.

Mit den Spezialfällen (6.3)–(6.6) allein wird lediglich die *schwache Negation* realisiert, falls nicht zufällig A_1 oder A_2 zu einem späteren Zeitpunkt zu Fakten (Prämissen) bzw. singulären Widersprüchen (unären NOGOODS) gemacht werden.

Wenden wir uns also der zweiten Antwort von de Kleer zu, dem Schließen mit Defaults.

6.4 Defaults, Erweiterungen und Interpretationen

Für viele Anwendungen erscheint es sinnvoll, Schlüsse der Form

„Wenn es *konsistent* ist, x anzunehmen, dann nimm an, daß x gilt.“

anzuwenden. Sie werden als *default rules* oder kurz als *Defaults* bezeichnet.

Solche Regeln verletzen die *Monotonie* der ATMS-Ableitbarkeit. Da die Kern-Algorithmen des ATMS alle die Monotonie-Eigenschaft der ATMS-Ableitbarkeit ausnutzen, wären also größere Eingriffe in das ATMS erforderlich, um Defaults zu verarbeiten. Defaults der eben skizzierten Art lassen sich im ATMS (nur) mit Hilfe von Annahmen und nicht wie etwa im JTMS über nicht-monotone Rechtfertigungen (vgl. Abschnitt 3.7 und 3.7) oder mit Hilfe spezieller nicht-monotoner Schlußregeln repräsentieren.

In Reiters Terminologie [Rei80] entspricht das Erzeugen einer Annahme A der Formulierung eines *normalen Defaults*

$$\frac{:MA}{A}$$

und die Menge der Annahmen zusammen mit den Rechtfertigungen formt eine aussagenlogische *normale Default-Theorie*.

Defaults drücken *Präferenzen* aus. Annahmen, die in Defaults auftreten, sind jedoch *nicht* von anderen ATMS-Annahmen unterscheidbar. Folglich müssen im ATMS *alle Annahmen* wie Defaults behandelt werden, wenn man Defaults einführt. Lösungen des Constraint-Problems sind dann jene Kontexte, die von *maximalen* (noch konsistenten) Umgebungen charakterisiert werden und jede Lösung eines Constraint-Problems über einem Default A enthält entweder die Annahme A, oder ist mit A inkonsistent.

De Kleer nennt diese Lösungen in Anlehnung an Reiter's Sprachgebrauch *Erweiterungen* und bezeichnet die zugehörigen charakteristischen Umgebungen als *Interpretationen*. Der Hauptunterschied zwischen Reiter's und de Kleers Erweiterungen ist der, daß ATMS-Erweiterungen nur die in der Default-Theorie ableitbaren *Atome* enthalten, für die ein Knoten erzeugt wurde.

Beispiel 6.4.1 *Die Rechtfertigungen*

$$A \Rightarrow a, \quad C \Rightarrow c, \quad A, C \Rightarrow e$$

haben genau eine Erweiterung $\{A, C, a, c, e\}$ *mit der Interpretation* $\{A, C\}$. *Nach Hinzufügen der Rechtfertigung*

$$a, c \Rightarrow \bot$$

wird diese Erweiterung in zwei kleinere Erweiterungen

$$\{A, a\} \quad bzw. \quad \{C, c\}$$

mit den Interpretationen $\{A\}$ *bzw.* $\{C\}$ *aufgebrochen.* $\square$

Durch die Kodierung von Defaults über Annahmen wird die *Vollständigkeit* von Labeln in Bezug auf die Default-Logik *verletzt* ($\vdash$ müßte im nicht-monotonen Betrieb die Ableitbarkeit in Default-Logik darstellen): Wenn z.B. ein Knoten n durch genau eine Annahme A gerechtfertigt wird, und weder n noch A in einer anderen Rechtfertigung auftritt, so gilt n (als Default) per Definition in *jedem* maximalen Kontext. Trotzdem erhält das Label zu n durch den klassischen Propagierungsalgorithmus eine nicht-leere Umgebung (die nur A enthält). Um vollständig zu sein, müßte das Label jedoch die leere Umgebung enthalten.

Nach de Kleer ist dieses Problem in der Praxis irrelevant, da es nur bei Kontexten auftritt, die keine Erweiterungen sind und der Problemlöser i.allg. nur an Erweiterungen interessiert ist, wenn Defaults vorhanden sind.

Das folgende, etwas größere Beispiel soll zeigen, daß die einfache Art und Weise, in der mit dem ATMS Default-Schlüsse vollzogen werden, leider nur eine recht grobe Approximation davon darstellt, was man üblicherweise unter nicht-monotonem Schließen versteht. Zur Veranschaulichung bemühen wir — wie in der Literatur zum nicht-monotonen Schließen üblich — wieder einmal die Welt des Vogels Tweety. Folgendes sei über diese Welt bekannt:

1. Tiere können normalerweise nicht fliegen.

2. Vögel können normalerweise fliegen.

3. Alle Vögel sind Tiere.

4. Tweety ist ein Vogel.

Kann Tweety fliegen? Zunächst einige Abkürzungen:

$$\begin{aligned}
t &= \text{Tweety ist ein Tier} \\
v &= \text{Tweety ist ein Vogel} \\
f &= \text{Tweety kann fliegen} \\
\neg f &= \text{Tweety kann nicht fliegen} \\
\neg at &= \text{Tweety ist ein normales Tier} \\
\neg av &= \text{Tweety ist ein normaler Vogel}
\end{aligned}$$

Damit läßt sich das Problem logisch wie folgt schreiben:

$$\begin{aligned}
t \wedge \neg at &\rightarrow \neg f, \\
v \wedge \neg av &\rightarrow f, \\
v &\rightarrow t, \\
\mathit{true} &\rightarrow v.
\end{aligned}$$

Die letzte Zeile definiert dabei einen Prämisse. Als Defaults kommen hinzu:

$$\frac{:\, M \neg at}{\neg at} \qquad \text{und} \qquad \frac{:\, M \neg av}{\neg av}$$

Die ATMS-Kodierung dieser Sachverhalte ist wie folgt: Sie erfordert (aufgrund der Defaults und der negierten Sachverhalte) zusätzliche Annahmen, die jeweils einen Knoten direkt rechtfertigen. Dies sind $\neg At$, $\neg Av$, F und $\neg F$. Die ihnen zugeordneten angenommenen Knoten sind $\neg at$, $\neg av$, f und $\neg f$. Außerdem werden noch die Knoten t und v (und die zugehörigen Annahmen T und V) benötigt. Die Defaults werden durch

$$\begin{aligned}
\neg At &\Rightarrow \neg at, \\
\neg Av &\Rightarrow \neg av
\end{aligned}$$

kodiert, die anderen Implikationen durch

$$\begin{aligned}
t \wedge \neg at &\Rightarrow \neg f, \\
v \wedge \neg av &\Rightarrow f, \\
v &\Rightarrow t, \\
&\Rightarrow v.
\end{aligned}$$

Zusätzlich benötigt man noch

$$\begin{aligned}
\neg F &\Rightarrow \neg f, \\
F &\Rightarrow f, \\
f, \neg f &\Rightarrow \bot, \\
choose\{F&, \neg F\},
\end{aligned}$$

um zu kennzeichnen, daß $\neg f$ die Negation von f ist.

Mit diesen Daten sind nun zwei Interpretationen auffindbar — gegeben durch die Annahmenmengen

$$\{\neg At, \neg F\} \quad \text{und} \quad \{\neg Av, F\}.$$

Die zugehörigen Erweiterungen sind

$$\{\neg At, \neg at, V, T, \neg F\} \quad \text{und} \quad \{\neg Av, \neg av, V, T, F\}.$$

Die Situation ist also bezgl. der Defaults symmetrisch (v und t sind gleichberechtigte Annahmen).

Betrachtet man die Vorgabe „Alle Vögel sind Tiere" hier (wie in unserer vorausgehenden ATMS-Kodierung des Problems) rein logisch, so ergeben sich die Sätze

- Tweety ist ein Vogel.

- Tweety ist ein Tier.

als gleichberechtigte Aussagen. Der Satz „Alle Vögel sind Tiere" bedeutet aber zusätzlich, daß "Vogel" eine Spezialisierung von „Tier" ist und damit der Default für Vögel den für Tiere *überschreiben* sollte. „Default" sein heißt ja auch, daß bei einer Spezialisierung eine Eigenschaft (hier: nicht fliegen können) nur dann *vererbt* wird, wenn sie nicht in dem Spezialfall anders besetzt ist (unabhängig davon, ob diese Umbesetzung durch eine normale oder eine Default-Regel erfolgt).

Dieser Default-Begriff geht allerdings über den im ATMS verwendeten *einfachen* Begriff

"Wenn es konsistent ist, x anzunehmen, dann nimm an, daß x gilt."

deutlich hinaus. Ohne *gravierende Änderungen* am ATMS-Konzept lassen sich solche Facetten von Defaults auch kaum mit Mitteln des ATMS realisieren (siehe auch [WKWK90]). Für diesen Zweck sollte man besser ein auf das nicht-monotone Schließen ausgelegtes multiple-context TMS einsetzen (etwa Dressler's

NM-ATMS [Dre87a, Dre89, Dre90], die nicht-monotone ATMS-Erweiterung von Junker [Jun89] oder das von Euzenat in [Euz91] vorgeschlagene System). Die von de Kleer in [dK86c] skizzierte Möglichkeit, mit dem ATMS Defaults zu verarbeiten, wird dem Begriff *Default-Verarbeitung* nur *in sehr bescheidenem Maß* gerecht.

Schließen mit Defaults bedeutet einen *nicht-monotonen* ATMS-*Betrieb*: Statt Anfragen nach der *Gültigkeit von Knoten* in vorgegebenen Kontexten ist dann die *Konstruktion von Interpretationen* die zentrale Problemlöser-Aufforderung an das ATMS.

Wie lassen sich nun *effektiv* Interpretationen finden? Nehmen wir für einen Augenblick an, daß Annahmen voneinander unabhängig sind (d.h. Annahmen treten nur auf linken Seiten von Rechtfertigungen auf). Dann bestimmen die Annahmen zusammen mit den NOGOODS und unabhängig von den Rechtfertigungen die Menge der Interpretationen:

1. Die NOGOOD-*Tabelle* des ATMS läßt sich als ein großer aussagenlogischer Ausdruck in *minimaler KNF* auffassen.

2. *Transformation* dieses Ausdrucks in die *DNF* mit anschließender Vereinfachung liefert eine Menge von Konjunktionen — die sog. *Kandidatenmenge*.

3. Tauscht man bei jedem Kandidaten alle Literale gegen ihre *Komplemente*, so erhält man die Interpretationen.

Beispiel 6.4.2 *Die Annahmenmenge enthalte die Annahmen A, B, C und D. Außerdem seien zwei* NOGOODS *bekannt:*

$$nogood\{A, B\} \quad und \quad nogood\{B, C\}.$$

Schritt 1 liefert $(\neg A \lor \neg B) \land (\neg B \lor \neg C)$. *Schritt 2 produziert zwei Kandidaten:* $(\neg A \land \neg C) \lor (\neg B)$. *Schritt 3 liefert schließlich die Interpretationen* $\{A, C\}$ *und* $\{B\}$. □

Der tatsächlich vom ATMS verwendete Algorithmus zur Interpretationskonstruktion (Algorithmus 6.1) ist auch anwendbar, falls Annahmen *nicht* unabhängig sind, dafür aber auch komplizierter (siehe Abschnitt 6.9).

6.5 Negierte und ignorierte Annahmen

Das ATMS kann *klassische Negation nicht explizit* ausdrücken. Mit Kombinationen von Disjunktionen und regulären Rechtfertigungen lassen sich aber trotzdem negative Sachverhalte formulieren. Eine einfache Methode, eine Annahme A und ihr Komplement B zu repräsentieren, nämlich über die beiden folgenden Mitteilungen des Problemlösers an das ATMS

$$choose\{A, B\},$$
$$A, B \Rightarrow \bot,$$

haben wir bereits in Abschnitt 6.3 diskutiert. Sie zwingt jedoch den Problemlöser, für die Negation einer jeden Annahme A eine eigene Hilfs-Annahme B zu konstruieren. Das ATMS exploriert damit selbst dann alle Kontexte, die die Annahme zu B umfassen (und konstruiert entsprechende Label), wenn der Problemlöser nur an Kontexten interessiert ist, die A enthalten.

Es ist also häufig sinnvoll, gewisse (zu Hilfs-Annahmen gehörende) Kontexte und Erweiterungen vor dem Problemlöser *verborgen* zu halten. Hierzu steht dem Problemlöser eine besondere Schnittstellenfunktion in Gestalt der *ignore*-Anweisung zur Verfügung. Ein Aufruf der Form

$$ignore\{A\}$$

bewirkt, daß jede Umgebung, die A enthält, für den Problemlöser unsichtbar ist, oder wie de Kleer sagt, vom Problemlöser *ignoriert* wird. Unabhängig davon werden ATMS-intern ignorierte Annahmen wie jede andere Annahme behandelt.

Beispiel 6.5.1 *(aus [dK86c]) Dem* ATMS *sei folgendes bekannt:*

$$choose\{A, B\},$$
$$A \Rightarrow a, \quad B \Rightarrow b,$$
$$A, B \Rightarrow \bot,$$
$$ignore\{B\}.$$

Für den Problemlöser ist das Label $\{\{B\}\}$ des Knotens b leer. Der Knoten a wird damit b vorgezogen (ist Default). Für das ATMS *sind die beiden Knoten gleichwertig. Macht man nun zusätzlich die Rechtfertigungen*

$$a \Rightarrow c,$$
$$b \Rightarrow c,$$

bekannt, so wird c mit Hilfe von (6.2) vom ATMS *als universell gültig erkannt. Dies ist auch für den Problemlöser sichtbar, da bei der Reduktion des Labels*

$$(c, \{\{A\}, \{B\}\})$$

zu

$$(c, \{\emptyset\})$$

die ignorierte Annahme B aus dem Label von c verschwindet.   □

6.6 Formulierung beliebiger aussagenlogischer Constraints

Im ATMS lassen sich trotz der Beschränkung der Ausdrucksmittel auf Rechtfertigungen in Form von Hornklauseln, primitive Disjunktionen und NOGOODS beliebige aussagenlogische Constraints formulieren. Dabei wird — wie wir gleich sehen werden — durch das Ignorieren von Hilfs-Annahmen sichergestellt, daß der Problemlöser nicht mit einer Flut von zu diesen Hilfs-Annahmen gehörenden Kontexten konfrontiert wird, an denen er gar nicht interessiert ist.[1]

Wie geht man also vor, wenn man eine beliebige aussagenlogische Formel im ATMS repräsentieren soll? Zunächst wird hierfür die Konjunktive Normalform der Formel konstruiert. Tritt in der entstehenden Klauselmenge eine Nicht-Annahme n entweder *nur positiv* oder *nur negativ* auf, so kann man jede *Nicht-Einheitsklausel*, die n bzw. $\neg n$ erwähnt streichen (*pure literal rule* für Nicht-Annahmen). Die so gestrichenen Klauseln tragen nicht zur Lösungsfindung bei. Genauso verfährt man für Annahmen, die *nur positiv* in Klauseln der KNF auftreten (*pure literal rule* für positive Annahmen).[2] Die verbleibenden Klauseln werden dann mit Hilfe von primitiven Disjunktionen, Rechtfertigungen (auch für $\perp$) und Hilfs-Annahmen im ATMS kodiert.

Will man für ein Datum x auch dessen *Negation* $\neg x$ über entsprechende repräsentierende Knoten γ_x und $\gamma_{\neg x}$ kodieren, so kann man das mit zwei Hilfs-Annahmen A_x und $A_{\neg x}$ tun:

$$\gamma_x, \gamma_{\neg x} \Rightarrow \perp,$$
$$A_x \Rightarrow \gamma_x, \quad A_{\neg x} \Rightarrow \gamma_{\neg x},$$
$$ignore\{A_x\},$$
$$ignore\{A_{\neg x}\},$$
$$choose\{A_x, A_{\neg x}\}.$$

Jede Erweiterung enthält dann entweder den Knoten γ_x oder dessen Komplement $\gamma_{\neg x}$. Außerdem sollte man für jede vom Problemlöser mitgeteilte Annahme A eine passende negierte Annahme gemäß dem Schema

$$choose\{A, \neg A\},$$
$$A, \neg A \Rightarrow \perp,$$
$$ignore\{\neg A\}$$

generieren (für den Problemlöser wird damit A vorgezogen). Damit lassen sich dann *beliebige Klauseln* für die Verarbeitung im ATMS kodieren.

Beispiel 6.6.1 *Das vierstellige Constraint* $a \wedge b \to c \vee d$ *kann mit den fünf folgenden Rechtfertigungen*

$$a, b, \gamma_{\neg c}, \gamma_{\neg d} \Rightarrow \perp,$$
$$a, b, \gamma_{\neg c} \Rightarrow d,$$
$$a, b, \gamma_{\neg d} \Rightarrow c,$$
$$a, \gamma_{\neg c}, \gamma_{\neg d} \Rightarrow \gamma_{\neg b},$$
$$b, \gamma_{\neg c}, \gamma_{\neg d} \Rightarrow \gamma_{\neg a},$$

---

[1] Man darf natürlich nicht erwarten, daß der Algorithmus 5.1 für die Repräsentation beliebiger aussagenlogischer Constraints im ATMS vollständige und konsistente Label liefert, wenn er nicht durch eine Kombination der Regeln (6.1)–(6.6) unterstützt wird (siehe unsere Diskussion in Abschnitt 6.2).

[2] Die *pure literal rule* in ihrer allgemeinen Form ist eine wichtige Regel zur Vereinfachung von Klauselmengen, die erstmalig Martin Davis und Hilary Putnam für ihr berühmtes Verfahren zum Test der Unerfüllbarkeit von Klauselmengen [DP60] eingesetzt haben (vgl. auch Abschnitt 4.15).

*zusammen mit den Anweisungen zur Definition der in den Rechtfertigungen auf-
tretenden negierten Knoten kodiert werden.*   □

Die soeben beschriebene Kodierung von Constraints sollte natürlich unter
Einsatz einer möglichst kleinen Menge von *Hilfs-Annahmen* eine möglichst *kompakte* ATMS-Repräsentation liefern. Das Finden einer in diesem Sinne optimalen Repräsentation einer vorgelegten Klauselmenge (die übrigens nicht eindeutig
sein muß) ist sicherlich keine triviale Aufgabe für den Konstrukteur des Problemlösers. Sie wird zusätzlich dadurch erschwert, daß der Problemlöser für den
monotonen Betrieb des ATMS ja auch noch — in Abhängigkeit von der gewählten
Repräsentation — entscheiden muß, welche der Regeln (6.1)-(6.6) aktiviert werden sollen, um das für die konkrete Anwendung akzeptable Maß an Konsistenz
und Vollständigkeit zu garantieren (schließlich sind ja primitive Disjunktionen
im Spiel). Das erklärt wohl auch, warum de Kleer dieser Repräsentationsproble-
matik allein schon beinahe elf Seiten seiner ATMS-Trilogie [dK86a] widmet.

6.7   Interpretationskonstruktion als Optimierungsproblem

Die Berechnung von Interpretationen kann *extrem teuer* sein. Warum das so ist,
erklärt die folgende kurze logische Rekonstruktion des Problems. Wie üblich sei
dabei

- Γ die Menge der logischen Constraints, die von der Menge $\mathcal{R}$ der dem ATMS
  bekannten Rechtfertigungen repräsentiert wird, und

- G_0 die Menge der Booleschen Variablen, über denen diese Constraints formuliert sind (im ATMS repräsentiert durch die Menge $\mathcal{N}$ der Knoten).

Sind zwei Boolesche Ausdrücke B_1 und B_2 äquivalent, so sagen wir auch, daß
sie einander *berechnen*. Außerdem bezeichnen wir die Anzahl der Klauseln, die
ein Boolescher Ausdruck B in KNF (konjunktiver Normalform) enthält, auch als
seine *Größe*. Ein Ausdruck B in KNF heißt dann ein *minimaler Ausdruck, der
B' berechnet*, wenn es keinen kleineren Ausdruck B'' in KNF gibt, der ebenfalls
B' berechnet.

Mit Hilfe dieser Begriffe läßt sich nun Interpretationskonstruktion als die
Aufgabe formulieren,

- über die Menge $\mathcal{S}$ von minimalen Supports für die Literale $vars(\Gamma) \subseteq G_0$
  und

- relativ zu Γ

den minimalen Booleschen Ausdruck B in KNF zu bestimmen, der $\bigwedge_{C \in \Gamma} C$ berechnet (zur Erinnerung: die minimalen Supports der relevanten Literale sind

im ATMS durch die Label der zugehörigen Knoten repräsentiert — vgl. die Abschnitte 2.8 und 5.4).

Dieses *Optimierungsproblem* enthält als Teilproblem das folgende *Entscheidungsproblem IC*:

> Gibt es für eine vorgegebene Zahl $k \leq |\mathcal{S}|$ einen Booleschen Ausdruck B in KNF, der $\bigwedge_{C \in \Gamma} C$ berechnet und nicht größer als k ist?

Provan zeigt in [Pro88a], daß sich das N-vollständige Problem SET-COVERING (für eine Definition siehe [GJ79] und [Joh90]) in polynomialer Zeit auf *IC* reduzieren läßt. Das Entscheidungsproblem *IC* ist somit *NP-hart*.

Tatsächlich ist das Optimierungsproblem Interpretationskonstruktion sogar noch schwerer als das *IC*-Problem zu lösen, da dabei ja nicht nur irgendein minimaler Boolescher Ausdruck kleiner als k, sondern der *kleinste* gefunden werden soll (für Details konsultiere man [Pro88a, Pro90] und vor allem [Kre88]).

6.8 Minimale Interpretationen

Ein naiver Algorithmus zur Interpretationskonstruktion wird bei einer Annahmenmenge der Kardinalität n im schlimmsten Fall 2^n Teilmengen auf ihre Verträglichkeit mit der im ATMS vermerkten Information hin untersuchen. Eine genauere Betrachtung des Problems weist jedoch den Weg zu einem effizienteren Vorgehen. Aus Sicht des Problemlösers wird nämlich viel Zeit bei der Konstruktion der Interpretationen mit der Untersuchung von Umgebungen verbracht, die Annahmen enthalten, an denen er *nicht mehr interessiert* ist. Dazu zählen u.a.

- *wahre Annahmen* (Prämissen), die in jedem, und

- *falsche Annahmen* (unäre NOGOODS), die in keinem Kontext

vorhanden sind.

Es lohnt sich deshalb, den Interpretationsbegriff noch einmal zu *verfeinern* [dK86c, dK86d]; zur Vereinfachung der Diskussion unterstellen wir, daß Annahmen nicht weiter gerechtfertigt werden (und Kontexte somit genau eine charakterisierende Umgebung haben).

Seien E_1 und E_2 Erweiterungen mit den Interpretationen I_1 bzw. I_2:

1. Enthalten E_1 und E_2 dieselben *Nicht-Annahmenknoten*, dann sind

   - E_1 und E_2 für den Problemlöser *nicht unterscheidbar*

   - und somit I_1 und I_2 *gleichwertig*.

2. Gilt außerdem $I_1 \subseteq I_2$, so kann I_2 vom Problemlöser ohne Informationsverlust *ignoriert* werden.

Eine *minimale Interpretation* zu einer Erweiterung ist eine minimale Teilmenge der Annahmen aus der Erweiterung, mit der alle Knoten, die keine Annahmen sind, aus der Erweiterung abgeleitet werden können („minimal" heißt, es gibt keine Untermenge von ihr mit derselben Eigenschaft). Minimale Interpretationen sind also Interpretationen, die keine offensichtlich unnötigen Annahmen mehr enthalten.

Zu jeder Interpretation gibt es genau eine Erweiterung und umgekehrt, aber zu einer Erweiterung kann es mehrere *minimale* Interpretationen geben und mehrere Interpretationen können der gleichen minimalen Interpretation zugeordnet sein. De Kleer gibt hierfür in [dK86c] die beiden folgenden Beispiele an.

Beispiel 6.8.1 *Mehrere minimale Interpretationen:*

$$A \Rightarrow a, \quad B \Rightarrow b$$
$$a \Rightarrow b$$
$$b \Rightarrow a.$$

Hier gibt es eine nicht-minimale Interpretation $\{A, B\}$ und zwei minimale Interpretationen $\{A\}$ und $\{B\}$. $\qquad\square$

Beispiel 6.8.2 *Mehrere nicht-minimale Interpretationen:*

$$A \Rightarrow a$$
$$B, C \Rightarrow \perp$$

Es gibt zwei nicht-minimale Interpretationen $\{A, B\}$ und $\{A, C\}$ aber nur eine minimale Interpretation $\{A\}$. $\qquad\square$

Während der Zusammenarbeit von Problemlöser und ATMS können viele Annahmen überflüssig werden, weil sich der Problemlöser nicht mehr länger für sie interessiert. Kommen diese Annahmen in den Interpretationen vor, so muß der Problemlöser sie explizit daraus entfernen, um die wichtigen Informationen übrigzubehalten. Dies kann vermieden werden, wenn das ATMS bereits minimale Interpretationen berechnet.

6.9 Interpretationskonstruktion im Detail

Es sind im Prinzip zwei *Typen von Verfahren zur Interpretationskonstruktion* möglich:

- *Bottom-Up-Verfahren*:
  Hier erweitert man Mengen mit nur einer Annahme solange, bis inkonsistente Umgebungen entstehen.

- *Top-Down-Verfahren*:
  Hier beginnt man mit der Menge aller Annahmen und verkleinert diese solange, bis konsistente Umgebungen entstehen.

Top-Down-Verfahren sind Bottom-Up-Verfahren offensichtlich immer dann überlegen, wenn es *viele große* NOGOODS gibt und umgekehrt. Wir skizzieren hier — reduziert auf das Wesentliche — lediglich ein Bottom-Up-Verfahren.

Das Bottom-Up-Verfahren, wie es in [dK86c] geschildert ist, enthält mehrere kleine Fehler. Deswegen rekonstruieren wir hier mit dem Algorithmus 6.1 das von Euler in [Eul87] eingesetzte, erprobte Verfahren. Dieser Algorithmus berechnet je nach Vorgabe des Parameters *min* bei Vorlage einer Menge von Annahmen $\mathcal{A}$, NOGOODS *NG* und CHOOSES *CT* alle oder nur die minimalen zugehörigen Interpretationen.

CONSTRUCT-INTERPRETATIONS$_{NG,CT}$ $(\mathcal{A}, min)$:

1. $(K, S_N, T, F) :=$ **KERNEL**$_{NG,CT}$ $(\mathcal{A})$;

2. NOGOODS und Disjunktionen mit wahren oder falschen Annahmen sind irrelevant:

$$\mathcal{N} := NG - \{\{A\} \mid A \in T \cup F\};$$
$$\mathcal{D} := CT - \{\{A\} \mid A \in T \cup F\};$$

3. Disjunktionen mit Annahmen aus S_N sind auch irrelevant:

$$\mathcal{D} := \mathcal{D} - \{D \mid D \in \mathcal{D} \text{ und } D \cap S_N \neq \emptyset\}.$$

4. Kehre mit der vom Aufruf

$$\texttt{DO-ICONSTRUCT}(K, S_N \cup T, \mathcal{N}, \mathcal{D}, min)$$

berechneten Menge von Interpretationen als Wert zurück.

Algorithmus 6.1: Die Prozedur `CONSTRUCT-INTERPRETATIONS`

Sonderfälle bei der Interpretationskonstruktion sind

- die wahren und falschen Annahmen,

- sowie jene Annahmen, die in *keinem* NOGOOD vorkommen.

In unserer Rekonstruktion werden diese — für die Interpretationskonstruktion unnötigen — Annahmen von der Hilfsfunktion `KERNEL` mit den Annahmenmengen T, F bzw. S_N identifiziert. Anschließend werden sie zusammen mit den sie enthaltenden Disjunktionen und NOGOODS für die eigentliche Interpretationskonstruktion (in der Prozedur `DO-ICONSTRUCT`) unsichtbar gemacht, um den Aufwand für die Konstruktion zu verringern.

Das Ausblenden der falschen Annahmen hat auf das Ergebnis der Interpretationskonstruktion keinen Einfluß (falsche Annahmen kommen ja in keinem Kontext vor). Das Ausblenden der Annahmen aus T und S_N führt allerdings dazu,

---

$\text{KERNEL}_{NG,CT}\,(\mathcal{A})$:

1. Identifiziere trivialerweise wahre oder falsche Annahmen:

$$T := \{A \mid A \in \mathcal{A} \text{ und } \{A\} \in CT\};$$
$$F := \{A \mid A \in \mathcal{A} \text{ und } \{A\} \in NG\};$$

2. $S := \mathcal{A} - \{A \mid A \in T \cup F\};$

3. Annahmen aus $S_N \subseteq S$, die in keinem NOGOOD auftreten, sind in jeder Interpretation:

$$S_N := \{A \mid A \in S \text{ und } \forall U \in NG : A \notin U\}.$$

4. Kehre mit $(S - S_N, S_N, T, F)$ als Wert zurück.

Algorithmus 6.2: Die Prozedur KERNEL

daß sie in keiner der berechneten Interpretationen oder minimalen Interpretationen mehr auftreten. Logisch gesehen ist das nicht korrekt. Das ATMS muß diese Annahmen deshalb nach erfolgter Interpretationskonstruktion in das (unvollständige) Ergebnis der Konstruktion einmischen (Schritt 3 der Prozedur DO-ICONSTRUCT).

Beispiel 6.9.1 *(n-Damen-Problem):*

Gegeben sei ein Schachbrett der Größe $n \times n$, auf dem n Damen so aufgestellt werden sollen, daß sie sich gegenseitig nach den normalen Schachregeln nicht schlagen können (in jeder Zeile und Spalte kann also genau eine Dame und auf jeder Diagonalen höchstens eine Dame stehen). Das Problem kann mit dem ATMS wie folgt gelöst werden:

1. *Für jedes der n^2 Felder des Schachbretts wird eine Annahme eingeführt, die bedeutet, daß eine Dame darauf steht.*

2. *Jedes Paar von Annahmen, die sich auf Felder in der gleichen Zeile, Spalte oder Diagonale beziehen, wird zu einem NOGOOD gemacht (damit können sich die Damen also nicht schlagen).*

3. *Weiterhin werden n Disjunktionen über alle Annahmen jeweils einer Zeile eingegeben (damit steht in jeder Zeile mindestens eine Dame).*

Die Lösungen des n-Damen-Problems lassen sich dann über die Interpretationskonstruktion berechnen. Für $n = 4$ würden also gerade die beiden folgenden, zueinander symmetrischen Lösungen des Problems geliefert (vgl. Abbildung 6.1)

$\square$

DO-ICONSTRUCT$(K, ST, \mathcal{N}, \mathcal{D}, min)$:

1. Berücksichtigung der Disjunktionen:
   Mit $\mathcal{D} = \{D_1, \ldots, D_n\}$ berechnet man nun für $(0 \leq i \leq n)$

$$
\begin{aligned}
S_0 \quad &:= \quad \{\{A\} \mid A \in K\} \\
S_{i+1} \quad &:= \quad \mu\{U \cup \{d_j\} \mid U \in S_i \text{ und } d_j \in D_i\}.
\end{aligned}
$$

2. Finden der bzgl. $\mathcal{N}$ maximalen konsistenten Erweiterungen:
   Ausgehend von S_{n+1} wird eine *Breitensuche* durchgeführt, bei
   der man versucht, jede Umgebung mit Annahmen zu
   erweitern, die noch nicht in ihr enthalten sind:

   - Ist das Ergebnis konsistent, so wird es für die weitere
     Suche aufgehoben.

   - Andernfalls ist die Umgebung vor der Erweiterung eine
     Interpretation.

   Das Resultat ist eine Menge $\mathcal{I}$ von Interpretationen.

3. Die Annahmen in ST werden zu jeder Interpretation aus $\mathcal{I}$
   hinzugefügt.

4. Falls $min = \text{YES}$: Ersetzen von $\mathcal{I}$ durch die entsprechende
   Menge minimaler Interpretationen.

5. Jede Interpretation, die ignorierte Annahmen enthält, wird
   aus $\mathcal{I}$ gestrichen.

6. Falls $min = \text{YES}$: Zusammenfassen ununterscheidbarer
   Interpretationen zu Gruppen.

7. Liefere $\mathcal{I}$ als Rückgabewert.

Algorithmus 6.3: Die Prozedur DO-ICONSTRUCT

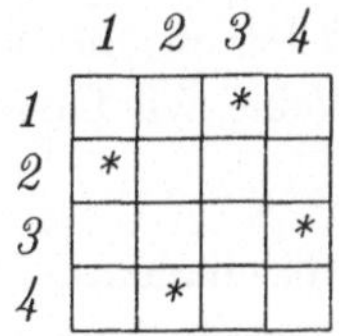

Abbildung 6.1: Die beiden Lösungen des 4-Damen-Problems

Die Prozedur `CONSTRUCT-INTERPRETATIONS` kann als ATMS-Realisierung der Schnittstellenfunktion `maximal-subcontexts?` aufgefaßt werden: Für eine Teilmenge $U \subseteq \mathcal{A}$ der dem ATMS bekannten Annahmen, setzt man einfach

$$\texttt{maximal-subcontexts?}_\Gamma(U) :=$$
$$\texttt{CONSTRUCT-INTERPRETATIONS}_{NG,CT}(U, \texttt{NO}).$$

Es liegt auf der Hand, daß bei größeren nicht-monotonen Anwendungen die Interpretationskonstruktion (vor allem Schritt 2 in der Prozedur 6.3) der aufwendigste Teil der Problemlösung ist. Sie stellt deshalb die zentrale Stelle für *Optimierungen* dar.

Außerdem sollte der Problemlöser dem ATMS für eine wirksame Reduktion des Suchraums möglichst viele und möglichst kleine NOGOODS bekanntmachen. Provan weist nämlich in [Pro87b] nach, daß unter den beiden vereinfachenden Annahmen, die minimalen NOGOODS würden sich nicht überlappen und wären alle gleich groß, der Teil des Umgebungsverbands, den die Interpretationskonstruktion explorieren muß, durch die NOGOODS umgekehrt proportional zur Größe des minimalen NOGOOD reduziert wird und eine Erhöhung der minimalen NOGOOD-Größe um 1 in etwa zu einer *Halbierung* dieser Reduktion führt.

In [Pro87a] findet sich zudem eine Abschätzung für die maximale Anzahl von NOGOODS, die von einer Menge mit a minimalen NOGOODS der Größe α, b minimalen NOGOODS der Größe β, etc. bei *zufälliger Überlappung* generiert wird:

$$2^n(a2^{-\alpha} + b2^{-\beta} + \ldots)$$

(n ist dabei die Anzahl der dem ATMS bekannten Annahmen). Der Worst-Case Aufwand für die Interpretationskonstruktion ist also $O(2^n)$ über einem großen Bereich von NOGOOD-Kombinationen $((a, \alpha), (b, \beta), \ldots)$.

Sobald man sich also auf einen nicht-monotonen Betrieb des ATMS eingelassen hat, wird in der Tat durch die Verwendung von primitiven Disjunktionen keine Komplexitätssteigerung mehr bewirkt. Im Gegenteil: der Prozeß der Interpretationskonstruktion bekommt zusätzliche Information an die Hand, mit der er die Generierung von Interpretationskandidaten beschränken kann.

Andererseits ist die Interpretationskonstruktion selbst — verglichen mit der Label-Propagierung — schon ein derart aufwendiger Prozeß, daß mit ihr wohl kaum die Ineffizienz einer Realisierung der allgemeinen Hyperresolutions-Regeln ausgeglichen werden kann.

Zusammenfassend lassen uns beide von de Kleer angeführten Rechtfertigungen für die Art und Weise, wie Disjunktionen durch das ATMS behandelt werden, unbefriedigt:

- das Argument der effizienten Spezialfälle deshalb, weil durch eine Beschränkung der Hyperresolution auf die genannten Spezialfälle gar keine echte Disjunktion eingeführt wird, und

- das Argument des Default-Schließens, weil ein nicht-monotoner Betrieb des ATMS die Disjunktionsproblematik schlicht dadurch „löst" (d.h. die Hyperresolutions-Regeln überflüssig macht), daß der Bereich des *klassisch logischen* Schließens verlassen wird.

6.10 Das Negated Assumption ATMS

Zur Repräsentation beliebiger aussagenlogischer Constraints müssen im ATMS primitive Disjunktionen eingesetzt werden. Dies zieht enorme *Implementations-* und *Effizienz-Probleme* nach sich, da man wegen der primitiven Disjunktionen *teure Hyperresolutionsschritte* durchzuführen hat. Anstatt primitive Disjunktionen bereitzustellen kann man das ATMS um *negierte Annahmen* zum NATMS (*Negated Assumption* ATMS) erweitern [dK88].[3]

In Rechtfertigungen des NATMS dürfen sogenannte *negierte Annahmen* direkt *als Antezedenten* von Rechtfertigungen auftreten. Dabei ist die *Negation einer* ATMS-*Annahme A* ein *A* eindeutig zugeordneter *Nicht-Annahmenknoten*, den wir mit $\neg A$ notieren.

Wie das folgende Beispiel belegt, ist das NATMS genauso ausdrucksstark wie das um primitive Disjunktionen erweiterte ATMS: Eine primitive Disjunktion im ATMS läßt sich im NATMS durch eine entsprechende Rechtfertigung für den Widerspruchsknoten ausdrücken, die die negierten Annahmen aus der Disjunktion als Antezedenten aufweist.

Beispiel 6.10.1 *Der* ATMS-*Anweisung*

$$choose\{A, B, C\}$$

entspricht die NATMS-*Rechtfertigung*

$$\neg A, \neg B, \neg C \Rightarrow \bot.$$

$\square$

6.11 Propagierung im NATMS

Aus der Diskussion über die primitiven Disjunktionen wissen wir, daß der ATMS-Propagierungsalgorithmus für NATMS-Rechtfertigungen

- zwar korrekte und minimale

- nicht aber konsistente und vollständige Label

---

[3] Das NATMS ist natürlich nicht der einzige Vorschlag zur Erweiterung des ATMS um Negation, der sich in der Literatur findet. Der prominenteste alternative Vorschlag — das NM-ATMS [Dre87a, Dre87b, Dre89] — stammt von Oskar Dressler (vgl. auch [Dre90] zum Thema „Problemlösen mit dem NM-ATMS"). Nachdem es sich bei dem NM-ATMS jedoch im Gegensatz zum NATMS um eine *nicht-monotone Erweiterung des* ATMS handelt und wir hier primär an monotonen Truth-Maintenance-Systemen interessiert sind, wollen wir in dieser Arbeit nicht näher darauf eingehen (vgl. auch[Jun89]).

liefern wird. Der Propagierungsalgorithmus 5.6 läßt sich aber leicht so aufbohren, daß er zumindest die *Konsistenz* von Labeln garantiert. Dazu muß lediglich die NOGOOD-*Prozedur* um einen Schritt *erweitert* werden. Die NOGOOD-Prozedur des NATMS (Algorithmus 6.4 zeigt eine Rekonstruktion des entsprechenden Algorithmus in [dK88]) berechnet für NOGOODS mit Annahmen, die *negiert* in Rechtfertigungen auftreten, zusätzliche *implizite Rechtfertigungen* — sogenannte *minimale* NOGOODS:

$$\frac{\{A, A_1, \ldots, A_n\} \in NG}{A_1, \ldots, A_n \Rightarrow \neg A} \tag{6.7}$$

(wer fühlt sich da nicht an die NOGOOD-Behandlung im JTMS erinnert — vgl. Abschnitt 3.10?).

Vergleicht man diese Prozedur mit der entsprechenden Prozedur des ATMS (Algorithmus 5.9), so sieht man, daß sich das NATMS exakt wie ein ATMS verhält, wenn der Problemlöser dem NATMS keine Rechtfertigungen mitteilt, die negierte Annahmen enthalten (denn dann ist der vierte Schritt obsolet).

NOGOOD(U):

1. Falls es einen NOGOOD $U' \in NG$ gibt mit $U' \subseteq U$:
   Fertig! (ein allgemeinerer NOGOOD war schon bekannt)

2. Eintrag von U in die NOGOOD-Tabelle:

$$NG := NG \cup \{U\}.$$

3. Entferne für jeden Knoten n jene Umgebungen aus $l(n)$, die den NOGOOD U umfassen:

$$l(n) := \mu_{\{U\}}(l(n)) - \{U\}.$$

4. Handhabung negierter Annahmen:
   Führe UPDATE($\{U - \{A\}\}, \neg A$) aus

   - für jede Annahme $A \in U$,
   - für die $\neg A$ in einer NATMS-Rechtfertigung auftritt.

Algorithmus 6.4: NOGOOD-Behandlung im NATMS

Beispiel 6.11.1 *Angenommen A, B, und C werden nicht in Rechtfertigungen verwendet. Die Anweisung*

$$nogood\{A, B, C\}$$

produziert dann die folgenden Label für die negierten Annahmen zu A, B und C:

$$(\neg A, \{\{B, C\}\})$$
$$(\neg B, \{\{A, C\}\})$$
$$(\neg C, \{\{A, B\}\}).$$

$\square$

Beispiel 6.11.2 *Die Rechtfertigungen*

$$\neg A, \neg B \Rightarrow \bot$$
$$A, C \Rightarrow \bot$$
$$B, C \Rightarrow \bot$$

produzieren unmittelbar die NOGOODS $\{A, C\}$ *und* $\{B, C\}$. *Viermaliges Anwenden der Regel (6.7) zur Erzeugung minimaler* NOGOODS *liefert dann die folgenden Label für die negierten Annahmen zu A, B und C:*

$$(\neg A, \{\{C\}\})$$
$$(\neg B, \{\{C\}\})$$
$$(\neg C, \{\{A\}, \{B\}\}).$$

Eine Propagierung dieser Label über die Rechtfertigung

$$\neg A, \neg B \Rightarrow \bot$$

führt schließlich zur Entdeckung des NOGOOD $\{C\}$.　　　　$\square$

6.12　Interpretationsvollständigkeit des NATMS

Im NATMS kann man also auch auf die Hyperresolutions-Regel (6.1) verzichten, da die *erweiterte* NOGOOD-*Prozedur* die *Konsistenz* von Labeln *sichert*. Leider trifft das Entsprechende nicht auch für die Regel (6.2) zu. Der erweiterte Propagierungsalgorithmus garantiert nämlich — wie das folgende Beispiel zeigt — *nicht* die *Vollständigkeit* der Label.

Beispiel 6.12.1 *Für die beiden Rechtfertigungen*

$$A \Rightarrow b$$
$$\neg A \Rightarrow b.$$

ermittelt das NATMS

$$\{\{A\}\}$$

als Label für b, obwohl b universell gilt.　　　　$\square$

Die vom NATMS errechneten Label sind aber zumindest *vollständig für Interpretationen*. Sei n ein Knoten und bezeichne $\mathcal{R}$ die momentan dem NATMS bekannten Rechtfertigungen, dann gilt:

$$\forall I : [(I \text{ ist Interpretation}) \wedge (\mathcal{R} \vdash I \to n)$$
$$\longrightarrow \exists U \in l(n) : U \subseteq I.$$

Für die Rechtfertigungen im vorausgehenden Beispiel 6.12.1 ist das vom NATMS berechnete Label zwar unvollständig; aufgrund der folgenden Überlegung liegt b aber trotzdem in jeder Interpretation I des durch die beiden Rechtfertigungen definierten Constraint-Problems. Falls $A \in I$, dann ist das Label trivialerweise vollständig für I. Andernfalls muß A inkonsistent mit I sein:

- Es gibt also einen NOGOOD α, der A und weitere Annahmen aus I enthält.

- Die Regel zur Berechnung minimaler NOGOODS erweitert dann aber das Label von $\neg A$ und damit von b um $(\alpha - \{A\})$.

Wegen $(\alpha - \{A\}) \subseteq I$ gilt dann b ebenfalls in I.

6.13   Negierte Nicht-Annahmen

Es liegt nahe, in NATMS-Rechtfertigungen auch *negierte Nicht-Annahmen* als Antezedenten zuzulassen: Ist n ein solcher Knoten, so führt man eine neue Annahme A_n zusammen mit den beiden folgenden Rechtfertigungen ein:

$$A_n \Rightarrow n$$
$$\neg A_n \Rightarrow \neg n.$$

Beispiel 6.13.1 *Teilt man dem* NATMS *die Rechtfertigungen*

$$\neg a, B \Rightarrow c$$
$$a, D \Rightarrow c$$

mit und verfährt dann für die negierte Nicht-Annahme $\neg a$ wie soeben beschrieben, so berechnet das NATMS *für c das Label* $\{\{B, D\}\}$.   □

Unter Umständen möchte der Problemlöser auch mit *negierten Annahmen* arbeiten, *die* ATMS-*Annahmen sind*. Dazu muß er für solche Annahmen A lediglich eine Annahme $\sim A$ erzeugen, die die Negation von A darstellt und zwei Rechtfertigungen definieren:

$$A, \sim A \Rightarrow \perp$$
$$\neg A, \neg \sim A \Rightarrow \perp.$$

Hier sind also zwei Annahmen (A und $\sim A$) sowie zwei Nicht-Annahmen ($\neg A$ und $\neg \sim A$) im Spiel. Label können jetzt sowohl A als auch $\sim A$ enthalten.

6.14 Bedingte Beweise und das Ω-ATMS

Zum Schluß unserer Ausführungen zu deklarativen Erweiterungen des Kern-ATMS zeigen wir noch, wie sich das ATMS um das Gegenstück zu den CP-Rechtfertigungen aus Doyle's System (vgl. Abschnitt 3.9) verallgemeinern läßt.

Diese Erweiterung des ATMS zum sogenannten Ω-ATMS wurde für das System RISC (Reason-Maintenance-Based Inference System for Generalized Hornclause Logic) konzipiert und ist weniger formal erstmalig in [Bec88] dargestellt.

RISC [Bec88, Tob88, Sey92, Sto93, BK95] ist ein Logik-Programmiersystem, das die Verarbeitung eines Teils der intuitionistischen Konsequenzlogik gestattet, der weitaus ausdrucksstärker als herkömmliche Hornklausel-Logik ist, da in RISC Programme über sogenannte verallgemeinerte Hornklauseln formulierbar sind (für eine vertiefte theoretische Abhandlung zu diesem Thema konsultiere man auch [Tob94, TB95, BTS95]). Es unterstützt insbesondere hypothetisches Schließen [BT92].

Aufgabe des Ω-ATMS in RISC ist die Verwaltung von partiellen und vollständigen Beweisbäumen (sogenannter *Lemmata*) sowie von Beweiskontexten im Rahmen hyothetischer Schlüsse. Die zugehörigen bedingten Beweise werden im Ω-ATMS mit einer neuen Form von Rechtfertigungen repräsentiert:

$$\mathcal{X} - \Omega \Rightarrow n.$$

Wir nennen eine solche Rechtfertigung im folgenden (in Analogie zum Sprachgebrauch im JTMS) eine CP-*Rechtfertigung*. $\mathcal{X}$ bezeichnet hier wie üblich eine Knotenmenge und n einen Knoten; und Ω steht für eine endliche Menge von Annahmen:

- Die Knoten $x \in \mathcal{X}$ heißen die *Antezedenten*,

- der Knoten n die *Konsequenz* und

- die Annahmenmenge Ω der *Filter*

der Rechtfertigung (deshalb wurden CP-Rechtfertigungen in [Bec88] auch *Filter-Rechtfertigungen* genannt).

6.15 Auswertung von CP-Rechtfertigungen

Der im Ω-ATMS eingesetzte Algorithmus zur Label-Propagierung behandelt normale ATMS-Rechtfertigungen genauso wie das ATMS. Es bleibt also die Frage, wie er mit CP-Rechtfertigungen umgeht. Für deren Beantwortung erläutern wir zunächst, wie das Ω-ATMS den Spezialfall einer CP-Rechtfertigung

$$x - \Omega \Rightarrow n$$

mit genau einem Antezedenten verarbeitet.

Sei $l(x)$ das Label zu x. Das vom Ω-ATMS berechnete tentative Label der Rechtfertigung $x - \Omega \Rightarrow n$ ist dann

$$l'(x - \Omega \Rightarrow n) = \{U - \Omega \mid U \in l(x)\}.$$

Die CP-Rechtfertigung $x - \Omega \Rightarrow n$ filtert also aus jeder Umgebung im Label von x die Annahmen heraus, die in Ω enthalten sind. Die Umgebungen aus $l'(x - \Omega \Rightarrow n)$ liefern erweitert um Ω je eine hinreichende Begründung für x, sind also Begründungen für x, bei denen von den Annahmen aus Ω *abstrahiert* wurde.

CP-Rechtfertigungen der allgemeinen Form

$$\mathcal{X} - \Omega \Rightarrow n$$

werden vom Ω-ATMS behandelt, als hätte man an ihrer Stelle einen neuen Knoten x' eingeführt, sowie die konventionelle Rechtfertigung

$$\mathcal{X} \Rightarrow x'$$

und die CP-Rechtfertigung

$$x' - \Omega \Rightarrow n$$

bekannt gemacht.

Für eine Implementierung des Ω-ATMS muß nur die Prozedur WEAVE (Algorithmus 5.7) des klassischen ATMS geringfügig verändert werden (siehe Algorithmus 6.8) und dafür gesorgt werden, daß die Prozeduren NEW-JUST, PROPAGATE und UPDATE (die Algorithmen 5.5, 5.6 und 5.8) den Filter der jeweils bearbeiteten Rechtfertigung an WEAVE weiterleiten (vgl. Algorithmus 6.5, Schritt 1 von Algorithmus 6.6 und Schritt 3a von Algorithmus 6.7).

<hr>

NEW-JUST($\mathcal{X} - \Omega \Rightarrow n$):

1. Mache die Rechtfertigung $\mathcal{X} - \Omega \Rightarrow n$ bekannt:
   $\mathcal{R} := \mathcal{R} \cup \{\mathcal{X} - \Omega \Rightarrow n\}$.

2. PROPAGATE($\mathcal{X}, n, \{\emptyset\}, \Omega$).

<hr>

Algorithmus 6.5: Ω-ATMS-Version von NEW-JUST

Die Ω-ATMS-Version der Prozedur WEAVE verwendet eine Verallgemeinerung des Produkt-Operators $\otimes$, das sogenannte Ω-*Produkt* $\otimes_\Omega$. Für zwei Umgebungsmengen L_1 und L_2 ist dies definiert durch:

$$L_1 \otimes_\Omega L_2 := \{(U_1 \cup U_2) - \Omega \mid U_1 \in L_1 \wedge U_2 \in L_2\}.$$

Insbesondere gilt also $\otimes_\emptyset = \otimes$.[4]

<hr>

[4] Tatsächlich verwendet das Ω-ATMS aus Effizienzgründen im Algorithmus 6.8 eine asymmetrische Version des Ω-Produkts:

$$L_1 \otimes_\Omega L_2 := \{U_1 \cup (U_2 - \Omega) \mid U_1 \in L_1 \wedge U_2 \in L_2\}.$$

Wie man leicht nachrechnen kann, ändert dies jedoch nichts am berechneten Ergebnis.

PROPAGATE$(\mathcal{X}, n, I, \Omega)$:

1. Berechnung des Label-Inkrements:
$L := $ WEAVE$(\mathcal{X}, I, \Omega)$.
Falls $L = \emptyset$, so kehre zurück.

2. Aktualisiere das Label und rekurriere:
UPDATE(L, n).

Algorithmus 6.6: Inkrementelles Propagieren im Ω-ATMS

Die Art und Weise, in der das Ω-ATMS mit CP-Rechtfertigungen umgeht, legt es nahe, ATMS-Rechtfertigungen

$$\mathcal{X} \Rightarrow n$$

als Abkürzung für die entsprechenden CP-Rechtfertigungen

$$\mathcal{X} - \emptyset \Rightarrow n$$

mit leerem Filter aufzufassen. Für solche Rechtfertigungen verhält sich das Ω-ATMS exakt wie das ATMS.

Im ATMS leisten Rechtfertigungen, die einen Widerspruchsknoten als Antezedenten haben, keinen Beitrag zur Lösung des Constraint-Problems — die entsprechende Rechtfertigung würde immer ein leeres Label weiter transportieren.

Dies gilt nicht für das Ω-ATMS. Dort sind solche Rechtfertigungen durchaus sinnvoll, wenn sie *nicht-triviale* CP-Rechtfertigungen (CP-Rechtfertigungen mit nicht-leerem Filter) darstellen. Unterstellt man nämlich, daß ein Widerspruchsknoten die NOGOOD-Tabelle NG zum Label hat, in der ja alle minimierten NOGOODS enthalten sind, so leistet dieses Label nach Filterung durch einen nicht-leeren Filter einen echten Beitrag zur Propagierung, weil jede echte Untermenge eines minimalen NOGOODS konsistent sein muß.

In RISC wird von dieser Eigenschaft der CP-Rechtfertigungen im Zusammenhang mit Beweisen vermöge der *Negation as Inconsistency* Regel ausgiebig gebraucht gemacht (vgl. [Bec88] und [Tob94]).
Im JTMS kann eine CP-Rechtfertigung J der Form

$$\langle subj(J) - \emptyset | \emptyset \to cons(J) \rangle$$

nicht gleichwertig durch eine SL-Rechtfertigung der Form

$$\langle subj(J) \to cons(J) \rangle$$

ersetzt werden, da die beiden Rechtfertigungen i.allg. unterschiedliche Begründungen für $cons(J)$ liefern würden (vgl. Abschnitt 3.9).

UPDATE(L, n):

1. Behandlung von NOGOODS:
   Gilt $n = \bot$, so

   (a) führe NOGOOD(U) aus für jedes $U \in L$.

   (b) Fertig.

2. Erweiterung von $l(n)$ um L:

   (a) $l_{alt} := l(n)$;

   (b) $\Delta L := \mu_{l_{alt}}(L) - l_{alt}$;

   (c) $l(n) := \mu_{\Delta L}(l_{alt}) \cup \Delta L$;

3. Für jede Rechtfertigung $\mathcal{X} - \Omega \Rightarrow n'$ mit $n \in \mathcal{X}$:

   (a) $l_{pre} := l(n)$;
   PROPAGATE$(\mathcal{X} - \{n\}, n', \Delta L, \Omega)$;
   (dadurch kann sich das Label von n ändern).

   (b) Entferne die jetzt bzgl. $l(n)$ redundanten oder
   inkonsistenten Umgebungen aus ΔL:

   $$\Delta L := \Delta L - (l_{pre} - l(n));$$

   (c) Frühe Terminierung:
   Gilt nun $\Delta L = \emptyset$, so kehre zurück.

Algorithmus 6.7: Ω-ATMS-Version der Prozedur UPDATE

CP-Rechtfertigungen des Ω-ATMS können verglichen mit denen des JTMS extrem *effizient* „ausgewertet" werden. Insbesondere müssen für sie *nicht* wie im JTMS *momentan äquivalente konventionelle Rechtfertigungen* erzeugt werden (vgl. Abschnitt 3.9).

Außerdem ist für CP-Rechtfertigungen des Ω-ATMS im Gegensatz zu denen des JTMS klar, *wann* sie auszuwerten sind — immer dann, wenn eine Propagierungswelle bei der CP-Rechtfertigung anlangt. Und darüber hinaus werden sie *nicht nur relativ zum momentanen Kontext* (genauer Current-Support), sondern *für alle möglichen Kontexte gleichzeitig* ausgewertet (vgl. auch unsere Diskussion in Abschnitt 3.13 und 5).

WEAVE$(\mathcal{X}, I, \Omega)$:

1. Terminierungsbedingung:
   Falls $\mathcal{X} = \emptyset$, kehre mit I als Wert zurück.

2. Wähle ein $x \in \mathcal{X}$.

3. Inkrementelle Konstruktion des Label-Inkrements:

$$I' := I \otimes_\Omega l(x).$$

4. Kompaktifizierung von I':
   Entferne alle redundanten und inkonsistenten Umgebungen
   aus dem inkrementellen Label I':

$$I'' := \mu I' - nogoods$$

5. Kehre mit **WEAVE**$(\mathcal{X} - \{x\}, I'', \Omega)$ als Wert zurück.

Algorithmus 6.8: Ω-ATMS-Version der Prozedur **WEAVE**

6.16 Semantik von CP-Rechtfertigungen

Wie die folgende Überlegung zeigt, steht eine CP-Rechtfertigung

$$x - \Omega \Rightarrow n,$$

die genau einen Antezedenten besitzt, logisch gesehen für das Boolesche Constraint

$$(\Omega \to x) \to n$$

und eine (allgemeine) CP-Rechtfertigung

$$\mathcal{X} - \Omega \Rightarrow n$$

mit $\mathcal{X} = \{x_1, \ldots, x_m\}$ für die Konjunktion der Constraints

$$x_1 \wedge \ldots \wedge x_m \to x' \quad \text{und} \quad (\Omega \to x') \to n$$

(x' muß hier ein neues Variablensymbol sein). Enthält nämlich Γ die Formel $((\Omega \to x) \to n)$, so gilt:

$$(\Gamma, \Sigma) \models x \quad \Rightarrow \quad (\Gamma, \Sigma - \Omega) \models n. \tag{6.8}$$

Denn offensichtlich gilt $(\Gamma, \Sigma) \models x$ gdw. $\Gamma \cup \Sigma \models x$ gdw. $\Gamma \cup (\Sigma - \Omega) \cup \Omega \models x$ gdw. $\Gamma \cup (\Sigma - \Omega) \models (\Omega \to x)$ zutrifft. In diesem Fall folgt aber wegen $((\Omega \to x) \to n) \in \Gamma$ auch $\Gamma \cup (\Sigma - \Omega) \models n$ und somit $(\Gamma, \Sigma - \Omega) \models n$.[5]

---

[5] In dieses Argument geht essentiell ein, daß Ω eine Menge von *Annahmen* ist!

Es bleibt zu klären, welche Ableitbarkeitsrelation $\vdash$ das ATMS berechnet, wenn neben konventionellen Rechtfertigungen auch CP-Rechtfertigungen zugelassen sind (ATMS-Ableitbarkeit bei Anwesenheit von CP-Rechtfertigungen wollen wir Ω-*Ableitbarkeit* nennen). Gegeben eine Menge $\mathcal{R}$ von CP-Rechtfertigungen, eine Menge U von Annahmen sowie einen Knoten n, wie läßt sich die Beziehung $\mathcal{R} \vdash U \to n$ (oder suggestiver $\vdash_{\mathcal{R}} U \to n$) charakterisieren?

Für das klassische ATMS war $\vdash_{\mathcal{R}}$ durch die propositionale Ableitbarkeit relativ zur Theorie mit den nicht-logischen Axiomen in $\mathcal{R}$ gegeben (vgl. Abschnitt 5.3). Diese Definition läßt sich jedoch im Gegensatz zur folgenden, äquivalenten Definition von ATMS-Ableitbarkeit, nicht unmittelbar auf den Fall von CP-Rechtfertigungen verallgemeinern:

1. $\forall n \in U: \ \vdash_{\mathcal{R}} U \to n.$

2. $\forall (\mathcal{X} \Rightarrow n) \in \mathcal{R}: \ (\forall x \in \mathcal{X} : \vdash_{\mathcal{R}} U \to x, \ \ \Rightarrow \ \ \vdash_{\mathcal{R}} U \to n).$

Unsere alternative Definition von ATMS-Ableitbarkeit kann dagegen leicht so verändert werden, daß sie eine Charakterisierung der Ω-Ableitbarkeit leistet:

1. $\forall n \in U: \ \vdash_{\mathcal{R}} U \to n.$

2. $\forall (\mathcal{X} - \Omega \Rightarrow n) \in \mathcal{R}:$

$$\forall x \in \mathcal{X} : \vdash_{\mathcal{R}} U \to x \ \ \Rightarrow \ \ \vdash_{\mathcal{R}} (U - \Omega) \to n.$$

Ω-Ableitbarkeit ist damit offensichtlich *wohldefiniert* (als Bottom-Up Fixpunkt-Konstruktion), *monoton* und fällt mit klassischer ATMS-Ableitbarkeit zusammen, falls $\mathcal{R}$ nur triviale CP-Rechtfertigungen enthält.

Für den um die Behandlung von CP-Rechtfertigungen erweiterten Propagierungsalgorithmus, sind die klassischen vier *Wohlgeformtheitsbedingungen für Label* auch dann erfüllt, wenn man in ihnen klassische ATMS-Ableitbarkeit durch Ω-Ableitbarkeit ersetzt: Konsistenz, Korrektheit und Minimalität gelten trivial und Vollständigkeit gilt aus dem gleichen Grund, aus dem auch ATMS-Ableitbarkeit vollständig ist — weil die Algorithmen Umgebungen nur dann aus Prälabeln streichen, wenn sie von einer anderen Umgebung des gleichen Labels subsumiert werden.

Kapitel 7

Annahmen-basiertes Truth-Maintenance — Consumer

Nachdem wir im vorausgegangenen Kapitel mehrere Ansätze für Erweiterungen des Kern-ATMS kennengelernt haben, die sich vergleichsweise gut *deklarativ* beschreiben lassen, wenden wir uns nun Erweiterungen zu, die *prozedurale Erweiterungen* des ATMS darstellen.

Der historisch erste Ansatz für eine prozedurale ATMS-Erweiterung in diesem Sinne ist die sogenannte *Consumer-Architektur* von de Kleer [dK86d]. Wir beginnen unseren Streifzug durch die bekannten prozeduralen Erweiterungen des ATMS mit einer kritischen Analyse der Consumer-Architektur und diskutieren dann die alternativen Erweiterungen jeweils im Vergleich zu ihr. Dabei werden wir den formalen Apparat, den wir in Abschnitt 2.15 eingeführt haben, für eine genauere Untersuchung der Erweiterungen einsetzen.

7.1 De Kleers Consumer-Architektur

In der Consumer-Architektur wird der Ablauf der Interaktion des Problemlösers mit dem ATMS in kleine Schritte unterteilt, die jeweils durch einen sogenannten *Consumer* realisiert werden.

In der Terminologie von de Kleer (vgl. [dK86d]) ist dabei ein *Consumer* ein Objekt, das mit Knoten oder Klassen von Knoten (seinen *Antezedenten*) assoziiert wird und *Aktionen* des Problemlösers beschreibt (über Knoten-Klassen werden wir gleich noch mehr sagen). Consumer dürfen Annahmen, Rechtfertigungen und NOGOODS erzeugen, neue Consumer generieren oder andere Berechnungen ohne Nebenwirkungen auf Daten des ATMS vornehmen. Hat ein Consumer seine Aktionen ausgeführt, so wird er gelöscht (Consumer werden folglich *höchstens einmal* ausgeführt).

In der Consumer-Architektur werden Knoten in sogenannte *Klassen* (der Gleichbehandlung) eingeteilt: Jeder Knoten kann in beliebig vielen Klassen enthalten sein (braucht also insbesondere in keiner Klasse zu sein) und jede Klasse kann beliebig viele Knoten umfassen. Solange eine Klasse noch nicht explizit vom

Problemlöser *abgeschlossen* wurde, können neue Knoten in die Klasse aufgenommen, jedoch *nicht* mehr herausgenommen werden.

Klassen, die mit keiner anderen Klasse Knoten gemeinsam haben, werden von de Kleer in [dK86d] auch als *Variablen* bezeichnet und ihre Knoten als *mögliche Werte dieser Variablen.* Um Verwechslungen mit dem mathematischen Variablen-Begriff auszuschließen, nennen wir solche Klassen im folgenden lieber *Consumer-Variable* (Consumer-Variable können nämlich im Gegensatz zu mathematischen Variablen mehrere Werte gleichzeitig haben!).

Wir notieren aber — wieder in Übereinstimmung mit de Kleer — den Knoten, der den Sachverhalt repräsentiert, nach dem die Consumer-Variable x den Wert n hat, mit $\gamma_{x\equiv n}$ und den Knoten, der für die mathematische Beziehung (Gleichung) $x = n$ steht, mit $\gamma_{x=n}$.

Beispiel 7.1.1 *(eine Boolesche Consumer-Variable)*
Um eine Boolesche Consumer-Variable zu konstruieren, definiert man eine abgeschlossene Klasse b mit den Knoten $\gamma_{b\equiv 0}$ und $\gamma_{b\equiv 1}$ und macht dem ATMS *die Rechtfertigung*

$$\gamma_{b\equiv 0},\, \gamma_{b\equiv 1} \Rightarrow \bot$$

bekannt. □

Es bietet sich an, Klassen mit Hilfe von Mustern im Sinne unserer Ausführungen im Abschnitt 2.10 zu beschreiben. De Kleer beschränkt sich in seiner ATMS-Trilogie [dK86a] lediglich auf Andeutungen, wie das für die Consumer-Architektur konkret geschehen kann. Je nachdem, wie die induktive Definition der Muster-Sprache beschaffen ist (vgl. hierzu Abschnitt 2.10), können Knoten natürlich zu mehr als einem Muster passen. Dies legt eine *Hierarchisierung* der zugehörigen Klassen nahe, bei der die Hierarchie der Klassen durch den Subsumtions-Verband der Muster gegeben ist.

Beispiel 7.1.2 *Unterstellt man, daß*

- *natürliche Zahlen im* ATMS *durch Knoten mit den Problemlöserdaten $nat(0)$, $nat(succ(0))$, $nat(succ(succ(0)))$, ... repräsentiert werden, und*

- *X eine Schemavariable im Sinne von Abschnitt 2.10 ist,*

so läßt sich die Klasse der natürlichen Zahlen durch das Muster $nat(X)$ und die der natürlichen Zahlen größer 0 durch das speziellere Muster $nat(succ(X))$ repräsentieren. □

Die Consumer-Architektur ermöglicht es dem ATMS, über das Klassenkonzept einfache *Constraint-Schemata* zu verarbeiten. Nachdem die Art und Weise, wie dies geschehen kann, unseres Erachtens jedoch recht kompliziert und für die Beschreibung der prozeduralen Aspekte der Consumer-Architektur auch nicht besonders wichtig ist, werden wir hier nicht genauer darauf eingehen. Wir verweisen den interessierten Leser stattdessen auf die Originalliteratur [dK86d] und unsere Diskussion in Abschnitt 7.8.

7.2 Problemlösen mit Consumern

Problemlösen mit einem ATMS-basierten Problemlöser auf der Grundlage der Consumer-Architektur ist ein prinzipiell *zweiphasiger Prozeß*:

1. Definition von Annahmen, Knoten, Rechtfertigungen, NOGOODS, CHOOSES und Consumern.

2. Suche nach ausführbaren Consumern und Ausführung der zugehörigen Aktionen solange, bis es keine ausführbaren Consumer mehr gibt.

In welcher Reihenfolge mehrere beim gleichen Kenntnisstand ausführbare Consumer tatsächlich ausgeführt werden, bestimmt die *Abarbeitungsstrategie*. Ob ein Consumer bei einem vorgegebenen Kenntnisstand ausführbar ist, oder nicht, hängt von den *Ausführbarkeitsbedingungen* seiner Antezedenten ab. In den folgenden Abschnitten werden wir die in der Literatur vorgeschlagenen Typen von Abarbeitungsstrategien und Ausführbarkeitsbedingungen für die Consumer-Architektur genauer untersuchen.

Bevor das ATMS die Ausführbarkeitsbedingungen eines Consumers überprüfen kann, vervollständigt es jeden Antezedenten Ψ des Consumers zu einem kompletten Trigger:

$$(bind, bel, \Delta bel, \Psi, \Sigma)$$

(vgl. Abschnitt 2.18). Die Art und Weise, in der das ATMS diese Vervollständigung vornimmt, hängt vom Typ der jeweiligen Ausführbarkeitsbedingung ab (dazu gleich mehr).

Die Überprüfung der Trigger selbst findet — so wie wir das in Abschnitt 2.17 skizziert haben — immer dann statt, wenn sich das ATMS nach Änderungen am Kenntnisstand $Bel_{\Gamma,\mathcal{N},\mathcal{A}}$ (der im ATMS ja über die Label zugreifbar ist) wieder in einem konsistenten Zustand befindet.

7.3 Klassische Consumer

De Kleer schlägt in [dK86d] mehrere Arten von Consumern vor, die sich nach ihrer Ausführbarkeitsbedingung unterscheiden (*basic, conjunctive, constraint, conditional constraint, exclusive/inclusive implication* und *environment consumer*). Wir nennen diese Consumer im folgenden auch *klassische Consumer*.

Nachdem sich de Kleer in späteren Publikationen (etwa [dKW86b, dKW86a, dKW87] und [FdK88]) zunehmend von den klassischen Consumern abwendet, betrachten wir hier nur zwei Arten von klassischen Consumern:

- Primitive Consumer und

- konjunktive Consumer.

Bei diesen beiden Arten handelt es sich um jene klassischen Consumer, die auch noch in neueren Publikationen von de Kleer Erwähnung finden.

Ein *primitiver Consumer* wird mit einem einzelnen Knoten oder einer einzelnen Klasse (seinem Antezedenten) assoziiert. Die Assoziation eines primitiven Consumers mit einer Klasse bewirkt die Assoziation des Consumers mit jedem Knoten dieser Klasse. Dabei ist unerheblich, ob erst der Knoten in die Klasse aufgenommen, oder erst der Consumer mit der Klasse assoziiert wird.

Konjunktive Consumer sind mit Tupeln von zwei oder mehr Knoten bzw. Klassen assoziiert. Tupel von Klassen stehen für das Kreuzprodukt der zugehörigen Knotenmengen (dabei darf keine Klasse mehrmals im Tupel auftreten).

Wir schreiben einen klassischen Consumer mit den Antezedenten $x_1, \ldots, x_m$, der w ausführt, in Übereinstimmung mit [dK86d] wie folgt:

$$x_1, \ldots, x_m \mapsto [w].$$

Diese Schreibweise legt — von de Kleer wohl beabsichtigt — die Lesweise nahe, gemäß der es sich bei dem Consumer um eine Prozedur mit den Formalparametern $x_1, \ldots, x_m$ und dem Rumpf w handelt.

Handelt es sich bei einem der Antezedenten um eine Klasse, so muß man sich anstelle dieser Prozedur eine „Instanz" der Prozedur für jedes Element der entsprechenden Klasse denken. Alternativ kann man sich vorstellen, daß es nur einen Consumer gibt, dessen Prozedur $[w]$ erst beim Ausführen des Consumers für einen konkreten Knoten der Klasse mit diesem Knoten als Argument versorgt wird, daß also Antezedenten von Consumern, die Klassen darstellen, über einen Variablenbindungsmechanismus in den Rumpf des Consumers transportiert werden. Bedauerlicherweise geht de Kleer in [dK86d] auf diese Problematik nicht genauer ein (siehe aber auch unsere Ausführungen in Abschnitt 7.8)

Ein *primitiver Consumer* ist *ausführbar*, wenn es (mindestens) einen Kontext gibt, in dem sein Antezedent gilt, d.h. wenn sein Antezedent ein nicht-leeres Label besitzt. Ein *konjunktiver Consumer* ist *ausführbar*, wenn es einen Kontext gibt, der alle seine Antezedenten enthält. Ein konjunktiver Consumer, der keine Antezedenten besitzt, die Klassen darstellen,

$$x_1, \ldots, x_m \mapsto [w]$$

kann also — was den Test auf Ausführbarkeit angeht — durch die Rechtfertigung

$$x_1, \ldots, x_m \Rightarrow n$$

(für einen *neuen* Knoten n) und den primitiven Consumer

$$n \mapsto [w]$$

ersetzt werden. Betrachten wir Consumer als parametrisierte Prozeduren, dann müssen wir natürlich fordern, daß bei dem geschilderten Ersetzungsprozeß der neue primitive Consumer über alle Antezedenten des ursprünglichen konjunktiven Consumers als implizite Argumente verfügen kann (der Rumpf $[w]$ wird dann ja i.allg. die Knoten $x_1, \ldots, x_m$ erwähnen).

7.4 Consumer-Gruppen

Die Consumer-Architektur gestattet es, *Gruppen von Consumern* zu bilden, die einen zusammenhängenden Teil des Wissens des Problemlösers beschreiben. De Kleer bezeichnet die Elemente solcher Gruppen als *Consumer von gleichem Typ*.

Gruppen werden bei der Consumer-Ausführung speziell behandelt: Installiert ein Consumer eine Rechtfertigung, so markiert er die Rechtfertigung mit seiner Gruppenkennung (seinem *Typ*). Ein Consumer ist erst dann ausführbar, wenn mindestens einer seiner Antezedenten eine Rechtfertigung besitzt, die *nicht* von einem Consumer der gleichen Gruppe erzeugt wurde.

Beispiel 7.4.1 *Zwei Consumer*

$$a \mapsto [a \Rightarrow b] \quad und \quad b \mapsto [b \Rightarrow a].$$

Erhält a ein nicht-leeres Label, so installiert $a \mapsto [a \Rightarrow b]$ die Rechtfertigung $a \Rightarrow b$ für b. Gehört nun $b \mapsto [b \Rightarrow a]$ zur gleichen Gruppe wie $a \mapsto [a \Rightarrow b]$, so verhindert dies die Installation der (nutzlosen) Rechtfertigung $b \Rightarrow a$. □

Gruppen von konjunktiven Consumern lassen sich einsetzen, um Constraint-Netzwerke zu modellieren. Grob vereinfacht besteht ein *Constraint-Netzwerk* aus einer Menge von Variablen und einer Menge von Relationen, den sogenannten *Constraints*, die jeweils auf Teilmengen der Variablen definiert sind.

Zum Beispiel könnte der Wertebereich der Variablen die Menge der reellen Zahlen und eine 3-stellige Relation $X + Y = F$ Bestandteil des Netzes sein. Diese Relation beschreibt dann das Eingangs-Ausgangs-Verhalten eines Addierers. Wenn für zwei der drei Variablen Werte gegeben sind, kann die dritte berechnet werden. In diesem Spielzeugbeispiel ist die Relation für jede ihrer Stellen invertierbar, d.h. der Wert einer jeden Stelle kann aus denen der anderen berechnet werden (siehe [Tsa93] für eine ausführliche Darstellung, wie mit Constraints umzugehen ist, für die dies nicht zutrifft).

Es bietet sich an, Constraint-Netzwerke als Graphen darzustellen, bei denen die Knoten den Relationen entsprechen und die Kanten den Variablen. Abbildung 7.1 zeigt ein Beispiel für ein einfaches Rechen-Netz mit Addierern und Multiplizierern.

Die Grundidee für eine Realisierung von Constraint-Netzwerken im ATMS ist die folgende (für Details vgl. [dK86d, SdKW91]):

- Jeder Variablen ist eine Klasse zugeordnet und jede Variablen/Wert-Kombination, die während der Problemlösung entsteht, ist ein Knoten des ATMS, der in der Klasse der Variablen liegt.

- Die Relationen werden durch konjunktive Consumer auf den Klassen der Variablen, auf denen sie gelten, definiert.

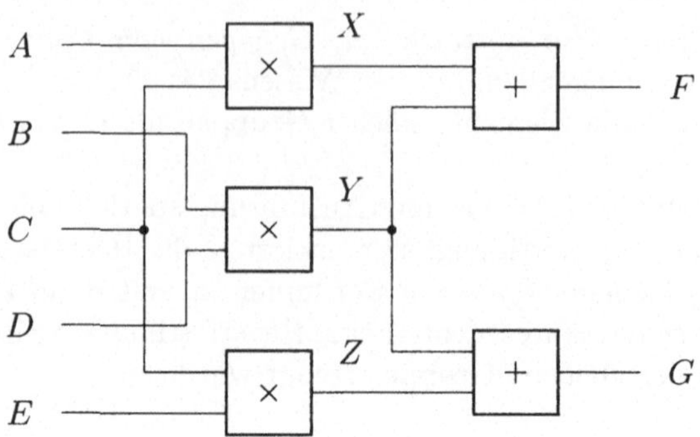

Abbildung 7.1: Ein Rechen-Netz aus Addierern und Multiplizierern

Den Consumern für eine n-stellige Relation fällt dabei die Aufgabe zu, jeweils für eine der n Variablen deren Wert in Abhängigkeit von den anderen $n - 1$ zu berechnen, sobald dies möglich ist.

Der Addierer $X + Y = F$ läßt sich demnach durch drei konjunktive Consumer beschreiben:

$$X, Y \;\mapsto\; [F := X + Y]$$
$$X, F \;\mapsto\; [Y := F - X]$$
$$Y, F \;\mapsto\; [X := F - Y]$$

Wenn nun Werte und damit Knoten, z.B. für X und Y, gegeben sind, so wird der erste Consumer ausgeführt, der Werte für F berechnet, und eine entsprechende Rechtfertigung für einen Knoten zur Klasse F erzeugt.

Ohne weitere Vorkehrungen werden dadurch aber die beiden anderen Consumer ebenfalls ausführbar, im Endeffekt also die zum gerade berechneten Wert von F gehörenden Werte von X und Y unnötigerweise ein zweites Mal berechnet (vgl. dazu auch das Beispiel 7.4.1, das wir zur Illustration von Consumertypen verwendet haben).

De Kleer schlägt in [dK86d] als Technik zur Vermeidung dieses *unerwünschten Feedbacks* vor, alle Consumer, die ein und dieselbe Relation (Komponente) beschreiben, zu einer Gruppe zusammenzufassen, also mit dem gleichen komponenten-spezifischen Typ zu versehen.

Dieser Kunstgriff schaltet allerdings nur das beschriebene *direkte Feedback* aus: erhält z.B. der vom Consumer

$$X, Y \;\mapsto\; [F := X + Y]$$

erzeugte Knoten zu F später eine weitere, nicht mit diesem Consumer in Bezug stehende Rechtfertigung, so können spätestens dann die beiden anderen Consumer des Addierers die durch die Typisierung zunächst blockierten, unnützen

Rechtfertigungen etablieren. Wir werden in Abschnitt 7.18 eine allgemeinere, von Dressler und Farquhar in [DF91] vorgeschlagene Lösung des Feedback-Problems diskutieren, die jedoch einige Erweiterungen an de Kleers Consumer-Architektur voraussetzt.

Die Simulation des Beispielnetzes aus Abbildung 7.1 gestattet es, an die Ein- und Ausgänge (A–G) beliebige Zahlenwerte anzulegen und daraus die Werte der internen Variablen (X–Z) zu berechnen.

Führt man außerdem für jedes Constraint eine OK-Annahme ein, die bedeutet, daß die von ihm modellierte elektrische Komponente korrekt funktioniert, so kann der Problemlöser diese Annahmen unter Zuhilfenahme der Schnittstellenfunktion `maximal-subcontexts?` benutzen, um möglicherweise fehlerhafte Komponenten des Rechen-Netzes zu identifizieren (für Details dieser Technik vgl. [dKW86b, dKW87, Far89], [HCdK92] und [Pro88b, dK89] sowie [BGHT88]).

7.5 Gutartige Consumer

De Kleer empfiehlt in [dK86d], daß sich der Problemlöser bei der Formulierung der Consumer zumindest an die folgenden *Empfehlungen* halten sollte:

1. Die einzigen Daten, die ein Consumer inspizieren darf, sind die Problemlöserdaten seiner Antezedenten (seine *Argumente*).

2. Erzeugt ein Consumer neue Rechtfertigungen, so müssen deren Antezedenten die Antezedenten des Consumers *umfassen*.

3. Consumer dürfen *keinen internen Zustand* haben.

Er führt weiter aus [dK86d, S. 202]:

> „If this protocol is followed, then it will not matter, formally, whether the body [of the consumer] is executed when the datum holds in some consistent environment or not."

Ohne weitere Erläuterungen dazu, was es (formal!) bedeuten soll, einen Consumer, dessen Ausführbarkeitsbedingungen nicht erfüllt sind, auszuführen, ist diese Behauptung natürlich nicht sehr erhellend. De Kleer kann diese Erläuterungen prinzipiell nicht liefern, da in seiner Darstellung der Consumer-Architektur keine Semantik für die Consumer-Architektur definiert wird.

Wir werden in den Abschnitten 7.9 und 7.10 mit dem in Kapitel 2 entwickelten Apparat formal nachweisen, daß die von de Kleer geforderten Einschränkungen für *klassische Consumer* garantieren, daß das Ausführen einer Reihe von Consumern bei gleichem Ausgangskenntnisstand des TMS immer den gleichen Endkenntnisstand liefert, und zwar auch dann,

- wenn man Consumer unabhängig vom Erfülltsein ihrer Ausführbarkeitsbedingungen *grundsätzlich ausführt*, und

- unabhängig von der *Reihenfolge*, in der die Consumer zur Ausführung gebracht werden.

Wohl als Konsequenz dieser Eigenschaften der Consumer-Architektur legt de Kleer in [dK86d] außerdem folgendes fest: Ein Consumer, der über neue Rechtfertigungen dafür sorgt, daß einer seiner Antezedenten in keinem Kontext mehr geglaubt wird, der also bei seiner Ausführung die Voraussetzung für seine Ausführbarkeit zunichte macht, darf zwar seine Aktionen zuende ausführen; alle anderen Consumer, die diesen Knoten ebenfalls als Antezedenten erwähnen und damit momentan nicht ausführbar sind, werden jedoch solange verzögert, bis der Knoten wieder in mindestens einem Kontext gilt. Natürlich könnte man diese Consumer im Licht der oben genannten Eigenschaften trotzdem sofort ausführen. Wie wir aber gleich formal sehen werden, liefern diese dann keinen Beitrag mehr zur Problemlösung. Aus Effizienzgründen sollte man daher auf ihre Ausführung verzichten.

7.6 Wirkung neuer Rechtfertigungen

Das schlimmste, was passieren kann, wenn ein Consumer eine neue Rechtfertigung bekannt macht, ist ein Inkonsistentwerden der leeren Umgebung (so daß nicht nur ein Antezedent des Consumers sondern alle Knoten leere Label bekommen). Glücklicherweise tritt diese Situation nur sehr selten ein:

Sei $\mathcal{R}$ die Menge der momentan dem ATMS bekannten Rechtfertigungen und l_{alt} das Label eines ausgezeichneten Knotens x. Wird nun dem ATMS eine neue Rechtfertigung

$$\mathcal{X} \Rightarrow n$$

mit $x \in \mathcal{X}$ bekanntgemacht, dann gilt hinterher, d.h. mit der neuen Rechtfertigungsmenge $\mathcal{R}' = \mathcal{R} \cup \{\mathcal{X} \Rightarrow n\}$:

$$\forall \Sigma \in l_{alt} \, \forall \Sigma' \subseteq \mathcal{A}:$$
$$\Sigma' \subset \Sigma \;\Rightarrow\; \texttt{mat-incons?}_{\Gamma_{\mathcal{R}'}}(\Sigma') = \texttt{NO} \tag{7.1}$$

Ist x keine Prämisse (d.h. $l_{alt} \neq \{\emptyset\}$), so kann also aufgrund dieser Eigenschaft durch Bekanntmachen von $\mathcal{X} \Rightarrow n$ nicht der pathologische Zustand entstehen, in dem $\emptyset$ zum NOGOOD und damit das ATMS komplett nutzlos wird.[1]

Die Eigenschaft (7.1) läßt sich folgendermaßen beweisen: Sei $\Sigma \in l_{alt}$. Dann gilt aufgrund der Integritätsbedingungen für ATMS-Label: Σ ist eine *minimale* Annahmenmenge mit:

$$(\Gamma_{\mathcal{R}}, \Sigma) \models x \;\land\; (\Gamma_{\mathcal{R}}, \Sigma) \not\models \perp. \tag{7.2}$$

Aufgrund der Monotonie von $\models$ gilt weiter:

$$\forall \Sigma' \subseteq \Sigma: \; (\Gamma_{\mathcal{R}}, \Sigma') \not\models \perp.$$

---

[1] Wie man leicht mit einem Gegenbeispiel zeigen kann, gilt (7.1) nicht, wenn man anstelle der *strikten* Mengeninklusion $\subset$ die Relation $\subseteq$ verwendet.

Angenommen, durch die neue Rechtfertigung $\mathcal{X} \Rightarrow n$ entsteht ein neuer NOGOOD $\Sigma_\perp$, d.h.

$$\text{mat-incons?}_{\Gamma_{\mathcal{R}'}}(\Sigma_\perp) = \text{YES}$$
$$\wedge \quad \text{mat-incons?}_{\Gamma_{\mathcal{R}}}(\Sigma_\perp) = \text{NO},$$

oder logisch ausgedrückt:

$$(\Gamma_{\mathcal{R}'}, \Sigma_\perp) \models \perp \quad \wedge \quad (\Gamma_{\mathcal{R}}, \Sigma_\perp) \not\models \perp.$$

Da sich $\mathcal{R}$ und $\mathcal{R}'$ nur um die Rechtfertigung $\mathcal{X} \Rightarrow n$ unterscheiden, muß diese neue Rechtfertigung essentiell sein, d.h.:

$$(\Gamma_{\mathcal{R}}, \Sigma_\perp) \models \mathcal{X},$$

also insbesondere

$$(\Gamma_{\mathcal{R}}, \Sigma_\perp) \models x$$

gelten (hierfür ist wesentlich, daß sowohl $\Gamma_{\mathcal{R}}$ als auch $\Gamma_{\mathcal{R}'}$ nur definite Klauseln enthält). Wäre nun $\Sigma_\perp$ *echte* Teilmenge von Σ, könnte Σ nicht — wie vorausgesetzt — eine minimale Annahmenmenge mit der Eigenschaft (7.2) gewesen sein. Damit folgt die Behauptung.

Eine Anmerkung zu der im Beweis verwendeten Schlußfolgerung mit der „Essentialität" von $\mathcal{X} \Rightarrow n$: Ihr liegt offensichtlich das Argument

$$\frac{\Gamma \cup \{A \rightarrow B\} \models B \qquad \Gamma \not\models B}{\Gamma \models A} \tag{7.3}$$

zugrunde, von dem wir uns noch überzeugen müssen, daß es auch logisch korrekt ist. Glücklicherweise ist das schnell geschehen: Aufgrund des Deduktions-Theorems sind die Aussagen

$$\Gamma \cup \{A \rightarrow B\} \models B$$

und

$$\Gamma \models (A \rightarrow B) \rightarrow B$$

äquivalent. Außerdem läßt sich die Aussage $(A \rightarrow B) \rightarrow B$ durch Äquivalenzumformungen in die Aussage $A \vee B$ überführen, womit aufgrund der Beziehung

$$\Gamma \models (A \vee B) \quad \text{gdw.} \quad \Gamma \models A \text{ oder } \Gamma \models B$$

unmittelbar die Korrektheit von (7.3) folgt.

7.7 Ausführen von Consumern

Die Abarbeitungsstrategie, d.h. die Festlegung wann und in welcher *Reihenfolge* Consumer ausgeführt werden, hat einen großen Einfluß auf die mit der Consumer-

Ausführung verbundenen *Kosten* (für klassische Consumer haben wir dies bereits in Abschnitt 2.17 anhand von Beispiel 2.17.3 illustriert).

Natürlich sollte — wenn irgendmöglich — eine Reihenfolge gewählt werden, in der Consumer *nicht unnötig ausgeführt* werden. Ein Consumer wird in den beiden folgenden Situationen überflüssigerweise ausgeführt:

- Der Consumer wird für eine Umgebung ausgewertet, die sich später als *widersprüchlich* herausstellt.

- Der Consumer berechnet für eine Umgebung U ein Datum, das später von einem anderen Consumer in einer (*allgemeineren*) Umgebung $U' \supset U$ *erneut* berechnet wird.

Eine wirkungsvolle Heuristik, die bei mehreren ausführbaren Consumern den nächsten auszuführenden bestimmt, versucht die aufwendigste ATMS-Operation — das *Neuberechnen von Labeln* — zu *minimieren*. Dies wird dadurch erreicht, daß man versucht, möglichst *allgemeine Kontexte und Widersprüche zuerst* zu finden.

Eine Umgebung U ist (unabhängig von ihrer Konsistenz) allgemeiner als eine Umgebung U', wenn $U \subset U'$ gilt. Analog ist ein Kontext K allgemeiner als ein Kontext K', falls $cenv(K) \subset cenv(K')$ gilt.

Erweitert man mehrmals schrittweise den Kontext, in dem ein Knoten gilt, so wird dabei jedesmal sein Label geändert und über seine Nachfolgeknoten propagiert. Wenn dagegen gleich auf dem allgemeinsten Kontext erweitert wird, braucht das Label nur einmal geändert und nur einmal weiterpropagiert zu werden. Analoges gilt bei den Widersprüchen.

Diese Beobachtung legt folgendes Vorgehen bei der Consumer-Ausführung nahe: Statt der Reihe nach für jeden Knoten, bei dem die Propagierung ankommt, zu überprüfen, welche seiner Consumer ausführbar sind, betrachtet man — bei der allgemeinsten Umgebung beginnend — alle Umgebungen U und sucht jeweils nach einem Knoten, der

1. U in seinem Label trägt und

2. einen mit U ausführbaren Consumer besitzt

und führt die entsprechenden Consumer aus (man *untersucht* die entsprechenden Umgebungen). Dieses Vorgehen ist aufgrund der in Abschnitt 5.12 erläuterten Implementierungsannahme *effizient realisierbar*, nach der es einen inversen Index gibt, der zu einer vorgegebenen Umgebung die Knoten liefert, in deren Label sie auftritt.

7.8   Von Consumern zu komplexen Regeln

Die klassische Consumer-Architektur besitzt zwar (wie wir in Abschnitt 7.10 noch genauer sehen werden) einige vom logischen Standpunkt recht interessanten

Eigenschaften, ist aber als alleiniges Instrumentarium zur Kontrolle des ATMS zu *wenig flexibel* und nur *schwer effizient* programmierbar.

Problemlösen mit Consumern wird immer dann vergleichsweise ineffizient sein, wenn

- nur einige *wenige Lösungen* eines Problems

- in einem *größtenteils konsistenten* Suchraum

zu ermitteln sind. In so einem Fall erweist sich der Umstand, daß in der Consumer-Architektur zum Ausüben von Kontrolle *lediglich Konsistenztests* eingesetzt werden können, als fatal.

Neben mangelnder Ausdruckskraft weist die klassische Consumer-Architektur aber auch Defizite in Bezug auf ein einfaches Formulieren von Regeln auf. Schuld daran ist in erster Linie das restriktive Klassenkonzept, genauer die Tatsache, daß Klassen in der Consumer-Architektur *unstrukturierte Knotenmengen* darstellen (sie sind dem ATMS lediglich extensional, durch Aufzählen der Elemente, bekannt). Damit kann i.allg. nicht schon von der Struktur des Datums eines Knotens auf die Zugehörigkeit zu einer Klasse geschlossen werden (etwa durch einen Vergleich des Datums mit dem die Klasse charakterisierenden Muster). Diese Klassifikationsaufgabe muß der Problemlöser übernehmen — ein Umstand, der z.B. die Integration des ATMS in eine assertionale Wissensrepräsentationssprache unnötig verkompliziert.

Regeln, denen ein Musterbegriff, wie wir ihn in Abschnitt 2.15 beschrieben haben, zugrunde liegt, können ohne Hilfestellung durch den Problemlöser direkt vom ATMS verarbeitet werden. Bei einer intensionalen Beschreibung von Klassen über Muster von Knotendaten, lassen sich folglich Routinetätigkeiten wie

- der Test, ob ein Datum Instanz eines Musters ist, oder

- die Verwaltung von Bindungen,

die bei der Verarbeitung von Mustern anfallen, vom Regel-Interpreter erledigen.

Komplexe Regeln stellen deshalb in vielen Fällen ein wesentlich komfortableres Programmiermodell dar, als das der Consumer. Es ist also nicht besonders verwunderlich, daß de Kleer die einfache Consumer-Architektur, wie sie in [dK86d] auf der Grundlage der klassischen Consumer beschrieben ist, weiterentwickelt hat. In neueren Publikationen (vor allem in [FdK88] zusammen mit Forbus) vertritt er nun die Sicht von Consumern als komplexen Regeln, wie wir sie in Abschnitt 2.15 rekonstruiert haben. Er bezeichnet den zugehörigen Interpreter als TRE (*Trivial Rule Engine*, vgl. [FMdK89, FdK93]), verwendet die Begriffe Consumer und Regel aber immer noch gleichwertig, obwohl in der TRE die oben genannten Beschränkungen aufgehoben wurden:

- Es gibt unterschiedliche Ausführrbarkeitsbedingungen.

- Eine TRE-Regel kann Trigger mit unterschiedlichen Arten von Ausführrbarkeitsbedingungen aufweisen.

- TRE-Regeln sind im Sinne von Abschnitt 2.15 Regeln über strukturierten Daten, dürfen also *Variablen* enthalten, die mit der Instantiierung der Regel-Trigger automatisch gebunden und im Regel-Rumpf referenziert werden können

(wir verwenden deshalb im Rest dieses Kapitels für TRE-Regeln die bereits in Abschnitt 2.15 eingeführte Notation).

Andere Autoren (etwa Dressler und Farquhar in [DF89, DF91] — wir werden deren Beiträge gleich noch genauer betrachten) gehen nicht ganz soweit und definieren zwar neue Ausführbarkeitsbedingungen für Consumer, führen aber keinen Bindungsbegriff ein, wie er den komplexen Regeln zugrunde liegt.

7.9   Semantik klassischer Consumer

Forbus und de Kleer nennen in [FdK88] eine Ausführbarkeitsbedingung, die das Label eines Antezedenten auf die Eigenschaft P testet, (nach unserer Meinung etwas unglücklich) eine *P-Strategie*.

Die Ausführbarkeitsbedingung, nach der eine TRE-Regel erst dann ausgeführt werden darf, wenn die Vereinigung ihrer Antezedenten (also die Konjunktion ihrer Trigger) konsistent geglaubt werden kann, also jene Strategie, die schon den klassischen konjunktiven Consumern zugrunde lag, heißt in [dKW86b] und [FdK88] die IN-*Strategie*. Formal läßt sich diese Strategie durch den von unseren Ausführungen über komplexe Regeln bereits bekannten Trigger (2.7) aus Abschnitt 2.15 beschreiben:

$$(\texttt{:CONSISTENT}\ \Psi) := (Subst(Var, G_1), (y, z) \mapsto (z, \texttt{YES}), \Psi, \Sigma)$$

Er ist also erfüllt, falls die Beziehung

$$\exists \sigma \in Subst(Var, G_1),$$
$$\exists \Sigma' \in \mathcal{S} : \texttt{holds-in?}_\Gamma(\Psi\sigma, \Sigma') = \texttt{YES}$$

gilt.

Was bedeutet es nun — logisch gesehen — eine Menge von Regeln vorzugeben, die nach der IN-Strategie auszuführen sind? Leider nimmt de Kleer zu dieser Frage weder in seinen Veröffentlichungen zur Comsumer-Architektur [dK86d] noch in denen über die TRE (primär [FdK88] und [FdK93]) Stellung.

Offensichtlich können wir uns für die Beantwortung dieser Frage o.B.d.A. auf TRE-Regeln mit genau einem Trigger beschränken (Regeln mit mehr als einem Trigger lassen sich — wie wir gleich sehen werden — in Regeln mit genau einem Trigger konvertieren, die bei ihrer Ausführung Regeln installieren).

Außerdem unterstellen wir, daß die TRE-Regeln neben den durch das ATMS auferlegten syntaktischen Einschränkungen den in den Abschnitten 2.17.2 und 7.5 für gutartige Consumer genannten Bedingungen genügen.

Zudem können wir ohne Beschränkung der Allgemeinheit in Bezug auf die von einer Regel mit Trigger

$$(\texttt{:CONSISTENT } \Psi)$$

mitgeteilte Rechtfertigung annehmen, daß sie neben einer Instanz von Ψ nur *genau eine weitere Vorbedingung* hat:

$$(\Psi, \Psi' \Rightarrow \Psi'')\,\theta$$

(dies kann ggf. durch Einführen zusätzlicher Regeln — analog zum Vorgehen in Abschnitt 5.13 — erreicht werden).

Sei nun r so eine Regel

$$\texttt{(rule (:CONSISTENT } \Psi\texttt{) (assert! (-> (\& } \Psi \ \Psi'\texttt{) } \Psi''\texttt{)))}$$

und Γ wie üblich die Menge der Constraints, die dem ATMS momentan bekannt sind. Dann bedeutet ein Bekanntmachen der Regel r das gleiche wie der Aufruf

$$\texttt{add-constraint!}_\Gamma\,(\Psi \wedge \Psi' \to \Psi'')$$

der generischen Schnittstellenfunktion zur Definition neuer Constraints (bzw. Constraint-Schemata).

Aufgrund dieser Semantik-Definition für Regeln, die nach der IN-Strategie verarbeitet werden, wäre also eine direkte, sehr einfache Realisierung der TRE bzw. der Consumer-Maschinerie über die Funktion `add-constraint!` möglich.

Warum führte dann de Kleer in [dK86d] überhaupt die Consumer-Architektur und später in [FdK88] die TRE ein? Wie wir gleich beweisen werden, lassen sich mit dieser Maschinerie Constraint-Schemata vergleichsweise effizient behandeln, ohne daß dazu das Kern-ATMS selbst für die Verarbeitung von Constraint-Schemata ausgelegt werden müßte.

7.10 Die IN-Strategie und ihre Korrektheit

Mit Hilfe der IN-Strategie kann das Mitteilen von zu Instanzen von r gehörenden Constraints — ohne Verlust von Korrektheit und Vollständigkeit bei zwischenzeitlichen Anfragen des Problemlösers — solange hinausgezögert werden, bis die entsprechenden Instanzen anwendbar sind. Erst nachdem dann die rechte Seite der Regel-Instanz als neue Rechtfertigung im ATMS etabliert worden ist, muß sie vom Propagierungsalgorithmus für die Aktualisierung der Label mit berücksichtigt werden und hat dann i.allg. Auswirkungen auf die von der Schnittstellenfunktion `follows-from?` (bzw. `holds-in?`) produzierten Antworten. Denn dann ändert sich der Kenntnisstand des ATMS von $Bel_{\Gamma,\mathcal{N},\mathcal{A}}$ nach $Bel_{\Gamma\cup\{\Psi\wedge\Psi'\to\Psi''\},\mathcal{N},\mathcal{A}}$.

Da sich die Definition eines Constraint-Schemas C als Mitteilung der endlich vielen, vermöge der ATMS-Knoten $\mathcal{N}$ induzierten Instanzen von C auffassen läßt, genügt es, unsere Korrektheitsbetrachtungen für *variablen-freie* Regeln durchzuführen.

Sei also für die folgenden Überlegungen Γ eine Menge von Constraints, die keine Schemata enthält und enthalte auch die TRE-Regel r keine Variablen:

```
(rule (:CONSISTENT Ψ) (assert! (-> (& Ψ Ψ') Ψ")))
```

oder in de Kleer's Notation für Consumer:

$$\Psi \mapsto [\Psi, \Psi' \Rightarrow \Psi''].$$

Falls dann r beim Kenntnisstand $Bel_{\Gamma,\mathcal{N},\mathcal{A}}$ *nicht* anwendbar ist, gilt:

$$Bel_{\Gamma,\mathcal{N},\mathcal{A}} = Bel_{\Gamma\cup\{\Psi\wedge\Psi'\to\Psi''\},\mathcal{N},\mathcal{A}}. \tag{7.4}$$

($\mathcal{N}$ bezeichne wie üblich die Menge der Knoten und $\mathcal{A}$ die der momentan bekannten Annahmen). Danach kann also die Definition der Regel r als ein *verzögertes Auswerten von* add-constraint! aufgefaßt werden:

> Solange das Constraint $\Psi \wedge \Psi' \to \Psi''$ nur *spätestens* dann bekanntgemacht wird, wenn Ψ konsistent ist (der zugehörige Knoten also eine nichtleere Umgebung besitzt), sieht der Problemlöser bei der Anfrage nach Labeln keinen Unterschied zu einer sofortigen Bekanntgabe des Constraints.

Beweis: Angenommen, r ist nicht anwendbar und es gilt trotzdem $Bel_{\Gamma,\mathcal{N},\mathcal{A}} \neq Bel_{\Gamma\cup\{\Psi\wedge\Psi'\to\Psi''\},\mathcal{N},\mathcal{A}}$. Dann existiert ein Σ, für das aufgrund unserer Ausführungen in Abschnitt 2.16 über mögliche Änderungen des Kenntnisstandes und wegen der Vollständigkeit von follows-from? entweder

$$\begin{aligned} \Psi'' \neq \bot \; &\wedge \;\; (\Psi'', \Sigma, \text{YES}) \in Bel_{\Gamma,\mathcal{N},\mathcal{A}} \\ &\wedge \;\; (\Psi'', \Sigma, \text{NO}) \in Bel_{\Gamma\cup\{\Psi\wedge\Psi'\to\Psi''\},\mathcal{N},\mathcal{A}} \end{aligned} \tag{7.5}$$

oder

$$(\Psi'', \Sigma, \text{NO}) \in Bel_{\Gamma,\mathcal{N},\mathcal{A}} \wedge (\Psi'', \Sigma, \text{YES}) \in Bel_{\Gamma\cup\{\Psi\wedge\Psi'\to\Psi''\},\mathcal{N},\mathcal{A}} \tag{7.6}$$

gilt (da $\Psi \wedge \Psi' \to \Psi''$ essentiell für die Änderung von $Bel_{\Gamma,\mathcal{N},\mathcal{A}}$ ist).

Betrachten wir zunächst den Fall (7.5). Diese Situation ist offensichtlich logisch gleichwertig zur Konjunktion von

$$\begin{aligned} \Psi'' \neq \bot \; &\wedge \;\; (\Gamma, \Sigma) \models \Psi'' \\ &\wedge \;\; (\Gamma, \Sigma) \not\models \bot \end{aligned}$$

und

$$\begin{aligned} &(\Gamma \cup \{\Psi \wedge \Psi' \to \Psi''\}, \Sigma) \not\models \Psi'' \\ \vee \;\; &(\Gamma \cup \{\Psi \wedge \Psi' \to \Psi''\}, \Sigma) \models \bot. \end{aligned}$$

Ausmultiplizieren nach dem Distributivgesetz ergibt die Alternativen

$$\begin{aligned} \Psi'' \neq \bot \; &\wedge \;\; (\Gamma, \Sigma) \models \Psi'' \\ &\wedge \;\; (\Gamma, \Sigma) \not\models \bot \\ &\wedge \;\; (\Gamma \cup \{\Psi \wedge \Psi' \to \Psi''\}, \Sigma) \not\models \Psi'' \end{aligned} \tag{7.7}$$

und

$$\begin{aligned} \Psi'' \neq \bot \; &\wedge \;\; (\Gamma, \Sigma) \models \Psi'' \\ &\wedge \;\; (\Gamma, \Sigma) \not\models \bot \\ &\wedge \;\; (\Gamma \cup \{\Psi \wedge \Psi' \to \Psi''\}, \Sigma) \models \bot, \end{aligned} \tag{7.8}$$

von denen der Fall (7.7) wegen der Monotonie von $\models$ unmittelbar verworfen werden kann. Gemäß (7.8) ist aber $\Psi \wedge \Psi' \to \Psi''$ essentiell dafür, daß $\bot$ logische Konsequenz aus $(\Gamma \cup \{\Psi \wedge \Psi' \to \Psi''\}, \Sigma)$ ist. Damit muß aber (zusätzlich zu $(\Gamma, \Sigma) \not\models \bot$) auch

$$(\Gamma, \Sigma) \models \Psi$$

gelten, d.h. r im Widerspruch zur Annahme schon beim Kenntnisstand $Bel_{\Gamma, \mathcal{N}, \mathcal{A}}$ anwendbar sein.

Der Fall (7.6) ist nur unwesentlich komplizierter. Wir müssen dabei unterscheiden, ob $\Psi'' = \bot$ gilt, oder nicht. Angenommen es gilt $\Psi'' = \bot$. Dann ist (7.6) äquivalent zu

$$(\Gamma, \Sigma) \not\models \bot \wedge (\Gamma \cup \{\Psi \wedge \Psi' \to \Psi''\}, \Sigma) \models \bot$$

und es folgt ein Widerspruch mit der gleichen Argumentation wie im Fall (7.8).

Gilt andererseits $\Psi'' \neq \bot$, so ist (7.6) äquivalent zur Konjunktion von

$$(\Gamma, \Sigma) \not\models \Psi'' \ \vee \ (\Gamma, \Sigma) \models \bot$$

und

$$(\Gamma \cup \{\Psi \wedge \Psi' \to \Psi''\}, \Sigma) \models \Psi''$$
$$\wedge \ (\Gamma \cup \{\Psi \wedge \Psi' \to \Psi''\}, \Sigma) \not\models \bot.$$

Ausmultiplizieren nach dem Distributivgesetz führt auf die Alternativen

$$(\Gamma, \Sigma) \not\models \Psi'' \ \wedge \ (\Gamma \cup \{\Psi \wedge \Psi' \to \Psi''\}, \Sigma) \models \Psi''$$
$$\wedge \ (\Gamma \cup \{\Psi \wedge \Psi' \to \Psi''\}, \Sigma) \not\models \bot \tag{7.9}$$

und

$$(\Gamma, \Sigma) \models \bot \ \wedge \ (\Gamma \cup \{\Psi \wedge \Psi' \to \Psi''\}, \Sigma) \models \Psi''$$
$$\wedge \ (\Gamma \cup \{\Psi \wedge \Psi' \to \Psi''\}, \Sigma) \not\models \bot, \tag{7.10}$$

von denen (wieder aufgrund der Monotonie von $\models$) der Fall (7.10) sofort ausgeschlossen werden kann.

Es bleibt also der Fall (7.9). Da hier aber Ψ'' ohne $\Psi \wedge \Psi' \to \Psi''$ nicht logische Konsequenz von $(\Gamma \cup \{\Psi \wedge \Psi' \to \Psi''\}, \Sigma)$ wäre, muß

$$(\Gamma, \Sigma) \models \Psi$$

gelten. Außerdem folgt dann mit

$$(\Gamma \cup \{\Psi \wedge \Psi' \to \Psi''\}, \Sigma) \not\models \bot$$

(ebenfalls wegen der Monotonie von $\models$) auch

$$(\Gamma, \Sigma) \not\models \bot,$$

d.h. r müßte im Widerspruch zur Annahme schon beim Kenntnisstand $Bel_{\Gamma, \mathcal{N}, \mathcal{A}}$ anwendbar gewesen sein.

Korollar: Sei $\Delta\mathcal{R}$ eine Menge von Regeln, von denen keine beim Kenntnisstand $Bel_{\Gamma, \mathcal{N}, \mathcal{A}}$ anwendbar ist. Dann gilt

$$Bel_{\Gamma, \mathcal{N}, \mathcal{A}} = Bel_{\Gamma \cup \Delta\Gamma, \mathcal{N}, \mathcal{A}}, \tag{7.11}$$

wobei $\Delta\Gamma$ abkürzend für die zu den Regeln aus $\Delta\mathcal{R}$ gehörenden Constraints stehen möge.

Beweis: Es genügt, die Behauptung für Regelmengen $\Delta\mathcal{R}$ mit $|\Delta\mathcal{R}| = 2$ zu zeigen. Sei also

$$\Delta\mathcal{R} := \{\Psi_1 \mapsto [\Psi_1, \Psi_1' \Rightarrow \Psi_1''], \Psi_2 \mapsto [\Psi_2, \Psi_2' \Rightarrow \Psi_2'']\}.$$

Aufgrund des gerade bewiesenen Satzes gilt

$$Bel_{\Gamma,\mathcal{N},\mathcal{A}} = Bel_{\Gamma \cup \{\Psi_1 \wedge \Psi_1' \to \Psi_1''\},\mathcal{N},\mathcal{A}},$$

d.h. die Regel $\Psi_2 \mapsto [\Psi_2, \Psi_2' \Rightarrow \Psi_2'']$ ist auch nicht in $Bel_{\Gamma \cup \{\Psi_1 \wedge \Psi_1' \to \Psi_1''\},\mathcal{N},\mathcal{A}}$ anwendbar. Dann muß aber (erneut aufgrund des soeben bewiesenen Satzes)

$$Bel_{\Gamma,\mathcal{N},\mathcal{A}} = Bel_{\Gamma \cup \{\Psi_1 \wedge \Psi_1' \to \Psi_1'', \Psi_2 \wedge \Psi_2' \to \Psi_2''\},\mathcal{N},\mathcal{A}}$$

gelten, was zu beweisen war.

Sei nun $\Delta\mathcal{R}$ eine Menge von Regeln, die dem ATMS alle gleichzeitig beim Kenntnisstand $Bel_{\Gamma,\mathcal{N},\mathcal{A}}$ mitgeteilt wurden und $\Delta\Gamma$ wieder die Menge der zu $\Delta\mathcal{R}$ gehörenden Constraints. Die TRE wird nun — bevor sie die nächste Anfrage des Problemlösers bearbeitet — die Regeln aus $\Delta\mathcal{R}$ abarbeiten, soweit es die IN-Strategie gestattet. Dabei ist nicht a priori klar, in welcher Reihenfolge die Regeln ausgeführt werden. Es ist lediglich festgelegt, daß die Abarbeitung der Regeln endet, sobald keine Regel mehr ausführbar ist.

Formal läßt sich jede mögliche *Ausführung* der Regeln aus $\Delta\mathcal{R}$ durch eine Partition von $\Delta\mathcal{R}$ in eine Folge

$$r_1, \ldots, r_n$$

und eine (ungeordnete) Menge $\Delta\mathcal{R} - \{r_1, \ldots, r_n\}$ beschreiben, die — mit der Abkürzung C_i für das von r_i zugesicherte Constraint — die folgenden Eigenschaften aufweist:

1. r_1 ist anwendbar in $Bel_{\Gamma,\mathcal{N},\mathcal{A}}$,

2. für alle i mit $(1 < i \leq n)$ gilt:
   r_i ist anwendbar in $Bel_{\Gamma \cup \{C_1, \ldots, C_{i-1}\},\mathcal{N},\mathcal{A}}$ und

3. für alle $r \in \Delta\mathcal{R} - \{r_1, \ldots, r_n\}$ gilt:
   r ist nicht anwendbar in $Bel_{\Gamma \cup \{C_1, \ldots, C_n\},\mathcal{N},\mathcal{A}}$.

Für jede derartige Partition von $\Delta\mathcal{R}$ folgt jedoch sofort aufgrund der vorausgehenden Sätze:

$$Bel_{\Gamma \cup \Delta\Gamma,\mathcal{N},\mathcal{A}} = Bel_{\Gamma \cup \{C_1, \ldots, C_n\},\mathcal{N},\mathcal{A}}.$$

Unabhängig von der konkreten Ausführung der noch offenen Regeln $\Delta\mathcal{R}$ resultiert also immer der gleiche Kenntnisstand $Bel_{\Gamma \cup \Delta\Gamma,\mathcal{N},\mathcal{A}}$, d.h. die klassische Consumer-Architektur ist eine *korrekte Implementierung* der IN-Strategie.

7.11 Kompilation allgemeiner in primitive Regeln

Wir haben bis jetzt nur geschildert, wie die TRE (bzw. die Consumer-Architektur) mit *variablen-freien* Regeln umgeht. Läßt man — wie in der TRE — auch Regeln mit Variablen zu, so ist noch zu klären, nach welchen Kriterien die TRE entscheidet, *wann* sinnvollerweise *welche Instanzen* der Regeln auf ihre Anwendbarkeit hin überprüft werden sollten.

Wie bei den meisten Truth-Maintenance-Systemen, die zur inkrementellen Berechnung des Kenntnisstands lokale Propagierung einsetzen, ist die Strategie, nach der die TRE vorgeht, in der Propagierungsroutine verankert:[2]

1. Kommt eine Propagierungswelle beim Knoten mit dem Datum Φ an, so prüft die TRE, ob es eine primitive Regel mit einem passenden Muster Ψ gibt, d.h. ob eine Bindung θ mit $\Phi = \Psi\theta$ existiert.

2. Für jede in diesem Sinne passende Regel — und nur für solche — wird dann der volle Ausführbarkeitstest nach Instantiierung der Regel mit der zugehörigen Bindung θ durchgeführt.

Zudem werden allgemeine Regeln (solche mit mehr als einem Trigger) zum Definitionszeitpunkt in primitive Regeln kompiliert, die ihrerseits Regeln etablieren (Kaskadierung von Regeln — für implementationstechnische Details siehe auch [FdK93]).

Auf diese Art und Weise läßt sich *lokal* entscheiden, ob ein Knoten Antezedent einer momentan ausführbaren Regel ist. Außerdem können wir uns damit für die folgenden Betrachtungen o.B.d.A. auf primitive Regeln zurückziehen.

Bei dem Kompilierungsprozeß wird wiederholt eine (nicht-primitive) Regel

```
(rule <Trigger₁> ... <Triggerₙ> <Triggerₙ₊₁> <body>)
```

mit $n + 1$ Triggern ($n \geq 1$) durch eine gleichwertige Regel-definierende Regel

```
(rule <Trigger₁> ... <Triggerₙ>
      (rule <Triggerₙ₊₁> <body>))
```

mit lediglich n Triggern ersetzt — so lange, bis dabei eine primitive Regel entsteht. Dabei müssen natürlich Rechtfertigungen in den kaskadierten Regeln alle Vorbedingungen aus der ursprünglichen allgemeinen Regel erwähnen, um als sicher gelten zu können!

---

[2] In neuerer Zeit wird auch versucht, Varianten des von Produktionen-Systemen her bekannten RETE-Algorithmus (Beschreibungen solcher Verfahren finden sich in [For82, SDLT86, Mir87]) für die Kompilation von TRE-Regeln auszunutzen (siehe z.B. [eHL94, MC91]).

7.12   Die INTERN-Strategie

Forbus und de Kleer schlagen in [dKW86b, FdK88] drei zur IN-Strategie alternative nicht-klassische Bedingungen für die Ausführbarkeit (möglicherweise variablen-behafteter) primitiver TRE-Regeln vor:

- die INTERN-*Strategie*,

- die ADDB-*Strategie* sowie

- die IMPLIED-BY-*Strategie* und ihr Zusammenspiel mit den sogenannten CONTRADICTION-Consumern

(eine allgemeine TRE-Regel kann natürlich mehr als einen Trigger haben, wobei für jeden Trigger aus einer dieser drei Strategien ausgewählt werden darf).

Die INTERN-Strategie ist die einfachste dieser drei Strategien. Nach der INTERN-*Strategie* ist eine primitive TRE-Regel ausführbar, sobald ein Knoten erzeugt wird, der auf das Muster ihres Antezedenten paßt. Sie kann damit durch den ebenfalls schon bekannten Trigger

$$(\texttt{:INTERNED } \Psi) :=$$
$$\{(Subst(Var, G_1), (y, z) \mapsto (z, \texttt{YES}), \Psi, \Sigma),$$
$$(Subst(Var, G_1), (y, z) \mapsto (z, \texttt{NO}), \Psi, \Sigma),$$
$$(Subst(Var, G_1), (y, z) \mapsto (z, \texttt{UNKNOWN}), \Psi, \Sigma)\}$$

beschrieben werden. Dieser Trigger ist erfüllt, falls:

$$\exists \sigma \in Subst(Var, G_1) : \Psi\sigma \in \mathcal{N} \cup \neg\mathcal{N},$$

gilt, d.h. wenn eine Instanz von Ψ in $Bel_{\Gamma, \mathcal{N}, \mathcal{A}}$ erwähnt wird.

Die INTERN-Strategie steuert lediglich die verzögerte *Instantiierung*, nicht auch wie die IN-Strategie die verzögerte *Bekanntmachung der Instanzen* aufgrund der Erfülltheit der Trigger. Bei ihr handelt es sich also um eine *Verallgemeinerung* (also eine *Abschwächung*) der IN-Strategie, bei der die Propagierungsroutine schon allein aufgrund der bekannten Rechtfertigungen entscheidet, wann eine Regelinstanz anzuwenden ist.

INTERN-Regeln sind die TRE-Realisierungen von PS-Regeln, wie wir sie in Abschnitt 2.14 zur Definition des Materialisierungsoperator mat! eingeführt haben. Der primitiven TRE-Regel

$$(\texttt{rule } (\texttt{:INTERN } \Psi) \ (\texttt{assert! } \Phi))$$

entspricht dabei die PS-Regel

$$(\{\Psi\}, \Phi).$$

Diese PS-Regel ist automatisch sicher, wenn man sich bei der Formulierung der TRE-Regel an die in den Abschnitten 2.17.2 und 7.5 diskutierten Bedingungen für die Gutartigkeit von Consumern gehalten hat.

Die INTERN-Strategie macht Sinn, wenn

1. die Regeln jeweils nur wenig in ihren Rümpfen berechnen,

2. ein großer Teil des Suchraums exploriert werden wird und

3. alle (konsistenten) Lösungen des Suchproblems zu bestimmen sind.

7.13 Die ADDB-Strategie

Die INTERN-Strategie wird als Abschwächung der IN-Strategie i.allg. mehr unnötige Rechtfertigungen etablieren als die IN-Strategie (die klassische Consumer-Architektur verzögert Consumer ja solange, bis ihre Antezedenten konsistent geglaubt werden können und priorisiert anwendbare Consumer nach der Größe der Umgebungen der Antezedenten um viele irrelevante Inferenzen von vornherein zu vermeiden — vgl. Abschnitt 7.7). Als *alleiniges* Kontroll-Instrument sind INTERN-Regeln also noch weniger geeignet als klassische Consumer.

Eine besser kontrollierbare Variante der IN-Strategie ist die ADDB-*Strategie* [dKW86a]. Sie wurde entworfen, um abhängigkeiten-gesteuerte Suche im Stil von Abschnitt 4.13 mit dem ATMS zu unterstützen (ADDB steht für *assumption-based dependency directed backtracking*).

Zu den Hauptvorteilen der Consumer-Architektur zählt, daß sie

- niemals eine inkonsistente Umgebung exploriert, die nicht *minimal inkonsistent* ist (da Regeln nach der Größe ihrer minimalen Umgebungen priorisiert werden) und

- nur solche Umgebungen untersucht, die noch mindestens einen nicht ausgeführten Consumer enthalten.

Das ATMS ist damit in der Lage, Probleme mit nur wenigen noch auszuführenden Consumern auch dann effizient zu verarbeiten, wenn der von den Annahmen aufgespannte Suchraum recht groß ist.

Andererseits arbeitet das ATMS gleichzeitig an allen Lösungen, was für Problemstellungen nachteilig ist, bei denen man sich nur für einige wenige von vielen möglichen Lösungen interessiert. Für solche Problemstellungen ist jedoch das *Verfahren der abhängigkeiten-gesteuerten Suche* vorteilhaft, da es eine Lösung nach der anderen sucht und somit keine Ressourcen für die Exploration von Lösungen verschwendet, an denen dann niemand interessiert ist.

Für die ADDB-Strategie wird vorausgesetzt, daß die Menge $\mathcal{A}$ der dem ATMS bekannten Annahmen eine ausgezeichnete Teilmenge

$$\mathcal{A}_c \subseteq \mathcal{A}$$

von Annahmen enthält, die in sogenannten *Kontroll-Disjunktionen*

$$control\{A_1, \ldots, A_n\}$$

auftreten dürfen (d.h. $A_1, \ldots, A_n \in \mathcal{A}_c$). Elemente von $\mathcal{A}_c$ heißen deshalb auch *Kontroll-Annahmen*.

Kontroll-Disjunktionen werden vom ATMS bei der Propagierung sowie der Interpretationskonstruktion genauso wie primitive Disjunktionen (vgl. Abschnitt 6.1 und 6.9) behandelt.

Jede Kontroll-Disjunktion repräsentiert eine der Auswahlmengen bei der abhängigkeiten-gesteuerten Suche. Eine Menge von Annahmen, die aus jeder Kontroll-Disjunktion genau eine Kontroll-Annahme enthält, heißt dann *Kontroll-Umgebung*.

Die Prozedur **NAIVE-ADDB** (vgl. Algorithmus 7.1) realisiert eine naive Version abhängigkeiten-gesteuerter Suche auf der Grundlage der klassischen Consumer-Architektur. Sie erwartet als einziges Argument eine Menge von Auswahlmengen:

NAIVE-ADDB(S)

1. Generiere eine noch nicht betrachtete Kontroll-Umgebung U mit je einem Element aus jeder der Auswahlmengen in S.

2. Starte alle Consumer, die für Umgebungen U' mit

$$U' \subseteq U$$

   ausführbar sind (die Reihenfolge ist dabei unspezifiziert).

3. Sollte dies zur Entdeckung einer inkonsistenten Umgebung U' führen, so werden alle noch zur Ausführung anstehenden Consumer terminiert und mit Schritt 1 fortgefahren.

4. Andernfalls liegt mit U eine Lösung des Suchproblems vor.

Algorithmus 7.1: Naive abhängigkeiten-gesteuerte Suche mit dem ATMS

Obgleich de Kleer und Williams nirgends in [dKW86a] erwähnen, daß die Reihenfolge der Annahmen in einer Kontroll-Disjunktion einen Einfluß darauf hätte, in welcher Reihenfolge sie zur Bildung der momentanen Kontroll-Umgebung herangezogen werden, scheinen sie doch zu unterstellen, daß bei einer Kontroll-Disjunktion

$$control\{A_1, \ldots, A_n\}$$

die Annahme A_i vor der Annahme A_j verwendet wird, falls $1 \leq i < j \leq n$ gilt.

Hier wird natürlich unterstellt, daß jeder von der Prozedur **NAIVE-ADDB** gestartete Consumer seine Berechnungsergebnisse in Form von Rechtfertigungen an das ATMS mitteilt, so daß Consumer nicht wiederholt ausgeführt und Widersprüche nicht neu entdeckt werden müssen.

Beim Ausführen von **NAIVE-ADDB** kann allerdings die unangenehme Situation eintreten, daß inkonsistente Umgebungen untersucht werden, die *nicht minimal* sind (evtl. wird eine Umgebung analysiert, bevor eine in ihr enthaltene kleinere inkonsistente Umgebung entdeckt wurde).

Eine gelungene Kombination von annahmen-basiertem Schließen mit abhängigkeiten-gesteuerter Suche wird nur Umgebungen betrachten, die

1. Teilmengen von Kontroll-Umgebungen und

2. entweder konsistent oder minimal inkonsistent

sind (*annahmen-basierte abhängigkeiten-gesteuerte Suche*).

Bei Verwendung der ADDB-Strategie verwaltet das ATMS zu jedem Zeitpunkt eine globale momentane Kontroll-Umgebung Σ_c. Diese Kontroll-Umgebung wird dazu eingesetzt, um bei der abhängigkeiten-gesteuerten Suche gezielt Regeln zu feuern: Ein variablen-freier ADDB-Trigger

$$(\texttt{:ADDB}\ \Psi)$$

ist erfüllt, wenn es mindestens eine Umgebung Σ mit den folgenden Eigenschaften gibt:

1. $(\Psi, \Sigma, \texttt{YES}) \in Bel_{\Gamma,\mathcal{N},\mathcal{A}}$,

2. $\Sigma \cap \mathcal{A}_c \subseteq \Sigma_c$ und

3. $\texttt{mat-incons?}_\Gamma(\Sigma \cup \Sigma_c) = \texttt{NO}$.

Σ heißt dann auch *konsistent mit der Kontroll-Umgebung* Σ_c.

Bei der Abwesenheit von Kontroll-Disjunktionen fallen also die IN-Strategie und die ADDB-Strategie zusammen (denn dann gilt $\mathcal{A}_c = \emptyset$ und es gibt nur eine Kontroll-Umgebung, nämlich $\Sigma_c = \emptyset$).

Die folgende verbesserte Prozedur ADDB (siehe Algorithmus 7.2) zur annahmen-basierten abhängigkeiten-gesteuerten Suche (korrigierte Version, frei nach [dKW86a]) führt Consumer, die Kontroll-Umgebungen testen, nach der ADDB-Strategie aus. Sie erwartet — wie schon ihre naive Variante NAIVE-ADDB — als einziges Argument eine Menge S von Auswahlmengen:

Die Hilfs-Prozedur BACKTRACK erzeugt durch chronologisches Zurücksetzen Kontroll-Umgebungen, die mit der momentan im ATMS gespeicherten Information verträglich sind und veranlaßt dann SCHEDULE zur Untersuchung der so gewonnenen Kontroll-Umgebungen. Dabei erweist es sich als vorteilhaft, daß Auswahlmengen aus der Sicht des ATMS primitive Disjunktionen darstellen und somit über die Hyperresolutions-Regel (6.1) auch alle impliziten und expliziten NOGOODS gefunden werden können. Die Hilfs-Prozedur SCHEDULE startet — wie in der Consumer-Architektur üblich — ausführbare Consumer beginnend bei den kleineren Umgebungen in der Reihenfolge, die durch die relative Größe der jeweiligen Trigger-Umgebung bestimmt ist.

Die Prozedur ADDB funktioniert natürlich nur dann korrekt, wenn man unterstellt, daß

$\text{ADDB}(S) \equiv \text{BACKTRACK}(\emptyset, S)$

$\text{BACKTRACK}(U, S)$:

1. Falls $S = \emptyset$ gilt:

   (a) $\text{SCHEDULE}(U)$;

   (b) Fertig! Kehre zurück.

2. Wähle eine Auswahlmenge D aus S!
   $S := S - \{D\}$;

3. Wähle eine Annahme A aus D!
   $D := D - \{A\}$;
   $U' := U \cup \{A\}$;

4. Falls U' ein NOGOOD ist: Fertig! Kehre zurück.

5. $\text{BACKTRACK}(U', S)$;

6. Weiter mit Schritt 3!

$\text{SCHEDULE}(U)$:

1. Mache U zur aktuellen Kontroll-Umgebung: $\Sigma_c := U$;

2. Starte alle Consumer, die nach der ADDB-Strategie mit der
   momentanen Kontroll-Umgebung ausführbar sind.

Algorithmus 7.2: Abhängigkeiten-gesteuerte Suche mit dem ATMS

1. der Problemlöser schon vollständig durch die Consumer gegeben ist und

2. die Consumer gutartig im Sinne von Abschnitt 2.17.2 und 7.5 sind.

Insbesondere darf dem ATMS während des Suchvorgangs nur von Consumern neue Information mitgeteilt werden, weil sich sonst der Suchraum während der Suche verändern würde und damit die Suche neu gestartet werden müßte, um korrekte Ergebnisse sicherzustellen.

Da diese Forderung doch recht stark ist, skizzieren de Kleer und Williams (eine Idee aus AMORD [dKDSS79] aufgreifend) in [dKW86a] eine *verallgemeinerte* ADDB-*Prozedur*, die *bedingte Kontroll-Disjunktionen* verarbeiten können soll.

7.14 Die verallgemeinerte ADDB-Strategie

Eine Kontroll-Disjunktion wird *bedingt* genannt, wenn sie als Kopf einer Rechtfertigung auftritt:

$$\mathcal{X} \Rightarrow control\{A_1, \ldots, A_n\} \tag{7.12}$$

Mit solchen Rechtfertigungen können Abhängigkeiten zwischen Kontroll-Annahmen ausgedrückt werden (in der Original-ADDB-Prozedur wird ja unterstellt, daß die einzelnen Kontroll-Disjunktionen voneinander unabhängig sind).

De Kleer und Williams deuten in der genannten Veröffentlichung eine Realisierung der verallgemeinerten ADDB-Prozedur an, bei der — ähnlich wie bei der in Abschnitt 4.12 beschriebenen Technik zur Widerspruchsbehandlung mit dem CH-Stack — ein Keller sogenannter aktiver Kontroll-Disjunktionen verwaltet wird. Leider präzisieren sie nicht, *wann* genau eine bedingte Kontroll-Disjunktion

$$control\{A_1, \ldots, A_n\}$$

aktiv ist. Sie sagen, dann, wenn sie eine *gültige Rechtfertigung* der Form (7.12) besitzt, bei der also alle Vorbedingungen aus $\mathcal{X}$ in der gleichen Umgebung gelten, verschweigen aber, relativ zu welcher Umgebung dies überprüft werden soll.

Sie merken zwar an (Abschnitt 9 von [dKW86a]), daß eine Kontroll-Disjunktion noch lange nicht aktiv sein muß, wenn es schon eine konsistente Umgebung gibt, in der sie aufgrund der zugehörigen Rechtfertigung(en) gilt, sondern daß sie zusätzlich mit der momentanen Kontroll-Umgebung konsistent sein muß. Aber auch das ist bestenfalls eine notwendige und keine hinreichende Bedingung für das Aktivsein einer Kontroll-Disjunktion. Außerdem lassen sie den Leser im Dunkeln, *wann* eine Kontroll-Disjunktion mit einer Umgebung *konsistent* ist. Zwei Umgebungen Σ und Σ' sind miteinander konsistent, falls aus ihrer Vereinigung relativ zu den Rechtfertigungen $\mathcal{R}$, Chooses und Nogoods (gemeinsam repräsentiert durch die Formelmenge Γ) kein Widerspruch ableitbar ist:

$$(\Gamma, \Sigma \cup \Sigma') \not\models \perp.$$

Eine analoge Definition für ein Paar bestehend aus einer Kontroll-Disjunktion $control\{A_1, \ldots, A_n\}$ und einer Umgebung Σ liefe darauf hinaus, daß das Atms die Beziehung

$$(\Gamma, \Sigma \cup \{A_1 \vee \ldots \vee A_n\}) \not\models \perp$$

zu testen hätte, wozu ihm aber die technischen Mittel fehlen.

Und selbst wenn man das Atms entsprechend erweitern, also zum effizienten Duchführen von Fallunterscheidungen befähigen würde, so ist offensichtlich, daß eine korrekte Verarbeitung bedingter Kontroll-Disjunktionen enorm aufwendig sein müßte.

Schließlich sind die zu bedingten Kontroll-Disjunktionen gehörenden Klauseln *allgemeine* Klauseln, so daß ihre Verarbeitung eigentlich einen Theorembeweiser für die volle propositionale Klausellogik erfordern würde — und der wird dann ja bekanntlich mit einem im Worst-Case exponentiellen Aufwand arbeiten.

Unseres Erachtens macht der Begriff der aktiven Kontroll-Disjunktion nur in einem single-context TMS Sinn (in diese Kategorie fällt ja auch AMORD). Nur für solche Systeme wäre — wenn überhaupt — eine effiziente verallgemeinerte ADDB-Prozedur im Sinne von de Kleer und Williams [dKW86a] denkbar.

Die ADDB-Strategie ist wie schon die IN-Strategie zu inflexibel, als daß man mit ihr allein einen Problemlöser optimal unterstützen könnte: Für die Effizienz extrem wichtige Entscheidungen wie

- die Wahl der Kontroll-Umgebung,

- die Bereinigung inkonsistenter Kontroll-Umgebungen oder

- die Priorisierung von Regeln

werden vom ATMS ohne Intervention des Problemlösers (also unabhängig von der konkreten Problemstellung) getroffen. Bei Verwendung der ADDB-Strategie hat man also mit den gleichen Problemen zu kämpfen, wie sie mit Doyle's single-context JTMS auftraten, sobald der (momentane) Kontext des JTMS inkonsistent wurde (vgl. [Doy78, Doy79a, Doy79b]).

7.15   Die IMPLIED-BY-Strategie

Forbus und de Kleer schlagen in [FdK88] eine verfeinerte Organisation ATMS-basierten Problemlösens vor — das *fokussierte* Arbeiten mit dem ATMS (für die praktische Seite siehe auch Kapitel 14 von [FdK93]). Statt wie in der klassischen Consumer-Architektur

- alle konsistenten Kontexte gleichzeitig zu explorieren und

- die Gesamtheit der Lösungen zu suchen,

ist ein fokussiert arbeitender Problemlöser zu jedem Zeitpunkt nur an Kontexten aus einem ausgezeichneten Teil des Teilmengenverbands der Umgebungen interessiert — dem sogenannten *Fokus*.

Eine mögliche entsprechende Problemlöser-Realisierung ist in [FdK88] sowie [FdK93, Kap. 8] (anhand einer Rekonstruktion von SAINT [Sla63] — Slagles Programm zur symbolischen indefiniten Integration) beschrieben: Der Problemlöser wird in sogenannte Tasks aufgeteilt, die jeweils ein Teilproblem des Gesamtproblems direkt zu lösen oder auf leichtere Teilprobleme zurückzuführen versuchen. Die Tasks sind in einem UND/ODER-Graph organisiert, der die verschiedenen Möglichkeiten beschreibt, wie sich das Ausgangsproblem in Teilprobleme zerlegen läßt und sich dynamisch in dem Maß verändert, wie alte Teilprobleme (erfolgreich oder erfolglos) abgeschlossen und neue Teilprobleme eingeführt werden.

Aus theoretischer Sicht interessiert uns hier nur, daß jeder Task in diesem UND/ODER-Graph eine bestimmte Sicht auf die ATMS-Daten zugrunde liegt, die durch ihre *Fokus-Umgebung* spezifiziert ist:

- Sobald die Task aktiv wird, nimmt der Problemlöser ihre Fokus-Umgebung Σ_f als momentanen Fokus an.

- Der Fokus des Problemlösers ändert sich erst dann wieder, wenn eine andere Task aktiv oder die momentane Fokus-Umgebung inkonsistent wird.

Da zu jedem Zeitpunkt höchstens eine Task aktiv ist, kann der Problemlöser nicht in die schizophrene Situation geraten, daß er gleichzeitig zwei oder mehr unterschiedliche Foki annehmen muß.

Forbus und de Kleer nennen die Strategie, die Trigger relativ zum momentanen Problemlöser-Fokus auszuwerten, die **IMPLIED-BY**-Strategie. Solche Trigger lassen sich — als Variante von Beispiel 2.15.1 in Abschnitt 2.15 — folgendermaßen formal charakterisieren:

$$(\texttt{:IMPLIED-BY } \Psi) := \\ (Subst(Var, G_1), (y, z) \mapsto (y, \texttt{YES}), \Psi, \Sigma_f).$$

Dieser **IMPLIED-BY**-Trigger ist also erfüllt, falls

$$\exists \sigma \in Subst(Var, G_1): \quad (\Psi\sigma, \Sigma_f, \texttt{YES}) \in Bel_{\Gamma,\mathcal{N},\mathcal{A}}$$

gilt, d.h. wenn die Fokus-Umgebung Σ_f des Problemlösers material konsistent ist und eine Instanz von Ψ aus Σ_f folgt.

Zur effizienten Auswertung des Triggers braucht die Tre lediglich einen zu Ψ (über die Bindung σ) passenden Atms-Knoten zu finden, in dessen Label eine Umgebung U vorkommt, die vollständig in der Fokus-Umgebung Σ_f liegt:

$$\exists \sigma \in Subst(Var, G_1), \exists U \in l(\Psi\sigma): \quad U \subseteq \Sigma_f.$$

Der Problemlöser-Fokus bei der **IMPLIED-BY**-Strategie spielt in etwa die Rolle, die die momentane Kontroll-Umgebung bei der **ADDB**-Strategie einnimmt. Allerdings kann der Fokus beliebige Annahmen und nicht nur solche aus Kontroll-Disjunktionen enthalten. Regeln werden also nicht schon ausgeführt, wenn sie *konsistent mit der Kontroll-Umgebung* sind, sondern erst dann, wenn ihre Antezedenten *vom Fokus impliziert* werden. Dies ermöglicht natürlich eine feinere Kontrolle.

Ein weiterer wesentlicher Unterschied zur **ADDB**-Strategie besteht in der Behandlung von Inkonsistenzen, die im Fokus bzw. der Kontroll-Umgebung entdeckt werden. Bei der **ADDB**-Strategie konstruiert das Atms in so einem Fall mit Hilfe der bekannten Kontroll-Disjunktionen nach eigenem Gutdünken durch abhängigkeiten-gesteuertes Zurücksetzen eine neue Kontroll-Umgebung, die nach dem momentanen Kenntnisstand (noch) konsistent ist und setzt die Suche nach einer Lösung mit der neuen Kontroll-Umgebung fort.

7.16 CONTRADICTION-Consumer

Bei einem fokussiert, d.h. mit der **IMPLIED-BY**-Strategie arbeitenden Problemlöser muß die *Widerspruchsbehandlung task-spezifisch* erfolgen: Nur relativ zur einzelnen Task ist klar,

- was es bedeutet, wenn ihr Fokus inkonsistent wird und

- wie auf diese Situation zu reagieren ist.

In den meisten Fällen kann eine Task, deren Fokus-Umgebung Σ_f inkonsistent wird, weil eine andere Task einen NOGOOD in Σ_f entdeckt, als fehlgeschlagen abgebrochen werden. Das Entdecken eines NOGOODS N im momentanen Fokus des Problemlösers muß aber nicht unbedingt einen erfolglosen Abbruch aller Tasks nach sich ziehen, deren Fokus N umfaßt. Man denke etwa an eine Theorem-Beweiser-Anwendung, bei der den Tasks das Führen von Teilbeweisen unter bestimmten Annahmen obliegt. Das Entdecken eines NOGOODS im Fokus einer Task, die gerade einen Widerspruchsbeweis führt, würde dann keinen Fehlschlag sondern im Gegenteil einen Erfolg dieser Task bedeuten.

Zur Behandlung von inkonsistent werdenden Fokus-Umgebungen sehen Forbus und de Kleer in [FdK88] die sogenannten `CONTRADICTION`-Consumer vor. Bei diesen Consumern handelt es sich um Consumer, die nicht mit (Klassen von) *Knoten*, sondern jeweils mit einer *Umgebung* assoziiert sind.

- Jede Task installiert einen oder mehrere `CONTRADICTION`-Consumer, deren Trigger-Umgebung mit dem Fokus der Task übereinstimmt.

- Entdeckt das ATMS einen neuen NOGOOD N, so überprüft es für jeden `CONTRADICTION`-Consumer, ob dessen Umgebung N enthält und führt den Consumer gegebenenfalls aus.

Für das Feuern eines `CONTRADICTION`-Consumers ist es also unerheblich, ob seine Umgebung mit der momentanen Fokus-Umgebung des Problemlösers übereinstimmt, oder nicht (*asynchrone Widerspruchsbehandlung*).

Die `CONTRADICTION`-Consumer spielen im ATMS jene Rolle, die im LTMS dem keller-basierten Contradiction-Handling Regime zufiel (vgl. Abschnitt 4.12). Während jedoch im single-context LTMS die Widerspruchsbehandlung *synchron über einen globalen Keller* erledigt wurde, dessen Einträge Änderungen des globalen Kontexts repräsentieren, wird diese im multiple-context ATMS *asynchron auf einzelne Tasks verteilt*, mit denen jeweils ein eigener Kontext assoziiert ist.

7.17   Lokale versus globale Kontrolle

Bei de Kleer ließen sich Consumer-Strategien nach zwei Dimensionen klassifizieren:

1. Für welche Knoten soll ein Consumer feuern und

2. für welche Umgebungen aus den Labeln dieser Knoten?

Die fraglichen Knoten wurden lokal zum Consumer über dessen Trigger und die fraglichen Umgebungen global über die momentane Kontroll-Umgebung bzw. den momentanen Fokus spezifiziert. *Lokal* ist dabei eine Kontroll-Entscheidung offensichtlich dann, wenn sie nur mit einem bestimmten Consumer verbunden ist und *global*, falls sie alle Consumer betrifft.

Führt man diese Unterscheidung zwischen lokaler und globaler *Verfügbarkeit von Kontroll-Information* als eine eigene, neue Klassifikationsdimension ein, so gelangt man damit zu einer Verallgemeinerung der Consumer-Architektur, in der auch

- *lokal* zu einem Consumer spezifiziert werden kann, für welche Umgebungen er feuern darf (der Consumer wird damit zum *guarded Consumer*) und

- Knoten deklarierbar sind, die global (also für *jeden* Comsumer) als *implizite Trigger* fungieren.

Implizite Trigger dürften natürlich nur *variablen-freie Muster* enthalten, da Variablennamen ja nur *lokal* zu einem Consumer (genauer dessen Triggern und dessen Rumpf) Sinn machen. Nachdem die eigentliche Aufgabe von Consumern im Etablieren von Rechtfertigungen besteht, müßten außerdem implizite Trigger vom System automatisch als weitere Antezedenten der von den Consumern erzeugten Rechtfertigungen erklärt werden (sofern man sich an die bereits mehrfach erwähnten Hygienebedingungen für Consumer halten will). An den Regeln selbst wäre damit nicht mehr direkt ablesbar, welche Rechtfertigungen sie erzeugen — ein Umstand, der die Transparenz der entsprechenden Regelmenge nicht gerade erhöhen würde. All diese Gründe zusammen erklären wohl, warum keine uns bekannte Veröffentlichung implizite Trigger auch nur erwägt.

Die Unterscheidung zwischen lokal und global verfügbarer Kontroll-Information kann von Consumern auch auf deren Produkte, die Rechtfertigungen, übertragen werden. Diese weitere Verallgemeinerung gestattet es dann, sowohl lokal als auch global festzulegen, welche Umgebungen das System über eine konkrete Rechtfertigung propagieren darf (*fokussierte Label-Propagierung*).

7.18 Consumer mit Wächtern

Das Beispiel 2.15.1 in Abschnitt 2.15 beschreibt offensichtlich einen Trigger, bei dem ein *lokaler* Fokus über eine Fokus-Umgebung Σ spezifiziert ist:

$$(\texttt{:IMPLIED-BY}\ \Sigma\ \Psi) := \\ (Subst(Var, G_1), (y, z) \mapsto (y, \texttt{YES}), \Psi, \Sigma) \tag{7.13}$$

ist erfüllt, falls:

$$\exists \sigma \in Subst(Var, G_1) : \quad (\Psi\sigma, \Sigma, \texttt{YES}) \in Bel_{\Gamma,\mathcal{N},\mathcal{A}},$$

d.h. wenn bekannt ist, daß Σ material konsistent ist und eine Instanz von Ψ logisch aus Σ folgt. Im Gegensatz zum *globalen* `IMPLIED-BY`-Trigger, wie ihn Forbus und de Kleer in [FdK88] für die `IMPLIED-BY`-Strategie vorsehen, wird also beim lokalen `IMPLIED-BY`-Trigger die den Fokus spezifizierende Umgebung im Consumer selbst (beim jeweiligen Trigger) angegeben.

COCO [DF89, DF91] — eine Erweiterung der klassischen Consumer-Architektur von Dressler und Farquhar — gestattet es, Consumer mit Wächtern (*guarded consumer*) zu definieren. Nach unserem Sprachgebrauch sind diese Consumer TRE-Regeln, in denen nur `IMPLIED-BY`-Trigger mit *identischem lokalen* Fokus vorkommen (den man dann natürlich nur einmal und nicht bei jedem Trigger im Consumer anzugeben braucht).

In COCO stimmen der lokale bzw. globale Fokus jedoch nicht notwendig schon mit *allen Teilmengen einer vorgegeben Kontroll-Umgebung* überein, sondern dürfen *beliebige Teilmengen des Umgebungsverbands* sein. Die entsprechende Umgebungsmenge heißt dann die *Wächtermenge* des Consumers.

Aus den Veröffentlichungen zu COCO wird leider nicht klar, wie diese Umgebungsmengen zu spezifizieren sind. Die Autoren fordern in [DF89] „lediglich", daß der Fokus $\mathcal{F}$ intensional beschreibbar und die zugehörige Elementbeziehung effizient testbar sein muß.

In [DF91] nennen sie die Angabe von unteren und oberen Schranken eine naheliegende intensionale Beschreibung. Vermutlich meinen sie damit folgendes: Sei $\mathcal{F} \subseteq \mathcal{A}$ eine Menge von Umgebungen. Dann ist das Paar $(lb, ub) \in 2^{2^{\mathcal{A}}} \times 2^{2^{\mathcal{A}}}$ eine Repräsentation von $\mathcal{F}$ mit den unteren Schranken lb und den oberen Schranken ub (im folgenden auch *Schranken-Repräsentation* genannt) wenn gilt:

$$U \in \mathcal{F} \quad \text{gdw.} \quad \exists U_1 \in lb, \exists U_2 \in ub : \; U_1 \subseteq U \subseteq U_2. \tag{7.14}$$

Offensichtlich läßt sich jede beliebige Umgebungsmenge $\mathcal{F}$ derart repräsentieren — am einfachsten direkt durch $(\mathcal{F}, \mathcal{F})$. Wir nennen einen Fokus (eine Wächtermenge) mit der Schranken-Repräsentation $(\{\emptyset\}, ub)$ (bzw. $(lb, \{\mathcal{A}\})$) einen (eine) *nach unten (bzw. oben) abgeschlossenen Fokus (Wächtermenge)*. Für Repräsentationen mit unteren und oberen Schranken kann man die Beziehung (7.14) unmittelbar zum Test der Elementbeziehung für Wächtermengen heranziehen.

Interessant sind natürlich *minimale Schranken-Repräsentationen*, d.h. solche Repräsentationen (lb, ub), für die die Beziehungen

1. $\forall U_1, U_2 \in lb : \; U_1 \subseteq U_2 \to U_1 = U_2$ und

2. $\forall U_1', U_2' \in ub : \; U_1' \subseteq U_2' \to U_1' = U_2'$

erfüllt sind, denn für diese wird ja auch die Anzahl der Mengenvergleiche beim Test auf Elementbeziehung minimal. Würde für eine nicht-minimale Repräsentation (lb, ub) die Menge lb die erste Beziehung für ein Umgebungspaar (U_1, U_2) verletzen, so wäre die Umgebung U_2 redundant und analog für die Menge ub bei Verstoß gegen die zweite Forderung mit einem Umgebungspaar (U_1', U_2') die Umgebung U_1'. D.h. nach Streichen der Umgebung U_2 bzw. U_1' würde (lb, ub) immer noch die gleiche Menge repräsentieren.

Ein uns bereits bekannter Spezialfall minimaler Schranken-Repräsentation ist das ATMS-Label. Jedes ATMS-Label L läßt sich nämlich als eine Schranken-Repräsentation (lb, ub) mit $L = lb$ und $ub = \{\mathcal{A}\}$ auffassen. Minimale Schranken-Repräsentationen können also — gemäß unseren Komplexitätsbetrachtungen zur Kardinalität von ATMS-Labeln in Abschnitt 5.13 — *exponentiell* groß in Bezug auf die Anzahl der dem System bekannten Annahmen werden. Eine intensionale Beschreibung von Umgebungsmengen über untere und obere Schranken hat damit i.allg. keine effizient testbare Elementbeziehung.

Dressler und Farquhar formulieren die Trigger-Bedingung für Consumer (und wie wir gleich sehen werden auch für Rechtfertigungen) mit Wächtern lediglich informell und auf der Implementationsebene (unter Bezugnahme auf die Label der entsprechenden Knoten [DF89, S.6–7]):

> „The guarded consumer may fire only if its antecedents exist and there is some environment in the label of the conjunction of the antecedents that is a member of the guard set."

Die Feuerbedingung zu einem Trigger mit dem Muster Ψ und der Wächtermenge $\mathcal{F}$ läßt sich daher mit Hilfe der Label formal durch

$$\exists \sigma \in \mathit{Subst}(\mathit{Var}, G_1), \exists U \in l(\Psi\sigma) : \quad U \in \mathcal{F}.$$

beschreiben (wir werden in Abschnitt 7.20 genauer betrachten, was dies aus logischer Sicht bedeutet).

Über Consumer mit Wächtern ist übrigens auch eine elegante Lösung des in Abschnitt 7.4 geschilderten Feedback-Problems möglich (vgl. [DF91]):

- Das Constraint für eine Komponente C wird, wie bereits beschrieben, durch eine Menge von Consumern realisiert.

- Jeder dieser Consumer hat die gleiche Wächtermenge, nämlich

$$2^{\mathcal{A} - \{ok(C)\}},$$

die Menge aller Umgebungen, die die Korrektheitsannahme $ok(C)$ für die Komponente C *nicht* enthalten.

Eine Typisierung der Consumer ist bei diesem Vorgehen nicht nötig.

Wird nun einer der Consumer ausgeführt, die C realisieren, so muß jede Umgebung, die über die von ihm installierte Rechtfertigung propagiert wird, die Annahme $ok(C)$ enthalten. Genau für solche Umgebungen verhindern aber die Wächter der restlichen Consumer zu C das unerwünschte Feedback in der Komponente.

7.19   NOGOOD-Consumer

In COCO ist auch eine Entsprechung zu de Kleers CONTRADICTION-Consumern realisiert — die sogenannten NOGOOD-Consumer. Sie sind feuerbereit, wenn mindestens eine der Umgebungen aus ihrer Wächtermenge ein *minimaler* NOGOOD wird und haben dann vor allen anderen Consumern Vorrang.

Bei de Kleers CONTRADICTION-Consumern war die Minimalität nicht Bestandteil der Feuerbedingung. Andererseits machen aufgrund der Monotonie der ATMS-Ableitbarkeitsrelation Wächtermengen, die nicht nach oben abgeschlossen sind, für NOGOOD-Consumer keinen Sinn, wenn man nicht gleichzeitig auch Minimalität für den neu entdeckten NOGOOD fordert. Ohne diese Minimalitätsbedingung würde die Wächtermenge (lb, ub) für die gleichen Umgebungen Feuerbereitschaft signalisieren wie die Menge $(lb, \{\mathcal{A}\})$ mit der trivialen oberen Schranke $\mathcal{A}$.

Hat ein NOGOOD-Consumer C eine nach oben abgeschlossene Wächtermenge

$$\mathcal{F} = (lb, \{\mathcal{A}\}),$$

so kann man ihn gleichwertig durch $|\mathcal{F}|$ CONTRADICTION-Consumer — für jede Umgebung aus $\mathcal{F}$ eine Kopie von C — ersetzen.

7.20   Rechtfertigungen mit Wächtern

Ebenfalls realisiert in COCO ist das Analogon zu den Consumern mit Wächtern — der Einsatz von Wächtern zur *Kontrolle der Propagierung* von Umgebungen im Abhängigkeitsnetz.

Ausgangspunkt hierfür ist die Beobachtung, daß in der Rechtfertigung J, die ein Consumer C mit der Wächtermenge $\mathcal{F}$ etabliert, keinerlei Information über die Wächter mehr enthalten ist. Nach der Bekanntgabe von J können daher *beliebige* Umgebungen über die Rechtfertigung propagiert werden — nicht nur solche, die in der Wächtermenge des erzeugenden Consumers gelegen haben. Unter dem Strich ist damit aber i.allg. die Exploration irrelevanter Kontexte nur solange hinausgeschoben, bis die Consumer zu Rechtfertigungen geworden sind, d.h. mit dem Feuern der Consumer geht auch die Kontrolle verloren.

Dressler und Farquhar schlagen deshalb in [DF89, DF91] als Abhilfe vor, das ATMS die Wächtermengen der Consumer für die Propagierung berücksichtigen zu lassen.

Eine Rechtfertigung, die von einem Consumer mit Wächtermenge $\mathcal{F}$ erzeugt wurde, darf nur solche Umgebungen weiterpropagieren, die in $\mathcal{F}$ liegen: Das Label der Rechtfertigung wird zwar wie gewohnt vollständig berechnet, an die Konsequenz der Rechtfertigung werden aber nur Umgebungen weitergegeben, die in $\mathcal{F}$ liegen. Die Wächtermenge des erzeugenden Consumers wird damit zu einem lokalen Parameter der erzeugten Rechtfertigung.

Weder in [DF89] noch in [DF91] findet sich ein Hinweis, welche Bedeutung diese Rechtfertigungen mit Wächtern haben sollen. Im Gegenteil [DF89, S. 23]:

> „It is crucial to note that the guard set must only be used for control.
> It must not be misused for specifying logical dependencies. . . . Encoding
> non-monotonic justifications using guard sets is a clear example of
> abuse . . . “

Bei einer logischen Rekonstruktion von Rechtfertigungen mit Wächtern unter
Bezugnahme auf den momentanen Kenntnisstand des ATMS tritt jedoch Interessantes zutage:

Sei also C ein Consumer mit genau einem Trigger zum Muster Ψ und der
Wächtermenge $\mathcal{F}$, die mit (lb, ub) eine minimale Schranken-Repräsentation habe.
Dann ist C genau dann feuerbereit, wenn

$$\exists \sigma \in Subst(Var, G_1) :$$
$$\exists \Sigma_{ub} \in ub : \quad (\Psi\sigma, \Sigma_{ub}, \text{YES}) \in Bel_{\Gamma,\mathcal{N},\mathcal{A}} \land \qquad (7.15)$$
$$\forall \Sigma_{lb} \in lb, \forall \Sigma \subset \Sigma_{lb} : \quad (\Psi\sigma, \Sigma, \text{YES}) \notin Bel_{\Gamma,\mathcal{N},\mathcal{A}}$$

gilt (die Behauptung läßt sich leicht auf Consumer mit mehr als einem Trigger verallgemeinern). Dies ist aufgrund der rechten Seite der Konjunktion offensichtlich ein bzgl. $Bel_{\Gamma,\mathcal{N},\mathcal{A}}$ *nicht-monotones Testkriterium*, das die zugehörige
Rechtfertigung effektiv zu einer Art *nicht-monotonen Rechtfertigung* macht!

Bei Forbus und de Kleer [FdK88] war der (globale) Fokus eine nach unten abgeschlossene Wächtermenge, deren Schranken-Repräsentation über eine einzelne
Kontroll-Umgebung Σ_f mit

$$(\{\emptyset\}, \{\Sigma_f\})$$

spezifizierbar ist. Die logische Spezifikation (7.13) des entsprechenden lokalen
`IMPLIED-BY`-Triggers ist also ein Spezialfall von (7.15), der sich zu

$$\exists \sigma \in Subst(Var, G_1) : \quad (\Psi\sigma, \Sigma_f, \text{YES}) \in Bel_{\Gamma,\mathcal{N},\mathcal{A}},$$

einem relativ zum Kenntnisstand *monotonen* Testkriterium vereinfachen läßt.

7.21 Globale Kontrolle der Propagierung

In Analogie zur global fokussierten Consumer-Ausführung bietet es sich zur
Vermeidung einer kombinatorischen Explosion der Label an, den globalen Fokus nicht nur zur Kontrolle der Consumer-Ausführung sondern auch zur *Beschränkung des Propagierens* von Umgebungen im Abhängigkeitsnetz einzusetzen.

Diese Idee wurde bereits in [FdK88] von Forbus und de Kleer angedeutet,
aber nicht weiter untersucht. Sie argumentieren in dieser Veröffentlichung zu
Recht, daß bei Anwendung der (globalen) `IMPLIED-BY`-Strategie jede Umgebung
U eines Labels, die *keine* Annahme mit dem augenblicklichen Fokus gemeinsam
hat, *irrelevant* für die augenblickliche Problemlöseaktivität ist und deshalb erst
weiterpropagiert werden sollte, wenn sich der Fokus so geändert hat, daß er
U überlappt. Dabei unterstellen sie natürlich (stillschweigend), daß durch das

fokus-relative Verzögern der Propagierung die Label zumindest bezüglich des Fokus wohlgeformt im Sinne von Abschnitt 5.4 bleiben. Ist diese Hoffnung aber auch berechtigt?

Die *Minimalität* ist natürlich auch bei fokussierter Propagierung gesichert, da beim einzelnen Propagierungsschritt nach wie vor das berechnete Prälabel minimiert wird. Auch bleibt offensichtlich die *Korrektheit* der Label unberührt, da nur bestimmte Propagierungen unterlassen, aber keine zusätzlichen (möglicherweise unzulässigen) Propagierungen vorgenommen werden.

Allerdings geht die *Vollständigkeit* verloren. Wie wir gleich sehen werden, kann aber durch geeignete flankierende Maßnahmen *Vollständigkeit relativ zum Fokus* sichergestellt werden. Solange der Fokus die Anfrageumgebung umfaßt, werden vom ATMS auch *alle korrekten* Antworten berechnet.

Offen ist damit nur noch die Frage, ob durch die fokussierte Propagierung die *Konsistenz* der Label verletzt werden kann. Eine Antwort auf diese Frage ist jedoch nicht möglich, bevor genauer festgelegt wurde, welche Umgebungsmengen eigentlich als Fokus zulässig sein sollen.

Wir bezeichnen einen (beliebigen) Fokus $\mathcal{F}$ als *konsistent*, wenn *alle* Umgebungen aus $\mathcal{F}$ konsistent sind. Andernfalls nennen wir ihn *inkonsistent*.

Sei nun $\mathcal{F}$ ein beliebiger Fokus mit der *minimalen* Schranken-Repräsentation (lb, ub). Dann ist fokussierte Propagierung

1. relativ zu $\mathcal{F}$ vollständig und

2. unabhängig von $\mathcal{F}$ korrekt.

Dressler und Farquhar behaupten in [DF89] zu Recht, daß ein Label bei fokussierter Propagierung nur dann *unentdeckt inkonsistent* werden kann, wenn $\mathcal{F}$ bei konventioneller Propagierung aufgrund einer Umgebung inkonsistent wird, die *nicht* in $\mathcal{F}$ liegt. Dazu müßte nämlich bei mindestens einem Propagierungsschritt in einer Kette von aufeinanderfolgenden Schritten, an deren Ende der Widerspruchsknoten $\bot$ steht, aus der Kombination einer Umgebung $U \notin \mathcal{F}$ mit Umgebungen der anderen Antezedenten der zugehörigen Rechtfertigung eine Umgebung $U' \in \mathcal{F}$ entstehen und weiterpropagiert werden.

Umgebungen werden vom Propagierungsalgorithmus des ATMS mit Hilfe des $\otimes$-Operators inkrementell in Schritt 3 der Prozedur WEAVE (Algorithmus 5.7) kombiniert. Die fragliche Umgebung U' kann demnach nur eine Obermenge von U sein. Außerdem gilt nach Voraussetzung $U' \in \mathcal{F}$, d.h. ingesamt

$$\exists U'_{ub} \in ub: \ U'_{ub} \supseteq U' \supseteq U. \tag{7.16}$$

Andererseits war $U \notin \mathcal{F}$ vorausgesetzt, d.h. es muß

$$\exists U_{ub} \in ub: \ U_{ub} \subset U \tag{7.17}$$

oder

$$\exists U_{lb} \in lb: \ U_{lb} \supset U \tag{7.18}$$

gelten. Trifft (7.17) zu, so folgt mit (7.16) sofort

$$U'_{ub} \supset U_{ub},$$

was nicht sein kann, da die Schranken-Darstellung von $\mathcal{F}$ ja als minimal vorausgesetzt worden war. Es muß also (7.18) gegolten haben. Diese Beziehung ist aber nur für einen Fokus erfüllbar, der *nicht* nach unten abgeschlossen ist: Mit $lb = \{\emptyset\}$ würde sie sich nämlich zu

$$\emptyset \supset U',$$

einem Widerspruch in sich, vereinfachen lassen.

Wenn der Fokus also (wie bei Forbus und de Kleer) nach unten abgeschlossen ist, so kann fokussierte Propagierung keine inkonsistenten Label produzieren. Sei deshalb im folgenden $\mathcal{F} = (\{\emptyset\}, ub)$ ein nach unten abgeschlossener Fokus.

Ohne weitere Vorkehrungen werden Anfragen der Form

$$\texttt{holds-in?}(n, U)$$

nur für $U \in \mathcal{F}$ korrekt beantwortet:

- Die aus dem Fokus herausführenden Umgebungen müssen bei einer späteren Fokusänderung eventuell nachgeholt und

- der Fokus $\mathcal{F}$ vor Anfragen mit $U \notin \mathcal{F}$ zuerst von $(\{\emptyset\}, ub)$ nach $(\{\emptyset\}, ub \cup \{U\})$ geändert werden.

Bei der Propagierung im konventionellen ATMS wird in Schritt 2 der **UPDATE**-Prozedur (Algorithmus 5.8) eine Menge ΔL neuer Umgebungen zum Label $l(n)$ des Knotens n hinzugefügt. Für den fokussierten Betrieb braucht man in diesem Schritt nur die Umgebungen U zum Label hinzunehmen, die auch im Fokus sind ($U \in \Delta L \cap \mathcal{F}$), muß dafür aber die restlichen Umgebungen ($\Delta L - \mathcal{F}$) in einer weiteren Umgebungsmenge $f(n)$ speichern, um sie bei Fokus-Änderungen *nachträglich* propagieren zu können. Wir nennen im folgenden $f(n)$ auch das *Fokus-Label* von n.

Es bietet sich in Analogie zum Vorgehen beim konventionellen Label an, auch das Fokus-Label nach jeder Änderung zu *minimieren*. Bei einer *Label-Änderung* ΔL ist damit das Fokus-Label $f(n)$ gemäß der Vorschrift

$$f(n) \; := \; \mu(f(n) \cup (\Delta L - \mathcal{F}))$$

zu aktualisieren.

Ändert sich später der Fokus von $\mathcal{F}$ nach $\mathcal{F}'$, so muß für jeden Knoten n und für jede Umgebung $U \in f(n)$ geprüft werden, ob $U \in \mathcal{F}'$ gilt: In diesem Fall ist das Label $l(n)$ um U zu erweitern und diese Erweiterung im Abhängigkeitsnetz weiterzupropagieren. Die Umgebungen $l(n) \cap (\mathcal{F} - \mathcal{F}')$ im Label von n, die aufgrund der Fokus-Änderung aus dem Fokus herausfallen, sind bereits durch das Netz propagiert worden und verbleiben deshalb am besten in $l(n)$.

Bei einer *Fokus-Änderung* von $\mathcal{F}$ nach $\mathcal{F}'$ ändert man also das Fokus-Label $f(n)$ gemäß der Vorschrift

$$f(n) := \mu(f(n) - (\mathcal{F}' - \mathcal{F})).$$

Die Menge

$$f(n) \cap (\mathcal{F}' - \mathcal{F})$$

beschreibt jetzt jene Umgebungen für den Knoten n, deren Propagierung aufgrund des alten Fokus blockiert wurde, die aber für den neuen Fokus weiterpropagiert werden müssen, damit die ATMS-Label wieder wohlgeformt bzgl. $\mathcal{F}'$ sind.

Technisch geschieht dies dadurch, daß nach dem Aktualisieren der Menge $f(n)$ ein Aufruf der Form

$$\texttt{UPDATE}(f(n) \cap (\mathcal{F}' - \mathcal{F}), n)$$

durchgeführt wird.

Wenn Umgebungen — wie z.B. in [RG89, FdK93] und in Abschnitt 5.12 beschrieben — eindeutig repräsentiert werden, können die aufgrund von Fokus-Änderungen notwendigen Updates effizient berechnet werden. Dazu muß man lediglich analog der Repräsentation von NOGOODS zu jeder Umgebung U die Menge der Knoten n vermerken, für die $U \in f(n)$ gilt und kann so bei Fokus-Änderungen direkt zu den Knoten finden, deren Fokus-Label Umgebungen enthalten, die *neu* in den Fokus aufgenommen wurden.

Dressler und Farquhar [DF89, DF91] schlagen vor, die von einer Fokusänderung bewirkten Updates aus Effizienzgründen in der Reihenfolge der topologischen Sortierung der starken Zusammenhangskomponenten des Abhängigkeitsnetzes durchzuführen. Wir haben aber mit unserem Algorithmus zur Verarbeitung von Bulk-Updates (Prozedur MULTI-PROPAGATE in Algorithmus 5.13) ein wesentlich allgemeineres und flexibleres Instrument zur Handhabung dieses Problems zur Verfügung gestellt.

Fokussierte Propagierung läßt sich als *verzögerte Propagierung* auffassen: verzögert wird die Propagierung derjenigen Umgebungen, die nicht im lokalen oder globalen Fokus liegen. Maximale Verzögerung wird dabei für den globalen Fokus

$$\mathcal{F} = (\{\emptyset\}, \{\emptyset\})$$

bewirkt, der jegliche Propagierung verhindert, solange keine Anfragen an das ATMS gestellt werden (die ja jeweils eine Erweiterung des globalen Fokus bewirken).

Wie bereits bei der Schilderung des LAZYRMS [KvdG93] in Abschnitt 5.22 erläutert, ist verzögerte Propagierung eine entscheidende Technik, um ein kombinatorisches Explodieren bei der Label-Propagierung zu verhindern (vgl. unsere Diskussion in Abschnitt 5.14). Fokussierte Propagierung sollte demnach — die richtige Problemstellung vorausgesetzt — ebenfalls eine Verbesserung der

Effizienz des aus ATMS und Problemlöser bestehenden Gesamtsystems bewirken. In [DF89] und [DF91] geschilderte Experimente bestätigen dies z.B. für das Problem, bei dem mehrere gleichzeitig auftretende Fehler in einem technischen System diagnostiziert werden sollen.

Kapitel 8

Verteiltes Truth-Maintenance

Zum Abschluß unserer Reise durch die Welt der Truth-Maintenance-Systeme wollen wir noch kurz betrachten, wie Truth-Maintenance-Systeme zur Unterstützung sogenannter *Multi-Agenten-Problemlösesysteme* konzipiert werden können. Dabei verstehen wir unter einem Multi-Agenten-Problemlösesystem eine Gemeinschaft von Agenten, die einzeln oder in Gruppen Probleme lösen. Die Agenten *kommunizieren* miteinander, sind aber *prinzipiell* voneinander unabhängig.

Ein Teil der Information, die ein Agent an andere Agenten weitergibt, beruht auf Annahmen und ist damit (mit den Annahmen) revidierbar. Solange wir nur einen einzelnen Agenten betrachten, haben wir dieses *Revisionsproblem* mit Hilfe der bereits vorgestellten TMS-Techniken im Griff, wenn wir den Agenten wie üblich in einen Problemlöser (PS) und ein Begründungsverwaltungssystem (TMS) aufteilen (vgl. die Abbildung 1.1 aus der Einleitung).

8.1 Das Distributed Belief Revision Problem

Sobald mehr als ein Agent im Spiel ist, liegen die Verhältnisse aber nicht mehr so einfach, da zumindest die Agenten, die jeweils als Gruppe auftreten, revidierbare Information austauschen, die ihre Kommunikationspartner für agenten-lokale Schlußfolgerungen verwenden dürfen. Sie erzeugen dadurch Abhängigkeiten mit Schlußfolgerungen anderer Agenten.

Aus globaler Sicht besitzen nach der Kommunikation verschiedene Agenten *lokale Kopien* der gleichen Information. Daraus ergeben sich zwei grundlegende Probleme:

1. Ein Agent muß zwischen lokaler und kommunizierter Information unterscheiden können, und

2. die lokalen Kopien, die nach Erhalt einer Information von den Agenten angelegt wurden, müssen für eine vernünftige Zusammenarbeit der Agenten gegenseitig *konsistent* gehalten werden.

Wir bezeichnen diesen Problemkomplex als *Distributed Belief Revision Problem* (vgl. [BFK93]).

Zur Aktualisierung der lokalen Kopien ist *Kommunikation* erforderlich. Bei einem Aufbau des Einzelagenten, der sich an Teilbild (a) der Abbildung 8.1 orientiert, übernimmt diese Aufgabe der jeweilige Problemlöser des Agenten. Die Truth-Maintenance-Systeme kommunizieren bei diesem Modell jeweils nur mit ihrem eigenen Problemlöser über die gemeinsame Schnittstelle.

Ein solches Vorgehen hat allerdings zur Folge, daß der Problemlöser so zu konzipieren ist, daß er bei jeder Änderung seines Kenntnisstands die Auswirkungen auf andere Agenten ermittelt und gegebenenfalls an die betroffenen Agenten kommuniziert. Dadurch wird natürlich die Struktur des Problemlösers ganz wesentlich verkompliziert; schließlich muß der Problemlöser nun neben seiner eigentlichen Problemlösetätigkeit Verwaltungsaufgaben zum Abgleich der Kenntnisstände wahrnehmen. Gerade das sollte aber durch die Aufteilung des Einzelagenten in Problemlöser und TMS vermieden werden. Eine Lösung des Distributed Belief Revision Problems durch Einsatz von Agenten nach dem durch Teilbild (a) von Abbildung 8.1 angedeuteten Muster ist also ohne ergänzende Maßnahmen nicht zur verteilten Begründungsverwaltung geeignet.

Eine wichtige Maßnahme zur Verbesserung dieser Situation besteht darin, nicht nur die Problemlösekomponenten, sondern auch die Truth-Maintenance-Systeme der Agenten *direkt* miteinander kommunizieren zu lassen. Damit ergibt sich für die Agenten eine Kommunikationsstruktur, in der sich zwei Kommunikationsebenen unterscheiden lassen:

1. *Low-level Kommunikation* zwischen den TMS-Modulen der Agenten und

2. *High-level Kommunikation* zwischen den eigentlichen Problemlösern der Agenten.

Diese Kommunikationsstruktur ist im Teilbild (b) der Abbildung 8.1 angedeutet.

Die Trennung von Low-level und High-level Kommunikation ermöglicht es den Truth-Maintenance-Systemen, neue Erkenntnisse über das von ihrem Agenten zu lösende Teilproblem mit anderen Truth-Maintenance-Systeme auszutauschen, ohne daß dazu jeweils ihr Problemlöser selbst tätig werden muß. Der Hauptvorteil der Aufteilung eines Problemlösers in einen eigentlichen Problemlöser und ein TMS bleibt damit auch für den Mehr-Agenten-Fall erhalten: Die einzelnen Problemlöser werden nicht mit Verwaltungs-Aufgaben belastet und können dadurch einen *einfacheren Aufbau* haben.

In der Literatur finden sich im wesentlichen drei Ansätze zur verteilten Begründungsverwaltung: Das DTMS von M. Huhns und D. Bridgeland [HB90], das BRTMS von T. Horstmann [Hor91] und das DATMS von C. Mason und R. Johnson [MJ89]. Wir werden in den folgenden Abschnitten jeden dieser Ansätze kritisch unter die Lupe nehmen und dann einen eigenen, auf dem ATMS basierenden Vorschlag für ein TMS zur Unterstützung von Multi-Agenten-Problemlösesystemen machen — das DARMS.

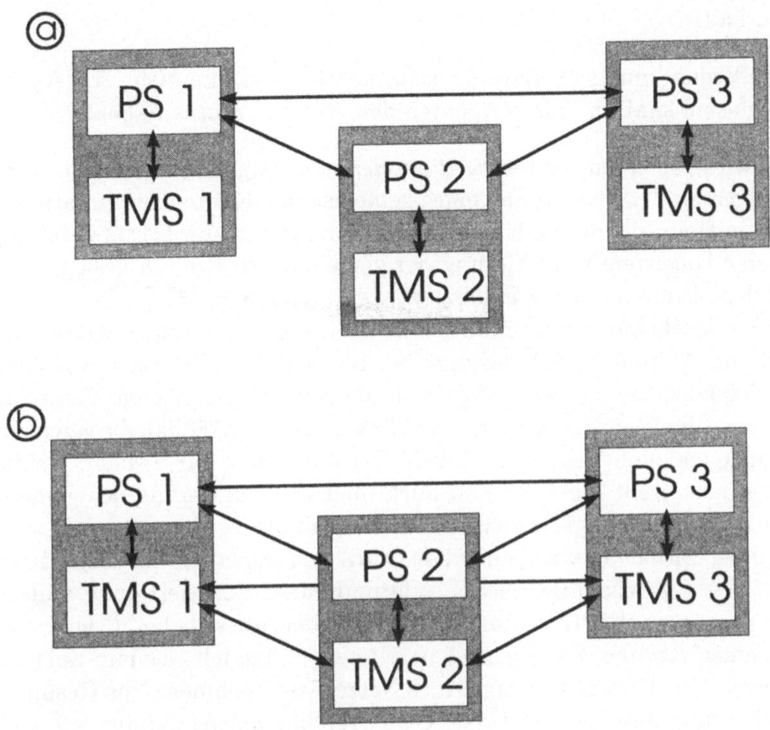

Abbildung 8.1: Kommunikation in Multi-Agenten-Problemlösesystemen

8.2 Das DTMS

Das DTMS [HB90] ist eine Erweiterung des JTMS, mit dem wir uns bereits in Kapitel 3 genauer befaßt haben. Es kann daher immer nur *einen momentanen Kontext* verwalten.

Im DTMS wird bei der Repräsentation von Sachverhalten nicht zwischen solchen Sachverhalten unterschieden, deren Status der eigene Agent vermöge der dem DTMS bekannten Rechtfertigungen vorgegeben hat, und solchen, deren Status von anderen Agenten erschlossen wurde. Dafür gibt es das Konzept des *gemeinsamen Knotens*: Haben zwei DTMS-Agenten X und X' den Sachverhalt p kommuniziert, so werden die Knoten, die jeweils den Sachverhalt im Abhängigkeitsnetz von X bzw. X' repräsentieren, als den beiden Agenten *gemeinsam* bezeichnet (*shared nodes*). Gemeinsame Knoten verbinden die Abhängigkeitsnetze kommunizierender Agenten. Sie werden so behandelt, als würden sie in all diesen Netzen *gleichzeitig* auftreten.

Problemlöser, die mit Truth-Maintenance-Systemen vom DTMS-Typ ausgerüstet sind, verlassen sich darauf, daß zu jedem Zeitpunkt *lokale und gemeinsame Konsistenz* (*local and shared consistency*) gewährleistet ist:

- Dazu sind die Abhängigkeitsnetze der einzelnen Agenten *lokal konsistent* zu halten.

- Außerdem muß sichergestellt sein, daß Knoten, die mehreren Agenten gemeinsam sind, in jedem Agenten den *gleichen Status* haben.

Dies wird von einem *system-weit operierenden* Algorithmus gewährleistet, der Änderungen an der Markierung eines gemeinsamen Knotens automatisch an alle Agenten mitteilt, die diesen Knoten gemeinsam haben. Im DTMS wird zu diesem Zweck eine konsistente Markierung der gemeinsamen Knoten gesucht, die dann durch lokale Ummarkierung ergänzt wird.[1]

Zur Verdeutlichung möge man sich eine Situation vorstellen, wie sie im linken Teilbild von Abbildung 8.2 skizziert ist. Sie zeigt jeweils einen Ausschnitt aus dem Abhängigkeitsnetz zweier Agenten, die einen gemeinsamen Knoten namens T besitzen (die Kennzeichnungen INTERNAL bzw. EXTERNAL besagen, daß der jeweilige Agent eine bzw. keine lokale Rechtfertigung für T hat). Beide Netze sind lokal konsistent markiert und auch über die Markierung des gemeinsamen Knoten T besteht Einigkeit zwischen den Agenten.

In dieser Situation wird nun dem TMS von Agent 1 eine neue Rechtfertigung $\langle P|\emptyset \to Q\rangle$ bekanntgemacht. Aufgrund dieser Rechtfertigung muß Agent 1 jetzt T von IN nach OUT ummarkieren. Nachdem es sich bei T aber um einen gemeinsamen Knoten von Agent 1 und Agent 2 handelt, ist nun auch Agent 2 gezwungen, eine Ummarkierung seines Netzes vorzunehmen. Das Resultat dieser Ummarkierungsvorgänge zeigt das rechte Teilbild von Abbildung 8.2.

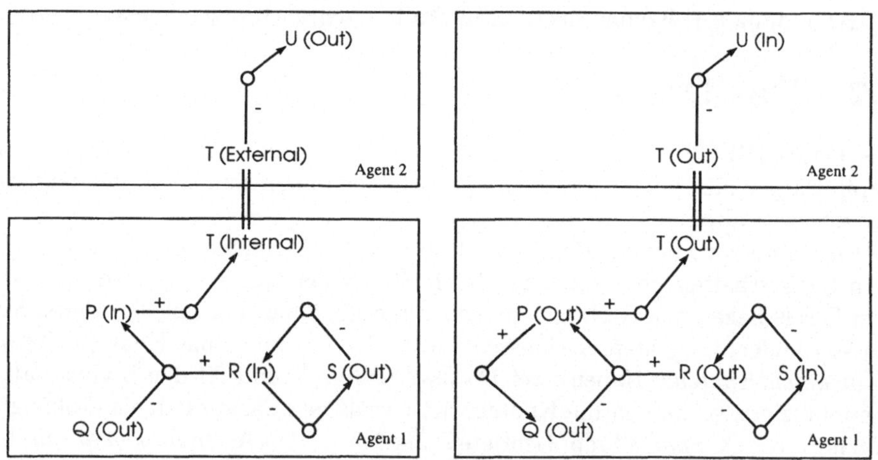

Abbildung 8.2: Beispiel für eine verteilte Ummarkierung im DTMS (aus [HB90])

---

[1] Bei dem Propagierungsalgorithmus des DTMS handelt es sich um eine für den verteilten Fall angepaßte Variante des vollständigen Propagierungsalgorithmus von Russinoff (vgl. [Rus85]), auf den wir bereits in Abschnitt 3.5 kurz eingegangen sind. Leider finden sich jedoch in [HB90] nur Andeutungen darüber, wie die Markierungsprozesse unterschiedlicher Agenten miteinander synchronisiert werden und wie eine globale Terminierung sichergestellt wird.

Bei der Zugrundelegung von lokaler und gemeinsamer Konsistenz müssen alle Agenten, die einen Knoten teilen (gemeinsam haben), diesem Knoten den *gleichen Status* zuweisen. Sie teilen damit einen Teilkontext, der aus allen Sachverhalten besteht, über die die Agenten kommuniziert haben.

- Je mehr also die Agenten kommunizieren, desto größer wird der Anteil gemeinsamer Knoten am Abhängigkeitsnetz.

- Im schlimmsten Fall teilen alle Agenten *einen einzigen* großen Kontext. Von Verteilung kann dann natürlich nicht mehr die Rede sein.

Ein anderes Problem tritt auf, wenn sich zwei Agenten bezüglich des Status eines gemeinsamen Knotens uneinig sind:

> Der Propagierungsalgorithmus des DTMS versucht dann, den Konflikt durch mehr oder weniger blindes *Backtracking* zu lösen.

Dies ist nicht nur extrem teuer, sondern erzeugt auch schwierige *Terminierungsprobleme*. Da bei der Auflösung eines lokalen Konflikts ein Agent eventuell den Status eines gemeinsamen Knotens ändert, können lokale Konflikte leicht in *globale Konflikte* ausufern. Zudem kann die globale Konfliktauflösung Ummarkierungen lokaler Knoten vornehmen, ohne daß der Problemlöser etwas davon merkt. Im DTMS gibt es keinen Mechanismus, über den der betroffene Agent sicherstellen kann, daß er von solchen Ummarkierungen erfährt.

Der wachsende gemeinsame Kontext in Kombination mit der problematischen Art und Weise, in der das DTMS Konflikte bereinigt, bedeutet eine so starke Abhängigkeit der Agenten untereinander, daß ernsthaft an einer Eignung des DTMS für verteilte Anwendungen gezweifelt werden muß (weitere Argumente für eine Minimierung der wechselseitigen Abhängigkeit von Agenten in einem Multi-Agenten-Problemlösesystem finden sich in [DLC89]).

8.3 Das BRTMS

Die Autoren des BRTMS [Hor91] nennen ihren Vorschlag für ein TMS zum Einsatz in Multi-Agenten-Welten ein *Backward Reasoning Truth Maintenance System*. Im Gegensatz zum JTMS, in dem aussagenlogisch und *vorwärts*, in Richtung der Rechtfertigungen geschlossen (propagiert) wird, werden im BRTMS variablen-behaftete Rechtfertigungen (*normale Klauseln* in der Terminologie von Lloyd [Llo87]) zum *zielorientierten* Schließen verwendet.

Stark vereinfacht kann man das BRTMS als eine um die explizite Verwaltung von Beweisbäumen erweiterte Variante von PROLOG (inklusive der Verarbeitung negativer Prämissen mit der Negation as Failure Regel) auffassen:

- Anfragen an das BRTMS werden als Anfragen an einen SLDNF-Theorembeweiser interpretiert (für Details zum Thema SLDNF-Resolution konsultiere man [Llo87]) und

- Beweisbäume zu erfolgreichen (Teil-)Beweisen für zukünftige Anfragen als Lemmata im BRTMS hinterlegt, falls der Benutzer dies für die betreffende Anfrage nicht explizit verbietet.

Der Veröffentlichung [Hor91] ist nicht zu entnehmen, warum die Autoren ihr System als ein TMS und nicht schlicht als ein Lemmata generierendes Logik-Programmiersystem einstufen.[2] Es ist ja nicht das TMS im BRTMS, das rückwärts schließt (dieses TMS schließt geradeso wie ein JTMS vorwärts), sondern der Theorembeweiser, der die Beweise liefert, die dann von diesem TMS verwaltet werden. Andererseits befinden sich die Autoren in guter Gesellschaft mit ihrer Sicht, daß nicht-monotones Reason-Maintenance, so wie es im JTMS stattfindet, sehr eng mit nicht-monotonem Schließen, wie es im Bereich der Logik-Programmierung untersucht wird, zusammenhängt (vgl. [Elk90], [Rei89] sowie [Bre89, BMS91]).

Das BRTMS versucht bei Änderungen an dem verarbeiteten Logik-Programm möglichst viele der für das alte Programm generierten Lemmata für das neue Programm weiterzuverwenden: Dazu startet das BRTMS bei Bekanntwerden einer neuen Klausel für jeden TMS-Knoten, dessen Datum p mit dem Kopf der betreffenden Klausel unifizierbar ist und der momentan den Status OUT hat, einen Beweisversuch zu p. Außerdem probiert es nach dem Löschen einer Klausel für jeden Knoten, dessen Datum p mit dem Kopf der entfernten Klausel unifiziert werden kann und der momentan den Status IN hat, einen Beweis zu p. Nachdem das BRTMS bei einem Beweisversuch zu p (wie das JTMS) im Erfolgsfall mindestens einen Current-Support für die IN-Markierung von p in seinem TMS ablegt und im Fehlschlagsfall für eine OUT-Markierung von p sorgt, ist so im Prinzip sichergestellt, daß die im TMS des BRTMS gespeicherte Information auch nach Theorieänderungen zu dem neuen Programm paßt und logisch konsistent ist.

Diese Garantie ist jedoch in der Praxis von recht zweifelhaftem Wert, da das BRTMS — wie die Autoren auf Seite 21 von [Hor91] selbst konzedieren — bei einem Beweisversuch immer dann *nicht terminiert*, wenn dabei eine Instantiierung des Programms exploriert wird, die, als Menge von JTMS-Rechtfertigungen interpretiert, keine zulässige Markierung besitzt (vgl. auch Abschnitt 3.3).[3]

An der gleichen Stelle in [Hor91] findet sich zudem die nicht weiter begründete Behauptung, das BRTMS sei wenn auch *unvollständig*, so doch wenigstens logisch *korrekt*. Allein mit Hilfe des PROLOG-Metainterpreters `dtms_solve`, den die Autoren zur Definition des BRTMS verwenden, kann man dies wohl nicht nachweisen; der angegebene Metainterpreter läßt nämlich Stolperziele (variablen-behaftete negierte Ziele) unberücksichtigt, und die können bekannterweise im schlimmsten Fall zur Berechnung falscher Antworten führen (für Details sei wieder auf [Llo87] verwiesen).

---

[2] Wollte man ihrem Vorbild folgen, so müßte z.B. auch das Logik-Programmier-System RISC, das wir in Abschnitt 6.14 im Zusammenhang mit dem Ω-ATMS besprochen haben, oder der in [BK89, KB90, BK91] beschriebene, von einem ATMS unterstützte, verallgemeinerte Earley-Beweiser als ein rückwärts schließendes TMS betrachtet werden.

[3] Eine Widerspruchsbehandlung etwa im Stil der DDB-Prozedur (Algorithmus 3.7 aus Abschnitt 3.10) ist bei dieser unangenehmen Art von Unvollständigkeit natürlich überflüssig.

Verschärft wird dieses Problem zudem durch die Tatsache, daß im BRTMS keine Vorkehrungen zur Lösung des *Lemmagenerierungs-Problems* getroffen wurden, mit dem jeder Beweiser zurecht kommen muß, der Lemmata generiert und auf der Grundlage von chronologischem Backtracking realisiert ist — dem aufwendigen Wiederentdecken bereits gefundener Lösungen vor dem Finden neuer Lösungen.[4] Die vom BRTMS generierten Lemmata werden damit in vielen Fällen nicht nur nutzlos, sondern sogar kontraproduktiv sein.

Nachdem wir uns angesehen haben, welche Form von Unterstützung das BRTMS einem einzelnen Agenten gewähren kann, wenden wir uns nun der verteilten Version des BRTMS zu. Die Autoren geben dieser verteilten Version keinen eigenen Namen. Um Verwechslungen vorzubeugen, werden wir jedoch im folgenden die verteilte Version des BRTMS als DBRTMS bezeichnen.

Die Haupterweiterung vom BRTMS zum DBRTMS ist die Einführung sogenannter Agentenregeln: Immer wenn ein Agent X einen Belief p (d.h. einen Sachverhalt zusammen mit seinem Status) an einen anderen Agenten X' mitteilt, repräsentiert dies der Empfänger in seinem BRTMS durch eine Rechtfertigung der Form

$$\langle \alpha | \emptyset \to p \rangle \qquad (8.1)$$

wenn p im BRTMS von X mit IN markiert war und mit einer Rechtfertigung der Form

$$\langle \emptyset | \alpha \to p \rangle \qquad (8.2)$$

sonst.[5] Rechtfertigungen der Form (8.1) heißen im DBRTMS *positive* und solche der Form (8.2) *negative Agentenregeln*. Der in der Voraussetzung einer Agentenregel erwähnte Knoten α hat dabei den Namen als Datum, unter dem X' den Agenten X kennt und wird vom BRTMS des Agenten X' wie eine Prämisse (vom Beweiser also wie die Bedingung *true*) behandelt.

Hat ein Agent X einem zweiten Agenten X' einen Belief p in der geschilderten Weise mitgeteilt, so sagt man, der Belief p wurde von X an X' *übertragen* (bzw. X' hat p von X *erworben*) und nennt hinfort p einen *gemeinsamen Belief* (*mutual belief*) von X und X'.

DBRTMS-Agenten müssen sich beim Austausch von Information an die beiden folgenden Regeln halten:

1. Ein Agent darf nur solche Beliefs weitergeben, die er nicht selber von einem anderen Agenten erworben hat.

---

[4] Die Autoren des BRTMS schlagen vor, das Lemmagenerierungs-Problem für das BRTMS so zu lösen, wie Southwick das in [Sou90] für PROLOG skizziert. Diese Lösung läßt aber einige wichtige Aspekte unberücksichtigt: So äußert sich Southwick zum Beispiel überhaupt nicht dazu, wie die Negation as Failure Regel in seinem Lösungsansatz zu behandeln ist. Dazu kommt, daß bei Befolgen der Southwick'schen Vorschläge nur Lemmata für Benutzeranfragen, nicht aber für Zwischenziele, generiert werden dürfen. Eine vollständige Lösung des Problems wird sich damit wohl eher an der Lösung orientieren müssen, die Tobermann in [Tob94] für RISC (siehe Abschnitt 6.14) präzisiert.

[5] Wir verwenden hier nicht die Notation wie in [Hor91], sondern unsere eigene, so wie wir sie in Abschnitt 3.1 für das JTMS eingeführt haben.

2. Gibt ein Agent einen Belief p weiter, so muß er an den Empfänger gleichzeitig alle Beliefs weitergeben, die p (momentan) unterstützen.

Dabei unterstützt p' (momentan) den Belief p, wenn $p' \in CS^*(\{p\})$ gilt, p' also
von p aus durch Verfolgen von Current-Supports erreicht werden kann ($CS^*(\{p\})$
ist demnach eine Teilmenge der p fundierenden Knoten $Fund(\{p\})$ — vgl. Abschnitt 3.9).

Im DBRTMS gilt ein System *lokal konsistenter* Agenten als *beweis-konsistent*
(*proof consistent*), wenn

1. alle Agenten die soeben genannten Kommunikationsregeln eingehalten haben,

2. Beliefs, die einer Gruppe von Agenten gemeinsam sind, von jedem Mitglied
   der Gruppe gleich markiert sind und

3. gemeinsame Beliefs *wohlfundiert* sind.

Unter *Wohlfundiertheit gemeinsamer Beliefs* wird dabei verstanden, daß es keine
Folge $p_0,\ldots,p_n$ von Beliefs mit den Eigenschaften

1. p_i ist Belief eines Agenten X_i $(0 \leq i \leq n)$,

2. $p_0 = p_n$ und

3. für alle i mit $(1 \leq i \leq n)$ gilt entweder $X_{i-1} = X_i$, X_i markiert p_i mit IN
   und $p_{i-1} \in CS(p_i)$ oder $X_{i-1} \neq X_i$, $p_{i-1} = p_i$ und $CS(p_i) = \{\alpha_{i-1}\}$

gibt (Definition aus [Hor91], korrigiert und in Notation aus Kapitel 3).

Hat ein Agent X einen Belief an einen zweiten Agenten X' weitergegeben, so
ist er für diesen Belief *verantwortlich*. Er muß dann X' über jede Änderung dieses
Beliefs informieren, so daß X' sein Abhängigkeitsnetz gegebenenfalls so ummarkieren kann, daß der gemeinsame Belief von beiden Agenten gleich markiert wird.
Zu diesem Zweck muß sich natürlich jeder DBRTMS-Agent für jeden seiner Beliefs merken, an welche anderen Agenten er diesen Belief bereits kommuniziert
hat. Die Verantwortung für einen kommunizierten Sachverhalt p kann auf den
Empfänger übergehen, wenn der aufgrund lokaler Information neue Erkenntnisse
über p erlangt und die seinerseits an den alten Sender X übermittelt.[6]

Ein Agent kann nicht nur Beliefs mitteilen, sondern auch von anderen Agenten erfragen. Dazu geht er im wesentlichen wie folgt vor: Zuerst werden alle
Agenten ermittelt, die Wissen über das fragliche Prädikat p haben könnten (das
können also höchstens jene Agenten sein, die eine Definition für das fragliche

---

[6] Bei strenger Befolgung der Kommunikationsregeln ist diese Übertragung der Verantwortung eigentlich ausgeschlossen, da für sie ja die Weitergabe erworbener Beliefs nötig ist. Die
Propagierungsalgorithmen des DBRTMS sind aber berechtigt, Agentenregeln mit den destruk-
tiven PROLOG-Operatoren assert und retract zu verändern und können so insbesondere
vergangene Kommunikation „ungeschehen" machen (siehe [Hor91, S. 48ff]).

Prädikat haben). Dann wird durch Kooperation festgelegt, welcher der so ermittelten Agenten für den Belief p verantwortlich werden soll. Danach wird der verantwortliche Agent aufgefordert, an alle Agenten mit Wissen über p jene Beliefs mitzuteilen, die bei ihm p (momentan) unterstützen. Dies kann zu umfangreichen Ummarkierungen in den betroffenen Agenten führen.

Da die Agenten erworbene Beliefs nicht weitergeben dürfen, lassen sich im DBRTMS Knoten, die gemäß dem Gemeinsamkeitsbegriff des DTMS (siehe Abschnitt 8.2) von zwei Agenten X und X' geteilt werden, nicht einfach dadurch realisieren, daß sich die beiden Agenten den zugehörigen Belief wechselseitig mitteilen: Statt dessen werden die beiden Agenten erst einmal verhandeln, wer für den Belief verantwortlich werden soll. Anschließend überträgt der verantwortliche Agent — sagen wir Agent X — p zusammen mit den p momentan unterstützenden Beliefs $CS^*(\{p\})$ an X'. Ab diesem Moment wird dann p in beiden Agenten den gleichen Status (IN oder OUT) haben.

Selbst dieses Vorgehen ermöglicht übrigens nur eine Approximation des Gemeinsamkeitsbegriffs des DTMS. Im DTMS kann nämlich folgende Situation für einen Knoten p eintreten, der zwei Agenten X und X' gemeinsam ist:

- X kann aufgrund lokaler Information p nicht mit IN markieren aber

- X' hat für p eine gültige lokale Rechtfertigung.

Die verteilte Variante des Markierungs-Algorithmus von Russinoff (siehe [Rus85]) wird dann auch den Knoten im DTMS von X mit IN (genauer EXTERNAL) markieren, da p aus der Sicht von X eine externe Rechtfertigung besitzt. Im BRTMS kann diese pathologische Situation nicht eintretem, da dort mit einem Belief auch die ihn (momentan) unterstützenden Beliefs übertragen werden.

Offensichtlich besteht im DBRTMS noch stärker als im DTMS die Gefahr, daß die Agenten zu viele Beliefs gemeinsam haben und damit zu stark voneinander abhängig werden. Außerdem können — wie schon im DTMS — durch Mitteilungen von anderen Agenten lokale Konflikte entstehen, die eventuell in einem Absturz des betroffenen Agenten (genauer in einer lokalen Endlosschleife seines DBRTMS — siehe unsere vorausgegangenen Bemerkungen zur Vollständigkeit) resultieren.

Wie schon das DTMS wird auch das BRTMS von seinen Autoren als nicht zuständig für die Synchronisation des Austauschs von Beliefs angesehen (siehe [Hor91, S. 42]):

> „Actually, there are no predicates for synchronizing the exchange of beliefs in the scenario in the [DBR]TMS; this is part of the ccoperation process.“

Es wird lediglich zur Vermeidung von Deadlocks verlangt, daß zu einem gegebenen Zeitpunkt höchstens ein Agent aktiv sein darf. Die Synchronisation müssen damit die eigentlichen Problemlöser in den Agenten erledigen.

8.4   Das DATMS

Mason und Johnson bezeichnen ihren Vorschlag für ein verteiltes TMS, das DATMS (siehe [MJ89]), als eine verteilte Version des ATMS [dK86a]. Das Herzstück ihres Systems ist ein *Regelinterpreter*, der sowohl Aufgaben des Problemlösers als auch Begründungsverwaltungsaufgaben übernimmt.[7]

Damit sich ein Problemlöser das DATMS zunutze machen kann, muß er so angelegt sein, daß er seine Arbeit zumindest zum Teil durch Schließen mit Regeln erledigt, die von Mason und Johnson [MJ89] als *Inferenzregeln* bezeichnet werden. Unter einer Inferenzregel verstehen sie dabei eine Regel der Form

$$p_1, \ldots, p_n \longrightarrow action.$$

Wie bei ATMS-Rechtfertigungen stehen hier $p_1, \ldots, p_n$ für Knoten, die auch als die *Antezedenten* der Regel bezeichnet werden.

Eine Inferenzregel gilt bereits dann als anwendbar, wenn all ihre Antezedenten als Knoten im Abhängigkeitsnetz des DATMS existieren (vgl. auch unsere Ausführungen zur INTERN-Strategie im Abschnitt 7.12). Das Anwenden der Regel bedeutet dann — wie nicht anders zu erwarten — ein Ausführen der auf der rechten Seite der Regel stehenden Aktion *action*. Mason und Johnson unterscheiden in Abhängigkeit vom Typ dieser Aktion *eigentliche Inferenzregeln*, *Kommunikationsregeln* und *TMS-Regeln*.

Die eigentlichen Inferenzregeln übernehmen die Rolle, die in einem TMS normalerweise der Label-Propagierung zukommt. Bei der Anwendung einer solchen Inferenzregel wird ein *neuer* Knoten für den in der Aktion erwähnten Sachverhalt p erzeugt, gemäß der Regelaktion eine Markierung für p aus den Markierungen der Antezedenten $p_1, \ldots, p_n$ errechnet und die Regel als Rechtfertigung für den Knoten zu P vermerkt.

Mögliche Aktionen eigentlicher Inferenzregeln sind:

- GIVEN(p):   Erzeuge die Prämisse p.

- ASSERT(p):   Rechtfertige p durch die Antezedenten der Regel.

- ASSUME(p):   Mache p zur *begründeten Annahme*, d.h. zu einer Annahme, die zusätzlich durch die Antezedenten der Regel gerechtfertigt wird.

Beispiel 8.4.1 *(aus [MJ89]): Mit den Inferenzregeln*

$$
\begin{array}{ccl}
\top & \rightarrow & \text{GIVEN}(p) \\
\top & \rightarrow & \text{GIVEN}(q) \\
p \wedge q & \rightarrow & \text{ASSUME}(r)
\end{array}
$$

werden die Prämissen p und q sowie die begründete Annahme r erzeugt (das Symbol $\top$ in den ersten beiden Regeln soll wohl signalisieren, daß die zugehörigen

---

[7] Damit geben die Autoren des DATMS offensichtlich die sonst für Truth-Maintenance-Systeme übliche, klare Trennung zwischen Problemlöser und TMS ein ganzes Stück weit auf.

Antezedentenlisten leer sind). Das durch Anwenden dieser Regeln entstehende Abhängigkeitsnetz zeigt die Abbildung 8.3. In dieser Abbildung bedeutet $\langle n, U \rangle$, daß der Knoten n die Markierung U hat.

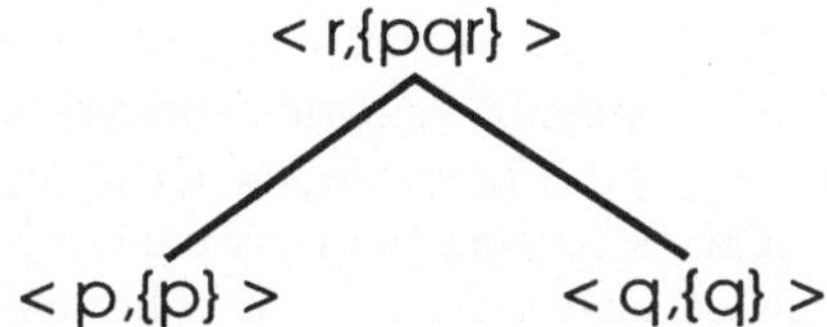

Abbildung 8.3: Beispiel für ein DATMS-Abhängigkeitsnetz

□

Bei den *Kommunikationsregeln* lassen sich zwei Typen unterscheiden: solche, die das *Versenden* von Information steuern, und solche, die beim *Empfang* von Information automatisch generiert werden, um die empfangene Information in das DATMS des Empfängers aufzunehmen. Annahmen, die in Nachrichten auftreten, sind grundsätzlich mit dem Agenten gekennzeichnet, von dem sie stammen.

Will ein Agent seine Informationen zu p an die Agenten aus einer Menge $\mathcal{M}$ weitergeben, so kann er dies durch eine Regel der Form

$$p_1, \ldots, p_k \longrightarrow \text{SEND}(\mathcal{M}, p).$$

Die Agentenmenge $\mathcal{M}$ kann dabei wahlweise extensional, d.h. durch ein explizites Aufzählen der betreffenden Agenten, oder intensional über ein Stück ausführbaren Programmcode vorgegeben werden. Beim Ausführen der SEND-Regel wird dann der Sachverhalt p zusammen mit seiner Markierung übermittelt.

Empfängt ein Agent von einem anderen Agenten Daten über einen Sachverhalt p, so erzeugt sein DATMS für ihn automatisch eine entsprechende Regel:

$$\top \longrightarrow \text{COMM}(p)$$

Beim Ausführen dieser Regel wird beim Empfänger ein *neuer Knoten* für p erzeugt, der die Markierung aus der Mitteilung zu p erhält und als EXTERNAL gekennzeichnet wird. Das DATMS des Empfängers weiß damit, daß die zu diesem Knoten gehörende Information nicht von ihm selbst erschlossen wurde.

Unangenehm ist allerdings, daß der Problemlöser selber herausfinden muß, ob ein lokaler Knoten und ein Knoten, der für einen kommunizierten Sachverhalt steht, den *gleichen Sachverhalt* repräsentieren. Dafür kann sich der Problemlöser aber zumindest darauf verlassen, daß er von einem anderen Agenten nur solche Information erhält, die *nicht* von Information abhängt, die dieser Agent von einem dritten Agenten erhalten hat.

Die dritte Kategorie von Regeln — die sogenannten *TMS-Regeln* — decken Inkonsistenzen auf. Eine TMS-Regel hat die Form

$$p_1, \ldots, p_k \longrightarrow \text{CONTRADICT}(\mathcal{M}, q_1, \ldots, q_l).$$

Führt man sie aus, so erklärt sie die Annahmenmenge $\{q_1, \ldots, q_l\}$ zum lokalen NOGOOD und sendet diesen NOGOOD an alle Agenten, die in der Menge $\mathcal{M}$ erwähnt werden.

Die TMS-Regeln sind das einzige Mittel, mit dem der Benutzer festlegen kann, wann ein Agent welchen NOGOOD an welchen anderen Agenten weiterleitet. Das DATMS bietet ihm bei dieser Aufgabe keinerlei Unterstützung.

DATMS-Agenten arbeiten die Inferenzregeln nach einem festen Schema ab (siehe Algorithmus 8.1). Dieses Schema (im Original aus [MJ89]) ist leider ziemlich vage. Die Autoren gehen insbesondere nicht näher darauf ein, nach welchen Kriterien in Schritt 1 dieses Algorithmus eine Regel ausgewählt werden soll, wenn mehr als eine Regel anwendbar ist.

---

1. Wähle eine anwendbare (eigentliche) Inferenzregel und führe sie aus.

2. Führe alle anwendbaren TMS-Regeln aus.

3. Führe alle anwendbaren Kommunikationsregeln aus.

4. Verarbeite von anderen Agenten empfangene Information:

   - generiere Regeln zur Aufnahme von Sachverhalten in das eigene TMS,

   - akzeptiere empfangene NOGOODS.

5. Weiter mit Schritt 1.

Algorithmus 8.1: Kontrollschleife des DATMS

Nachdem beim Anwenden einer DATMS-Inferenzregel immer ein *neuer* Konsequenzknoten erzeugt wird, kann im DATMS kein Knoten mehr als eine Rechtfertigung erhalten. Dadurch können für DATMS-Knoten nur Markierungen mit *höchstens einer* Annahmenmenge entstehen, die sich nur noch dann ändern werden, wenn die betreffende Annahmenmenge zum NOGOOD wird. Diese Einschränkung macht das Schließen in multiplen Kontexten praktisch unmöglich. Wir können nicht nachvollziehen, warum Mason und Johnson das DATMS trotzdem als Erweiterung des ATMS [dK86a] ansehen.

Bedauerlich ist auch, daß die Verwendung unterschiedlicher Regeln durch eine externe Regelmaschine (die in [MJ89] nicht näher beschrieben wird) keine Aussage darüber erlaubt, ob die Kontrolle im DATMS tatsächlich lokal bei den Agenten liegt, oder ob vielleicht doch eine globale Kontrolle existiert.

Und schließlich ist nicht klar, warum in TMS- und Kommunikationsregeln Antezedenten auftreten dürfen, die mit der Aktion der Regel gar nichts zu tun haben. Wir sehen nicht, wie sich diese Art von Liberalität inhaltlich begründen läßt, wenn man gleichzeitig einen von der konkreten Anwendung unabhängigen Konsistenzbegriff für das DATMS anstrebt.

Alles in allem erscheint uns damit auch das DATMS als kein befriedigender Ansatz für ein verteiltes Reason-Maintenance.

8.5 Verteilte Truth-Maintenance-Systeme im Überblick

Einen Überblick über die in diesem Kapitel besprochenen verteilten Truth-Maintenance-Systeme zusammen mit den konventionellen Truth-Maintenance-Systemen, von denen sie abstammen, gibt die folgende Abbildung 8.4. Sie klassifiziert die Truth-Maintenance-Systeme einerseits danach, ob sie Schließen in einem oder mehreren Kontexten unterstützen und andererseits danach, ob sie für den Einsatz in Ein- oder Multi-Agenten-Problemlösesystemen konzipiert sind. In der Abbildung sind zwei Systeme durch einen Pfeil miteinander verbunden, wenn das System an der Spitze des Pfeils als eine Weiterentwicklung von dem System am Ende des Pfeils betrachtet werden kann. Der Pfeil ist dann mit den entsprechenden konzeptionellen Änderungen markiert (ein positiver Änderungspunkt bedeutet dabei eine Verallgemeinerung um den fraglichen Punkt, ein negativer die Aufgabe der angegebenen Eigenschaft des Ursprungssystems).

Das in der Abbildung erwähnte TMS namens DARMS haben wir bisher noch nicht besprochen. Dieser Aufgabe widmen wir den Rest unserer Ausführungen über verteiltes Truth-Maintenance.

8.6 Entwurfsprinzipien des DARMS

Wir wollen nun einen eigenen Entwurf für ein verteiltes TMS, das sogenannte DARMS (Distributed Assumption-Based Reason Maintenance System) vorstellen [Fuh93, BFK93, BKS94]. Dieser Ansatz erfüllt u.a. die folgenden wichtigen Forderungen an ein Multi-Agenten-Problemlösesystem:

- Verwaltung *multipler Kontexte*,

- *Lokale Kontrolle* der einzelnen Agenten,

- *Autonomie* der Agenten,

- *Flexibilität* und *Erweiterbarkeit*.

Das DARMS ist *abwärtskompatibel* zum ATMS, d.h. seine Spezialisierung auf den Ein-Agentenfall — das sogenannte ARMS — läßt sich genauso wie ein ATMS [dK86a] verwenden (wie wir gleich sehen werden, bietet es aber selbst im Ein-Agentenfall mehr Funktionalität als ein einfaches ATMS).

Agenten, die ein DARMS als Unterstützungssystem besitzen, verwenden eine *gemeinsame Sprache* für die Formulierung von Sachverhalten. Dies ist für eine

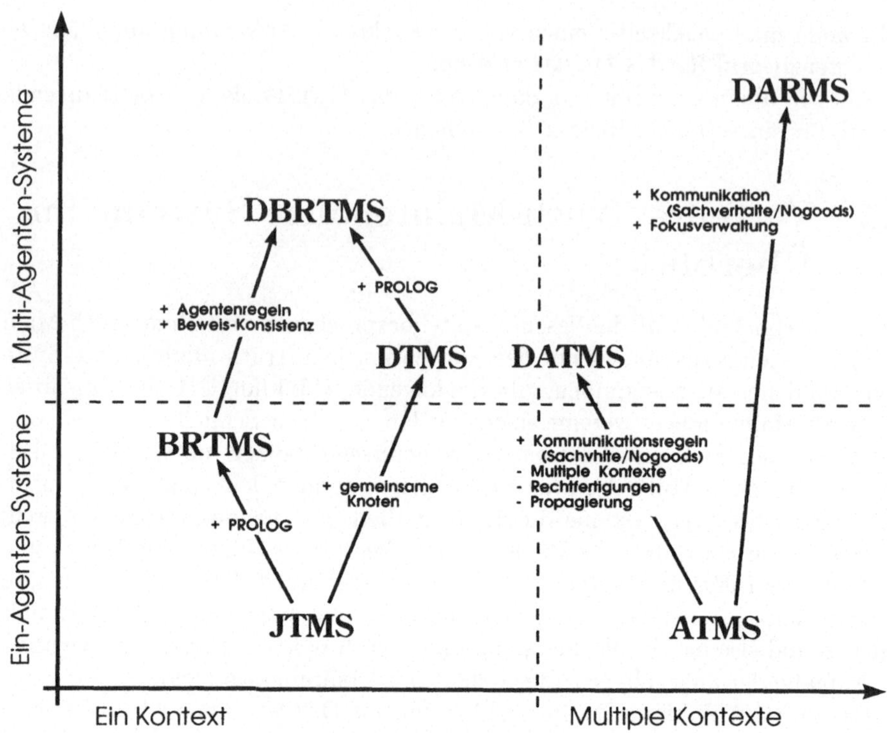

Abbildung 8.4: Verteilte Begründungsverwaltungssysteme im Überblick

sinnvolle Kommunikation unumgänglich. Außerdem muß der einzelne DARMS-Agent Sachverhalte, die ihm von seinem Problemlöser oder dem DARMS eines anderen Agenten mitgeteilt werden, *vor* der Übernahme in eine *eindeutige Normalform* transformieren. Dieses Verfahren der Normalform-Bildung hat bei allen Agenten gleich realisiert zu sein.

Die genannten Forderungen stellen zusammen sicher, daß Agenten ein gemeinsames Verständnis davon haben, worüber sie reden und insbesondere einer Meinung in Bezug auf die (modulo Normalform-Bildung) syntaktische Gleichheit von Ausdrücken sind, die Sachverhalte denotieren.

Beim Entwurf von DARMS wurden vor allem die nachfolgend umrissenen Eigenschaften für das Endprodukt angestrebt:

Zwei-Ebenen-Kommunikation: Das DARMS unterstützt die in Abschnitt 8.1 geforderte Trennung von Low-level-Kommunikation zwischen den Truth-Maintenance-Systemen und High-level-Kommunikation zwischen den Problemlösern.

Delegation von Kommunikation: Ein Agent kann sein DARMS beauftragen, Informationen vom DARMS eines anderen Agenten zu erfragen.

Fokus-Verwaltung: Das DARMS verwaltet den Fokus des eigenen Agenten und (soweit bekannt) auch die Foki der Agenten, mit denen es bereits Informationen ausgetauscht hat.

Kommunizierte Knoten: Informationen anderer Agenten werden im DARMS durch eine eigene Knotenart repräsentiert; sie sind damit leicht von lokal erschlossenen Informationen zu unterscheiden.

Wiedervorlageverpflichtung: Teilt das DARMS eines Agenten einem anderen Agenten Informationen zu einem Sachverhalt mit, so verpflichtet es sich damit, den Empfänger über neu Erkenntnisse zu diesem Sachverhalt auf dem Laufenden zu halten.

Gemeinsamer Begriff der Inkonsistenz: Wenn ein Agent einen neuen NO-GOOD entdeckt, gibt er ihn an alle Agenten weiter, die nach den ihm verfügbaren Informationen von diesem NOGOOD betroffen sein könnten.

Ein DARMS-Modul ist deshalb aus drei Komponenten zusammengesetzt: dem eigentlichen *TMS*, der *Fokus-Verwaltung* und einer *Kontrolleinheit* (vgl. Abbildung 8.5). TMS und Fokus-Verwaltung kommunizieren über die Kontrolleinheit mit ihrem Problemlöser und anderen DARMS-Modulen.

8.7 Das Truth-Maintenance-System eines DARMS-Moduls

Das Truth-Maintenance-System eines DARMS-Moduls speichert wie das gewöhnliche ATMS relevante Problemlöserdaten in Knoten und setzt diese über Rechtfertigungen in Beziehung. Mit diesen Rechtfertigungen konstruiert das DARMS, wie schon das ATMS, eine komplexe Datenstruktur, eben das Abhängigkeitsnetz, die dann von den DARMS-Algorithmen für eine effiziente Auswertung der gespeicherten Problemlöserdaten verwendet wird (siehe Abschnitt 8.18). DARMS-Rechtfertigungen haben die gleiche Form wie ATMS-Rechtfertigungen, stellen also im Prinzip aussagenlogische Hornklauseln dar.

Ein DARMS-Knoten n unterscheidet sich von einem entsprechenden ATMS-Knoten nur dadurch, daß mit ihm neben einem Problemlöserdatum $datum(n)$ und einem Label $l(n)$ eine Liste von Agenten $rec(n)$ assoziiert ist, die alle *Rezipienten* von $datum(n)$ enthält. Dabei ist ein Agent X' Rezipient des Datums zu einem Knoten von X, wenn X an X' eine Mitteilung über dieses Datum gemacht hat (was das genau heißt, werden wir gleich sehen). Mit Hilfe der Rezipienten $rec(n)$ kann das DARMS daher für jeden Knoten schnell ermitteln, welche anderen Agenten bei Vorliegen neuer Information über das Datum des Knotens benachrichtigt werden müssen.

Neben normalen Knoten gibt es im DARMS die sogenannten *kommunizierten Knoten*. Sie dienen dazu, von anderen Agenten empfangene Informationen lokal

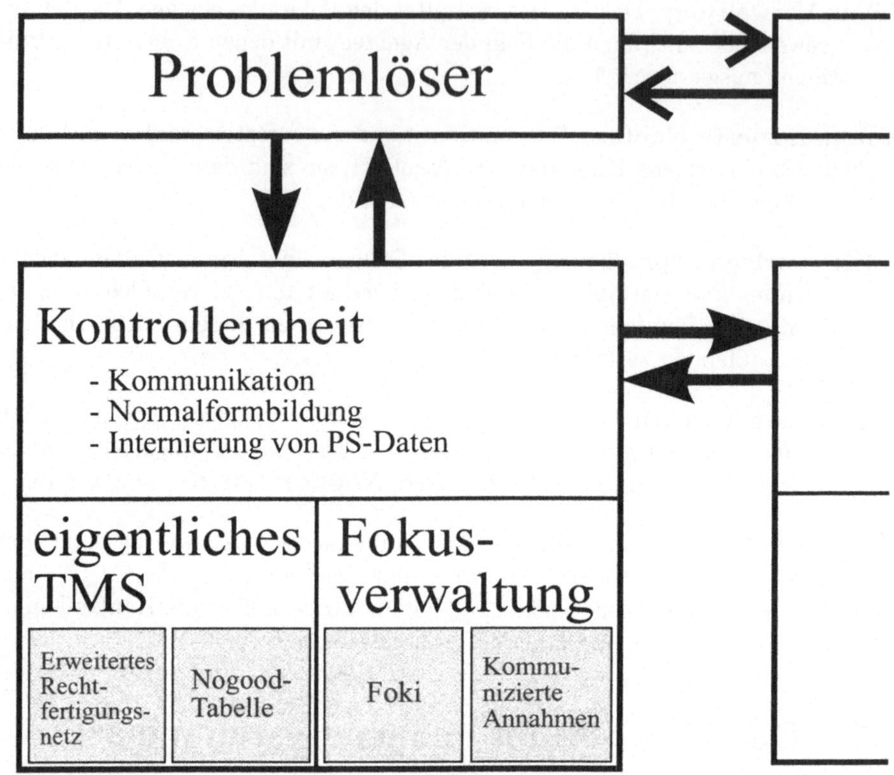

Abbildung 8.5: Aufbau eines Agenten mit DARMS-Subsystem

zu repräsentieren. Macht ein Agent X an einen zweiten Agenten X' eine Mitteilung zum Sachverhalt p, so repräsentiert das DARMS-Subsystem von X' den Inhalt dieser Mitteilung über einen Knoten mit dem Datum

$$[X{:}p].$$

Das Label des Knotens $[X{:}p]$ wird dabei in Abhängigkeit von der konkreten Mitteilung aktualisiert, charakterisiert aber nach der Aktualisierung in jedem Fall die Gesamtheit der Erklärungen, die der Agent X bisher für p an X' übermittelt hat.

Kommunizierte Knoten sind also an der speziellen syntaktischen Form ihres Problemlöserdatums erkennbar.[8] Sie werden von den Propagierungsalgorithmen des DARMS wie konventionelle Knoten behandelt, dürfen aber nur als Antezedenten und *nicht als Konsequenzen* in Rechtfertigungen verwendet werden und

---

[8] Daß in dem Ausdruck, der den kommunizierten Sachverhalt repräsentiert, der Agent, von dem die Information zum Sachverhalt stammt, wie eine Modaloperator in einer modallogischen Sprache vor den Unterausdruck gestellt wird, der den eigentlichen Sachverhalt repräsentiert, ist durchaus beabsichtigt.

bekommen ihre Anfangsmarkierung aufgrund der Kommunikation, aus der sie hervorgegangen sind (wir werden dazu in Abschnitt 8.10 noch einige formale Aussagen machen).

Das DARMS verknüpft übrigens *nicht* automatisch einen kommunizierten Knoten $[X{:}p]$ durch Rechtfertigungen (etwa der Art $[X{:}p] \Rightarrow p$) mit dem lokalen Knoten p. Dies hieße ja, daß der Empfänger des kommunizierten Sachverhalts p jetzt und in Zukunft alle Erklärungen von X zu p mit dem gleichen Vertrauen behandelt, wie seine eigenen. Zur Implementation von *Vertrauen* in andere Agenten können solche Verknüpfungen jedoch in höheren Protokollen des Problemlösers vorgenommen werden.

8.8   Die Fokus-Verwaltung des DARMS

DARMS-Agenten tauschen neben Markierungen auch Teile ihrer momentanen Foki aus. Diese Fokus-Fragmente werden von der Fokus-Verwaltung des DARMS schritthaltend mit der Kommunikation der Agenten aktualisiert. Dazu speichert jeweils die Fokus-Verwaltung des DARMS-Subsystems zum Agenten X

1. den momentanen *Fokus fokus*(X) des Problemlösers von X (genauer die charakterisierende Umgebung des Kontexts, auf den X gerade fokussiert ist) und

2. für jeden Agenten X', mit dem X bereits kommuniziert hat, den bezüglich X reduzierten Fokus $fokus_X(X')$ von X'.

Unter dem bezüglich X *reduzierten* Fokus von X' versteht man dabei den Teil des Fokus von X', der dem Agenten X bereits durch Kommunikation bekannt geworden ist.

Die DARMS-Subsysteme von X und X' müssen — gegebenenfalls durch Versenden entsprechender Nachrichten — sicherstellen, daß dieses Fokus-Fragment jederzeit durch die Gleichung

$$fokus_X(X') = comm\text{-}ass_{X'}(X) \cap focus(X') \tag{8.3}$$

charakterisierbar ist. In dieser Gleichung bezeichnet $comm\text{-}ass_{X'}(X)$ die Menge der Annahmen, die der Agent X' in Nachrichten an den Agenten X verwendet hat.

Damit sich das DARMS von X die Annahmen aus $comm\text{-}ass_{X'}(X)$ nicht durch mühevolles Traversieren aller kommunizierten Knoten der Form $[X'{:}p]$ zusammensuchen muß, wenn es sie benötigt, wird es diese Menge jeweils beim Eintreffen neuer Nachrichten von X' aktualisieren. Und umgekehrt wird es die Menge $comm\text{-}ass_X(X')$ nach jeder Nachricht an X' aktualisieren, um sich diese bei Bedarf nicht aufwendig über die Rezipientenlisten aller Knoten zu Sachverhalten, die an X' kommuniziert wurden, zusammensuchen zu müssen.

Was stellt nun das DARMS mit den in der Fokus-Verwaltung gespeicherten Daten an? Zunächst einmal kann es mit diesen Daten *lokal*, d.h. ohne zusätzliche Kommunikation ermitteln, ob ein anderer Agent einen Sachverhalt, den er mitgeteilt hat, *momentan* (noch oder wieder) glaubt.

Ein zweiter nicht zu unterschätzender Vorteil ist, daß das DARMS mit dem Fokus seines eigenen Problemlösers fokussiert im Sinne unserer Ausführungen aus den Abschnitten 7.15ff betrieben und so zu einem gewissen Grade vom Explorieren irrelevanter Kontexte abgehalten werden kann.

Und zu guter letzt kann es mit diesen Daten für jeden Agenten X', mit dem der eigene Agent bereits kommuniziert hat, ermitteln, welcher Teil des eigenen Fokus an X' mitgeteilt werden muß und welche NOGOODS für X' relevant sind. Dabei ist ein NOGOOD von X *relevant* für einen anderen Agenten X', wenn dieser NOGOOD mindestens eine Annahme enthält, die im Label eines Sachverhaltes auftritt, der von X an X' kommuniziert wurde:

$$ng\text{-}comm_X(X') \;\; := \;\; \{N \in nogoods(X) \mid \\ N \cap comm\text{-}ass_X(X') \neq \emptyset\} \tag{8.4}$$

($nogoods(X)$ bezeichne hier die Gesamtheit der dem Agenten X bekannten NOGOODS).

8.9   Die Kontrolleinheit

Die *Kontrolleinheit* koordiniert die Komponenten des DARMS-Moduls, stellt die Schnittstelle zum Problemlöser dar und führt die Kommunikation mit anderen DARMS-Modulen durch. Sie ist auch für die *Transformation* von Sachverhalten in ihre Normalform zuständig. Solche Transformationen müssen vorgenommen werden, wenn Sachverhalte an den eigenen Problemlöser zurückgegeben oder an DARMS-Module anderer Agenten mitgeteilt werden. Der Problemlöser oder andere Agenten können mit den Knoten des DARMS (komplexen Datenstrukturen) nichts anfangen.

Außerdem übernimmt die Kontrolleinheit die *Zuordnung* von Sachverhalten zu den Knoten des TMS, damit das DARMS Fragen, die sein eigener Problemlöser oder ein anderer Agent zum Status von Sachverhalten stellt, durch Auslesen der Informationen der entsprechenden Knoten beantworten kann. In ATMS-basierten Problemlösesystemen wird diese Aufgabe vom Problemlöser erledigt (vgl. [dK86b]).

Die wichtigste Aufgabe der Kontrolleinheit ist jedoch die Steuerung der Kommunikation zwischen dem DARMS und seinem Problemlöser einerseits (die Kontrolleinheit realisiert also unter anderem die Schnittstelle zwischen dem Problemlöser und dem DARMS-Subsystem) und zwischen dem eigenen DARMS und den DARMS-Subsystemen anderer Agenten (d.h. der Low-level-Kommunikation — die High-level-Kommunikation liegt ausschließlich im Verantwortungsbereich des Problemlösers).

Mitteilungen, die zwischen den DARMS-Subsystemen der einzelnen Agenten ausgetauscht werden, bestehen grundsätzlich aus vier Komponenten: der *Identifikation des sendenden Agenten*, einer *Zielangabe* (die Identifikation des adressierten Agenten), einer *Spezifikation des Typs* der Mitteilung, sowie dem eigentlichen *Inhalt* der Mitteilung. Mitteilungen lassen sich also formal durch Quadrupel der Form

$$(\text{Absender,Empfänger,Typ,Inhalt})$$

angeben.

Zu den Mitteilungen, die die Kontrolleinheit koordinieren muß, gehören ein- und ausgehende Nachrichten, die Fragmente von Foki, Labelinkremente, NO-GOODS, komplette Begründungsbäume und vor allem die minimalen Erklärungen zu Sachverhalten zum Inhalt haben. Wir werden auf die meisten dieser Nachrichtentypen in den Abschnitten 8.14ff noch genauer eingehen.

Hier soll nur kurz der wichtigste Mitteilungstyp — die sogenannte **sp**-Mitteilung — erläutert werden. Eine **sp**-Mitteilung zum Sachverhalt p läßt sich durch den Tupel

$$(X, X', \mathbf{sp}, (p, l_X(p)))$$

beschreiben, hat also den Sachverhalt p selbst und alle dem Absender X bekannten minimalen Erklärungen zu diesem Sachverhalt zum Inhalt.[9] **sp**-Mitteilungen von X an X' beschreiben demzufolge die nach Meinung von Agent X für den Glauben an p hinreichenden Bedingungen (**sp** für *sufficient preconditions*). Aus Effizienzgründen verwaltet die Kontrolleinheit des DARMS des Agenten X die Menge der Sachverhalte, über die es X' mit **sp**-Mitteilungen informiert hat, in einer Tabelle mit dem Bezeichner $sp\text{-}comm_X(X')$.[10]

8.10 Die Ableitbarkeitsrelation im DARMS

In Multi-Agenten-Problemlösesystemen kann ein Sachverhalt auch über kommunizierte Informationen gerechtfertigt werden. Deshalb muß bei der Definition der Ableitbarkeit im DARMS auch die Kommunikation berücksichtigt werden.

Zur Erinnerung: Der Knoten zum Sachverhalt $[X{:}p]$ repräsentiert die Information, die der Agent X zum Sachverhalt p geliefert hat. Rechtfertigungen können kommunizierte Knoten als Antezedenten haben, jedoch nicht als Konsequenz.

Ableitbarkeit ist im DARMS eine Verallgemeinerung der Ableitbarkeit, wie sie dem Kern-ATMS zugrunde liegt (vgl. [dK86b]). Ein Agent X, der in seinem Abhängigkeitsnetz die lokalen Rechtfertigungen $\mathcal{R}_X$ und Knoten für die an ihn kommunizierten Sachverhalte $\mathcal{C}_X$ besitzt, kann den Sachverhalt p in einer Umgebung U lokal ableiten

$$(\mathcal{C}_X, \mathcal{R}_X) \vdash_X U \longrightarrow p,$$

---

[9] Gilt $p = datum(n)$, so schreiben wir für das Label, das der Agent X für n hat, im folgenden häufig $l_X(p)$ statt präziser $l_X(n)$.

[10] Das DARMS könnte sich diese Menge im Bedarfsfall natürlich auch mühevoll aus den Rezipientenlisten der Knoten in seinem Abhängigkeitsnetz zusammenstellen.

wenn es eine Folge von Sachverhaltsmengen $S_1, \ldots, S_m$ gibt, mit

$$1. \quad S_1 = U \cup \left\{ [X':q] \in \mathcal{C}_X \mid (\mathcal{C}_{X'}, \mathcal{R}_{X'}) \vdash_{X'} U \longrightarrow q \right\},$$

$$2. \quad S_{j+1} = S_j \cup \left\{ y \mid \exists\, (\mathcal{X} \Rightarrow y) \in \mathcal{R}_X \text{ mit } \mathcal{X} \subseteq S_j \right\},$$

$$3. \quad p \in S_m$$

(vgl. auch [BFK93]).

Diese Definition unterstellt idealisierend, daß Mitteilungen über Markierungsänderungen verzögerungsfrei zum Empfänger übertragen werden. Wie schon die Autoren der anderen zu Anfang dieses Kapitels vorgestellten verteilten Truth-Maintenance-Systeme unterstellen also auch wir, daß in Multi-Agenten-Problemlösesystemen, in denen die Agenten mit Truth-Maintenance-Systemen ausgerüstet sind, die Synchronisation des Austauschs von Nachrichten nicht Aufgabe der Truth-Maintenance-Systeme ist (man vergleiche aber auch [Kra95], der diese Ansicht nur bedingt teilt).

Der Agent X kann den Sachverhalt p in der Umgebung U ableiten, wenn dies lokal im eigenen Abhängigkeitsnetz ausgehend von den Annahmen in U sowie den an ihn kommunizierten Sachverhalten möglich ist. Er kann den kommunizierten Sachverhalt $[X':q]$ in der Umgebung U ableiten

$$(\mathcal{C}_X, \mathcal{R}_X) \vdash_X U \longrightarrow [X':q],$$

wenn für den Agenten X' der Sachverhalt q in U gilt:

$$(\mathcal{C}_{X'}, \mathcal{R}_{X'}) \vdash_{X'} U \longrightarrow q.$$

Der kommunizierte Sachverhalt $[X':q]$, der aus der sp-Mitteilung von Agent X' zum Sachverhalt q mit der Markierung $\{U_1, \ldots, U_n\}$ resultiert, wird demnach vom Empfänger X *logisch* gesehen wie eine *komplexe Annahme* behandelt; d.h. also so, als hätte X seinem DARMS die Rechtfertigungen

$$\mathcal{X}_1 \quad \Rightarrow \quad [X':q],$$
$$\vdots$$
$$\mathcal{X}_n \quad \Rightarrow \quad [X':q]$$

bekanntgemacht, wobei $\mathcal{X}_i$ jeweils für die Menge der Knoten steht, die zu den Annahmen aus der Umgebung U_i gehören $(1 \leq i \leq n)$.

Offensichtlich ist DARMS-Ableitbarkeit auch *monoton* und entspricht der Ableitbarkeitsrelation des ATMS wenn keine kommunizierten Sachverhalte existieren.

8.11   DARMS-Integritätsbedingungen

Für das ATMS wurden von de Kleer in [dK86b] vier Integritätsbedingungen gefordert, die sicherstellen, daß die Markierungen wohlgeformt sind. Diese vier Integritätsbedingungen müssen auch im DARMS gelten, wenn man wie im ATMS die Ableitbarkeit eines Knotens in einer Umgebung durch inkrementelles Propagieren von Knotenmarkierungen und über den Vergleich dieser Umgebung mit den Umgebungen in den Markierungen effizient berechnen will. Sie stellen die *lokale Integrität* des Abhängigkeitsnetzes sicher.

Die folgende Aufzählung faßt die für einen Agenten X lokalen Integritätsbedingungen in einer an das Darms angepaßten Form zusammen:

1. $\forall U \in l_X(p) : \quad (\mathcal{R}_X, \mathcal{C}_X) \not\vdash_X U \to \bot,$

2. $\forall U \in l_X(p) : \quad (\mathcal{R}_X, \mathcal{C}_X) \vdash_X U \to p,$

3. $\forall U : \quad U$ konsistent $\land \quad [(\mathcal{R}_X, \mathcal{C}_X) \vdash_X U \to p]$
   $$\Rightarrow \quad \exists U' \in l_X(p) : \quad U' \subseteq U,$$

4. $\forall U, U' \in l_X(p) : \quad U \subseteq U' \Rightarrow U = U'$

($l_X(p)$ steht hier wieder für die Markierung des Knotens zum Sachverhalt p im Darms von Agent X).

Darüber hinaus erfüllt das Darms vier weitere Integritätsbedingungen: Alle für einen anderen Agenten relevanten Nogoods müssen auch an diesen mitgeteilt werden. Der Empfänger des Nogoods muß diese dann als lokal für ihn geltend übernehmen. Die Markierung eines kommunizierten Knotens $[X{:}p]$ darf nicht von der Markierung des Knotens p des Agenten X abweichen. Der Empfänger einer Information kennt immer den (für ihn) relevanten Teil des Fokus des Absenders. Relevant sind dabei alle Annahmen des Fokus, die in Markierungen von Knoten mitgeteilt wurden. Auch im eigenen Fokus und in den bekannten Teilfoki anderer Agenten dürfen keine Nogoods auftreten.

Diese zusätzlichen Bedingungen regeln die Kommunikation zwischen den Agenten und stellen damit die Integrität des Gesamtsystems sicher. Sie lassen sich formal wie folgt fassen: Für zwei beliebige, aber verschiedene Agenten X und X' gilt

5. $\forall N \in ng\text{-}comm_X(X') \; \exists N' \in nogoods(X') : \quad N' \subseteq N,$

6. $\forall p \in sp\text{-}comm_X(X') : \quad l_X(p) = l_{X'}([X{:}p]),$

7. $focus_{X'}(X) = comm\text{-}ass_X(X') \cap focus(X),$

8. $\forall N \in nogoods(X) : \quad N \not\subseteq focus(X) \; \land \; N \not\subseteq focus_X(X').$

Mit diesen acht Integritätsbedingungen hat das Darms mindestens die Mächtigkeit eines Atms. Zur Verdeutlichung stelle man sich einen Darms-Agenten vor, der überhaupt nicht mit anderen Agenten kommuniziert: Die ersten vier Darms-Integritätsbedingungen entsprechen de Kleer's Wohlgeformtheitsbedingungen für Atms-Label. Das Darms ist in Bezug auf die Label also mindestens so restriktiv wie ein Atms. Und die verbleibenden vier Bedingungen sind trivialerweise erfüllt, da für einen autistischen Darms-Agenten keine kommunizierten Sachverhalte, Annahmen, Foki oder Nogoods existieren. Solange man nur einen einzelnen Darms-Agenten betrachtet, kann das Darms demnach als eine (wegen der Fokus-Verwaltung) echte Erweiterung des Atms angesehen werden.

8.12 Behandlung von Widersprüchen

Während Agenten mit verteilten Truth-Maintenance-Systemen wie das DTMS, das BRTMS oder das DATMS eine gemeinsame Vorstellung von *Konsistenz* teilen, haben DARMS-Agenten eine gemeinsame Auffassung davon, was einen Widerspruch (eine *Inkonsistenz*) ausmacht: Erfährt ein DARMS-Agent von einem NOGOOD, ob von seinem eigenen Problemlöser oder dem DARMS eines anderen Agenten, so muß er diesen akzeptieren (*shared inconsistency*).

Eine besondere Rolle spielen im DARMS NOGOODS, die kommunizierte Information betreffen. Ein Agent X ist in den folgenden Situationen verpflichtet, NOGOODS an einen anderen Agenten X' mitzuteilen:

- X hat X' eine Nachricht gesendet, die zu einer Erweiterung von $comm\text{-}ass_X(X')$ führte, und dabei einen neuen, für X' relevanten NOGOOD entdeckt.

- Die Markierung eines Knotens, in dem X' als Rezipient vermerkt ist, hat sich geändert und X hat bei der daraufhin fälligen Neuberechnung von $ng\text{-}comm_X(X')$ einen neu auftretenden, für X' relevanten NOGOOD entdeckt.

- X hat einen NOGOOD in der Markierung eines kommunizierten Knotens $[X'{:}p]$ entdeckt.

- X hat einen neuen lokalen NOGOOD entdeckt, der für X' relevant ist oder in der Markierung eines kommunizierten Knotens $[X'{:}p]$ auftritt.

- X hat im reduzierten Fokus $focus_X(X')$ einen NOGOOD gefunden (in diesem reduzierten Fokus kann eventuell ein NOGOOD auftreten, der in keiner kommunizierten Markierung vorkommt)

(vgl. auch [BFK93]).

8.13 Schnittstelle zwischen Problemlöser und DARMS-Modul

Die Schnittstelle zwischen TMS und Problemlöser ist im DARMS in mehrfacher Hinsicht reichhaltiger als im ATMS, aus dem es entstanden ist.

Da sind zunächst die zusätzlichen Schnittstellenfunktionen zur Verwaltung des Fokus: Der Problemlöser kann die Fokus-Verwaltung seines DARMS anweisen, den eigenen Fokus zu setzen bzw. zurückzuliefern, oder inkrementell zu vergrößern oder verkleinern.

Nachdem das DARMS den Kontext kennt, auf den sein Problemlöser momentan fokussiert ist, stellt es außerdem zu allen Schnittstellenfunktionen des ATMS, die ein Umgebungsargument erwarten, Gegenstücke zur Verfügung, in denen dieses Argument nicht angegeben werden muß. Bei diesen fokus-relativen Varianten handelt es sich also um die Funktionen `holds-in?`, `justifying-`

`literals?`, `justifying-constraints?`, `minimal-supporters?` und `EXPLAIN`.[11]
Aufrufe dieser Schnittstellenfunktionen werden dann so ausgewertet, als hätte
der Problemlöser die entsprechende Funktion mit Umgebungsargument aufgerufen und dabei als Umgebung die charakterisierende Umgebung des Kontexts
angegeben, auf den er gerade fokussiert ist. Damit haben wir beschrieben, welche Funktionalität ein Problemlöser vom DARMS sieht, der das DARMS als ARMS
(vgl. Abschnitt 8.6) betreibt.

Die zweite Dimension, um die das DARMS das ATMS erweitert, ist die der
vermittelten Anfragen und Aufträge: Ein Agent kann sein DARMS beauftragen,
stellvertretend für den Problemlöser Information von einem anderen Agenten zu
erfragen oder an einen anderen Agenten zu übermitteln.

Diese Möglichkeit zur Delegation von Anfragen und Aufträgen an das Unterstützungssystem kann gar nicht hoch genug eingeschätzt werden. Der Problemlöser braucht sich dank ihrer Hilfe nicht darum zu kümmern, welche Informationen er bereits von welchem anderen Agenten erhalten und welche Informationen er an welchen anderen Agenten weitergegeben hat. Diese Aufgabe
übernimmt sein DARMS und führt damit vermittelte Problemlöser-Aufträge relativ zu den über die Zielagenten bereits lokal verfügbaren Informationen aus.

Deshalb stehen für alle Schnittstellenfunktionen des ARMS, die lesend auf
TMS-Daten zugreifen, Gegenstücke im DARMS zur Verfügung, bei denen als
zusätzliches Argument ein Agent angegeben werden kann, relativ zu dem die
Schnittstellenfunktion auszuführen ist. Außerdem stellt das DARMS Schnittstellenfunktionen bereit, mit denen der Problemlöser (minimale) Erklärungen zu
vorgegebenen Sachverhalten, Fokus-Fragmente und NOGOODS an andere Agenten transferieren (lassen) kann.

8.14 Kommunikation zwischen DARMS-Subsystemen

Um Aufträge des eigenen Agenten oder vermittelte Aufträge von fremden Agenten ausführen zu können, müssen die DARMS-Subsysteme der betroffenen Agenten miteinander kommunizieren.

Treten im DARMS eines Agenten Änderungen des Kenntnisstands oder des
Fokus auf, die für Agenten relevant sein könnten, mit denen bereits kommuniziert
wurde, so werden diese Agenten durch Mitteilungen von den Änderungen informiert. Wir bezeichnen solche Änderungen auch als *interne Auslöser* für Kommunikation. Die Tabelle 8.1 gibt einen Überblick darüber, wie diese Auslöser
im DARMS eines Agenten X verarbeitet werden. Im Abschnitt 8.19 sehen wir
uns dann im Detail an, wie die Propagierungsalgorithmen des DARMS mit den
internen Auslösern umgehen (vgl. auch [Dot94] und [Kra95]).

Umgekehrt empfängt ein DARMS Mitteilungen von den DARMS-Subsystemen

---

[11] Fokus-relative Varianten von `mat-incons?` oder `contradictory?` machen keinen Sinn, da
der Fokus ja nicht inkonsistent werden darf.

Auslöser in X	Typ der Mitteilung an X'	Inhalt
Erweiterung des Labels von p um ΔL für ein p mit $p \in sp\text{-}comm_X(X')$.	`update-sp`	$(p, \Delta L)$
Neuer NOGOOD N mit $N \subseteq focus_X(X')$	`nogood`	N
Neuer NOGOOD N mit $N \cap comm\text{-}ass_X(X') \neq \emptyset$.	`nogood`	N
Neuer NOGOOD N im Label von $[X'{:}p]$.	`nogood`	N
Änderung von $focus(X)$ um (Δ_+, Δ_-) mit $(\Delta_+ \cup \Delta_-) \cap comm\text{-}ass_X(X') \neq \emptyset$	`update-focus`	(Δ_+, Δ_-)

Tabelle 8.1: Intern veranlaßte Kommunikation eines DARMS-Moduls

anderer Agenten und muß deren Inhalte in Abhängigkeit vom Typ der Mitteilung verarbeiten, d.h. seine lokalen Datenstrukturen aktualisieren und Daten, die entweder aufgrund der Nachricht oder aufgrund der lokalen Änderungen für andere Agenten relevant werden, an diese weitergeben. Die Tabelle 8.2 zeigt die eintreffenden Mitteilungen und skizziert die dadurch ausgelösten Reaktionen des Empfängers X. Im Abschnitt 8.20 betrachten wir dann einige dieser Reaktionsschemata genauer (für Details sei auf [Dot94] und [Kra95] verwiesen).

Typ der Mitteilung von X'	Inhalt	Reaktion von X
`sp`	(p, L)	Einrichten von $[X'{:}p]$ mit Label L.
`update-sp`	$(p, \Delta L)$	Erweitern des Labels von $[X'{:}p]$ um ΔL und Propagieren der Änderung.
`nogood`	N	NOGOOD N übernehmen.
`update-focus`	(Δ_+, Δ_-)	$focus_X(X')$ um Δ_+ erweitern und um Δ_- verkleinern.
`request-sp`	p	`sp`-Mitteilung zu p an X'.
`request-explanation`	(p, U)	Begründung für p in Umgebung U erzeugen und entsprechende `explanation`-Mitteilung an X'.
`explanation`	(p, U, B)	Begründung B zu p in Umgebung U an eigenen PS weiterleiten.

Tabelle 8.2: Reaktion des TMS auf Mitteilungen von anderen Truth-Maintenance-Systemen

8.15 Remote Belief Query

Um ein besseres Gefühl für die Abläufe zu bekommen, die in einer Gemeinschaft von Agenten mit DARMS-Subsystemen stattfinden können, greifen wir eine spezielle vermittelte Anfrage des Problemlösers an sein DARMS heraus — die sogenannte *Remote Belief Query*.

Dazu stellen wir uns zwei Agenten X und X' vor und nehmen an, daß der Problemlöser von Agent X' sein DARMS fragt, ob X den Sachverhalt p momentan glaubt. Die Anfrage setzt folgendes Geschehen im DARMS-Subsystem von Agent X' in Gang: Zunächst sucht es lokal, d.h. im eigenen Abhängigkeitsnetz nach Information zu X und p. Nehmen wir an, es findet dabei keinen kommunizierten Knoten $[X{:}p]$. Es sendet deshalb eine `request-sp`-Mitteilung an das DARMS von Agent X, mit der Bitte um Information zu p.

Das DARMS von Agent X reagiert auf diese Mitteilung, indem es (ohne seinen Problemlöser bei der Arbeit zu unterbrechen) seine Markierung zu p in einer `sp`-Mitteilung an das DARMS von Agent X' schickt, die Rezipientenliste des Knotens zu p um X' ergänzt, $comm\text{-}ass_X(X')$ um alle Annahmen erweitert, die in der mit der `sp`-Mitteilung gelieferten Markierung auftreten, Änderungen im reduzierten Fokus für X' ermittelt und diese in einer `update-focus`-Mitteilung an das DARMS von Agent X' weitergibt. Das DARMS von Agent X ist ab jetzt verpflichtet, neue Erkenntnisse zum Sachverhalt p an das DARMS von Agent X' weiterzuleiten.

Nachdem das DARMS von Agent X' die `sp`-Mitteilung von X empfangen hat, erzeugt es neue eigene Annahmen für Sachverhalte, die in der Mitteilung als Annahmen vorkommen, ihm selbst aber noch nicht bekannt waren und einen kommunizierten Knoten $[X{:}p]$, dessen Markierung durch das in der Mitteilung enthaltene Label bestimmt wird. Außerdem speichert es den neuen reduzierten Fokus zu der ebenfalls von Agent X empfangenen `update-focus`-Nachricht in seiner Fokus-Verwaltung. Damit kann nun das DARMS von Agent X' die Anfrage seines Problemlösers beantworten, in dem es testet, ob eine Umgebung im Label von $[X{:}p]$ Teilmenge des reduzierten Fokus von X ist.

Beispiel 8.15.1 *(Remote Belief Query)*
Vor der Kommunikation besitze X' keine Informationen von X, d.h. es möge $focus_{X'}(X) = \emptyset$ gelten. Außerdem enthalte das DARMS von X den Sachverhalt p mit der Markierung $\{\{A, B\}\}$ und wir unterstellen, daß der Fokus von X nur aus der Annahme A besteht. Für X gilt damit $l_X(p) = \{\{A, B\}\}$, $focus(X) = \{A\}$ und $comm\text{-}ass_X(X') = \emptyset$.

Angenommen, der Problemlöser von Agent X' fragt nun sein DARMS, ob der Agent X momentan p glaubt. Dann führt dies zum Austausch der folgenden Nachrichten:

$$(X', X, \texttt{request-sp}, p),$$
$$(X, X', \texttt{sp}, (p, \{\{A, B\}\})),$$
$$(X, X', \texttt{update-focus}, (\{A\}, \emptyset)).$$

Nachdem diese Nachrichten von den Agenten verarbeitet wurden, ist der Informationsstand von X durch comm-ass$_X(X') = \{A, B\}$, focus$(X) = \{A\}$ und $l_X(p) = \{\{A, B\}\}$ und der von X' durch $l_{X'}([X{:}p]) = \{\{A, B\}\}$ und focus$_{X'}(X) = \{A\}$ beschrieben. Das DARMS *von Agent X' kann damit die Anfrage von Agent X' verneinen. X' hat momentan keine hinreichenden Gründe für p.*   □*

8.16   Belief Merge

Agenten werden Informationen, die sie von anderen Agenten erhalten haben, typischerweise weiterverwenden — andernfalls würden sie ja keine Informationen austauschen. Wenn ein Agent X einem anderen Agenten X' *vertraut*, wird er die hinreichenden Bedingungen von X' für einen Sachverhalt p übernehmen wollen. Wie kann er dies durch geeignete Mitteilungen an sein DARMS bewerkstelligen?

Eine einfache Möglichkeit, einen Sachverhalt p *mindestens* unter den Voraussetzungen zu glauben, unter denen ihn ein anderer Agent X' glaubt, der Informationen zu p mitgeteilt hat, besteht darin, eine Rechtfertigung

$$[X'{:}p] \Rightarrow p$$

zwischen dem kommunizierten Knoten $[X'{:}p]$ und dem lokalen Knoten p einzurichten. Der Knoten p des Agenten X hat damit in seiner Markierung neben den lokal ermittelten minimalen Erklärungen alle Erklärungen, die der Agent X' zu p kennt:

$$U \in l_{X'}(p) \;\;\Rightarrow\;\; (\exists U' \in l_X(p) : U' \subseteq U)$$

Wir bezeichnen diese Übernahme fremder Beliefs auch als *Belief Merge* (siehe [BFK93]).

8.17   Gemeinsame Knoten im DARMS

Eine andere interessante Frage ist die, ob und wenn ja wie n DARMS-Agenten einen Knoten wie im DTMS (vgl. Abschnitt 8.2) teilen können.

Tatsächlich ist dies nicht schwer, wenn die Agenten — sie mögen mit den Symbolen $X_0, \ldots, X_{n-1}$ bezeichnet sein — den zum gewünschten Knoten gehörenden Sachverhalt p *zyklisch kommunizieren*, d.h. wenn für $(0 \leq i \leq n - 1)$

1. X_i an $X_{(i+1) \bmod n}$ eine **sp**-Mitteilung zu p schickt und daraufhin

2. $X_{(i+1) \bmod n}$ als Reaktion jeweils eine Rechtfertigung $[X_i{:}p] \Rightarrow p$ erzeugt.

Dann besitzen nämlich zum Schluß alle n Agenten die gleiche Kenntnis über p:

$$\forall i, j \in \{0, \ldots, n - 1\} : \; l_{X_i}(p) = l_{X_j}(p).$$

Beweisen läßt sich dies offensichtlich durch Induktion über die Anzahl n der am Zyklus beteiligten Agenten: Für $n = 2$ gilt aufgrund der 6. Integritätsbedingung aus Abschnitt 8.11

$$\forall U \in l_{X_0}(p) \; \exists U' \in l_{X_1}(p) : \; U' \subseteq U,$$
$$\forall U' \in l_{X_1}(p) \; \exists U \in l_{X_0}(p) : \; U \subseteq U',$$

also auch

$$l_{X_0}(p) = l_{X_1}(p).$$

Und für mehr als zwei Agenten läßt sich die Behauptung offensichtlich leicht durch ein Zurückführen auf den Zweiagentenfall nachweisen.

Das Ergebnis der zyklischen Kommunikation eines Sachverhaltes p im Darms entspricht damit dem, das entsteht, wenn man — wie in Abschnitt 8.3 ausgeführt — im Dbrtms einen gemeinsamen Knoten im Stile des Dtms realisieren will. Das Darms übermittelt ja — wie das Dbrtms — nicht nur den Sachverhalt selbst, sondern auch die dazu gehörenden Erklärungen: Im Falle des Dbrtms waren das die momentan unterstützenden Knoten von p und im Falle des Darms sind das die minimalen Unterstützungsmengen für p.

8.18 · Darms-Algorithmen

Die Kern-Algorithmen des Darms lassen sich durch vergleichsweise kleine Modifikationen aus den entsprechenden Atms-Algorithmen [dK88, Bec93b] gewinnen. Zusätzlich muß natürlich die Fokus-Verwaltung implementiert werden und sind Algorithmen für die Kontrolleinheit zu schreiben, die die Kommunikationsprotokolle realisieren und die Konvertierung zwischen Sachverhalten und Knoten vornehmen.

Auf diese zusätzlichen Algorithmen gehen wir hier nicht näher ein. Und auch Terminierungsfragen, die sich in jedem verteilten System unweigerlich stellen, werden wir uns hier nicht widmen. Wir verweisen stattdessen den interessierten Leser auf die Arbeiten [Dot94] und [Kra95], in denen zu diesen Themenkomplexen ausführlich Stellung genommen wird und beschränken uns auf die Schilderung der Darms-Algorithmen, die unmittelbar mit Begründungsverwaltung zu tun haben.

8.19 Propagierung im Darms

Zunächst zeigen wir, wie das Darms die Label zu den Knoten in seinem Abhängigkeitsnetz berechnet: Dazu geht das Darms im Prinzip genauso wie das Atms vor, muß aber auch kommunizierte Knoten berücksichtigen, die in Rechtfertigungen als Antezedenten auftreten können.

Die Prozeduren `NEW-JUST`, `PROPAGATE` und `WEAVE` (siehe die Algorithmen 5.5, 5.6 und 5.7) unterscheiden sich im Darms nicht von den entsprechenden Prozeduren im Atms. Die Prozedur `UPDATE` (Algorithmus 5.8) hat jedoch im Darms beim Aufruf mit den Argumenten L und n zusätzlich dafür sorgen, daß alle Agenten, an die n kommuniziert wurde, von der Markierungsänderung L erfahren (siehe den eingefügten Schritt 3 in Algorithmus 8.2).

Und auch die Prozedur NOGOOD (Algorithmus 5.9) kann nicht unverändert für das DARMS übernommen werden. Die DARMS-Version (Algorithmus 8.3 — der Index X am Namen der Prozedur soll ausdrücken, daß dies die NOGOOD-Prozedur ist, die der Agent X ausführt) muß mit den zusätzlichen Schritten 4–7 über die lokale NOGOOD-Behandlung hinaus feststellen, ob der fragliche NOGOOD an andere Agenten mitzuteilen ist und den eigenen Fokus, sowie die reduzierten Foki von Agenten, mit denen bereits kommuniziert wurde, auf neue NOGOODS untersuchen.

UPDATE(L, n):

1. Behandlung von NOGOODS:
   Gilt $n = \bot$, so

   (a) führe NOGOOD(U) aus für jedes $U \in L$.

   (b) Fertig.

2. Erweiterung von $l(n)$ um L:

   (a) $l_{alt} := l(n)$;

   (b) $\Delta L := \mu_{l_{alt}}(L) - l_{alt}$;

   (c) $l(n) := \mu_{\Delta L}(l_{alt}) \cup \Delta L$;

3. Wurde n an einen anderen Agenten X' kommuniziert, so mache an X' eine entsprechende update-sp-Mitteilung mit ΔL.

4. Für jede Rechtfertigung $\mathcal{X}' \Rightarrow n'$ mit $n \in \mathcal{X}'$:

   (a) $l_{pre} := l(n)$;
   PROPAGATE$(\mathcal{X}' - \{n\}, n', \Delta L)$;
   (dadurch kann sich das Label von n ändern).

   (b) Entferne die jetzt bzgl. $l(n)$ redundanten oder inkonsistenten Umgebungen aus ΔL:

   $$\Delta L := \Delta L - (l_{pre} - l(n));$$

   (c) Frühe Terminierung:
   Gilt nun $\Delta L = \emptyset$, so kehre zurück.

Algorithmus 8.2: DARMS-Version der Prozedur UPDATE

$\text{NOGOOD}_X(U)$:

1. Falls es einen NOGOOD $U' \in NG$ gibt mit $U' \subseteq U$:
   Fertig! (ein allgemeinerer NOGOOD war schon bekannt)

2. Eintrag von U in die NOGOOD-Tabelle:

$$NG := NG \cup \{U\}.$$

3. Entferne für jeden Knoten n jene Umgebungen aus $l(n)$, die den NOGOOD U umfassen:

$$l(n) := \mu_{\{U\}}(l(n)) - \{U\}.$$

4. Wurde dabei die Markierung eines kommunizierten Knotens $[X':p]$ geändert, so informiere X' mit einer **nogood**-Mitteilung, die U beinhaltet.

5. Ist U im eigenen Fokus enthalten, so unterrichte den Problemlöser davon.

6. Gibt es einen Agenten X' mit $U \cap \mathit{comm\text{-}ass}_X(X') \neq \emptyset$, so informiere X' über U (sofern dies nicht bereits geschehen ist).

7. Gibt es einen Agenten X' mit $U \subseteq \mathit{focus}_X(X')$, so informiere X' über U.

Algorithmus 8.3: DARMS-Version der Prozedur NOGOOD

Schließlich ist noch festzulegen, wie das DARMS auf eine Änderung des Fokus seines eigenen Problemlösers reagieren soll (Änderungen am reduzierten Kontext von anderen Agenten betreffen ja nur die Fokus-Verwaltung). Hier bietet sich natürlich das bereits in Abschnitt 7.21 geschilderte Vorgehen an.

8.20 Verarbeiten von Mitteilungen

Empfängt das DARMS des Agenten X vom DARMS eines anderen Agenten X' eine Mitteilung, in der Annahmen des Agenten X' enthalten sind, so muß X zunächst sicherstellen, daß es diese Annahmen verwenden kann, als wären es seine eigenen. Dazu bedient es sich der Prozedur ASSUME-PROPOSITION (siehe Algorithmus 8.4). Diese Prozedur erwartet einen Sachverhalt als Argument und erzeugt — sofern es sie noch nicht gibt — eine entsprechende Annahme. Außerdem wird ein angenommener Knoten zu dieser Annahme konstruiert und so nebenbei geprüft, ob durch die entsprechende Rechtfertigung neue NOGOODS entstanden sind.[12]

ASSUME-PROPOSITION (p)

1. Falls es bereits eine Annahme zum Sachverhalt p gibt: Fertig!

2. Erzeuge eine Annahme S zum Sachverhalt p.

3. Generiere einen den Sachverhalt p repräsentierenden Knoten s.

4. Mache s zum angenommenen Knoten für S:

$$\text{NEW-JUST}(S \Rightarrow s).$$

Algorithmus 8.4: Die Prozedur **ASSUME-PROPOSITION**

Enthält das DARMS des Agenten X von einem zweiten Agenten X' eine sp-Mitteilung mit der Menge L von Sachverhaltsmengen zum Knoten p, so braucht das DARMS von X lediglich L in das Label des kommunizierten Knotens $[X'{:}p]$ einzumischen und anschließend durch das Abhängigkeitsnetz zu propagieren.

Dazu ruft das DARMS von X die Prozedur **HANDLE-SP-MSG** (siehe Algorithmus 8.5) mit dem neuen kommunizierten Knoten und der Menge L von nach Ansicht von X' hinreichenden Bedingungen für p auf.

HANDLE-SP-MSG $([X'{:}p], L)$

1. Erzeuge, soweit nötig, Annahmen zu den Sachverhalten in L: Führe dazu
$$\text{ASSUME-PROPOSITION}(p)$$
für jedes $p \in U$ mit $U \in L$ aus.

2. **UPDATE** $(L, [X'{:}p])$.

Algorithmus 8.5: Die Prozedur **HANDLE-SP-MSG**

Kommunizierte Knoten werden vom DARMS also wie *komplexe Annahmen* behandelt (siehe Abschnitt 8.10; man vergleiche außerdem diese Prozedur mit der Prozedur **NEW-JUST**, wie sie im Algorithmus 5.5 dargestellt ist).

---

[12] Die Alternative, nach der die unbekannte Annahme beim Empfänger über einen *einfachen* Knoten zum gleichen Sachverhalt repräsentiert wird, bärge die Gefahr, daß Information in die kommunizierten „Annahmen" einfließt, die nicht vom Sender stammt, aber als solche betrachtet wird — der Knoten könnte ja noch durch andere Rechtfertigungen des Empfängers gestützt sein.

Erhält ein Agent X eine **nogood**-Mitteilung, so muß der dabei kommunizierte NOGOOD $U = \{S_1, \ldots, S_n\}$ in das eigene DARMS übernommen werden. Dazu ruft der Agent X die Prozedur `HANDLE-NOGOOD-MSG` (siehe Algorithmus 8.6) mit dem soeben empfangenen NOGOOD als Argument auf.

`HANDLE-NOGOOD-MSG(U)`

1. Interniere die Sachverhalte aus U als Annahmen:
   Führe dazu

   $$\texttt{ASSUME-PROPOSITION}(p)$$

   für jedes $p \in U$ aus.

2. Übernehme den NOGOOD U:

   $$\texttt{NOGOOD}(U).$$

Algorithmus 8.6: Die Prozedur `HANDLE-NOGOOD-MSG`

Auch in diesem Fall wird der kommunizierte NOGOOD im allgemeinen Sachverhalte erwähnen, die dem Empfänger X nicht in Form von Annahmen als disponibel zur Verfügung stehen und deshalb (analog zum Vorgehen in der Prozedur `HANDLE-SP-MSG`) zunächst interniert werden müssen.

8.21 Generieren von Begründungen

Zum Schluß wollen wir uns noch ansehen, wie man im DARMS Begründungsbäume konstruieren kann.

Die Algorithmen 8.7 und 8.8 zeigen, wie man DARMS-Versionen der Prozeduren `EXPLAIN` und `DO-EXPLAIN` (siehe Algorithmus 5.11) realisieren kann, die das ATMS zur Konstruktion hierarchischer Begründungen verwendet. Man beachte den jeweils im Vergleich zur ATMS-Version zusätzlichen ersten Schritt in der Hauptprozedur `EXPLAIN` und den eingeschobenen Schritt 3 in der Hilfs-Prozedur `DO-EXPLAIN`.

Begründungen, die das DARMS generiert, werden demnach bei kommunizierten Knoten nicht weiterverfolgt. Erfolgt eine explizite Anfrage nach der Begründung für einen kommunizierten Knoten, so wird die Begründung beim entsprechenden Agenten angefordert.

8.22 Das DARMS im Rückblick

Das verteilte TMS DARMS wurde im Kontext eines gemeinsamen Projekts der Universität Erlangen-Nürnberg und des Bayerischen Forschungszentrums für Wis-

---

```
EXPLAIN(n, U):
```

1. Falls n ein kommunizierter Knoten $[X':p]$ ist, so fordere mit einer Begründungsanfrage

$$(X, X', \texttt{request-explanation}, (p))$$

   vom Agenten X' eine Begründung für den Sachverhalt p an.

2. Sonst erzeuge die gewünschte Begründung selbst:

$$\texttt{DO-EXPLAIN}(n, U, \emptyset, \emptyset)$$

Algorithmus 8.7: Begründungsgenerierung im DARMS, Teil 1

sensbasierte Systeme entwickelt, das sogenannte PEDE-Probleme zum Gegenstand hat. Ein PEDE-Problem (Planning and Execution in Distributed Environments) liegt vor, wenn eine komplexe Aufgabenstellung durch die Planung und Ausführung von Tätigkeiten zu lösen ist, bei denen die Planung *und* die Ausführung der Tätigkeiten funktional, räumlich oder zeitlich verteilt von verschiedenen Agenten (Personen, Roboter, Maschinen, Transportsysteme oder Computer) erfolgen. Wegen der Erstellung und Ausführung von Plänen durch verschiedene Agenten stellen sowohl die *Ablaufkontrolle* (Synchronisation gleichzeitiger Handlungen) als auch die *Erfolgskontrolle* (Sicherstellung der Effekte von Aktionen und des tatsächlichen Erreichens von Zielen) große Probleme dar, die nur gelöst werden können, wenn eine *gemeinsame Betrachtung von Planerstellung und Planausführung* durchgeführt wird (vgl. [SBKL92]).

Beim Erstellen, aber auch beim Ausführen von Plänen müssen die Agenten Annahmen treffen — über zukünftige Weltzustände, die Verfügbarkeit von Ressourcen oder die Dauer von Aktionen: Diese Annahmen sind explizit zu verwalten, damit sie bei Bedarf getroffen bzw. zurückgezogen werden können. Insbesondere ist das Verwalten von Annahmen in verteilten Umgebungen notwendig, da dort zwischen Agenten übertragene Information auf Annahmen unterschiedlicher Agenten beruhen kann und mit den Annahmen revidierbar sein muß.

Eine explizite Repräsentation und Verarbeitung von Annahmen und damit eine weitreichende Unterstützung bei der Lösung des Revisionsproblems für den Ein-Agentenfall ist mit annahmen-basierten Truth-Maintenance-Systemen wie etwa dem ATMS möglich. Auf so ein TMS kann man dann Systeme wie das PNMS (Plan Network Maintenance System, siehe [Lin91] und [BLS92]) aufsetzen, mit dem sich nicht-lineare Pläne annahmen-basiert repräsentieren und verwalten lassen und so ein komfortables Unterstützungssystem für den konkreten Planer gewinnen.

Sobald aber mehrere Agenten gegenseitig Information austauschen, hat man

DO-EXPLAIN$(n, U, NoNos, \mathcal{E})$:

1. Falls $n \in NoNos$ gilt, so kehre mit $\emptyset$ als Wert zurück (vermeide Zyklen).

2. Ist n ein angenommener Knoten mit $N \in U$?
   Falls ja, so kehre mit $\mathcal{E} \cup \{N \Rightarrow n\}$ als Wert zurück.

3. Ist n ein kommunizierter Knoten $[X':n]$?
   Falls ja, so kehre mit $\mathcal{E}$ als Wert zurück
   (Begründungen für kommunizierte Knoten nur auf besondere Anforderung liefern).

4. Ist schon eine Rechtfertigung für n in $\mathcal{E}$ enthalten?
   Falls ja, so kehre mit $\mathcal{E}$ als Wert zurück
   (keine Wiederholung identischer Teilbegründungen).

5. $\mathcal{E}_{neu} := \mathcal{E}$.

6. Finde eine Rechtfertigung J,

   - die n als Konsequenz erwähnt und

   - deren Antezedenten alle in U gelten,

   und für die die folgende Anweisung, einmal auf jeden Antezedenten p von J angewendet, kein $\mathcal{E}_{neu} = \emptyset$ liefert:

   $$\mathcal{E}_{neu} := \textbf{DO-EXPLAIN}(p, U, NoNos \cup \{n\}, \mathcal{E}_{neu}).$$

   Erfolg: Über J kann n begründet werden; liefere $\mathcal{E}_{neu} \cup \{J\}$.
   Sonst: keine Begründung für n; liefere $\emptyset$.

Algorithmus 8.8: Begründungsgenerierung im DARMS, Teil 2

zusätzlich Vorkehrungen zur Lösung des sogenannten Belief Revision Problem zu treffen: Aus einer globalen Sicht besitzen dann nämlich nach der Kommunikation verschiedene Agenten *lokale Kopien* der gleichen Information.

Das damit verbundene Konsistenzproblem kann nicht alleine durch die Aufteilung des Einzelagenten in ein Problemlöser und ein TMS gelöst werden, bei der das TMS ausschließlich mit seinem eigenen Problemlöser kommuniziert. Deshalb sehen alle verteilten Truth-Maintenance-Systeme, die wir kennengelernt haben (das DTMS, das DBRTMS und das DATMS), eine direkte Kommunikation der Truth-Maintenance-Systeme vor, über die die Problemlöser bei der Aktualisierung ihrer lokalen Kopien unterstützt werden.

Dies gilt auch für unseren eigenen Entwurf, das DARMS. Er erfüllt darüber

hinaus für Multi-Agenten-Problemlösesysteme so wichtige Forderungen, wie die
Verwaltung *multipler Kontexte*, die Möglichkeit der *agenten-lokalen Kontrolle*
und eine weitgehende *Autonomie* der einzelnen Agenten.

Unser Ansatz profitiert als eine aufwärts kompatible Erweiterung des ATMS
zudem davon, daß alle Techniken zur konzeptionellen und effizienzseitigen Verbesserung des ATMS auch unmittelbar auf das DARMS anwendbar sind (siehe
auch unsere Ausführungen zu den Bulk-Updates und zum ATTMS in der Einleitung und in Abschnitt 5.26).

Empirisch belegbare Aussagen über die Eignung des DARMS-Ansatzes zur
Unterstützung von *Multi-Agenten*-Problemlösesystemen wird man aber erst dann
machen können, wenn eine professionelle Implementierung des Systems vorliegt,
die auch die Synchronisationsprobleme adressiert, die beim asynchronen Informa-
tionsaustausch der Agenten unweigerlich auftreten (siehe [Dot94] und [Kra95]).
Erst dann wird sich auch zeigen, inwieweit das Subsystem DARMS die Konzeption
von Systemen vereinfacht, die für die Lösung realer PEDE-Probleme konstruiert
werden.

Kapitel 9

Zusammenfassung

Viele Problemlösungssysteme verwenden eine Wissensbasis, in der das Wissen über einen Problembereich (einen Ausschnitt der Welt) propositional dargestellt ist: Die Wissensbasis ist durch eine *endliche* Menge logischer Formeln gegeben, auf der ein *Folgerungsbegriff* definiert ist und deren deduktiver Abschluß das Wissen des Problemlösesystems repräsentiert. Da die Welt und das Wissen über sie Veränderungen unterliegt, müssen diese in der Repräsentation nachgezogen werden: Dazu werden neue Formeln zur Wissensbasis hinzugefügt oder alte aus ihr entfernt. Außerdem wird vom Problemlösesystem während der Problemlösung neues Wissen aus der Wissensbasis *abgeleitet* und in die Wissensbasis eingebracht. In beiden Fällen müssen je nach Anwendung bestimmte *Integritätsbedingungen* für die Wissensbasis gewahrt bleiben. Die damit verbundenen administrativen Aufgaben sind komplex und für jedes Problemlösesystem neu zu lösen. Es bietet sich daher an, das Problemlösesystem in zwei Module aufzuteilen: den *eigentlichen Problemlöser* und ein sog. *Begründungsverwaltungssystem* (engl. *truth maintenance system*, TMS). Das Truth-Maintenance-System übernimmt die Verwaltung der Wissensbasis und befreit damit den Problemlöser weitgehend von den administrativen Aufgaben im Zusammenhang mit der Revision der Wissensbasis.

Mittlerweile gibt es eine ganze Reihe unterschiedlicher Systeme, die alle als Truth-Maintenance-System bezeichnet werden. Die Mehrzahl dieser Systeme wurde allerdings nur prozedural, ohne eine begleitende Charakterisierung ihrer logischen Eigenschaften vorgestellt — „at a time we weren't so formal and logical", wie es Johan de Kleer einmal ausgedrückt hat. In neueren Publikationen läßt sich zwar ein klarer Trend hin zu Beschreibungen von Truth-Maintenance-Systemen erkennen, die formale Aussagen *über* die Systeme ermöglichen; jedoch gibt es bis heute keinen formalen Apparat, mit dem *alle* diese Systeme *einheitlich* im Hinblick auf eine spätere Implementierung beschreibbar und damit vergleichbar wären. In die vorliegenden Arbeit wurde versucht, dieses Defizit für eine Teilklasse der Truth-Maintenance-Systeme zu beseitigen: die sogenannten monotonen Begründungsverwaltungssysteme.

Man unterscheidet grundsätzlich zwischen rechtfertigungs-basierten und annahmen-basierten Truth-Maintenance-Systemen. Ein *rechtfertigungs-basiertes*

Truth-Maintenance-System verwaltet ein ausgezeichnetes Modell, das die Welt zu einem bestimmten Zeitpunkt reflektiert. Dieses Modell

- ist üblicherweise unvollständig und

- muß bei Bekanntwerden neuer Information aktualisiert werden, um konsistent zu bleiben.

Als Modellierungsmittel werden Abhängigkeiten eingesetzt, die auf der Grundlage einer ausgezeichneten Menge von Annahmen festlegen (rechtfertigen), welche Sachverhalte momentan für den Problemlöser zwingend sind und welche nicht. Stellt sich das Modell zu einem späteren Zeitpunkt als widersprüchlich heraus, so wird

- abhängigkeiten-gesteuert derjenige Teil der Annahmen identifiziert, der für den Widerspruch verantwortlich ist und

- das Modell unter mehr oder weniger starker Mitwirkung des Problemlösers revidiert.

Die wichtigsten Vertreter dieser Kategorie von Truth-Maintenance-Systemen sind Doyle's JTMS (*justification based TMS*) und McAllester's LTMS (*logic based TMS*).

Im Gegensatz dazu verwaltet ein *annahmen-basiertes Truth-Maintenance-System* gleichzeitig mehrere Modelle der Welt, die es aufgrund der dem jeweiligen Modell zugrundeliegenden Annahmen unterscheidet. Dabei wird versucht, jene Modelle zu explizieren, die eine bestimmte anwendungs-spezifische Menge von Constraints erfüllen. Mengen von Annahmen definieren dann sog. *Kontexte*, relativ zu denen Sachverhalte geglaubt oder erwartet werden. Kontexte, die sich als inkonsistent herausstellen, werden

- eliminiert und

- von der weiteren Betrachtung ausgeschlossen.

Die prominentesten Vertreter dieser TMS-Kategorie sind de Kleer's ATMS (*assumption based TMS*), der MBR (*multiple belief reasoner*) von Martins und Shapiro sowie die sogenannten *Clause-Management-Systeme*.

Unabhängig davon lassen sich Truth-Maintenance-Systeme danach klassifizieren, ob vom Problemlöser nur monotone oder auch nicht-monotone Abhängigkeiten zwischen Sachverhalten spezifizierbar sind. Doyle's JTMS z.B. erlaubt auch nicht-monotone Rechtfertigungen; es kann

- nicht nur aufgrund *vorliegender* Information,

- sondern auch aus der *Abwesenheit* von Information oder mit *unvollständiger Information*

Schlüsse ziehen. McAllester's LTMS, sowie die meisten annahmen-basierten Truth-Maintenance-Systeme verarbeiten jedoch nur monotone Abhängigkeiten. *Monotone Truth-Maintenance-Systeme* bieten sich daher vor allem für solche Problemlöser an, bei denen der zur Wissensbasis gehörende Folgerungsbegriff *Aussagenlogik umfaßt* und *monoton* ist. Sie können einerseits als effiziente (und damit häufig unvollständige) Realisierungen von Systemen zur Verwaltung aussagenlogischer Sachverhalte angesehen werden, und haben andererseits selbst eine aussagenlogische Charakterisierung. Eben mit dieser Charakterisierung und deren praktischer Umsetzung in konkrete TMS-Architekturen setzte sich die vorliegende Arbeit im Detail auseinander.

Die Arbeit besteht aus fünf großen Teilen: Aufgabe des ersten Teils war die Erarbeitung eines Begriffsapparates, mit dem eine einheitliche Beschreibung monotoner Truth-Maintenance-Systeme vorgenommen werden kann. Im Mittelpunkt stand dabei eine formale Spezifikation der Schnittstelle zwischen Problemlöser und Truth-Maintenance-System. Diese Spezifikation wurde von einer deklarativen Charakterisierung des TMS-Kenntnisstands flankiert, die auch sog. *prozedurale Erweiterungen* sowie *Constraint-Schemata* berücksichtigt. Der formale Apparat wurde bewußt so allgemein gehalten, daß mit ihm alle derzeit bekannten monotonen Truth-Maintenance-Systeme rekonstruiert werden können. Das von dieser Beschreibung charakterisierte abstrakte Truth-Maintenance-System wird deshalb in der Arbeit auch als *generisches* Truth-Maintenance-System bezeichnet.

Im zweiten Teil erfolgte mit einer Diskussion des JTMS ein kurzer Abstecher in das Gebiet der nicht-monotonen Truth-Maintenance-Systeme. Dies diente zum einen einer besseren historischen Einordnung der später behandelten monotonen Truth-Maintenance-Systeme und zum anderen dem tieferen Verständnis der in monotonen Truth-Maintenance-Systemen eingesetzten Techniken, die auf solche des JTMS zurückzuführen sind. Außerdem wurden im Verlauf der Arbeit einige JTMS-Techniken, die noch keinen Eingang in monotone Systeme gefunden haben, auf monotone Truth-Maintenance-Systeme übertragen. Nach einer kurzen Einführung in die JTMS-Technologie wurden in diesem Teil

- der klassische Markierungsalgorithmus von Goodwin,

- die Verarbeitung von Defaults,

- bedingte Beweise,

- abhängigkeiten-gesteuertes Backtracking,

- Techniken zur Generierung von hierarchischen Begründungen sowie

- prozedurale Erweiterungen des JTMS,

soweit es für die spätere Erarbeitung monotoner Truth-Maintenance-Systeme als nützlich erschien, formal beschrieben.

Der dritte Teil der Arbeit unterzog monotone single-context Truth-Maintenance-Systeme vom LTMS-Typ einer genaueren Untersuchung. Nach einer Abgrenzung der single- von den multiple-context Truth-Maintenance-Systemen wurden dort die grundlegende TMS-Technik der Booleschen Constraint-Propagierung formal eingeführt, mit der der Kenntnisstand des LTMS effizient inkrementell modifiziert werden kann. Passend zur Booleschen Constraint-Propagierung wurde dann ein spezieller Ableitungsbegriff definiert, mit dessen Hilfe sich dieser Kenntnisstand deklarativ spezifizieren läßt. Auf dieser Grundlage wurde danach

- Boolesche Constraint-Propagierung als korrekt nachgewiesen und

- auf Vollständigkeit untersucht.

Die entsprechenden Ergebnisse erwiesen sich anschließend bei der Rekonstruktion und Komplexitäts-Untersuchung der LTMS-Algorithmen zur Generierung von Begründungen, zum Führen indirekter Beweise und zur Analyse von Widersprüchen als äußerst wertvoll. Nach der Erläuterung der für das LTMS typischen keller-basierten Technik zur flexiblen Widerspruchsbehandlung am Beispiel abhängigkeiten-gesteuerter Suche wurden dann zwei Vorschläge zur logischen Vervollständigung des LTMS ausgeführt. Der Teil endete mit einer kurzen Einführung in Clause-Management-Systeme und legt damit den begrifflichen Grundstock für die Untersuchung von multiple-context Truth-Maintenance-Systemen.

Gegenstand des vierten Teils der Arbeit waren multiple-context Truth-Maintenance-Systeme vom ATMS-Typ. Er begann mit einer Rekonstruktion des deklarativen Kerns solcher Truth-Maintenance-Systeme. Dazu erfolgte eine Identifikation der Schwächen von single-context Truth-Maintenance-Systemen, über die dann der Bedarf für multiple-context Truth-Maintenance-Systeme nachgewiesen wurde. Anschließend wurden — ausgehend von den entsprechenden Begriffen des LTMS — Schritt für Schritt die für das Verständnis des ATMS notwendigen Begriffe eingeführt. Auf dieser Grundlage erfolgte danach eine Identifikation des dem ATMS zugrundeliegenden Ableitungsbegriffs, der dann seinerseits für eine Verifikation der Kern-Algorithmen des ATMS eingesetzt wurde.

An diese formale Rekonstruktion des Kern-ATMS schloß sich eine Komplexitätsuntersuchung des ATMS-Propagierungsalgorithmus an. Dazu wurden u.a. Worst-Case Anwendungsszenarien konstruiert, die die Grenzen von multiple-context Truth-Maintenance-Systemen zeigen. Aufgrund der teilweise doch recht entmutigenden Ergebnisse dieser Untersuchungen wurden daran anschließend verschiedene Vorschläge zur Effizienzsteigerung studiert und bewertet, die sich verzögerte Propagierung zunutze machen.

Nach einer Komplettierung der Spezifikation der Schnittstelle zwischen Problemlöser und ATMS durch die Beschreibung von Funktionen zur Generierung von Begründungen wurde schließlich das Thema Propagierung erneut aufgegriffen und ein Vorschlag zur Handhabung von Massen-Updates (Bulks) unterbreitet:

- eine Verallgemeinerung des de Kleer'schen Propagierungsalgorithmus,

- die zur Verarbeitung von Bulks in der Lage ist

und aufgrund von Optimierungstechniken, die den kompletten Bulk einbeziehen, für bestimmte Problemklassen deutlich effizienter als das Original arbeitet. Dies wurde anhand eines Planverwaltungssystems (dem PNMS) und eines am IMMD-8 entwickelten hybriden Truth-Maintenance-Systems nachgewiesen, das zum integrierten annahmen-basierten und temporalen Schließen in der Lage ist (dem ATTMS).

Dem Rest des vierten Teils war dann eine kritische Untersuchung der zahlreichen Erweiterungen des ATMS gewidmet. Dazu wurde zwischen deklarativen und prozeduralen Erweiterungen unterschieden. Die Analyse begann mit den deklarativen Erweiterungen, d.h. den Versuchen, die Sprache zu liberalisieren, in der der Problemlöser dem ATMS Constraints mitteilt: Neben Ansätzen zur Verarbeitung von Disjunktionen, von Negation und von verallgemeinerten Hornklauseln wurden hier auch Vorschläge zur Verarbeitung nicht-monotoner Ausdrucksmittel untersucht. Danach wurden prozedurale Erweiterungen des ATMS betrachtet, also solche Erweiterungen des Kern-ATMS, bei denen der Problemlöser Prozeduren vorgibt, die bei Eintreten von gewissen, klar definierten Bedingungen über dem Kenntnisstand, automatisch Operationen auf dem ATMS durchführen. Dabei kam der Begriffsapparat, der im ersten Teil entwickelt wurde, voll zur Geltung: gestattet er doch nicht nur eine formale Beschreibung der Semantik der aus der Literatur bekannten Erweiterungen, sondern auch den positiven oder negativen Nachweis ihrer Korrektheit bzw. Vollständigkeit.

Der fünfte und letzte Teil schließlich beschäftigte sich damit, wie Truth-Maintenance-Systeme zur Unterstützung sogenannter *Multi-Agenten-Problemlösesysteme* konzipiert werden können. Dazu wurde zunächst das sogenannte Distributed Belief Revision Problem (DBR-Problem) als ein Kernproblem bei der verteilten Begründungsverwaltung identifiziert. Anschließend wurde für jedes der bekannt gewordenen verteilten Truth-Maintenance-Systeme (zwei JTMS-basierte Systeme, das DTMS und das BRTMS, sowie ein ATMS-basiertes System, das DATMS) untersucht, inwieweit sie das DBR-Problem lösen. Nachdem diese Systeme alle

- entweder das DBR-Problem unbefriedigend lösen oder

- ihrem jeweiligen Agenten nur bedingt als Truth-Maintenance-System dienen können,

wurde nach ihrer Diskussion eine ebenfalls am IMMD-8 konzipierte verteilte Weiterentwicklung des ATMS namens DARMS (*distributed assumption based reason maintenance system*) vorgestellt.

Für diesen Zweck wurden die wichtigsten, den Entwurf von DARMS leitenden Prinzipien formuliert. Danach erfolgte ein dazu passender Vorschlag für die Architektur von DARMS, der durch eine formale Spezifikation des DARMS zugrundeliegenden Ableitungs- und Konsistenzbegriffs fundiert wurde. Die Spezifikation wurde durch eine Schilderung der Protokolle ergänzt, die der Problemlöser und

das DARMS-Subsystem ein und desselben Agenten bzw. die DARMS-Subsysteme
zweier miteinander kommunizierender Agenten einhalten müssen, wenn sie sich
gemäß der Spezifikation korrekt verhalten sollen. Nach einer Verdeutlichung der
entsprechenden Protokolle an Hand von Beispielen wurden schließlich

- die Kern-Algorithmen des ATMS zu entsprechenden Algorithmen für den
  verteilten Fall verallgemeinert und

- Hinweise gegeben, wie sich die im vierten Teil diskutierten Erweiterungen
  des Kern-ATMS auf das DARMS übertragen lassen.

Die Arbeit endete mit einem Ausblick auf vielversprechende Anwendungen der
verteilten Begründungsverwaltung.

Auf der Grundlage dieser Arbeit kann nun der Konstrukteur eines Problemlösesystems nach formalen Kriterien das für seine konkrete Anwendung „beste" verfügbare Truth-Maintenance-System auswählen oder selbst mit Hilfe der
präsentierten TMS-Techniken ein für seine Anwendung maßgeschneidertes Begründungsverwaltungssystem konzipieren.

Literaturverzeichnis

[Acz77]   Aczel, P.: *An Introduction to Inductive Definitions.* In Barwise, J.; Keisler, H. J., editors: *Handbook of Mathematical Logic*, pages 739–782. North-Holland, Amsterdam, 1977.

[AHR⁺90]   Alpern, B.; Hoover, R.; Rosen, B. K.; Sweeney, P. F.; Zadeck, F. K.: *Incremental Evaluation of Computational Circuits.* In: *Proceedings of the first annual ACM-SIAM Symposium on Discrete Algorithms*, pages 32–42, 1990.

[And75]   Anderson, A. R.: *Entailment.* Princeton University Press, Princeton, 1975.

[BB70]   Birkhoff, G.; Bartee, T. C.: *Modern Applied Algebra.* McGraw-Hill, New York, 1970.

[BBG87]   Benanav, D.; Brown, A. L.; Gaucas, D. E.: *An Algebraic Foundation for Truth Maintenance.* In: *Proc. IJCAI-87*, pages 973–980, 1987.

[Bec88]   Beckstein, C.: *Zur Logik der Logik-Programmierung — Ein konstruktiver Ansatz.* Informatik Fachbericht 199, Reihe KI. Springer-Verlag, Berlin, 1988.

[Bec93a]   Beckstein, C.: *Effizientes Planen in der industriellen Anwendung.* Eingeladener Vortrag, TU Bergakademie Freiberg, 22. Juli 1993.

[Bec93b]   Beckstein, C.: *Reason Maintenance Systeme.* Skript zur Vorlesung im Hauptstudium, Universität Erlangen, 1993.

[Bec94]   Beckstein, C.: *Reaktives Planen für veränderliche Umgebungen — ein nützlicher Zeitkalkül und seine effiziente Realisierung.* Eingeladener Vortrag, Friedrich-Schiller-Universität Jena, 11. Juli 1994.

[Ber92]   Berman, A. M.: *Lower and Upper Bounds for Incremental Algorithms.* Ph.D. thesis, Graduate School New Brunswick Rutgers, 1992.

[BFK93]   Beckstein, C.; Fuhge, R.; Kraetzschmar, G. K.:   *Supporting Assumption-based Reasoning in a Distributed Environment.*   In Sycara, K. P., editor: *Proc. of the Twelfth Workshop on Distributed Artificial Intelligence, Hidden Valley Ressort, Pennsylvania*, pages 3–17, May 1993.

[BG93a]   Beckstein, C.; Geisler, T.:   *Ein anwendungsunabhängiges Unterstützungssystem zum integrierten annahmenbasierten und temporalen Schließen.* Folien zum Vortrag auf dem Workshop *Planen und Planausführung in verteilten Anwendungsszenarien* auf der *KI '93*, Berlin, 16. September 1993.

[BG93b]   Beckstein, C.; Geisler, T.:   *Ein anwendungsunabhängiges Unterstützungssystem zum integrierten annahmenbasierten und temporalen Schließen.* In Herzog, O.; Christaller, T.; Schütt, D. (Hrsg.): *Grundlagen und Anwendungen der Künstlichen Intelligenz*, S. 208–209, Berlin, 1993. Springer-Verlag. Zusammenfassung.

[BG93c]   Beckstein, C.; Geisler, T.: *An Improved Dependency Network Management Algorithm for the* ATMS. Technical report, IMMD, Universität Erlangen-Nürnberg, 1993. In preparation.

[BG94]   Beckstein, C.; Geisler, T.:   *An Application-Independent Support System for Assumption-based Temporal Reasoning.* In: *Proc. of the 1994 Workshop on Temporal Representation and Reasoning (TIME-94), Florida AI Workshops and Symposiums (FLAIRS-94), Pensacola Beach, Florida*, May 1994.

[BGHT88] Beckstein, C.; Görz, G.; Hernández, G.; Tielemann, M.: *An Integration of Object-oriented Knowledge Representation and Rule-oriented Programming as a Basis for Design and Diagnosis of Technical Systems. Annals of Operations Research*, 16:13–32, 1988.

[Bib82]   Bibel, W.: *A Comparative Study of Several Proof Procedures. Artificial Intelligence*, 18:269–293, 1982.

[Bib87]   Bibel, W.: *Automated Theorem Proving.* Vieweg Verlag, second revised edition, 1987.

[BK89]   Beckstein, C.; Kim, M.: *A Mixed Top-Down Bottom-Up Deduction Method and its Correctness.* Technical Report RC 14965, IBM Research, Yorktown Heights, NY, 1989.

[BK91]   Beckstein, C.; Kim, M.: *Generalized Earley Deduction and its Correctness.* In Christaller, T., editor: *Proc. GWAI-91, Bonn*, pages 1–10. Springer-Verlag, 1991. IFB 285.

[BK95]   Beckstein, C.; Klausner, J.: *An Abstract Machine for the Compilation of Logic Programs that Can Guess.* In: *Proceedings of the Workshop on Sequential Implementation Technologies for Logic Programming Languages (held in association with the 1995 International Logic Programming Symposium, ILPS-95)*, Portland, Oregon, December 8th 1995.

[BKS94]   Beckstein, C.; Kraetzschmar, G. K.; Schneeberger, J.: *Distributed Plan Maintenance for Scheduling and Execution.* In Bäckström, C.; Sandewall, E., editors: *Current Trends in AI Planning, EWSP'93 — Second European Workshop on Planning, Frontiers in Artificial Intelligence and Applications Series*, pages 74–86, Amsterdam, Oxford, Washington D.C., Tokyo, 1994. IOS Press.

[BLR62]   Bartee, T. C.; Lebow, I. L.; Reed, I. S.: *Theory and Design of Digital Machines.* McGraw-Hill, New York, 1962.

[BLS92]   Beetz, M.; Lindner, M.; Schneeberger, J.: *Temporal Projection for Hierarchical, Partial-order Planning.* Technical Report AIDA–92–15, FG Intellektik, FB Informatik, TH Darmstadt, 1992. In: Proc. ISAI-92, AAAI Press, 1992.

[BMS91]   Brewka, G.; Makinson, D.; Schlechta, K.: JTMS *and Logic Programming.* In Nerode, A.; Marek, W.; Subrahmanian, V. S., editors: *Logic Programming and Nonmonotonic Reasoning, Proc. of the First International Workshop*, pages 199–210. MIT Press, 1991.

[Bog83]   Bogart, K. P.: *Introductory Combinatorics.* Pitman Publishers, Boston, 1983.

[BP84]   Bruynooghe, M.; Pereira, L. M.: *Deduction Revision by Intelligent Backtracking.* In Campbell, J. A., editor: *Implementations of* PROLOG, pages 194–215. Wiley, New York, 1984.

[Bre89]   Brewka, G.: *Nonmonotonic Reasoning: From Theoretical Foundation Towards Efficient Computation.* Ph.D. thesis, University of Hamburg, 1989.

[BT92]   Beckstein, C.; Tobermann, G.: *Evolutionary Logic-Programming with* RISC. In: *Proc. of the Fourth International Workshop on Logic Programming Environments in Conjunction with the Joint International Conference and Symposium on Logic Programming, Washington, D.C.*, pages 16–21, November 1992. Proceedings published as TR 92-143 from the Center for Automation and Intelligent Systems Research at Case Western Reserve University.

[BTS95]   Beckstein, C.; Tobermann, G.; Stolle, R.: *Declarative Meta Level Control for Logic Programs*. In: *Proceedings des Ersten Russisch-Deutschen Symposiums zu Intelligenten Informationstechnologien und Expertensystemen (anläßlich des Internationalen Forums für Informatisierung, IFI-95)*, Moskau, November 23rd–29th 1995.

[CD91]   Collins, J. W.; DeCoste, D.: CATMS: *An* ATMS *Which Avoids Label Explosions*. In: *Proc. AAAI-91*, pages 281–287, 1991.

[CL73]   Chang, C.; Lee, R. C.: *Symbolic Logic and Mechanical Theorem Proving*. Academic Press, New York, 1973.

[CLR90]   Cormen, T. H.; Leiserson, C. E.; Rivest, R. D.: *Introduction to Algorithms*. MIT Press/McGraw-Hill, Cambridge, MA, 1990.

[CM78]   Chandra, A. K.; Markowsky, G.: *On the Number of Prime Implicants*. *Discrete Mathematics*, 24:7–11, 1978.

[CRMM87]   Charniak, E.; Riesbeck, C.; McDermott, D. V.; Meehan, J.: *Data Dependencies and Reason Maintenance Systems*. In: *Artificial Intelligence Programming*, pages 335–493. Erlbaum, Hillsdale, NJ, 1987.

[DdK88]   Dixon, M.; de Kleer, J.: *Massively Parallel Assumption-based Truth Maintenance*. In: *Proc. AAAI-88*, pages 199–204, 1988.

[DF89]   Dressler, O.; Farquhar, A.: *Problem Solver Control over the* ATMS. In: *Proc. GWAI-89, Eringerfeld*, pages 17–26. Springer-Verlag, 1989.

[DF91]   Dressler, O.; Farquhar, A.: *Putting the Problem Solver Back in the Driver's Seat: Contextual Control of the* ATMS. In Martins, J. P.; Reinfrank, M., editors: *Proc. ECAI-90 Workshop on Truth Maintenance Systems*, pages 1–16, Heidelberg, 1991. Springer-Verlag.

[DG84]   Dowling, W. F.; Gallier, J. H.: *Linear-time Algorithms for Testing the Satisfiability of Propositional Horn Formulae*. *Journal of Logic Programming*, 3:267–284, 1984.

[dK84]   de Kleer, J.: *Choices Without Backtracking*. In: *Proc. AAAI-84*, pages 79–85, 1984.

[dK86a]   de Kleer, J.: *1. An Assumption-based* TMS, *2. Extending the* ATMS, *3. Problem solving with the* ATMS. *Artificial Intelligence*, 28:127–224, 1986.

[dK86b]   de Kleer, J.: *An Assumption-based* TMS. *Artificial Intelligence*, 28:127–162, 1986.

[dK86c]   de Kleer, J.: *Extending the* ATMS. *Artificial Intelligence*, 28:163–196, 1986.

[dK86d]   de Kleer, J.: *Problem Solving with the* ATMS. *Artificial Intelligence*, 28:197–224, 1986.

[dK88]   de Kleer, J.: *A General Labeling Algorithm for Assumption-based Truth Maintenance*. In: *Proc. AAAI-88*, pages 188–192, 1988.

[dK89]   de Kleer, J.: *A Comparison of* ATMS *and* CSP *Techniques*. In: *Proc. IJCAI-89*, pages 290–296, 1989.

[dK90a]   de Kleer, J.: *Exploiting Locality in a* TMS. In: *Proc. AAAI-90*, volume 1, pages 264–271, 1990.

[dK90b]   de Kleer, J.: *A Practical Clause Management System*. SSL Paper P88-00140, Xerox PARC, 1990.

[dK92]   de Kleer, J.: *An Improved Incremental Algorithm for Generating Prime Implicants*. In: *Proc. AAAI-92*, pages 780–785, 1992.

[dKDR+78]   de Kleer, J.; Doyle, J.; Rich, C.; Steele, G. L.; Sussman, G. J.: AMORD – *A Deductive Procedure System*. MIT-Memo 435, MIT, January 1978.

[dKDSS77]   de Kleer, J.; Doyle, J.; Steele, G. L.; Sussman, G. J.: *Explicit Control of Reasoning*. AI-Memo 427, MIT, 1977.

[dKDSS79]   de Kleer, J.; Doyle, J.; Steele, G. L.; Sussman, G. J.: AMORD – *Explicit Control of Reasoning*. In Winston, P. H.; Brown, R. H., editors: *Artificial Intelligence: An MIT Perspective*, volume I, pages 94–116. MIT Press, 1979. First published in Proc. of the Symposium on Artificial Intelligence and Programming Languages, 1977.

[dKMR92]   de Kleer, J.; Mackworth, A. K.; Reiter, R.: *Characterizing Diagnoses and Systems*. *Artificial Intelligence*, 56:197–222, 1992.

[dKW86a]   de Kleer, J.; Williams, B. C.: *Back to Backtracking: Controlling the* ATMS. In: *Proc. AAAI-86*, pages 910–917, August 1986.

[dKW86b]   de Kleer, J.; Williams, B. C.: *Reasoning About Multiple Faults*. In: *Proc. AAAI-86*, pages 132–139, 1986.

[dKW87]   de Kleer, J.; Williams, B. C.: *Diagnosing Multiple Faults*. *Artificial Intelligence*, 32:97–130, 1987.

[DLC89]   Durfee, E. H.; Lesser, V. R.; Corkill, D. D.: *Trends in Cooperative Distributed Problem Solving*. In: *Transactions on Knowledge and Data Engineering*, 1989.

[DLL62]   Davis, M.; Logemann, G.; Loveland, D.: *A Machine Program for Theorem-Proving. Communications of the ACM*, pages 394–397, 1962.

[DMP91]   Dechter, R.; Meiri, I.; Pearl, J.: *Temporal Constraint Networks. Artificial Intelligence*, 49:61–95, 1991.

[Dot94]   Dotzel, C.: *Über die Verwaltung von Plänen in Multi-Agenten-Welten.* Diplomarbeit, IMMD, Universität Erlangen-Nürnberg, 1994.

[Doy78]   Doyle, J.: *Truth Maintenance Systems for Problem Solving.* Technical Report AI-TR-419, MIT, AI Laboratory, January 1978.

[Doy79a]   Doyle, J.: *A Glimpse of Truth Maintenance.* In Winston, P. H.; Brown, R. H., editors: *Artificial Intelligence: An MIT Perspective,* volume I, pages 121–135. MIT Press, 1979.

[Doy79b]   Doyle, J.: *A Truth Maintenance System. Artificial Intelligence,* 12:231–272, 1979.

[Doy81]   Doyle, J.: *Three Short Essays on Decision, Reasons, and Logics.* Technical Report STAN-CS-81-864, Stanford University, Department of Computer Science, Stanford, CA 94305, May 1981.

[Doy83a]   Doyle, J.: *The Ins and Outs of Reason Maintenance.* In: *Proc. IJCAI-83,* pages 349–351, 1983.

[Doy83b]   Doyle, J.: *Some Theories of Reasoned Assumptions.* Technical Report CMU-CS-83-125, Department of Computer Science, Carnegie Mellon University, Pittsburgh, PA, 1983.

[Doy88]   Doyle, J.: *On Universal Theories of Defaults.* Technical Report CMU-CS-88-111, Carnegie Mellon University, Computer Science Department, March 1988.

[Doy91]   Doyle, J.: *Impediments to Universal Preference-based Default Theories. Artificial Intelligence,* 49(1–3):97–128, 1991.

[Doy92]   Doyle, J.: *Reason Maintenance and Belief Revision.* In Gärdenfors, P., editor: *Belief Revision,* pages 29–51. Cambridge University Press, 1992.

[DP60]   Davis, M.; Putnam, H.: *A Computing Procedure for Quantification Theory. Journal of the ACM,* 7:201–215, 1960.

[Dre87a]   Dressler, O.: *Erweiterungen des Basic* ATMS. In: *Proc. GWAI-87, Geseke,* S. 185–194. Springer-Verlag, 1987.

[Dre87b]   Dressler, O.: *An Extended Basic* ATMS. Report INF2 ARM-3-87, Advanced Reasoning Methods, SIEMENS-AG, 1987.

[Dre89]   Dressler, O.: *An Extended Basic* ATMS. In Reinfrank, M., editor: *Nonmonotonic Reasoning*, volume 346, pages 143–163. Springer-Verlag, 1989. LNAI.

[Dre90]   Dressler, O.: *Problem Solving with the* NM-ATMS. In: *Proc. ECAI-90*, pages 253–258, 1990.

[eHL94]   el Hindi, K.; Lings, B.: *Databases and the* ATMS*: Bridging the Gap.* unpublished, available via anonymous ftp from dcs.exeter.ac.uk:/pub/databases, March 1994.

[Elk90]   Elkan, C.: *A Rational Reconstruction of Nonmonotonic Truth Maintenance Systems. Artificial Intelligence*, 43:219–234, 1990.

[Eul87]   Euler, L.: PC-ATMS — *eine Rekonstruktion von de Kleers Assumption-based Truth Maintenance System in Scheme auf dem IBM PC.* Studienarbeit, IMMD und RRZE, Universität Erlangen-Nürnberg, 1987.

[Euz91]   Euzenat, J.: *Contexts for Nonmonotonic* RMS*es.* In: *Proc. IJCAI-91*, pages 300–305, 1991.

[Far89]   Farquhar, A.: *Focusing* ATMS*-based Diagnosis and Prediction.* In: *Proc. of the Model-based Reasoning Workshop at IJCAI-89*, 1989.

[FdK88]   Forbus, K. D.; de Kleer, J.: *Focusing the* ATMS. In: *Proc. AAAI-88*, pages 193–198, 1988.

[FdK91]   Forbus, K. D.; de Kleer, J.: *Prototypische* TMS*-Implementationen.* Nothwestern University & Xerox Corporation, September 1991.

[FdK93]   Forbus, K. D.; de Kleer, J.: *Building Problem Solvers.* MIT Press, Cambridge, MA, 1993.

[FH91]   Fujiwara, Y.; Honiden, S.: *On Logical Foundations of the* ATMS. In Martins, J. P.; Reinfrank, M., editors: *Proc. ECAI-90 Workshop on Truth Maintenance Systems*, pages 125–135, Heidelberg, 1991. Springer-Verlag.

[FMdK89]   Forbus, K. D.; McAllester, D.; de Kleer, J.: *Truth-Maintenance Systems.* IJCAI-89 Tutorial, 1989.

[For82]   Forgy, C. L.: RETE*: A Fast Algorithm for the Many Pattern/Many Object Pattern Match Problem. Artificial Intelligence*, 19:17–37, 1982.

[For84]   Forbus, K.: *Qualitative Process Theory.* Technical Report 789, MIT, AI Laboratory, July 1984.

[For86] Forbus, K.: *The Qualitative Process Engine.* Technical Report UIUCDCS-R-86-1288, UIUCDCS, December 1986.

[For88] Forbus, K.: QPE: *A Study in Assumption-based Truth Maintenance.* unpublished; was to appear in International Journal of AI Engineering, 1988.

[For90] Forbus, K.: *The Qualitative Process Engine.* In Weld, D.; de Kleer, J., editors: *Readings in Qualitative Reasoning about Physical Systems.* Morgan Kaufmann, 1990.

[Fuh93] Fuhge, R.: *Verteilte Begründungsverwaltung.* Studienarbeit, IMMD, Universität Erlangen-Nürnberg, 1993.

[Gab92] Gabbay, D. M.: *Elements of Algorithmic Proof.* In Abramsky, S.; Gabbay, D. M.; Maibaum, T. S. E., editors: *Handbook of Logic in Computer Science*, pages 331–414. Clarendon Press, Oxford, 1992.

[Gas79] Gaschnig, J.: *Performance Measurement and Analysis of Certain Search Algorithms.* Report, CMU, 1979.

[Gei94] Geisler, T.: *Ein anwendungsunabhängiges Unterstützungssystem zum integrierten annahmenbasierten temporalen Schließen.* Diplomarbeit, IMMD, Universität Erlangen-Nürnberg, 1994.

[Gin93] Ginsberg, M. L.: *Dynamic Backtracking. Journal of Artificial Intelligence Research*, 1:25–46, 1993.

[GJ79] Garey, M. R.; Johnson, D. S.: *Computers and Intractability.* Freeman, 1979.

[GM90a] Giordano, L.; Martelli, A.: *An Abductive Characterization of the* TMS. In: *Proc. ECAI-90*, pages 308–313, 1990.

[GM90b] Giordano, L.; Martelli, A.: *Generalized Stable Models, Truth Maintenance and Conflict Resolution.* In: *Proc. ICLP-90*, pages 427–441, 1990.

[Goo82] Goodwin, J. W.: *An Improved Algorithm for Nonmonotonic Dependency Net Update.* Research-Report LITH-MAT-R-82-23, Software Systems Research Center, Linköping Institute of Technology, Sweden, August 1982.

[Goo87] Goodwin, J. W.: *A Theory and System for Nonmonotonic Reasoning.* Linköping Studies in Science and Technology, Dissertations 165, Linköping University, Department of Computer and Information Science, Linköping, Sweden, 1987.

[HB90]   Huhns, M. N.; Bridgeland, D. M.: *Distributed Truth Maintenance.* In Dean, S. M., editor: *Cooperating Knowledge Based Systems*, pages 133–147. Springer-Verlag, 1990.

[HCdK92]   Hamscher, W.; Console, L.; de Kleer, J., editors: *Readings in Model-based Diagnosis.* Morgan Kaufmann, San Mateo, CA, 1992.

[Her84]   Hernández, D.: *Modulare Softwarebausteine zur Wissensrepräsentation.* Studienarbeit, IMMD, Universität Erlangen-Nürnberg, 1984.

[Her86]   Hernández, D.: *Wissensbasierte Diagnose technischer Systeme.* Diplomarbeit, IMMD, Universität Erlangen-Nürnberg, 1986.

[Hoo93]   Hooker, J. N.: *Solving the Incremental Satisfiability Problem. Journal of Logic Programming*, 15:177–186, 1993.

[Hor91]   Horstmann, T. C.: *Distributed Truth Maintenance.* Technischer Bericht D-91-11, Deutsches Forschungszentrum für Künstliche Intelligenz GmbH Kaiserslautern, 1991.

[Hwa74]   Hwa, H. R.: *A Method for Generating Prime Implicants of a Boolean Expression. IEEE Transactions on Computers*, pages 637–641, June 1974.

[Joh90]   Johnson, D. S.: *A Catalog of Complexity Classes.* In van Leeuven, J., editor: *Handbook of Theoretical Computer Science*, volume A: Algorithms and Complexity, chapter 2, pages 67–161. Elsevier Science Publishers B. V., 1990.

[JP90]   Jackson, P.; Pais, J.: *Computing Prime Implicants.* In Stickel, M. E., editor: *Proc. of the Tenth International Conference on Automated Deduction*, volume 449 of *LNAI*, pages 543–557, Berlin, 1990. Springer-Verlag.

[Jun89]   Junker, U.: *A Correct Nonmonotonic* ATMS. In: *Proc. IJCAI-89*, pages 1049–1054, 1989.

[KB90]   Kim, M.; Beckstein, C.: *Logical Explanations of Deductions.* Technical Report RC 15348, IBM Research, Yorktown Heights, NY, 1990.

[Kea93]   Kean, A.: *A Formal Characterization of a Domain Independent Abductive Reasoning System.* Technical Report HKUST-CS93-4, Department of Computer Science, The Hong Kong University of Science and Technology, November 1993. Revised version of the author's doctoral dissertation.

[Knu75]   Knuth, D.: *Estimating the Efficiency of Backtrack Programs. Mathematics of Computation*, 29(129):121–136, January 1975.

[Kra95]   Kraetzschmar, G. K.: *Distributed Reason Maintenance*. Dissertation, IMMD, Universität Erlangen-Nürnberg, 1995. In preparation.

[Kre88]   Krentel, M. W.: *The Complexity of Optimization Problems*. *Journal of Computer and System Sciences*, 36:490–509, 1988.

[KT90]   Kean, A.; Tsiknis, G.:   *An Incremental Method for Generating Prime Implicants/Implicates*.   *Journal of Symbolic Computation*, 9:185–206, 1990.

[KT92]   Kean, A.; Tsikinis, G.:   *Assumption-based Reasoning and Clause Management Systems*. *Computational Intelligence*, 8(1):1–24, 1992.

[KT93]   Kean, A.; Tsikinis, G.: *Clause Management Systems (CMS)*. *Computational Intelligence*, 9(1):11–40, 1993.

[Küc92]   Küchler, A.: TRUMP: *Ein auf Klausellogik basierendes Truth Maintenance System*. Studienarbeit, IMMD, Universität Erlangen-Nürnberg, 1992.

[Kuz83]   Kuznetsov, V.: *On the Lower Estimate of the Length of the Shortest Disjunctive Normal Forms for almost all Boolean Functions*. *Veroiatnostnye Metody v. Kibernetike*, 19:44–47, 1983.

[KvdG93]   Kelleher, G.; van der Gaag, L.: *The* LAZYRMS: *Avoiding Work in the* ATMS. *Computational Intelligence*, 9(3):239–253, 1993.

[Lin91]   Lindner, M.: ATMS-*basierte Plan-Generierung*. Tasso-Report 33, Institut für Intellektik/Informatik, TH Darmstadt, November 1991. Überarbeitete Version der Diplomarbeit.

[Llo87]   Lloyd, J. W.: *Foundations of Logic Programming*. Springer-Verlag, Berlin, second edition, 1987.

[Löh93]   Löhden, A.: *Eine* PROLOG-*Realisierung des Kern-*ATMS *und ihre Parallelisierung*. Studienarbeit, IMMD, Universität Erlangen-Nürnberg, 1993.

[Loz93]   Lozinskii, E. L.: *A Simple Test Improves Checking Satisfiability*. *Journal of Logic Programming*, 15:99–111, 1993.

[Lup65]   Lupanow, O. B.: *On the Realization of Functions of Logical Algebra by Formulae of Finite Classes (Formulae of Limited Depth) in the Basis* ×, +, −. *Problemy Kibernetiki*, 6, 1965.

[Mac77]   Mackworth, A. K.: *Consistency in Networks of Relations*. *Artificial Intelligence*, 8(1):99–118, 1977.

[Mar83]   Martins, J. P.:   *Reasoning in Multiple Belief Spaces.*   Technical Report 203, University at Buffalo, New York, Department of Computer Science, May 1983.

[MC91]   Morgue, G.; Chehire, T.:   *Efficiency of Production Systems when Coupled with an Assumption based Truth Maintenance System.* In: *Proc. AAAI-91*, pages 268–274, 1991.

[McA78]   McAllester, D.:   *A Three-valued Truth Maintenance System.*   AI-Memo 473, MIT, Cambridge, MA, 1978.

[McA80]   McAllester, :   *An Outlook on Truth Maintenance.*   AI-Memo 551, MIT, Cambridge, MA, 1980.

[McA82]   McAllester, D.:   *Reason Utility Package User's Manual.*   AI-Memo 667, MIT, Cambridge, MA, 1982.

[McA85]   McAllester, D. A.:   *A Widely Used Truth Maintenance System.* Unpublished draft, 1985.

[McA90a]   McAllester, D.:   *Automatic Recognition of Tractability in Inference Relations.*   AI-Memo 1215, MIT, AI Laboratory, February 1990.

[McA90b]   McAllester, D.:   *Truth Maintenance.*   In: *Proc. AAAI-90*, pages 1109–1116, 1990.

[McC56]   McCluskey, E. L.:   *Minimization of Boolean functions. Bell Systems Technical Journal*, 35:1417–1444, 1956.

[McD83]   McDermott, D. V.:   *Contexts and Data Dependencies: A Synthesis. IEEE Transactions on Pattern Analysis and Machine Intelligence*, 5(3):237–246, 1983.

[McD85]   McDermott, D. V.:   *The* DUCK *Manual.*   Computer Science Department, Yale University, New Haven, CT, 1985.

[McD91]   McDermott, D.:   *A General Framework for Reason Maintenance. Artificial Intelligence*, 50(3):289–329, 1991.

[MD80]   McDermott, D. V.; Doyle, J.:   *Nonmonotonic Logic I. Artificial Intelligence*, 13(1,2):41–72, 1980.

[Mir87]   Miranker, D. P.:   TREAT: *A Better Match Algorithm for AI Production Systems.* In: *Proc. AAAI-87*, pages 42–47, 1987.

[MJ89]   Mason, C. L.; Johnson, R. R.:   DATMS: *A Framework for Distributed Assumption Based Reasoning.*   In Huhns, M. N.; Gasser, L., editors: *Distributed AI,*, volume II, pages 293–317. Pitman Publishers, London, 1989.

[MR72]   Minicozzi, E.; Reiter, R.: *A Note on Linear Resolution Strategies in Consequence-Finding. Artificial Intelligence*, 3:175–180, 1972.

[MS88]   Martins, J. P.; Shapiro, S. C.: *A Model for Belief Revision. Artificial Intelligence*, 35:25–80, 1988.

[Neb90]   Nebel, B.: *Reasoning and Revision in Hybrid Representation Systems*, volume 422 of *LNAI*. Springer-Verlag, Berlin, 1990.

[Pet87]   Petrie, C. J.: *Revised Dependency-Directed Backtracking for Default Reasoning*. In: *Proc. AAAI-87*, pages 167–172, 1987.

[PK87]   Pearl, J.; Korf, R.: *Search Techniques. Ann. Rev. Comput. Sci.*, 2:451–467, 1987.

[Pol73]   Polya, G.: *How to Solve it*. Princeton University Press, New Jersey, second edition, 1973.

[Pro87a]   Provan, G. M.: *Using Truth Maintenance Systems for Scene Interpretation: the Vision Constraint Recognition System (VCRS)*. Technical Report RRG-7, Robotics Research Group, Oxford University, 1987.

[Pro87b]   Provan, G. M.: *Efficiency Analysis of Multiple-Context TMSs in Scene Representation*. In: *Proc. AAAI-87*, pages 173–177, 1987.

[Pro88a]   Provan, G. M.: *The Computational Complexity of Truth Maintenance Systems*. Technical Report 88-11, Department of Computer Science, University of British Columbia, Vancouver, Canada, 1988.

[Pro88b]   Provan, G. M.: *Solving Diagnostic Problems using Extended Assumption-based Truth Maintenance Systems: Foundations*. Technical Report 88-10, Department of Computer Science, University of British Columbia, Vancouver, Canada, July 1988.

[Pro88c]   Provan, G. M.: *Solving Diagnostic Problems using Extended Truth Maintenance Systems*. In: *Proc. ECAI-88*, pages 547–552, 1988.

[Pro90]   Provan, G. M.: *The Computational Complexity of Multiple-Context Truth Maintenance Systems*. In: *Proc. ECAI-90*, pages 522–527, 1990.

[PTW83]   Polya, G.; Tarjan, R. E.; Woods, D. R.: *Notes on Introductory Combinatorics*. Progress in Computer Science. Birkhäuser, Boston, 1983.

[RDB89]   Reinfrank, M.; Dressler, O.; Brewka, G.: *On the Relation Between Truth Maintenance and Autoepistemic Logic*. In: *Proc. IJCAI-89*, pages 1206–1212, 1989.

[RdK87]   Reiter, R.; de Kleer, J.: *Foundations of Assumption-based Truth Maintenance Systems*. In: *Proc. AAAI-87*, pages 183–188, 1987.

[Rei80]   Reiter, R.: *A Logic for Default Reasoning*. *Artificial Intelligence*, 13:81–132, 1980.

[Rei87]   Reiter, R.: *A Theory of Diagnosis from First Principles*. *Artificial Intelligence*, 32:57–95, 1987.

[Rei89]   Reinfrank, M.: *Fundamentals and Logical Foundations of Truth Maintenance*. Ph.D. thesis, Department of Computer and Information Science, Linköping University, Linköping, Sweden, 1989. Linköping Studies in Science and Technology, Dissertations, No. 221.

[RG89]   Rothberg, E.; Gupta, A.: *Experiences Implementing a Parallel* ATMS *on a Shared-Memory Multiprocessor*. In: *Proc. IJCAI-89*, pages 199–205, 1989.

[Rös85]   Rösner, D.: *Probleme lösen mit* RUP. Arbeitspapier, Projekt SEM-SYN, Institut für Informatik, Universität Stuttgart, 1985.

[RR91]   Ramalingan, G.; Reps, T.: *On the Computational Complexity of Incremental Algorithms*. Technical Report TR 1033, University of Wisconsin, Madison, 1991.

[Rus85]   Russinoff, D.: *An Algorithm for Truth Maintenance*. MCC Technical Report AI-062-85, Microelectronics and Computer Technology Corporation, July 1985.

[SBKL92]   Stoyan, H.; Beckstein, C.; Kraetzschmar, G. K.; Lutz, E.: *Erstellung und Ausführung von Plänen in verteilten Systemen*. Interne Projektbeschreibung, IMMD 8 und SFB 192, Universität Erlangen-Nürnberg, April 1992.

[SCL70]   Slagle, J. R.; Chang, C. L.; Lee, R. C. T.: *A New Algorithm for Generating Prime Implicants*. *IEEE Transactions on Computers*, C-19(4), 1970.

[SdKW91]   Saraswat, V. A.; de Kleer, J.; Williams, B. C.: ATMS-*based Constraint Programming*. Technical report, Xerox PARC, 1991. Unpublished, available via ftp from ftp.parc.xerox.com as pub/ccp/cc-atms/cc-atms-pub.ps.

[SDLT86]   Schor, M. I.; Daly, T. P.; Lee, H. S.; Tibbitts, B. R.: *Advances in* RETE *Pattern Matching*. In: *Proc. AAAI-86*, pages 226–232, 1986.

[Sey92]   Seybold, S.: *Fehlschlagsbehandlung im Logik-Programmier-System* RISC. Studienarbeit, IMMD, Universität Erlangen-Nürnberg, 1992.

[Shr79]   Shrobe, H. E.: *Dependency Directed Reasoning for Complex Program Understanding*. Technical Report AI-TR-503, MIT, AI Laboratory, 1979.

[Sla63]   Slagle, J.: *A Heuristic Program that Solves Integration Problems in Freshman Calculus*. In Feigenbaum, E. A.; Feldmann, J., editors: *Computers and Thought*. McGraw-Hill, New York, 1963.

[Sou90]   Southwick, R. W.: *The Lemma Generation Problem*. Unpublished draft, Imperial College, London, 1990.

[SS77]   Stallman, R.; Sussman, G.: *Forward Reasoning and Dependency Directed Backtracking in a System for Computer-aided Circuit Analysis*. *Artificial Intelligence*, 9:135–196, 1977.

[Sto93]   Stolle, R.: *Explizite Kontrolle in Logik-Programmen*. Studienarbeit, IMMD, Universität Erlangen-Nürnberg, Oktober 1993.

[TB95]   Tobermann, G.; Beckstein, C.: *Algorithmic Debugging with* RISC. In: *Proceedings of the Second International Workshop on Automated and Algorithmic Debugging, AADEBUG'95*, St. Malo, France, May 22nd–24th 1995.

[Tis67]   Tison, P.: *Generalized Consensus Theory and Application to the Minimization of Boolean Functions*. *IEEE Transactions on Electronic Computers*, EC-16(4):446–456, 1967.

[TK88]   Tsiknis, G.; Kean, A.: *Clause Management Systems (*CMS*)*. Technical Report 88-21, Department of Computer Science, University of British Columbia, Vancouver, Canada, 1988.

[Tob87]   Tobermann, G.: *Aspekte der Informationsverarbeitung durch Constraint-Systeme*. Studienarbeit, IMMD, Universität Erlangen-Nürnberg, 1987.

[Tob88]   Tobermann, G.: RISC*: A Reason-Maintenance-based Inference System for Generalized Hornclause Logic*. Diplomarbeit, IMMD, Universität Erlangen-Nürnberg, 1988.

[Tob94]   Tobermann, G.: *Fixpunktsemantik und Beweistheorie für verallgemeinerte Hornklauseln*. IMMD-8-Memo, Universität Erlangen-Nürnberg, 1994.

[TS89]   Tremblay, J.-P.; Sorenson, P. G.: *The Theory and Practice of Compiler Writing*. McGraw-Hill, third edition, 1989.

[Tsa93]   Tsang, E.: *Foundations of Constraint Satisfaction*. Computation in Cognitive Science. Academic Press, 1993.

[vOQ55]   van Orman Quine, W.: *A Way to Simplify Truth Functions*. *American Mathematical Monthly*, 62, 1955.

[vOQU78]   van Orman Quine, W.; Ullian, J. S.: *The Web of Belief*. Random House, New York, second edition, 1978.

[WKWK90]   Wrzos-Kaminski, J.; Wrzos-Kaminska, A.: *Explicit Ordering of Defaults in* ATMS. In: *Proc. ECAI-90*, pages 714–719, 1990.

[WOLB84]   Wos, W.; Overbeck, R.; Lusk, E.; Boyle, J.: *Automated Reasoning*. Prentice-Hall, Englewood Cliffs, NJ, 1984.

[Zhu82]   Zhuravlev, Y. I.: *Set-theoretical Methods in the Algebra of Logic*. *Problemy Kibernetiki*, 8, 1982.

[ZM88]   Zabih, R.; McAllester, D.: *A Rearrangement Search Strategy for Determining Propositional Satisfiability*. In: *Proc. AAAI-88*, pages 155–160, 1988.

Verzeichnis der Algorithmen

Index

B

L

M

Markierung, 111, 140, 154, 159, 304, 314, 315
    aufgrund Kommunikation, 311
    Demarkierung im JTMS, 97–100
    Demarkierung im LTMS, 135–139
    `DONT-CARE-`, 156
    Erweiterung, 84
    konsistente, 83, 92, 298
    korrekte, 84, 97, 121, 124, 137
    Offensein in einer, 154
    stabile, 92, 128
    Vervollständigung, 87, 88, 98
    vollständige, 84, 92, 97, 121
    wohlfundierte, 84, 92, 99
    zulässige, 84, 98, 115, 117
Markierungs-Problem, 83–84, 300
    inkrementelle Lösung, 84
    Lösung, 88
    verteiltes, 298
`mat!`, 63, 65, 276
    Vorgabe durch PS-Regeln, 64
`mat-incons?`, 43–45
    vs. `contradictory?`, 44
Materialisierung, 60, 62–65, 68, 71, 73, 75, 276
    Eigenschaften, 55
`materialize`, 56, 58, 62
Matrixmethode, 160
`maximal-subcontexts?`, 46, 50
    ATMS-Realisierung, 248, 265
MBR, 14, 171
`MINI-SCHEDULER`, 21, 228
`minimal-nogoods?`, 144, 145
`minimal-supporters?`, 46
    ATMS-Realisierung, 178
    CATMS-Realisierung, 204
    CMS-Realisierung, 164, 166
    LTMS-Realisierung, 141, 164
    fokus-relative Variante, 317
    naive LTMS-Realisierung, 141
Minimalschnittstelle, *siehe* Schnittstelle

Mitteilung, 313
    `explanation-`, 318
    `nogood-`, 316, 318, 323, 325
    `request-explanation-`, 318, 326
    `request-sp-`, 318, 319
    `sp-`, 310, 313, 318–320, 324
    `update-focus-`, 318, 319
    `update-sp-`, 318, 322
    Inhalt, 313
    Reaktion auf eine, 318
    Typ, 313, 318
    Verarbeitung im DARMS, 323–325
Modulkonzept, 164
Modus Ponens, *siehe* Hornklausel-Theorie
Multi-Agenten-Problemlösesystem, 295, 296, 299, 307, 313, 314
`MULTI-PROPAGATE`, 212, 214, 215, 218, 219, 292
`MULTI-UPDATE`, 214, 215
`MULTI-WEAVE`, 212, 215, 218, 225–227
    Terminierung, 212
Muster, 52, 64, 73, 113, 260, 269
    -Variable, *siehe* Variable
    Passung, 52, 260, 269, 275, 276
    repräsentierte Ausdrucksmenge, 52
    vs. Consumer-Klasse, 260

N

n-Damen-Problem, 246
Nachricht, *siehe* Mitteilung
`NAIVE-ADDB`, 278
`NAIVE-DELABEL`, 98
`NAIVE-PROPAGATE`, 183
NATMS, 249–252
    Interpretationsvollständigkeit, 251–252
    Problemlöserdaten, 249
    Propagierung, 250
    vs. ATMS, 249